材料科学与工程著作系列
HEP Series in Materials Science and Engineering

粉末冶金学

（第三版）

Powder Metallurgy

(3rd Edition)

黄坤祥　著

高等教育出版社·北京

图字:01-2017-8136 号

著作权声明:

本书为经台湾粉体及粉末冶金协会(TPMA)独家授权发行的中文简体字版。本书中文简体字版在大陆之专有出版权属高等教育出版社有限公司所有。在没有得到本书原版出版者和本书出版者书面许可时,任何单位和个人不得擅自摘抄、复制本书的一部分或全部以任何方式(包括资料和出版物)进行传播。

本书原版为中文繁体字版,出版于 2014 年 9 月。原版版权属台湾粉体及粉末冶金协会(TPMA),版权所有,侵权必究。

图书在版编目(CIP)数据

粉末冶金学:第三版 / 黄坤祥著. -- 北京 : 高等教育出版社,2021.4
(材料科学与工程著作系列)
ISBN 978-7-04-049362-7

Ⅰ. ①粉… Ⅱ. ①黄… Ⅲ. ①粉末冶金 Ⅳ. ①TF12

中国版本图书馆 CIP 数据核字(2018)第 018336 号

FENMO YEJINXUE

| 策划编辑 | 刘剑波 | 责任编辑 | 刘剑波 | 封面设计 | 姜 磊 | 版式设计 | 范晓红 |
| 责任校对 | 张 薇 | 责任印制 | 赵义民 |

出版发行	高等教育出版社	网 址	http://www.hep.edu.cn
社 址	北京市西城区德外大街 4 号		http://www.hep.com.cn
邮政编码	100120	网上订购	http://www.hepmall.com.cn
印 刷	北京中科印刷有限公司		http://www.hepmall.com
开 本	787mm×1092mm 1/16		http://www.hepmall.cn
印 张	37.5		
字 数	670 千字	版 次	2021 年 4 月第 1 版
购书热线	010-58581118	印 次	2021 年 4 月第 1 次印刷
咨询电话	400-810-0598	定 价	98.00 元

本书如有缺页、倒页、脱页等质量问题,请到所购图书销售部门联系调换
版权所有 侵权必究
物 料 号 49362-00

序 一

    台湾的粉末冶金产业发展至今已超过五十年，从早期供应家电产品的含油轴承零件，缝纫机、工具类等工业机械零件，到如今的汽车、手机等高新技术零件，由于这些产品的品质、交期和性价比得到客户与消费者的好评，产量持续扩大。除此之外，台湾成熟的制造技术也领先业界，创新了各项工艺并延伸至各种不同合金材料领域。

    黄坤祥教授留美十年余，致力于粉末冶金各项理论及技术的研究，返回台湾大学后仍本初衷继续在粉末冶金相关之教学上贡献所学。黄教授有感台湾在此领域的文献资料不多，进而以多年的专业经验为台湾从事粉末冶金行业之人员及在学学生编纂了台湾第一本《粉末冶金学》，对各项工艺及原料于工艺中的变化都作了精辟的解析。此著作在台湾早已被视为进入粉末冶金世界的必备参考书，从出版后多次再版和重印，至今已有十八年。毫无疑问，黄教授是推动台湾粉末冶金工业成长的一大功臣。

    本人从事粉末冶金工业四十五年，认识黄教授也有三十多年。台湾的粉末冶金协会成立于1981年，我曾两度担任该协会理事长。也曾担任理事长的黄教授对产学业界之协助从不间断，他虽已从台湾大学退休，但对粉末冶金工业之贡献与感情仍然如同他的专业般持续着。欣闻高等教育出版社用中文简体字出版此书，使广大读者受益，深信正通过此著作对业界与学界继续带来影响力，在此也代表业界及学界对他致上十二万分的谢意与尊敬。

台湾保来得股份有限公司　总经理
亚洲粉末冶金协会　理事长

朱秋龙
2019 年 2 月

序 二

经过三年多的共同努力，黄坤祥教授著《粉末冶金学（第三版）》现由高等教育出版社以中文简体字出版，我们作为粉末冶金界的同仁，非常高兴看到粉末冶金中文书库中增添一本特色鲜明的好书，并表示热烈祝贺。

黄教授于 1975 年毕业于台湾大学机械系，后赴美进入成立于 1824 年的美国仁斯利尔理工大学（Rensselaer Polytechnic Institute）深造，师从 Fritz V. Lenel 教授和 Randall M. German 教授，攻读粉末冶金专业，于 1979 年和 1984 年先后获得硕士和博士学位；并曾在美国粉末冶金和半导体公司任职六年。1988 年回台湾大学任教，以中文和英文授课，培养了 64 名研究生，获得杰出教学奖；在国际会议上发表的论文，获得最佳论文奖。

黄教授以深厚的理论功底和宽广的产业视野，写成《粉末冶金学》并于 2001 年出版，两年后再版；在增补大量内容后于 2014 年出版了第三版。我们有幸获此宏著，以极高的兴致通读全书，受益匪浅。我们认为，本书内容丰富，论述严谨，以通俗的文字论述粉末冶金原理，并举出大量实例，是一本可读有用之书，可作为粉末冶金专业师生参考书，也便于企业技术人员阅读。书中介绍了国际粉末冶金技术最新进展，引述了四十余处他本人及其学生在烧结理论、压制理论、注射成形和磁性材料等方面的研究成果，说明了各种观点和数据的出处，将这些粉末冶金最新成就汇集起来与读者分享，也十分有益。

现高等教育出版社拟以中文简体字出版本书。因大陆和台湾学界使用的科技术语有部分差异，例如，在常用的铁基粉末冶金中，人们所熟悉的奥氏体、马氏体、贝氏体和渗碳体，在黄教授原著中分别称之为奥斯田铁、麻田散铁、变韧铁和雪明碳铁，为方便大陆读者阅读，本书改用大家熟悉的通用术语。此外还在书末列出中文和英文对照索引，并给出部分术语的台湾用法，便于大家一目了然，相得益彰。

在高等教育出版社自然科学学术著作分社，特别是刘剑波女士的努力和支持下，中文简体字版才得以顺利出版，我们作为粉末冶金界人士对此表示谢意。

王崇琳　李祖德　王鸿海

2019 年 3 月

中文简体字版前言

我与粉末冶金结缘是在 1975 年，当时在兵工厂服兵役，类似上下班制，尚有些闲暇时间。利用这些时间，我在一年期间正好将一本英文的粉末冶金教科书读完，巧的是 1977 年到美国攻读硕士时又被粉末冶金大师 Fritz V. Lenel 教授收为他的最后一位学生，我从此就走上了粉末冶金专业之路。毕业后在粉末冶金公司先工作了两年然后又重回校园，并成为 Randall M. German 教授实验室毕业的第一位博士生。巧的是研究生期间，一为闭关学生，一为开门弟子，两位教授风格不同，但其谆谆教诲均影响了我的一生，非常感念。

粉末冶金属于一种制造工艺，而我任教的是材料系，属于工学院，所以我常提醒自己，既然在工学院任教，加上在美国有六年的工业界经验，那么除了教学、科研、指导研究生以及发表学术论文之外，我是否也有责任帮助粉末冶金业界成长，解决工业界的问题。也因此，我在 1998 年动念开始撰写本书，花了三年时间整理上课讲义、照片，绘图，联系学者及厂商提供图片等，第一版终于在 2001 年 1 月付梓。

本书并不强调粉末冶金所涉及的艰深理论，而是试图在学术及应用两方面找出一个平衡点，在撰写本书时也就只浅显地介绍所需之热力学、动力学、材料力学、材料科学等基础原理，并尽量减少公式的引用，此外在第三版时也增加了第二章(物理冶金简介)，其目的是提供尚无材料、冶金背景之读者所需之基础知识。相对于这些原理的部分，剩下之篇幅则多用于实例之分析及参考数据之列举，其目的是让读者在对原理有足够的认识后，能马上将所学用于工艺之研发及参数之调整、优化。此外，每一章之后亦设计了作业，这些题目均是作者自 1988 年以来开卷式期中考试及期末考试的考题，其中有相当多是工业界实际遭遇过的问题，希望读者也能借这些题目增进分析问题、找出根本原因及解决问题的能力。

此次将繁体字版改为简体字版缘起于三年多前王崇琳教授的推荐，作者当时并未意识到此工程的浩大，接下来王教授邀请了李祖德教授、王鸿海教授两位深具粉末冶金编辑经验的资深学者参与改版，三位教授牺牲了宝贵时间，将原版逐字逐句修改、润色并置换专有名词，加上刘剑波女士严谨的编辑工作，此改版工程才得以完成。在此特别向三位教授、刘剑波女士及高等教育出版社致上诚挚的谢意。

黄坤祥

谨识于台湾大学材料系

2019 年 2 月

Email：kshwang@ ntu. edu. tw

说　明

在粉末冶金工艺中有多种描述材料的组元成分或结构的方法，最常用的是重量(质量)百分数，其次有体积百分数和原子百分数。

重量百分数(weight percent)一般以 wt%或 wt.%表示，若文章中只以%表示且未作说明的话，则多半亦指的是重量百分数。在配制原料或合金时，多需要称重，由于方便，所以重量百分数广为实验室及工业界所使用。质量百分数(mass percent)多以 mass%或%(mass/mass)表示，其数值与重量百分数相同，前者为质量之比，而后者为重量之比，由于均是比值，所以数值一样。

体积百分数(volume percent)是材料界描述显微组织或结构之组成时常用的表示方法，一般以 vol%或 vol.%表示。例如自润轴承中的含油量常决定了轴承之优劣，由于润滑油与金属之密度差异过大，若以重量百分数表示含油量则不易感觉到油量之多寡，故多以体积百分数表示。再如金属注射成形所用喂料中的金属粉末约 65 vol%，所以在开发新喂料时，虽然钨粉、不锈钢粉或铝粉之密度有很大的差异，但均可先以 65 vol%作为一个指标，在开发尾声再做最后之微调，以符合尺寸之规格。又如，复合材料显微组织中不同相之比例会影响材料的物理、机械性质，以重量百分数表示时，由于不同相之密度不同，此数值常失真，无法正确地显示出显微组织与机械性质的关系，所以在此应用中，亦多使用体积百分数。

原子百分数(atomic percent)是某个组元的原子数与整个材料的总原子数之比值，表示为 at%或 at.%，常用于晶体结构及相图的描述。例如形状记忆合金 TiNi 中 Ti、Ni 的原子数比值约为 1，当此比值脱离 1 时，其物理性质将大幅下降，所以使用原子百分数较易讨论组元与形状记忆效应之关系。相对地，由于钛之密度远低于镍，所以重量百分数无法凸显钛、镍原子数该有之比例。由于这些缘故，相图的上下两个横向坐标常分别标明 wt%及 at%供读者参考。

从以上的叙述可知，在描述粉末冶金原料或烧结体之特性时，可依对象分别采用 wt%、mass%、vol%或 at%，这些单位的用法已为国际粉末冶金界所公认，在 GB 3100—1993、GB 3102.8—1993 标准中亦有详述。由于考虑到读者

说明

需阅读大量国外文献、标准及报告，并与国际接轨，故本书在这几个单位上采用国际上约定俗成的名词，希望不会为读者带来困扰。

黄坤祥

2020 年 10 月 23 日

谨献给所有的粉末冶金爱好者

第三版前言

本书自 2001 年出版至今已有十三年，其间虽曾再版，但所增加之内容微乎其微，为了因应十三年来粉末冶金技术之精进，本书内容理应符合现状，再加上作者另一书《金属粉末射出成形(MIM)》已于 2013 年顺利出版，时间已较充裕，故决定调整第三版之章节，并增添新内容约 150 页。

本书之架构与再版相似，唯增加了第二章(物理冶金简介)，其目的是提供尚无材料、冶金背景之读者阅读此书所需要之相关基础知识，以便对后续各章节能有较深入的了解，也才能对其工作、研究有所帮助。

第三章至第十一章包括了粉末制造(第三章)、粉末测试(第四章)、成形前工艺(第五章)、粉末成形(第六、七章)、烧结(第八、九章)、后加工(第十章)及特殊工艺(第十一章)，若以学校之教学而言，这前十一章之内容已适合一学期之课程。又由于目前铁系合金钢，不锈钢，非铁合金，硬质合金，钨、钼高温金属及磁性材料等产业较为普遍，所以再分出六章作进一步的介绍。最后一章则为实验部分，可供学校及业者作为实验课程之教材。每一章正文之后亦设计了作业供读者练习，这些题目均是作者自 1988 年起在台湾大学授课至今之期中及期末考题，这些考试均为开放式(open book)，学生可带任何书籍、资料、历届考题应试，目的在于加强学生之观念及分析能力而不在于强记。

由于粉末冶金领域相当广，含括的材料、工艺多，作者不可能无所不知，所以若有错误尚请各位先进不吝告知、指正。

最后在此感谢二十余年来台湾大学粉末冶金实验室所有硕、博士研究生的努力，本书的内容有相当多是出自这些学生的精彩研究成果，此外，也谢谢黄彦瑾之打字及相关厂商、专家及学者们慨予提供照片及图表。

黄坤祥　2014 年 9 月 15 日

谨识于台湾大学材料系

E-mail：kshwang@ntu.edu.tw

目 录

元素周期表

图例（说明）：

原子序数 → 39 熔点/℃ → 1523
YTTRIUM
钇 Y
原子量 → 88.905 沸点/℃ → 3337
密度/(g/cm³) → 4.47

每格数据排列：名称(英文) / 原子序数 / 符号 / 原子量 / 密度 / 熔点 / 沸点

周期	IA	IIA	IIIB	IVB	VB	VIB	VIIB	VIII	VIII	VIII	IB	IIB	IIIA	IVA	VA	VIA	VIIA	0
1	氢 H (1) 1.00797; 0.0899; -259; -252.8																	氦 He (2) 4.0026; 0.1785; -272.2; -268.6
2	锂 Li (3) 6.941; 0.534; 180.5; 1341.8	铍 Be (4) 9.0122; 1.848; 1278; 2970											硼 B (5) 10.811; 2.34; 2076; 3927	碳 C (6) 12.01115; 2.33; 3550; 4827	氮 N (7) 14.0067; —; -210; -196	氧 O (8) 15.9994; 1.429; -218.9; -183	氟 F (9) 18.9984; 1.69; -220; -187	氖 Ne (10) 20.179; 0.900; -248.6; -246.1
3	钠 Na (11) 22.9898; 0.97; 97.8; 883	镁 Mg (12) 24.305; 1.74; 651; 1107											铝 Al (13) 26.9815; 2.70; 660; 2467	硅 Si (14) 28.086; 2.33; 1410; 2355	磷 P (15) 30.9738; 1.82; 44; 280	硫 S (16) 32.064; 2.07; 113; 444	氯 Cl (17) 35.453; 3.214; -101; -34.6	氩 Ar (18) 39.948; 1.784; -189.3; -185.9
4	钾 K (19) 39.098; 0.86; 63.7; 774	钙 Ca (20) 40.08; 1.55; 839; 1484	钪 Sc (21) 44.956; 2.99; 1539; 2832	钛 Ti (22) 47.87; 4.54; 1668; 3270	钒 V (23) 50.942; 6.11; 1910; 3407	铬 Cr (24) 51.996; 7.19; 1907; 2672	锰 Mn (25) 54.9380; 7.44; 1244; 2061	铁 Fe (26) 55.845; 7.86; 1535; 2750	钴 Co (27) 58.9332; 8.90; 1493; 2927	镍 Ni (28) 58.69; 8.9; 1453; 2732	铜 Cu (29) 63.55; 8.96; 1083; 2595	锌 Zn (30) 65.39; 7.133; 419.5; 906	镓 Ga (31) 69.72; 5.907; 29.75; 2403	锗 Ge (32) 72.61; 5.32; 937; 2830	砷 As (33) 74.9216; 5.727; 817; 615	硒 Se (34) 78.96; 4.79; 217; 685	溴 Br (35) 79.909; 3.12; -7.2; 58.8	氪 Kr (36) 83.80; 3.74; -157.3; -153.4
5	铷 Rb (37) 85.47; 1.53; 38.9; 688	锶 Sr (38) 87.62; 2.54; 769; 1384	钇 Y (39) 88.905; 4.47; 1523; 3337	锆 Zr (40) 91.22; 6.49; 1852; 4377	铌 Nb (41) 92.906; 8.57; 2468; 4744	钼 Mo (42) 95.94; 10.22; 2610; 4612	锝 Tc (43) 97.9; 11.49; 2200; 4877	钌 Ru (44) 101.07; 12.4; 2250; 3900	铑 Rh (45) 102.905; 12.44; 1966; 3727	钯 Pd (46) 106.4; 12.02; 1552; 2927	银 Ag (47) 107.870; 10.49; 962; 2212	镉 Cd (48) 112.4; 8.65; 321; 765	铟 In (49) 114.82; 7.31; 156.61; 2080	锡 Sn (50) 118.69; 7.31; 232; 2270	锑 Sb (51) 121.76; 6.68; 630.5; 1635	碲 Te (52) 127.60; 6.25; 449.5; 990	碘 I (53) 126.9044; 4.93; 113.5; 184.3	氙 Xe (54) 131.29; 5.89; -111.8; -108.06
6	铯 Cs (55) 132.905; 1.873; 28.5; 678	钡 Ba (56) 137.33; 3.51; 725; 1140	镧 La (57) 138.91; 6.174; 920; 3469	铪 Hf (72) 178.49; 13.29; 2222; 5400	钽 Ta (73) 180.948; 16.65; 3017; 5425	钨 W (74) 183.85; 19.3; 3407; 5700	铼 Re (75) 186.2; 21.02; 3180; 5627	锇 Os (76) 190.2; 22.5; 3049; 5027	铱 Ir (77) 192.2; 21.45; 2410; 4527	铂 Pt (78) 195.08; 21.45; 1772; 3827	金 Au (79) 196.967; 19.32; 1064; 2807	汞 Hg (80) 200.59; 13.5; -38.87; 357	铊 Tl (81) 204.38; 11.85; 303; 1457	铅 Pb (82) 207.19; 11.34; 327.4; 1740	铋 Bi (83) 208.980; 9.8; 271.3; 1560	钋 Po (84) 209; 9.398; 254; 962	砹 At (85) 210; —; 302; 337	氡 Rn (86) 222; 9.73; -71; -61.8
7	钫 Fr (87) 223; —; 27.0; 677	镭 Ra (88) 226.025; 5.0; 700; 1737	锕 Ac (89) 227; 10.07; 1050; 3200	𬬻 Rf (104) 261.0; —	𬭊 Db (105) 262; —													

镧系（Lanthanides, Period 6）

58	59	60	61	62	63	64	65	66	67	68	69	70	71
铈 Ce 140.12; 6.77; 795; 3257	镨 Pr 140.907; 6.77; 935; 3127	钕 Nd 144.24; 7.004; 1024; 3027	钷 Pm 145; 7.26; 1080; 2730	钐 Sm 150.35; 7.536; 1072; 1900	铕 Eu 151.96; 5.259; 822; 1597	钆 Gd 157.25; 7.895; 1312; 3233	铽 Tb 158.924; 8.272; 1356; 3041	镝 Dy 162.50; 8.536; 1412; 2562	钬 Ho 164.930; 8.803; 1470; 2700	铒 Er 167.26; 9.045; 1497; 2900	铥 Tm 168.934; 9.321; 1545; 1727	镱 Yb 173.04; 6.977; 824; 1427	镥 Lu 174.97; 9.842; 1656; 3327

锕系（Actinides, Period 7）

90	91	92	93	94	95	96	97	98	99	100	101	102	103
钍 Th 232.038; 11.66; 1750; 4200	镤 Pa 231.04; 15.37; 1600; —	铀 U 238.03; 19.05; 1132; 3818	镎 Np 237; 20.45; 640; 3902	钚 Pu 242; 19.84; 640; 3235	镅 Am 243; 11.87; 994; 2607	锔 Cm 247; 13.5; 1340; —	锫 Bk 247; —; —; —	锎 Cf 251; —; —; —	锿 Es 252; —; —; —	镄 Fm 257; —; —; —	钔 Md 258; —; —; —	锘 No 259; —; —; —	铹 Lr 258; —; —; —

粉末冶金常用常数及单位换算表

重力加速度 = 9.8 m/s^2
电子质量 = 9.11×10^{-28} g
气体常数 = 8.314 J/(mol·K)
大气压 = 1.01 N/m^2
玻尔兹曼（Boltzmann）常量 = 1.381×10^{-23} J/K
阿伏伽德罗（Avogadro）常量 = 6.022×10^{23} mol^{-1}

电子荷电量 = 1.602×10^{-19} C
原子质量 = 1.661×10^{-24} g
普朗克（Planck）常量 = 6.626×10^{-34} J·s
标准状态下之气体体积 = 0.0224 m^3

重要转换单位
1 N = 1 kg·m/s^2
1 J = 1 N·m

1 Pa = 1 N/m^2
1 W = 1 J/s

1 bar = 0.1 MPa

压力、应力及强度之转换
1 Torr = 1000 μmHg = 133.3 Pa
1 Pa = 0.0075 Torr = 0.0075 mmHg = 7.5 μmHg
1 Pa = 10 dyn/cm^2 = 1 N/m^2
1 kPa = 0.145 psi
1 MPa = 9.87 bar = 9.87 atm = 1×10^6 Pa
1 MPa = 145 psi
1 GPa = 1×10^3 MPa = 1×10^9 Pa = 1×10^4 bar
1 atm = 1.013 bar = 0.1013 MPa = 760 mmHg
     = 760 Torr = 760000 μmHg

能量转换
1 J = 9.48×10^{-4} Btu
1 J = 1×10^7 erg
1 J = 0.737 ft·lbf
1 J = 0.239 cal
1 J = 6.24×10^{18} eV
1 J = 1 W·s
1 J = 1 V·C

热容量转换
1 J/(kg·K) = 2.39×10^{-4} Btu/(lb·℉)
1 J/(kg·K) = 2.39×10^{-4} cal/(g·℃)
1 W/(m·K) = 2.39×10^{-3} cal/(cm·s·C)

功率转换
1 W = 0.737 ft·lbf/s
1 W = 1.34×10^{-3} hp
1 Btu/s = 1054.4 W
1 hp = 745.7 W

黏度转换
1 Pa·s = 1 kg/(m·s)
1 Pa·s = 10 P
1 Pa·s = 1×10^3 cP

磁性转换
1 T = 1×10^4 G = 1 Wb/m^2
1 A/m = 0.01257 Oe

力之转换
1 N = 1×10^5 dyn
1 N = 0.225 lbf

第一章
绪论

1-1 前言

粉末冶金(powder metallurgy，PM)技术之应用早在 18 世纪即已开始，但直到 1910 年左右，应用在灯泡中的钨丝被开发成功后，才广为世人注意并开始发扬光大。由于钨之熔点高达 3422 ℃，无法找到熔点更高的材料作为熔炼的容器，所以反向思考的工艺就是放弃由高温至低温之熔炼方式，而改为将钨粉由低温升至高温烧结的方法。此技术慢慢衍生至铁粉、铜粉，至今几乎所有常见之金属均可采用粉末冶金工艺制作，每年的金属粉用量已超过 100 万吨。以下先针对粉末冶金工艺作一简单介绍，并分析此工艺之优缺点及应用，而详细之工艺则在后续几章中分别介绍。

1-2 应用

目前主要之粉末冶金产品及材料有下列各项：
(1) 铁系零件。
(2) 铜系轴承零件。
(3) 碳化钨硬质合金。

（4）磁性材料。

（5）高熔点金属。

其中铁系零件大多用于汽车、机车、冷气机、缝纫机、电动工具、手动工具、气动工具等；而铜系零件则以含油轴承及锁件为主；碳化钨硬质合金则多用于车刀、冲压模具、粉末冶金模具等；磁性材料分为软磁、硬磁，多用于电源供应器、汽车供电系统及机电系统中；而其他较特殊之产业则有电接触点，重合金配重块，散热体如钨、钼产品等，如图 1-1 所示。

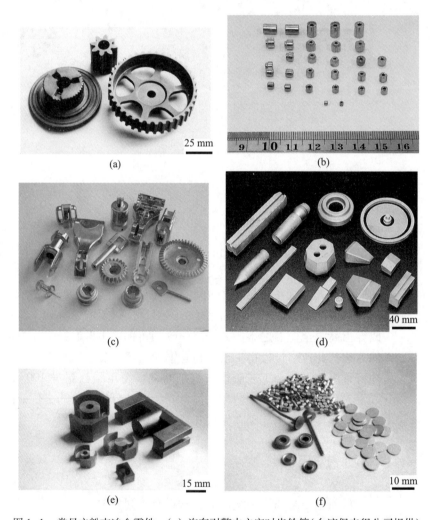

图 1-1　常见之粉末冶金零件。(a) 汽车引擎内之定时齿轮等(台湾保来得公司提供)；
　(b) 含油青铜轴承(利元成公司提供)；(c) 金属粉末注射成形零件(台耀科技公司提供)；
　(d) 碳化钨刀具(春保公司提供)；(e) 磁性材料；(f) 纯钼制成之磁控管及散热体元件

1-3　基本工艺

粉末冶金之基本工艺如图 1-2 所示。其第一个步骤乃将不同之金属粉末与润滑剂混合；第二个步骤为加压成形，使松散之粉末具有最后产品之形状；但成形之后粉末间仍无足够之结合力，其强度与粉笔相近，抗弯强度仅约 15 MPa，所以绝大多数之成形坯体（又称生坯，green compact）均需经过烧结之步骤才能达到所要求之机械或物理性质；而有些烧结后之坯体必须再施以机械加工、电镀、热处理等才能完全满足客户之需求。以下针对工艺之每一步骤作简单说明[1-4]。

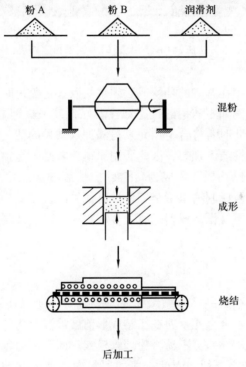

图 1-2　粉末冶金之基本工艺

1-3-1　粉末之选择

一般粉末冶金合金钢的原料多采用元素粉，取其质软、易压缩成形之故。以 Fe-1.0Cu-0.6C 为例，其所用基础铁粉多由水雾化法或还原法所制成，其粒径多在 180 μm 以下，平均粒径为 80 μm 左右，其外观为不规则形状，如图

1-3 所示。虽然纯铁粉易压至高密度，但也因纯铁之强度、硬度低，其烧结工件之应用不广，所以常需添加具强化效果的合金用元素粉，如铜、镍、钼及石墨粉，这些粉末之粒径较细，一般多在 20 μm 以下。

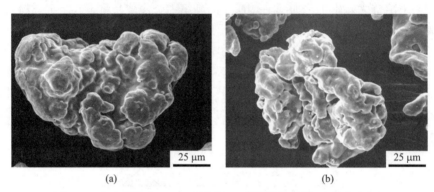

图 1-3　由水雾化法(a)和还原法(b)所制铁粉之外观(林育全摄)

当工件必须应用在恶劣的环境或必须承受巨大之负荷时，其机械及物理性质的要求将更高，例如不锈钢的抗腐蚀性要好，或工具钢之硬度要在 60 HRC以上且需具韧性，此时若将合金用元素粉添加入铁粉的话，其显微组织难以均质化，机械、物理性质不理想，因此所用原料粉末必须是预合金粉，亦即所有合金元素在熔炼时已均质化，成为"溶液"，所以制成之粉末即已是完全合金化的粉末。此类粉末所制粉末冶金工件虽有优异的机械或物理性质，但其最大的缺点是粉末硬，不易压制成形。有关金属粉末之制造及测试方法将分别于第三、四章中介绍。

1-3-2　混合

如上所述，烧结成品之显微组织越均匀越好，所以使用元素粉作为原料时，基础铁粉与各种合金元素粉在压结成形前就需混合均匀。又由于金属粉末间的摩擦力大，流动性差，不易将粉填入模穴。此摩擦力也会造成压结粉末时之阻力并导致模具之磨耗，因此一般的原料中常加入 0.5%~0.8% 之润滑剂（如硬脂酸锌）以降低粉末间之摩擦力并提高模具寿命。

金属粉末与润滑剂多以 V 形或双锥形混合机（图 1-4）混合，由于各批次烧结成品间，甚至同一批次之各烧结成品间之性质的稳定性与混合粉之均匀度及再现性息息相关，所以混合机之设计及混合参数之选择虽看似简单，但却是决定粉末冶金工件品质及其稳定性的重要因素。此混合工艺及其他成形前之各种前置作业将于第五章详细说明。

图 1-4　双锥形混合机(台溢实业公司提供)

1-3-3　粉末成形

　　混合好的金属粉末充填入模穴后，可经由上方及下方之冲子加压，使粉末成形为具有相当强度之生坯，但由于冲子只能上下移动，此动作上的限制使得坯体之形状也有所限制。图 1-5 为常见之二段式齿轮的成形方式，此工件是由两支上冲、两支下冲、一支芯棒及一个中模所压制而得，但由于没有侧向冲子的动作，所以无法做出如图 1-6 具侧孔或侧向沟槽之工件，这些侧孔或侧向沟槽必须由后加工制成。由此例可知如图 1-5 之粉末冶金工件，在 x-y 二维面上可以有齿形等复杂之形状，但在 z 轴第三维方向则被限制住，常只有厚度之变化，亦即具有厚度之齿轮乃由 x-y 二维面之薄齿片一层一层堆叠而成，而齿轮上下之圆套管部分亦可视为由 x-y 二维面之圆圈薄片一层一层堆叠而成。

　　近年来粉末冶金工件的应用越来越广，工件的形状也越趋复杂，在模具设计、模具材料的选择及成形机的设计、制作及数控方面均愈形精进，这些相关细节将在第六、七章中介绍。

1-3-4　脱脂及烧结

　　生坯在成形后其中的润滑剂已无利用价值，且会影响粉末之烧结，所以需在 500 ℃ 左右将润滑剂烧除。脱脂完之工件于 1120 ℃ 烧结约 30 min，此时粉末间的接合由原来的机械式接合转为冶金式接合，因此可得到相当不错的机械性质。此脱脂及烧结步骤可在同一烧结炉中完成，最常用之烧结炉为网带式炉，而气氛以氮/氢混合气最多。若有特殊强度、密度等要求时，则需采用较高之烧结温度及较长之烧结时间，而烧结炉也将改用真空炉、推式炉或步进梁式炉。此步骤之烧结原理及实务将于第八、九章中作详细之介绍。

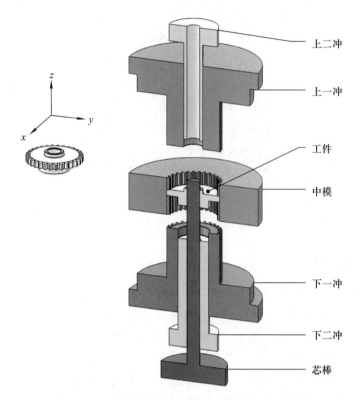

上二冲

上一冲

工件

中模

下一冲

下二冲

芯棒

图 1-5 二段式齿轮及其成形示意图(李志弘绘)

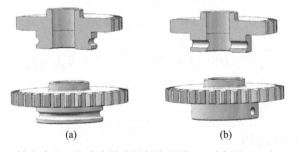

(a) (b)

图 1-6 粉末冶金二段式齿轮中的侧向沟槽(a)或侧孔(b)多以机械加
工方法制作(李志弘绘)

1-3-5 后加工

由于粉末冶金工件中含有孔隙,使其机械、物理性质未臻理想,且烧结时
也会产生尺寸的变化,这些缺点均有待后加工予以补救。常见的后加工工艺包
括用以改进尺寸精度的整形、校正及机械加工,用以改善机械性质的热处理,
可改善气密性及电镀品质的树脂含浸、热等静压,及改进抗腐蚀性的蒸汽处

理、电镀处理等工艺,这些后加工方法将于第十章中说明。

如上所述,粉末冶金之基本工艺将在本书第三章至第十一章中作详细之介绍,在了解工艺之后,本书之后半部将再配合目前之产业形态,针对不同材料分别说明其相关工艺及烧结后产品之性质。

1-4 粉末冶金产品之特性

目前机械零件之制造方法相当多,如锻造、冲压、机械加工、压铸、精密铸造等,均各有其优缺点。与这些工艺相较之下,粉末冶金工艺因其具有下列多种特性及优势,因此多年来一直稳定成长。

(1)多孔性。如轴承、过滤器、消音器等工件中必须具有相当数量之孔隙。轴承之孔隙可用以贮存润滑油,使机器运转时润滑油能受热膨胀而释出以润滑转动轴,减少磨耗及噪声,而冷却时润滑油则收缩并借毛细力之原理又回存至孔隙中(见15-4-3节)。而过滤器则是利用不同大小之孔隙过滤杂质,且金属基之过滤器可借燃烧或清洗之方法去除堵塞之杂质后再重复使用。

近年来笔记本电脑中多采用热导管(heat pipe)将中央处理器(CPU)之热排除。如图1-7所示,热导管中之水原处于半真空状态,当中央处理器发热时在该处之水将蒸发,使中央处理器降温,所蒸发之水蒸气经由中间之通道到达热导管之另一端(凝结端),因该处有风扇冷却、温度较低而凝结成水。由于热导管管壁有一层纯铜粉烧结体,其孔隙度高,凝结端之水被吸入多孔烧结体后,借由毛细力被吸回原来之蒸发端,然后在蒸发端再蒸发,如此不断蒸发、冷却而形成一循环。这些均是粉末冶金产品拥有孔隙之好处。

(2)可制作高熔点金属。由于钨、钼等元素之熔点高,无法找到适合之坩埚熔炼这些金属,所以一般多采用粉末冶金法,以化学方式先制成粉末,再借成形、烧结之方式将粉末致密化。图1-8为日常用灯泡中钨丝之外观。

(3)可制作不互溶之复合材料。此类别中以钨/银、钨/铜、钼/银、钼/铜等电接触点、散热体或配重块(图1-9)最具代表性。由于这些材料彼此间之溶解度低,且熔点及密度差异大,无法以熔炼方法制作,但可借由将钨、钼粉予以成形后于其上加一铜块,然后加热使铜熔化渗入坯体;也可先将钨、钼预烧结,形成骨架,再将铜、银渗入;亦可先将铜镀在钼粉表面后再予以成形、烧结,然后再将铜渗入残留之孔隙。此表示了粉末冶金工艺拥有极大的弹性,亦即以不同之粉末冶金工艺可制造出具不同显微组织(图1-10)之工件(见16-5节)。此外又如石墨与铜亦不互溶,但亦可采用粉末冶金法用成形、烧结之方式制成炭刷。

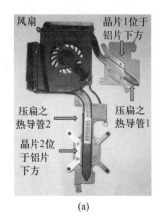

(a)　　　　　　　　　　　　　　　　　　(b)

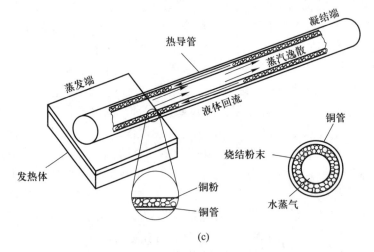

(c)

图 1-7　烧结式热导管之应用(a)，剖面结构(b)，以及散热机构(c)

图 1-8　日常用灯泡中之钨丝(薛毓文摄)

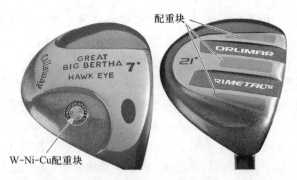

图 1-9　高尔夫球杆头底部为了降低重心所加之配重块(《高尔夫文摘》提供)

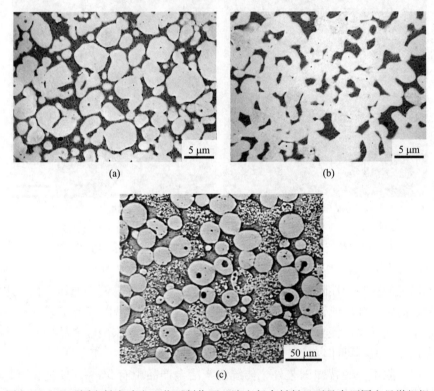

图 1-10　以不同之粉末冶金工艺可制作不互溶之复合材料且可具有不同之显微组织。
（a）钼粉生坯直接渗铜；（b）钼粉烧结后再渗铜；（c）镀铜钼粉烧结后再渗铜(吴嘉信摄)

　　（4）经济性。由于成形、烧结后坯体尺寸即为最终产品之尺寸，可省去钻孔、车削、研磨等加工步骤，而且无废料，所以粉末冶金工件之成本低。例如齿轮箱中之传动齿轮以粉末冶金方法制作时其烧结后之尺寸即为成品之尺寸；相对地，若以滚齿的机械加工方式制作时，因齿数多，加工速度慢，且废料多，所以成本高；而若以锻造之方式制作时，则因速度慢，且在锻出齿形后，工件之其他尺寸仍需再经机械加工，废料仍多。所以粉末冶金产品其成本相对而言相当低，故能与其他机械制造方法竞争。

（5）组织均匀性。由于粉末冶金工艺以粉末为起始原料，其显微组织之不均匀性因而常局限于一颗粉末之内，相对于整个基体而言，其组织相当均匀。最具代表性之例子即为粉末高速钢，如图 1-11（a）所示，其显微组织中之碳化物较细且分布相当均匀，而传统经熔炼、辊轧、锻造之高速钢中之碳化物均有方向性，且相当粗大，如图 1-11（b）所示，所以其韧性、耐磨耗性均远逊于粉末高速钢。

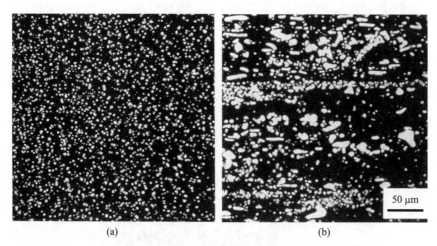

图 1-11 不同工艺所制作高速钢之显微组织。（a）粉末冶金工艺；
（b）传统铸锻工艺（由 Crucible 台湾代理合楷精密公司提供）

以上的这些特性除了经济性以外均属于必需性或优异性，如具多孔性之烧结体、高熔点金属或钨/铜复合材料均属于必需性，不易以其他工艺制造，而粉末工具钢则属于优异性，其品质较熔铸件佳。虽然粉末冶金产品拥有上述多项之优点，但不可讳言，它也有些先天上之缺点，例如：

（1）除了一些特殊工艺外，传统粉末冶金产品中有 5%～20% 之孔隙，与以铸锻法所制产品相较之下，其机械性质，特别是在延性、韧性及抗疲劳性方面较差；而在电镀品质方面，亦常因孔隙易藏匿残酸或化学药剂而在出货后于孔隙处长出结晶，故必须施以特殊处理才可避免（见第十章）。

（2）生产粉末冶金产品之设备相当昂贵，主要设备如成形机及烧结炉均需庞大之投资，而模具亦相当昂贵，故如何充分利用生产设备，提高利用率，采用自动化及一模多穴等均是一般经营粉末冶金工厂者所必须考虑的课题。

（3）截面积大之工件不易生产。由于粉末成形压力多在 300～800 MPa（3～

8 tf/cm^2），若工件之截面积为 200 cm^2 时则成形机之吨数将高达 1600 tf，此类设备非常昂贵，目前全世界高于 1500 tf 之成形机仅数台，故在选择粉末成形作为制造方法时需考虑此点。

（4）原材料以单位质量计算时较铸锻钢为贵，在生产大且形状简单之零件时，因粉末成本比例高，粉末冶金工艺不易与其他方法竞争。相反地，在生产小且形状较复杂之零件时，则因原料所占成本之比例较低，所以竞争力较强。

（5）由于模具之成本相当高，若生产量仅数千件时，每个工件所分摊之模具费将过高，不适合以粉末冶金方法制造。

1-5　粉末冶金未来之发展

尽管粉末冶金工艺有上述之缺点，此工艺每年在全世界仍持续地成长，且其成长率仍能领先大部分之其他机械制造业，其主要原因在于技术之创新。粉末冶金行业每数年就有一些重要的突破，例如 20 世纪 70 年代初期扩散合金粉末之发明，改进了添加元素粉时成分不均的缺点，使得粉末冶金产品之机械性质及品质稳定性大幅提升；80 年代中期特殊黏结剂之开发成功，使得质轻之石墨粉能附着在金属颗粒上而不致造成偏析或粉尘飞扬之污染；90 年代初期汽车连杆逐渐改采粉末锻造方式，Fe-Mo 预合金粉开发成功，温压成形技术提高了生坯密度；2000 年起金属粉末注射成形（metal injection molding，MIM，见 11-10 节）技术趋于成熟[5]，温模成形及新润滑剂开发成功。这些新技术使得粉末冶金产品之机械性质与铸锻品更为接近，也更拓宽了粉末冶金产品的市场。至于未来在技术及工艺上之发展趋势，可由近年来各粉末冶金会议中所发表之论文及新产品、新设备之展示看出有下列几项：

（1）能提高生坯强度及能使用较少添加量之新型润滑剂。

（2）温模成形（warm die compaction）。

（3）高温烧结（high temperature sintering）。

（4）增材制造（additive manufacturing，AM），又称 3D 打印。

（5）金属粉末注射成形。

（6）热等静压（hot isostatic pressing）。

（7）高压缩性铁粉。

（8）侧向成形技术（side compaction）。

（9）电动成形机（electrical compaction press）。

以上这些工艺、技术或设备均将在后续几章中陆续说明。由于粉末冶金工艺具有相当多之优点，其成品不但已进入我们日常生活用品中，也已大量被使用于高科技及航空、军事用途。随着更多的设计工程师对粉末冶金之认知，新的产品、新的设计将不断地出现，而粉末冶金业者本身之研发也势必能将粉末冶金产品之性质提高，更进一步缩小与铸锻品间之差距，甚而利用粉末冶金之特点而超越之，所以在可预见之将来，粉末冶金工艺势必仍将稳定成长，并持续在机械制造业中占有无法取代之地位。

参考文献

［1］ ASM Int. Handbook Committee，*Metals Handbook*，Vol. 7，*Powder Metal Technologies and Applications*，ASM Int.，Materials Park，Ohio，USA，1998.

［2］ R. M. German，*Powder Metallurgy Science*，2nd ed. ，Metal Powder Industries Federation，Princeton，NJ，USA，1994.

［3］ F. Thümmler and R . Oberacker，*Introduction to Powder Metallurgy*，The Institute of Materials，London，UK，1993.

［4］ F. V. Lenel，*Powder Metallurgy Principles and Applications*，Metal Powder Industries Federation，Princeton，NJ，USA，1980.

［5］ 黄坤祥，*金属粉末射出成形(MIM)*，台湾粉体及粉末冶金协会，2013。

作业

1. 在你家中或教室中眼见可及之物体中有哪些含有粉末冶金零件？并举出此物采用粉末冶金工艺之原因。
2. 一316L 不锈钢圆筒，其外径为20 mm，内径为16 mm，长为8 mm，拟分别以车削管件、精密铸造及粉末冶金之方法制作，若需生产100 及100000 件时，采用何法最佳？原因为何？
3. 为什么粉末高速钢之机械性能比传统之锻造高速钢好？
4. 白金戒指一般乃用冲压板片的方式先做出坯体，然后再整形、抛光而成，但英国的 Engelhard 公司自1998 年起对于图1-12 中宽度较大的戒指采用粉末冶金的工艺，其优点何在？

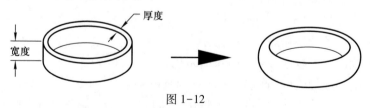

图 1-12

第二章
物理冶金简介

2-1 前言

　　粉末冶金技术牵涉到金属、有机物、化学及机械四大领域，其中又以金属领域最为重要，包括了金属粉末之制造、坯体的烧结行为及产品之热处理等，这些工艺的原理都与物理冶金的基本理论相关，其中包含了金属原子的排列方法、晶体结构、扩散机制、合金元素之选择及设计、相变等。以下本章乃针对尚无金属材料学背景之读者，提供阅读此书所需之基础，就相关的物理冶金原理作一介绍，在说明过程中也将尽可能采用目前业界常用的材料及工艺作为例子，在了解物理冶金相关基础后，对于接下来各章中的粉末冶金工艺将能有更深入的认识，也才能在未来对这些工艺作更进一步的改善及创新。

2-2 金属之晶体结构

　　绝大多数金属材料中的原子都是有次序且重复性地排列，就如同由许多相同的积木堆叠而成，每一个积木可称之为晶胞或单位晶胞(unit cell)。此晶胞中的原子可依不同的方式排列，不过一般最常见的有三种：体心立方（body-centered cubic，简称 bcc），面心立方（face-centered cubic，简称 fcc）以及密排六方（hexagonal close-packed，简称 hcp）。由于原子排列方式的不同，金属的强度、硬度、延性及变形能力等也因而不同。

2-2-1 体心立方

如图 2-1 所示，体心立方晶胞中有 8 个原子各占据正立方体的 8 个角落，且有一个原子位于晶胞正中间，因为此种晶胞的每个原子均被 8 个原子包围住，所以其配位数（coordination number）为 8。又由于此晶胞中每个角落的原子只有 1/8 位于立方体内，而位于中间的原子则是整个体积均在立方体内，所以此晶胞中共有两个完整的原子（$\frac{1}{8} \times 8 + 1 \times 1 = 2$）。又其单边长度称为晶格常数（lattice parameter），一般以"a"代表。由此原子数及晶格常数可算出此材料的理论密度 ρ 应为

$$\rho = \frac{w \times 2}{a^3 \times N_0} \tag{2-1}$$

式中：w 为原子量（g/mol）；N_0 为阿伏伽德罗常量（$6.022 \times 10^{23} \mathrm{mol}^{-1}$）。以纯铁为例，在室温至 912 ℃ 的温度范围内其晶体结构为 bcc，又称铁素体（ferrite），或称 α 铁，其在 25 ℃ 时之"a"值为 0.287 nm，在 912 ℃ 时为 0.290 nm，原子量为 55.85 g/mol，所以铁在 25 ℃ 之密度经计算为 7.85 g/cm³，在 912 ℃ 为 7.60 g/cm³。由图 2-1 之单位晶胞也可看出其对角线之长度正好是两个原子之长度，所以由铁的晶格常数"a"可知一个铁原子在室温及 912 ℃ 之直径分别为 0.248 nm 及 0.251 nm。此外，也可算出一个体心立方单位晶胞中，原子之体积占了总体积的 68%，亦即原子间的孔隙占了 32%。

图 2-1　体心立方结构之示意图（李志弘绘）

2-2-2 面心立方

如图 2-2 所示，面心立方晶胞中有 8 个原子各占据立方体的 8 个角落，每个角落的原子只有 1/8 位于立方体内，此外，立方体之 6 个面的中间位置也各有一个原子，这些原子只有 1/2 位于立方体内，所以此晶胞中共有 4 个完整的原子 ($\frac{1}{8} \times 8 + \frac{1}{2} \times 6 = 4$)。以纯铁为例，在 912~1394 ℃之间其结构即为 fcc，又称奥氏体 (austenite) 或称 γ 铁，其在 912 ℃时之晶格常数 "a" 为 0.365 nm，计算出之密度为 7.63 g/cm^3。由于 fcc 晶格内原子的排列较密，原子的体积占了一个晶胞总体积的 74%，比体心立方高，所以其密度也比较高。

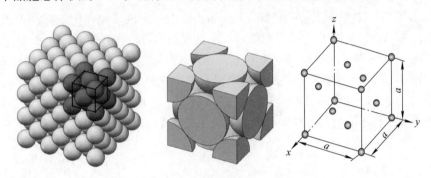

图 2-2 面心立方结构之示意图（李志弘绘）

此面心立方晶胞中的原子均被 12 个原子所包围，所以其配位数为 12，也因周围之电子多，有排斥之效应，所以在同一温度如 912 ℃时，γ 铁之原子直径为 0.258 nm，比 α 铁的 0.251 nm 稍大。

2-2-3 密排六方

如图 2-3 所示，此晶胞中间层有 3 个原子，以三角形的方式存在于单位晶胞中，而上（A 层）、下（C 层）两层中均有 6 个原子各占据六边形的角落，且均有一个原子位于 A、C 端面的中心，而此原子正好落在中间层（B 层）3 个原子中间的凹陷点。依此法排列时，可算出 hcp 晶胞中的高度 c 与六角形边长 a 之比例 (c/a) 应约为 1.633，但实际上一般 hcp 金属之 c/a 值均稍高于此。由图 2-3 可看出此六角柱晶胞中共有 6 个完整原子 ($\frac{1}{6} \times 12 + \frac{1}{2} \times 2 + 1 \times 3 = 6$)，其原子的体积占了晶胞总体积的 74%，与 fcc 相同，此乃因这两种晶格中原子的排列均是最密的堆积法，每一个原子均被 12 个原子所包围，亦即每个原子的配位

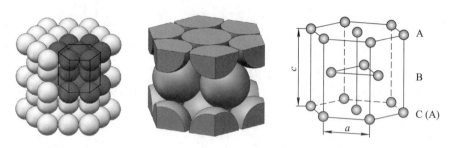

图 2-3　密排六方结构之示意图（李志弘绘）

数为 12，只是其整体的排法稍有不同。

由图 2-3 中原子之排列可知，hcp 晶胞中上、下两端面原子的排列方式相同，亦即 A、C 两层的排列方式相同，所以此结构可视为 A-B-A-B-A-B 之排列方式。此种原子的堆积密度为 74%，与 fcc 结构相同，均是最密之堆积方式，但由图 2-2 之 fcc 结构不易看出最密堆积方式之排法，不过只要由对角线之角度观察时，如图 2-4 所示，即可知 fcc 结构中的每一个原子均被 12 个原子所包围，但与 hcp 结构不同的是，这些平面的堆叠方式为 A-B-C-A-B-C。

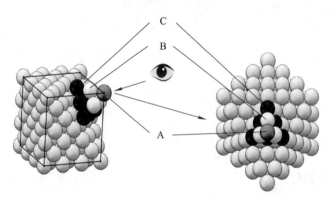

图 2-4　由对角线之角度观察 fcc 结构时原子之排列方式（李志弘绘）

当材料受力时若在某个平面上受到的剪力超过该平面滑移之阻力，该平面即可移动。此滑移多发生在原子密度最高之平面，如上述之 A、B、C 面，而最易滑移之方向则是在该滑移面上原子排列最密的方向，因为在此方向滑移所需之距离最短。所以决定滑移的难易在于原子密度最高之平面是否够多，且在该滑移面上原子排列最密的"线"（方向）是否够多。例如图 2-4 中 fcc 之 A、B、C 面均是最密堆积面，而该面又可朝 3 条最密堆积线的方向（亦即金字塔形三角锥的 3 个底线）滑移，因为此方向之滑移距离最短。此组合使得 fcc 结构比

bcc 或 hcp 结构都容易变形，故铜、镍、316L 不锈钢等具 fcc 结构之材料的延性都很好。

粉末冶金常用的金属有铁、镍、铜、钼、铬等，其中的铁在室温下为 bcc 结构，俗称 α 铁或 α 相（phase），当温度超过 912 ℃后即变为 fcc 结构，俗称 γ 铁或 γ 相，当温度超过 1394 ℃后又变为 bcc 结构，俗称 δ 铁。镍及铜不论在高温或低温，其结构均为 fcc，而钼及铬则不论在高、低温均为 bcc 结构。

2-3 晶粒与晶界

上节所述之三种晶体结构（bcc、fcc、hcp）的晶胞可视为单胞，若这些单胞中的原子依原有之排列方向无限延伸，则此材料将只由一个晶粒（grain）所组成，如图 2-5（a）所示，而此材料可称为单晶（single crystal），例如半导体业常用的硅晶片。不过一般的金属固体几乎都不是单晶，而是由多个晶粒所组成，称为多晶（polycrystal），如图 2-5（b）所示，每个晶粒的晶体结构可能相同，均为 bcc 或 fcc，但方向不同。相邻晶粒在交界处的原子其排列显得错乱，空位（vacancy）也较多，此晶粒与晶粒相接处称为晶界（grain boundary），如图 2-5（c）中晶粒 A 与晶粒 B 相接处。由于晶界处原子之排列不规则，缺陷多，因此晶界上容易有杂质原子混入，影响材料之机械及物理性质。

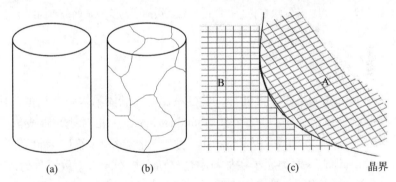

图 2-5 （a）单晶；（b）多晶；（c）晶界附近原子的排列不规则

2-4 扩散

制作粉末冶金工件时，常将不同的元素粉末混合在一起，然后借由烧结制作出所要的合金。以 Fe-2Ni 为例，铁粉与镍粉之混合粉在烧结时由于铁粉中无镍，所以镍粉中的原子倾向进入铁粉中，以降低能量。相对地，镍粉中无铁，所以铁粉中的原子也倾向进入镍粉中，以降低能量。这些铁、镍原子间的移动行为即称扩散(diffusion)。再以 Cu-Ni 为例，将镍块与铜块焊在一起后放入高温炉中，此时铜原子将朝镍块方向移动，而镍原子也将朝铜块方向移动，经过一段时间的相互扩散后，铜与镍的分布将如图 2-6 所示。扩散之速率与温度、元素种类、晶体结构有关，也与扩散机制有关，兹分述如下。

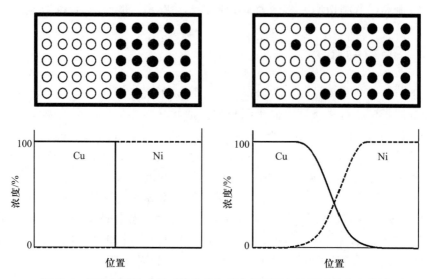

图 2-6　镍块与铜块在相互扩散前与后之铜原子与镍原子的分布曲线

2-4-1　扩散机制

当两种原子之大小非常接近时，很容易在同一晶体结构中互相被取代，此类取代型的原子称为置换型原子(substitutional atom)；相对地，碳或氮等原子较小，可躲在晶体结构中各原子间的孔隙，此类小原子称为间隙型原子(interstitial atom)。这两类原子在材料中之移动方式不同，大致可分为两种：

(1)间隙型原子可在晶格内主要原子间的缝隙中穿梭，例如碳原子小，在铁基体内扩散时即是在铁原子间的缝隙中移动，如图 2-7 所示，此类扩散可称为间隙型扩散(interstitial diffusion)，一般渗碳热处理时碳在铁中的扩散即属此类型。

(2)第二种常见之扩散机制称为置换型扩散(substitutional diffusion)，此置换型扩散又可分为三种：① 空位型扩散，② 直接替换型扩散，及③ 转动型(ring type)扩散。例如铁晶格中均会有些空位，其周围的铁原子均可能跳入该空位，并在原来之位置留下新的空位，此相当于该原子已经移动了一个原子之距离，如图 2-8(a)所示。此空位型扩散在原子堆积不紧密处又更容易，例如在晶界上或材料之表面；由于原子在这些地方进出空位较容易，所以在这些地方之扩散速率较快。在直接替换型扩散中，相邻之原子直接交换位置，如图 2-8(b)所示。另一种机制是相邻之数个原子同时转动而交换位置，如图 2-8(c)所示。这些直接交换的两个或数个原子因为被周围的原子包围住而不易移动位置，所以多在高温时借着原子具有较高能量时才较易进行。

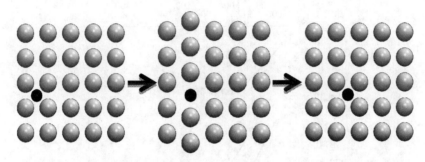

图 2-7　间隙型扩散时，间隙型原子在晶格内其他原子间的缝隙中移动

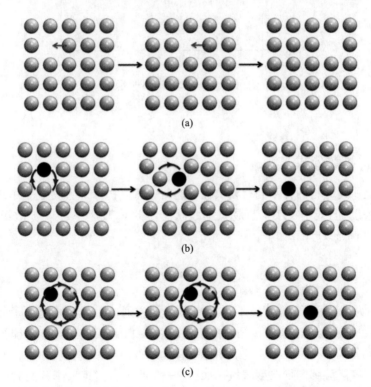

(a)

(b)

(c)

图 2-8　置换型扩散时原子的移动方式。(a)空位型；(b)直接替换型；(c)转动型

扩散之速率也与晶格类型有关，以间隙型扩散为例，由于 bcc 的铁晶格较松散，而 fcc 的晶格较紧密，所以碳在 bcc 亦即 α 铁中的扩散速率较在 γ 铁中高。对于置换型扩散而言，结果也相似，以铁为例，晶格较松散之 α 铁在912 ℃时之扩散速率即约为同一温度下 γ 铁的 150 倍左右，如图 2-9 所示。由此图亦可看出，间隙型扩散（如碳）的速率远比置换型扩散（如铁）快。

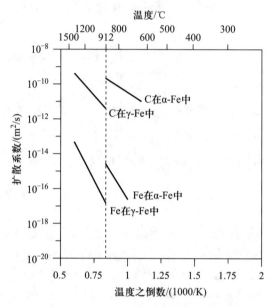

图 2-9　碳及铁原子在 α 铁及 γ 铁中扩散速率的比较

2-4-2　扩散公式

如上所述，将两种不同材料放在一起时，相互扩散即会发生，并趋向最后之平衡浓度而达到热力学上最稳定之状态。此扩散速率可依扩散第一定律（Fick's first law）计算如下：

$$J = -D\frac{\partial c}{\partial x} \tag{2-2}$$

式中：J 为扩散原子之流通量，亦即单位时间内通过单位面积之原子数；D 为扩散系数；c 为原子浓度；x 为距离。所以以一维方向而言，$\partial c/\partial x$ 即为浓度之梯度。又公式中有一负号，此表示原子移动之方向与浓度梯度相反，亦即原子是由高浓度区域移向低浓度区域，如图 2-10 所示。当扩散刚开始时由于浓度梯度大，扩散速率快，但随着时间的增加，浓度梯度将逐渐变缓，如图 2-11

所示，此时扩散速率也变慢，此导致扩散距离(x)与时间(t)的平方根成正比($x \propto \sqrt{t}$)，而一般的渗碳深度即依此关系估算。

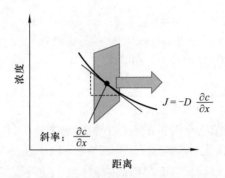

图 2-10　扩散时原子由高浓度区域移向低浓度区域之流通量

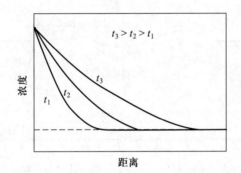

图 2-11　扩散时随着时间的增加，浓度梯度逐渐变缓，扩散速率也变慢

在式(2-2)中影响扩散速率的因素除了浓度梯度以外还有扩散系数 D，此 D 与原子之扩散机制及温度有关，如下式所示：

$$D = D_0 e^{-Q/kT} \qquad (2-3)$$

式中：D_0 与材料特性如晶体结构、熔点等有关；T 为热力学温度；k 为气体常数 $[8.314 \ \text{J}/(\text{mol} \cdot \text{K})]$；$Q$ 为活化能，此能量与将一个原子与相邻原子间的键结打开并移动至新位置所需要的能量有关。对间隙型扩散而言，因为原子移动较易，其活化能较低，而置换型扩散之活化能则较高。表 2-1 列出铁在 bcc 及 fcc 相自扩散时的 D_0 及 Q，另外也列出碳在 bcc 及 fcc 铁内扩散时的 D_0 及 Q，根据这些数值可算出不同温度时的扩散系数，如图 2-9 所示。由式(2-3)及图 2-9 可知温度是影响扩散速率的一个主要因素。

表 2-1　铁在 bcc 及 fcc 相自扩散以及碳在 bcc 及 fcc 铁内扩散时的相关扩散数据[1]

扩散原子	基体相	$D_0/(\text{cm}^2/\text{s})$	$Q/(\text{kJ/mol})$	912 ℃时之 $D/(\text{cm}^2/\text{s})$
铁	bcc	2.76	250.58	2.48×10^{-11}
	fcc	0.49	284.12	1.46×10^{-13}
碳	bcc	$\text{Log } D=-0.9064-0.5199\chi+$ $1.61\times10^{-3}\chi^2$，$\chi=10^4/T$	6.62×10^{-6}	
	fcc	0.234	147.81	7.14×10^{-8}

　　除了温度及晶体结构会对扩散速率有所影响之外，材料之表面形貌也有关系。以图 2-12 为例，当材料表面有凹有凸时，原子在凸处之能量较高，稳定性低，原子会向凹处移动，若有足够高之温度及足够长之时间，该表面最后将成为平面，使表面积及表面能降低。此现象即是造成粉末烧结的基本原理之一，详细之理论将在第八章中介绍。

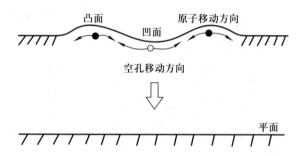

图 2-12　当材料表面有凹有凸时，原子会由凸处向凹处移动而逐渐成为平面

2-5　相图

　　晶体结构中的所有原子并非一定要完全相同，可由两种或多种原子交错排列。例如镍与铜在周期表中为邻居，其晶体结构均为 fcc，且原子大小也非常接近，因此镍原子很容易在铜晶体结构中取代铜原子，反之，铜原子亦容易取代镍晶体结构中的镍原子，所以镍及铜之互溶度非常高，由于此互溶度是在固体中的溶解度，故常又称为固溶度。此外，碳或氮等间隙型原子亦可躲在晶体结构中原子间的孔隙，此也是固溶方式之一。而此间隙型原子的固溶度与晶体结构有关，例如碳在具 fcc 结构的 γ 铁中之固溶度比在具 bcc 结构的 α 铁中高。若从原子的堆积密度来看，fcc 的堆积密度高达 74%，比 bcc 的 68% 高，似乎碳较不易在 fcc 中找到孔隙，但事实不然，因为 fcc 晶体结构中的总孔隙率虽

低，但在 fcc 晶胞中有几个特殊位置，其原子间的孔隙较大，较容易容纳碳原子，故碳在 γ 铁中之固溶度反而比在 α 铁中来得高。例如碳在 γ 铁中的固溶度在 900 ℃时可超过 1%，但在 900 ℃的 α 铁中，碳的固溶度低于 0.02%。

绝大多数粉末冶金材料在室温时均为固相，但在高温烧结时常见液相及固相同时存在，而该固相又可能与在室温时有不同的晶体结构。若要判断在不同温度时有哪些相存在，每个相之比例各多少，这些问题可借相图(phase diagram)解答，兹将最常见之相图的基本形式说明如下。

2-5-1　完全互溶型

以最简单的 Cu-Ni 相图(图 2-13)而言，它显示了一些重要资讯，兹以下列三种成分(纯镍、纯铜及 Cu-35Ni)作说明。

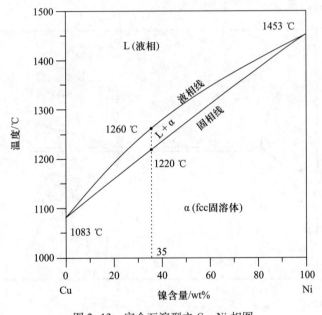

图 2-13　完全互溶型之 Cu-Ni 相图

(1) 图 2-13 中右边的 y 轴显示纯镍的熔点为 1453 ℃，当液体镍由高温冷却至 1453 ℃以下时将形成固体。

(2) 图 2-13 中左边的 y 轴显示，对纯铜而言，其熔点为 1083 ℃，在此温度之上，铜是以液体存在，而在此温度以下则为固体。

(3) 对 Cu-35Ni 而言，在 1260 ℃以上时为液体，其中的镍与铜完全互溶，如同酒精与水一般；而在 1220 ℃以下时为固体，其中的镍与铜也完全互溶，为固溶体；但在 1220~1260 ℃ 之间时，Cu-35Ni 则为固体与液体之混合物，如同泥浆一样。

在图 2-13 中，通过 1453 ℃、1260 ℃ 及 1083 ℃ 三点之线称为液相线（liquidus line），代表 Cu-Ni 合金全为液体时之最低温度，低于此温度时固体即开始产生。而通过 1453 ℃、1220 ℃ 及 1083 ℃ 三点之线为固相线（solidus line），代表了 Cu-Ni 合金全为固体时之最高温度，超过此温度时液体即开始生成，使 Cu-35Ni 成为固体与液体之混合物。此类型的相图一般称为完全互溶型（isomorphous type）。

2-5-2　共晶型

日常生活中常见的铅-锡（Pb-Sn）合金即属此类型，其相图如图 2-14 所示，兹以下列四种成分作详细的说明。

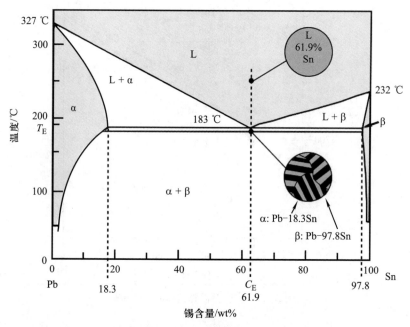

图 2-14　有共晶反应之 Pb-Sn 相图及 Pb-61.9Sn 合金由高温降至室温时其组织变化之示意图

（1）纯铅在 327 ℃ 以上为液体，低于此温度时为固体，此固体在 327 ℃ 时是纯铅，但随着温度之降低，铅中可固溶的锡含量逐渐增加，此固溶量在 183 ℃ 时呈一最大值，达到 18.3%，随着温度再降低，此固溶量又逐渐下降，在室温时约为 2%。为了方便讨论，此含有微量锡之固体称为 α 相，因为希腊

字母之首为 α，所以一般由相图左边算起之第一个相即称为 α 相。

（2）纯锡在 232 ℃ 以上为液相，低于此温度时为固体，而随着温度之降低，锡能固溶少量之铅，此固溶量在 183 ℃ 时达到 2.2% 之最大值，若温度继续下降，则固溶量又逐渐减少。此 232 ℃ 以下的铅-锡固溶体算是第二个相，由于希腊字母之第二个为 β，故也称为 β 相。

（3）Pb-61.9Sn 之合金在 183 ℃ 以上时为一完全互溶之液体，一旦温度下降至 183 ℃ 时，液体 L 将依下式反应而析出 α 及 β 两固体相：

$$L_{(l)} \longleftrightarrow \alpha_{(s)} + \beta_{(s)} \qquad (2\text{-}4)$$

由于液体在此反应中同时长出两个固态晶体，故此反应称为"共晶"反应（eutectic reaction）。此反应并非在瞬间完成，液体需要一段时间才完全消失并形成 α、β 相，由于 α、β 两相同时产生，故通常会以层状组织之形态存在。图 2-14 中的示意图即显示出 Pb-61.9Sn 合金由高温降至 183 ℃ 产生共晶反应前后的显微组织。

（4）Pb-40Sn 之合金在 245 ℃ 以上时为完全互溶之液体，低于此温度但高于 183 ℃ 时，例如在 230 ℃ 时，系统中将同时存在液体与 α 相，如图 2-15(c) 所示，此时液体之成分可由液相线得知为 Pb-48Sn，而 α 相之成分可由固相线得知为 Pb-15Sn。当温度到达 183 ℃ 时，α 相之成分为 Pb-18.3Sn，而残留液

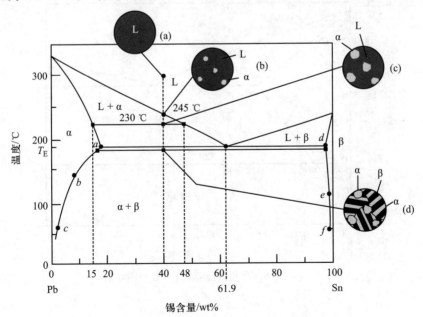

图 2-15　Pb-40Sn 合金由高温降至室温时其组织变化之示意图

体之成分为 Pb-61.9Sn。此时液体之温度与成分正好符合共晶反应之要求，故泥浆般混合物(液体+α 相)中的液体将产生共晶反应形成 α+β 相之层状组织，但原有之 α 相仍留在原地，如图 2-15(d)所示。此共晶反应将持续一段时间才完成，完成后温度才会继续降低，而 α 及 β 相之成分也持续变化，其值分别由 α 及 β 相之固溶度曲线(a、b、c 连线及 d、e、f 连线)所决定。

2-5-3　共析型

共析反应(eutectoid reaction)与共晶反应相似，只是共晶反应中的液相改由固相取代，如下式所示：

$$\gamma_{(s)} \longleftrightarrow \alpha_{(s)} + \beta_{(s)} \tag{2-5}$$

亦即共晶反应是由一个液相变为两个固相，而共析反应则是由一个固相变为两个固相，不过共晶及共析反应后所呈现的显微组织皆为层状组织。以图 2-16 中的 Fe-0.76C 碳钢为例，此材料在 1000 ℃时为奥氏体，当温度降至 727 ℃时，奥氏体发生共析反应，同时析出 α 铁素体(ferrite)及渗碳体(cementite，Fe₃C)而产生层状的共析组织：

$$\gamma\text{-Fe}_{(s)} \longleftrightarrow \alpha\text{-Fe}_{(s)} + \text{Fe}_3\text{C}_{(s)} \tag{2-6}$$

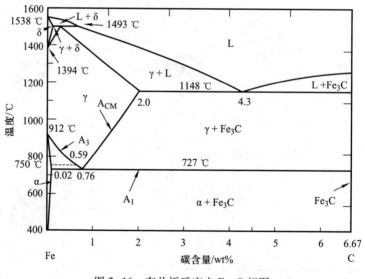

图 2-16　有共析反应之 Fe-C 相图

2-6　杠杆定律

当一个材料之成分及温度正好位于一个双相区，例如图 2-13 或图 2-14 之 L+α 区或图 2-16 之 α+Fe₃C 区时，其各个相之量可以用杠杆定律计算出。兹以图 2-17 之 Cu-Ni 相图为例说明，在成分为 Cu-35Ni 且温度在 1250 ℃时，此合金由液相 L 及 Cu-Ni 固溶体 α 所组成，其固溶体 α 之量 W_α 与液体之量 W_L 有下列之关系：

$$W_L \times X = W_\alpha \times Y \tag{2-7}$$

式中 X、Y 之定义见图 2-17。式(2-7)中 W_α、W_L、X、Y 之关系即有如杠杆或跷跷板平衡时的力学关系(图 2-17)，跷跷板两边的 W_L 及 W_α 两个重物各自乘上其力臂后之乘积应相等，故称为杠杆定律。又

$$W_\alpha = 1 - W_L \tag{2-8}$$

将式(2-7)中的 W_α 以式(2-8)代入，所以

$$W_L = \frac{Y}{X + Y} \tag{2-9}$$

$$W_\alpha = \frac{X}{X + Y} \tag{2-10}$$

以 Cu-35Ni 为例，当此材料在 1250 ℃时其组织乃 L+α，L 之镍含量为 32%而 α 相中之镍含量为 43%，所以液相 L 之量为(43-35)/(43-32)＝72.7%，此公式之分母为杠杆之总长，亦即 43-32，而分子则为所计算之相(在此为 L 相)之对边的长度，亦即 43-35。相对地，计算 α 相时，分母仍为杠杆之总长，亦即

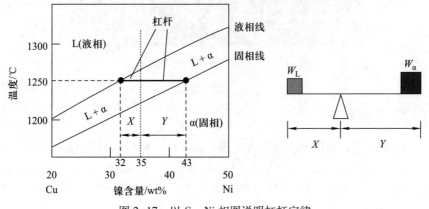

图 2-17　以 Cu-Ni 相图说明杠杆定律

43-32，而分子则为 α 相对边之长度，亦即 35-32，故 α 相之量为(35-32)/(43-32)= 27.3%。

2-7　金相组织

由以上三种常见的基本相图及杠杆定律已可解读多数金属材料之相图，并进而推断其烧结后的显微组织。兹以常见之碳钢(Fe-C)举例说明。

2-7-1　共析钢

Fe-C 二元相图(图 2-16)显示碳钢产生共析时的碳含量为 0.76%，所以 Fe-0.76C 碳钢也称共析钢(eutectoid steel)。此碳钢在 1200~1300 ℃ 之间烧结时位于 γ 相区间，其晶体结构为 fcc。当工件烧结束并冷却至 727 ℃ 时，由于 γ 相并不稳定，开始产生共析反应，同时析出 α 相及 Fe_3C 相，在显微镜下为一层状组织，由一层 α 相及一层 Fe_3C 相堆叠而成，如图 2-18 所示，一般称为珠光体(pearlite)。

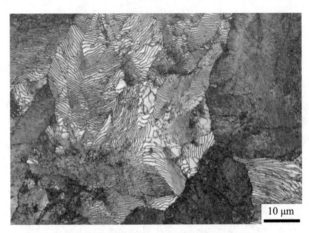

10 μm

图 2-18　珠光体之显微组织(林晔珣摄)

2-7-2　亚共析钢

一般粉末冶金碳钢的碳含量在 0.5%~0.7%，低于共析成分的 0.76%，所以 Fe-(0.5~0.7)C 碳钢也称亚共析钢(hypo-eutectoid steel)。以 Fe-0.5C 碳钢为例，此碳钢在 1200~1300 ℃ 之间烧结时位于 γ 相区间(图 2-16)，当烧结束，工件逐渐冷却到 A₃线时，γ 相开始析出一部分之 α 相，此 α 相为一 bcc

相。随着温度降低，α 相之比例逐渐增加，当温度到达 750 ℃ 时，其 α 相及 γ 相中的碳含量分别约为 0.02% 及 0.59%（图 2-16），依杠杆定律可算出 α 相之量为 (0.59 - 0.50)/(0.59 - 0.02) = 16%，而 γ 相的量为 (0.5 - 0.02)/(0.59 - 0.02) = 84%。当工件继续冷却至 727 ℃ 之共析温度时，α 相之量增加至 (0.76 - 0.50)/(0.76 - 0.02) = 35%，而 γ 相的量减少至 (0.5 - 0.02)/(0.76 - 0.02) = 65%，此残留之 γ 相在 727 ℃ 将产生共析反应，生成珠光体。当工件温度降至室温时，其显微组织即由珠光体与较早生成之 α 相并存，如图 2-19 所示。

图 2-19　亚共析钢缓冷至室温时之显微组织为珠光体（层状组织者）+α 铁（黄柏铭摄）

2-7-3　过共析钢

再以碳含量较高的 Fe-0.8C 碳钢为例，其碳含量高于共析成分的 0.76%，所以 Fe-0.8C 碳钢也称过共析钢（hyper-eutectoid steel）。此碳钢在 1200～1300 ℃ 之间烧结时位于 γ 相区间，其晶体结构为 fcc。当烧结结束工件逐渐冷却到 A_{CM} 线时，γ 相开始析出一部分之 Fe_3C 相（图 2-16），亦即渗碳体，此 Fe_3C 多析出在 γ 相间的晶界上，为一硬且脆之组织。随着温度继续降低，Fe_3C 之比例依杠杆定律逐渐增加，而 γ 相则逐渐减少，当到达 727 ℃ 之共析温度时残留之 γ 相将产生共析反应，生成珠光体。当工件温度降至室温时，其显微组织即由珠光体与较早生成之 Fe_3C 相同时并存，且 Fe_3C 相多在珠光体之周围，如图 2-20 所示。

综上所述，由图 2-16 可知共析碳钢之碳含量为 0.76%，一旦碳含量超过此值，渗碳体即会析出在晶界上，导致工件变脆。所以共析点之碳含量是一个重要指标，工件之碳含量最好不要超过此值。不过含有合金元素时，此共析点

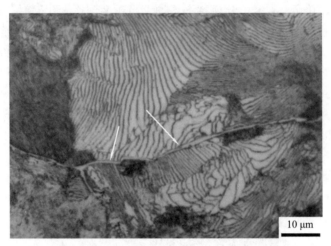

图 2-20 过共析钢缓冷至室温时之显微组织为珠光体
（层状组织者）+渗碳体（箭头所指处）（林晴珣摄）

之碳含量及温度也会变化，一般而言，加入镍、铬、钼、硅、锰、钨、钛等常用合金元素时，共析点之碳含量均会降低。但共析温度的变化则较复杂，添加钼、硅、铬时，共析温度会上升，而添加镍、锰时则会下降，如图 2-21 所示。以美国粉末冶金协会（Metal Powder Industry Federation，MPIF）为注射成形合金钢（见 11-10 节）所订标准之 MIM-4140（Fe-0.25Mo-0.4C-1.0Cr-0.3Mn-0.5Si）为例，碳钢经添加 Mo、Cr、Mn、Si 后，以 Thermo-Calc 热力学软件计算所得的共析碳含量降为 0.6%，而共析温度则升高至 749 ℃。

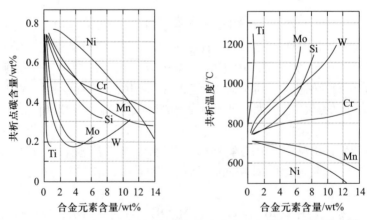

图 2-21 常用合金元素对碳钢共析点之碳含量及共析温度之影响[2]

2-7-4 马氏体

图 2-16 中所示之 Fe-C 相图是在平衡状态下所得到的，亦即只有当碳钢以很缓慢的冷却速率由高温降至低温时才可以得到相图所预测的相及显微组织，但对于一般钢材而言，材料常以较快速的方式降温，例如在热处理时常将工件加热至 850~950 ℃之间，然后迅速浸入水或油中，使材料硬化，亦即俗称之淬火（quenching）。此时将无法根据 Fe-C 相图解释所得到的组织。兹以中碳钢为例作详细之说明。中碳钢在 850 ℃左右形成奥氏体相（fcc）后，若将之于数秒钟之内急速冷却至室温，此时将无法形成图 2-16 所示之 α+Fe₃C 相，因为在室温时稳定的铁素体相为 bcc 结构，其对碳的溶解度仅 0.02%左右，所以在高温时 fcc 晶格中所固溶之碳原子迅速冷却至室温时将无足够的时间扩散出铁之晶格并形成 Fe₃C，所以此时晶格内之过饱和碳将卡在较长的 Fe—Fe 键中间，并造成晶格之变形而形成一个新的晶体结构，称为体心正方（body-centered tetragonal，bct）。其结构与 bcc 相似，但其 z 轴的边长比 x 轴、y 轴的边长长一些，如图 2-22 所示。此急冷后之碳钢在显微镜下为一针状组织，称为马氏体（martensite）相，如图 2-23 所示。

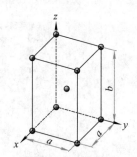

图 2-22 马氏体之晶体结构为体心正方

由于马氏体中含有大量之碳且晶格变形严重，故为一硬且脆之相，且其硬度随着碳含量的增加而上升，此乃因碳在高温时能大量填入奥氏体原子间之空隙，当快速降温时，碳大幅挤压晶格产生内应力所致。此晶格的扭曲使得晶粒更难变形，所以马氏体非常脆，延性差，但将淬火后之工件于 200 ℃左右保温，亦即俗称之回火（tempering）时，过饱和之碳将逐渐析出，形成ε碳化物，此时其硬度将稍降，但脆性可大幅改善。

2-7-5 贝氏体

当碳钢急速冷却至 500 ℃左右时，奥氏体仍有可能维持住其 fcc 的结构，

图 2-23　马氏体的显微组织（黄柏铭摄）

若此时保温一段时间或放慢冷却速率的话，由于碳原子之扩散速率在此温度区间仍相当快，奥氏体中的碳将被释出而生成平行之小板状铁素体，在低倍率显微镜下有如竹叶状，如图 2-24 所示。此组织称为贝氏体（bainite），贝氏体之硬度虽不如马氏体，但因有优异之韧性，故在工业应用上相当普遍。

图 2-24　贝氏体的显微组织（林晔珣摄）

2-8　CCT 曲线

由 2-7 节可知碳钢在不同冷却条件下，大致有六种不同的显微组织，亦即奥氏体、铁素体、珠光体、渗碳体、贝氏体及马氏体。由于工业界所使用的钢材非常多，每种钢材所采用的热处理条件也不尽相同，所以所得到的显微组织相当不同。也因为如此，在平衡状态下所建立的相图常无法用来解释所得工件的显微组织及机械性质，因此有必要找出一个简便的方法，让使用者能预测某一种材料以某一种冷却速率由高温降至室温时将得到何种组织，并由该组织预测其机械性质。目前业界最常用的方法就是针对每一种钢材制作其连续冷却转变(continuous cooling transformation，CCT)图，画出相变起始及结束之曲线，俗称 CCT 曲线，然后据此曲线找出其冷却条件与显微组织之关系。兹以 Fe-0.76C 共析钢为例说明如下。

图 2-25 显示当 Fe-0.76C 工件从 800 ℃以 700 ℃/s 之速率淬火冷却至约 210 ℃时，其组织将由奥氏体转变为马氏体。此 210 ℃称为马氏体转变起始温度(martensitic transformation start temperature)，又称 M_s。此马氏体之量随温度之降低而增加，到约 125 ℃时，马氏体转变已完成 90%，此温度称为 M_{90}。而残留之奥氏体要到 M_f 温度(martensitic transformation finish temperature)时才几乎全部变成马氏体。由于一般材料的 M_f 温度远低于室温，所以工件冷却至室温时将有马氏体与少量的奥氏体，此未转变之奥氏体称为残留奥氏体(retained austenite)。

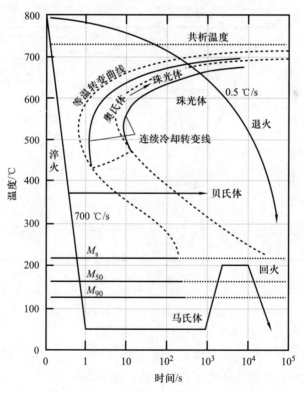

图 2-25 Fe-0.76C 共析钢之 CCT 曲线及淬火、回火、退火处理之降温曲线

马氏体之量除了与温度有关之外，也与碳含量有关。当碳含量较高时，在淬火过程中开始生成马氏体之温度将较低，亦即其 M_s 点较低，而 M_f 点亦较低；当碳含量较低时，其 M_s 及 M_f 点均较高，亦即马氏体转变将较早发生，也较早完成。所以碳含量不同的碳钢淬火至室温时其马氏体的量将不同。

若工件从 800 ℃ 左右仍以 700 ℃/s 之速率快速冷却并通过 550 ℃，亦即俗称的鼻部（nose），且降至 300~500 ℃ 后即改为保温一段时间的话，此时奥氏体将通过转变曲线而生成贝氏体。相对地，若采用退火（annealing），亦即将工件以较慢的 0.5 ℃/s 之速率冷却的话，当温度降至 680 ℃ 时，其冷却曲线将碰到第一条相变曲线（实线），此时组织由奥氏体转变为珠光体。当继续冷却且碰到第二条相变曲线（实线）时，奥氏体转变即完成，此时组织全为珠光体。

兹再以 AISI-4140 合金钢为例，其 CCT 曲线如图 2-26 所示。当工件由 850 ℃ 以约 300 ℃/s 之速率冷却至室温，亦即淬火时，其冷却曲线将穿过 M_s 相变曲线，此时组织将由奥氏体开始转变为马氏体，且随着温度之降低，马氏体之量持续上升。当冷却至室温时，组织将以马氏体为主，只有少部分的残留奥氏体。

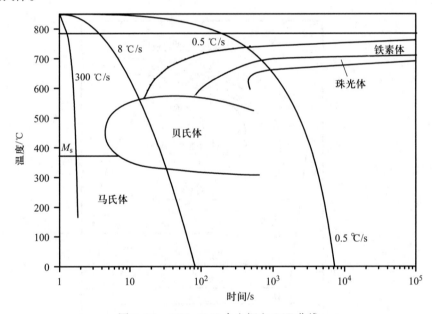

图 2-26　AISI-4140 合金钢之 CCT 曲线

当工件由 850 ℃ 以约 8 ℃/s 之速率冷却至 550 ℃ 时，其冷却曲线将碰到相变曲线，此时组织由奥氏体转变为贝氏体。继续冷却至室温时，组织以贝氏体为主，少部分为残留奥氏体。

当工件由 850 ℃ 以更慢的 0.5 ℃/s 之速率冷却至 720 ℃ 时，其冷却曲线即碰到第一条相变曲线，此时组织内一部分的奥氏体转变为铁素体。当继续冷却并碰到第二条相变曲线时，该铁素体仍维持不变，但残留之奥氏体开始转变为珠光体。当工件继续冷却至碰到第三条相变曲线时，此奥氏体转变才全部完成并成为珠光体，此时组织为少量之铁素体及大部分之珠光体。

2-9 热处理

热处理的目的常是为了改变钢材的显微组织以达到所需的机械性质，最常见的方法有下列几种。

（1）淬火。将钢材加热到 850~1050 ℃ 之间，使工件成为奥氏体，然后急速冷却至油或水中，使材料产生相变而成为马氏体以达到硬化、强化的目的。图 2-25 中共析钢的淬火处理即为一例，将共析钢急速冷却使避开 CCT 曲线的鼻部，然后冷至 M_s 温度以下。

（2）回火。马氏体虽然硬，其延性、韧性却不佳，所以淬火后的粉末冶金钢材多需在 160~250 ℃ 之间保温 1~2 h，此工艺称为回火。图 2-25 中右下方之线即为共析钢淬火后在 200 ℃ 回火之升降温曲线。

（3）退火。当工件过硬而无法加工或整形时，可将材料升温至 700~900 ℃ 之间并保温数小时，然后以炉冷方式缓慢冷却，使硬度降低至 30 HRC 以下。图 2-25 最右边之线（0.5 ℃/s）即为共析钢退火时的冷却曲线。

（4）固溶处理（solutioning）。对粉末冶金工件而言，此工艺大部分是针对 17-4PH 不锈钢。为了使其机械性质最佳化，第一个步骤是将工件在 1050 ℃ 左右保温约 1 h，然后淬火于油或水中，或在高压惰性气体中急速冷却，亦即俗称的油淬、水淬或气淬。图 2-27 即为 17-4PH 不锈钢固溶-析出处理的升降温曲线中之一种，此固溶处理能将在室温的不良第二相或析出物等重新固溶入基体内，如图 2-28（a）所示。当固溶结束执行淬火时，这些固溶物因急冷而无足够的时间析出，因此到室温时将产生过饱和的现象。

（5）析出硬化（precipitation hardening）。当含有过饱和原子的工件再度升温时，这些原子获得足够的扩散能量后可析出稳定的相，但在到达析出稳定相之过程中，析出之原子会在某一阶段中形成一化合物或纯元素的雏形，且该雏形多为纳米级大小并与基体原子间保有连续性的键，如图 2-28（b）所示，此时工件的强度及硬度将达到最高点。当保温时间或温度持续增加时，析出物将成为稳定的第二相且尺寸逐渐变大，与基体间之结合因原子间无连续性而变差，如图 2-28（c）所示，此时工件的强度及硬度将降低。以 17-4PH 不锈钢为

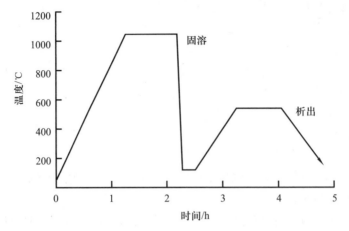

图 2-27　17-4PH 不锈钢的固溶-析出处理曲线

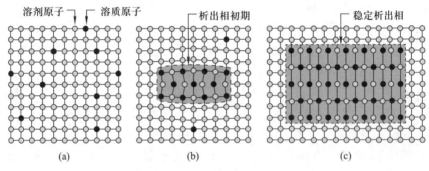

图 2-28　析出过程中原子排列之变化。（a）固溶后；
（b）最佳析出阶段；（c）过度析出期

例，固溶处理后的基体中含有约 4% 的铜，这些铜处于过饱和状态，并不稳定，所以将工件升温至 480 ℃时，铜原子将具有足够的动能开始扩散并形成纳米级的铜聚合物，经保温 1 h 后这些析出的铜将均匀散布在基体中，起到了强化的作用。

2-10　结语

大部分金属中的原子都是有序排列的，常见的有体心立方、面心立方、密排六方及体心正方等堆积法，当原子排列方式不同时其机械、物理性质也不同。当粉末烧结时，原子借高温可获得足够的动能进行扩散，使粉末表面积逐渐减小、合金元素逐渐均质化而降低整体能量。烧结后的工件降至室温时其显微组织及机械性质将依材料的成分及冷却速率而有所差异，此可借相图及 CCT 曲线之辅助作相关的预测及判断。

参考文献

[1] W. F. Gale and T. C. Totemeir(eds.), *Smithells Metals Reference Book*, 8th ed. , Elsevier Butterworth-Heinemann, Oxford, UK, 2004, p. 13-12, p. 13-21.

[2] E. C. Bain, *Functions of the Alloying Elements in Steel*, ASM, Metals Park, Ohio, USA, 1939, p. 127.

作业

1. Fe-0.6C 与 Fe-0.6C-0.5Mo-0.5Cr 烧结后何者较可能在晶界上出现 Fe_3C？为什么？

2. 图 2-27 中的 17-4PH 不锈钢若在 1050 ℃ 固溶后直接降温至 480 ℃ 并保温 1 h，与正常的固溶-析出处理相较时，此处理所得硬度会较高还是较低？原因为何？

3. 由表 2-1 可知碳在 912 ℃ 于 α 铁中之扩散速率为 $6.62×10^{-6}$ cm^2/s。计算在何温度时，碳在 γ 铁中之扩散速率才能与之相等？

4. 由表 2-1 可知 α 铁在 912 ℃ 时之自扩散速率为 $2.48×10^{-11}$ cm^2/s。计算在何温度时，γ 铁之自扩散速率才能与之相等？

5. 当 Fe-0.37C 由 1200 ℃ 冷却至室温时其珠光体之量有多少？其渗碳体之量有多少？

6. 由图 2-25 中判断当 Fe-0.76C 从 800 ℃ 冷却并于 5 s 后降至 450 ℃，然后继续冷却并于 20 s 后降至室温，此时之显微组织中有哪些相？

第三章
粉末之制造

3-1 前言

    粉末冶金工艺所需之起始原料为粉末，这些粉末一般均需以特殊之工艺取得，所以与其他制造结构零件之方法比较之下，粉末冶金原料之成本较高，但以整个工艺而言，仍可借由成形、烧结之简便以及成品形状之复杂使得其竞争力相当强。

    目前最常使用之金属粉末有铁、不锈钢、铜合金、工具钢、锡、碳化钨以及高熔点之钼、钨等。这些粉末中有的为纯元素粉（elemental powder），如铜粉、铁粉、钼粉、钨粉；而有的则为预合金粉（prealloyed powder），如不锈钢粉、高速钢粉等。在制作机械零件时，由于机械性质之要求，一般的机械制造方法如精密铸造等多必须使用合金钢。而以粉末冶金法制作此类合金钢时可采用混合元素或预合金粉两种方式，前者乃将所需之成分以纯元素粉依比例混合而成，经成形、脱脂、烧结后借各元素粉之相互扩散而成为合金。此方法之优点在于只需准备基础元素粉即可配制各种合金钢粉，其库存原料之种类少，且由于元素粉硬度低，容易加压成形，模具及成形机之磨损较小；但其缺点为成分及显微组织较不均匀。相对地，预合金粉较硬，较不易成形，且另有库存种类较多、成本较高及烧结密度较低之缺点，但其组织则相当均匀。一般而言，不锈钢、工具钢多由预合金粉制作，而其他低合金钢之机械零件则由混合元素粉制作。但不论是预合金粉还是元素粉，其制作方法均有很多种，以下将详予介绍。

3-2　工艺

较常见之金属粉末制造方法可分为下列数种：

（1）气雾化法（gas atomization）。

（2）水雾化法（water atomization）。

（3）化学分解法（chemical decomposition）。

（4）还原法（reduction）。

（5）等离子雾化法（plasma atomization）。

（6）机械法（mechanical processing）。

（7）电解法（electrolysis）。

（8）离心式法（centrifugal atomization）。

以下针对这些方法作较详细之说明。

3-2-1　气雾化法

气雾化法常用于制造钛粉、不锈钢粉、工具钢粉等易氧化之粉末，由于采用氮气或氩气等惰性气体，所得到的粉末纯度高、氧含量低、外观为球形，且松装密度及振实密度（定义见第四章）高。图 3-1 为气雾化之示意图，此工艺首先将金属块在坩埚内熔融，然后打开坩埚底部之圆柱塞，让金属液流下，当金属液一离开喷嘴时，即受到外界高压之氮气、氩气或氦气之冲击，使得熔液被打碎成金属液滴，此液滴在飞行途中凝固，然后沉降在桶槽之底部。

气雾化所用之气体有两大功能，第一个是用足够的动能将金属液体打散，此时部分的动能转换为固体粉末之表面能，此比例虽不高，但粉末粒径越小，此比例越高，而其他之能量则转换为固体粉末飞行时之动能。气体之第二个功能是提供舱体内之流动气体，以帮助粉末之冷却。

由于气体动量小，打散金属液之效果不若液体来得好，所以采用气雾化时，喷嘴之设计特别重要。一般的喷嘴可分为近接式（close-coupled）［图 3-2（a）］及开放式（open）［图 3-2（b）］两种[1]，前者之气体与熔液之出口相当接近，熔液在离开坩埚出口后随即被雾化，且雾化多在一较小的区域中进行，所以较多气体之能量可用在喷雾上，能量损失不大，且粉末之粒径大小较易控制，为近年来较为普遍之设计；但若喷嘴太接近金属液，则部分气流容易将金属液推回坩埚，且喷嘴附近的陶瓷工件易因热冲击效应而损坏。使用开放式喷嘴时，熔液在坩埚出口下方较远处才被雾化，能量之转移效果不佳。

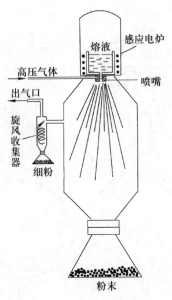

图 3-1　气雾化之示意图

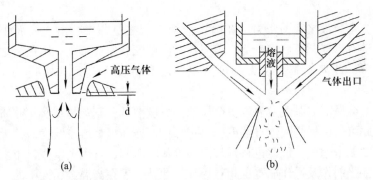

图 3-2　气雾化喷嘴之形式[1]。(a) 近接式喷嘴；(b) 开放式喷嘴

若以开口之形式来分，不同设计之气体喷嘴可产生不同形状之雾化幕，例如图 3-3(a) 为多喷嘴式 (pen-jet)，而图 3-3(b) 则为一底部开有细槽之圆环，可喷出圆锥形之雾化幕，其效果较多喷嘴式者为佳。但不论何种设计，金属液与气体所形成之角度，亦即雾化幕之角度，及冲击点之位置均是重要之考虑因素。

除了喷嘴之设计外，工艺参数也会影响液滴之形状及大小，主要的参数有：① 金属液之表面张力；② 金属液之黏度及温度；③ 雾化介质之流量、压力、速度及温度；④ 雾化介质之种类；⑤ 金属液之压力及流量等[2]，兹分述如下。

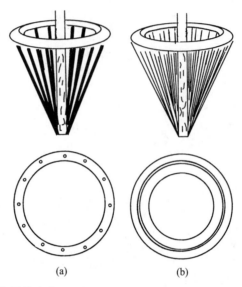

图 3-3　气雾化喷嘴开口之形式。（a）多喷嘴式；（b）圆环开槽式

（1）金属液之表面张力。在金属液滴飞行之过程中，由于表面张力之关系，液滴有形成圆球状之趋势，若飞行时间够长且舱体够大，则最后之粉末均将呈球形，此表面张力之大小可由温度之高低及合金元素如硅、磷之多寡调整。

（2）金属液之黏度及温度。金属液之黏度愈低，则愈易被雾化介质打散成液滴，此可借由提高液体过热度（superheat），亦即提高熔液温度，拉大其与熔点之温度差来达成。但此也将延长液滴冷却的时间，且因温度高，坩埚寿命较短，设备之制作及操作成本也相对提高。此外，氧在高温金属液中的溶解度较大，金属液中的铬、硅、锰等元素易与氧反应生成氧化物，导致粉末之成分偏离当初所设计之成分。甚至坩埚中有少量的氧化物将被金属液中的活性元素如铝所还原，使得被还原后之金属元素（如镁）成为雾化粉中的新元素。相对地，当雾化温度低时，金属液的黏度较高，液体较不容易形成球状；此外，金属液凝固的时间较短，液滴在变成球形的过程中即已凝固，易呈不规则状，导致球形粉末较少且表面较粗糙。所以提高雾化温度可使粉末变细、呈球形且表面光泽度较佳。一般对不锈钢而言，钢水温度以 1600~1650 ℃ 为宜。

（3）雾化介质之流量、压力、速度及温度。当气体之流量、压力越大，速度越快，温度越高，且金属液之流量越低时，所得之粉末将越细。由于气体之动能与速度之平方成正比，所以气流之速度是重要的因素。而气体速度又与压力几乎成正比，所以压力越高越好，但当气压超过 5 MPa 后，气体速度增加不多，而气体消耗量却明显增加，且因气体速度增加会导致金属液出口端处的压力下降，进而导致金属液流量上升，此不利金属之细化[3]。所以一般而言，以气体作为雾化介质时其压力多在 0.7~6 MPa 之间。

提高气体速度的另一有效方法是改良喷嘴之设计，即使在 5 MPa 之压力下，仍可将气体速度提高至音速以上。此外，提高气体温度也可再提高气流之速度[4]。

（4）雾化介质之种类。雾化介质一般为空气、氮气、氩气或氦气。若金属液之氧化情形不严重（如铜粉），则可使用较经济之空气；若金属液易氧化，则可采用惰性气体如氮气；若易氮化（如钛粉），则可使用氩气；若要求高冷却速率，则可用热导率较佳之氦气。

雾化介质另一个很重要的特性是其杂质的含量。当氧气及水汽含量过高时，金属液易氧化，并在粉末表面形成较厚的氧化膜，此会提高金属液的黏度，使得不易形成球状粉，表面光泽度也不佳，即如同降低雾化温度所造成之缺点一样。在制作雾化粉之熔炼过程中常添加少量的硅，此硅有吸氧（oxygen gettering）之功能，可以减少铁水中之氧含量，改进铁水的流动性。

（5）金属液之压力及流量。在喷粉初期，由于金属液多，在坩埚内之高度大，使得喷嘴处之液压大，造成金属液流量较大，粉末较粗。但随着雾化之进行，此液压将逐渐降低，因而影响熔液之流速并影响粉末粒径之大小及分布。一个简易的处置方式乃先将金属液倒入一容量较小之坩埚，并维持此小坩埚之液体高度，然后金属液再由此小坩埚流出。但较佳的解决方法是在坩埚内设置独立之气体正压力控制装置，以尽量维持金属液面之压力，使金属液流速稳定，此时虽然液压仍会因金属液在坩埚内高度逐渐降低而降低，但其影响力已不大。采用正压力的另一个好处是可改用细的出料管，金属液仍可维持原有之流量，使得粉末粒径分布较窄。此外，金属液也较不易被气体压力推挤回坩埚，造成气泡甚至卡料。采用细管的另一好处是整个喷雾系统可变得更小，喷嘴更接近金属液，使喷雾效率更高。

以上所述各工艺参数若选择不当，或气体喷嘴与金属液导管相关位置设计不当，常无法得到所需之粉末，甚至造成卡炉。例如气体离开喷嘴时会产生膨胀，有时会朝坩埚底部之出料管推挤，使得出料管被停滞之金属卡住，甚至产生冒泡、上喷之现象，此现象在使用细出料管时最严重。这些现象可借由调整熔液之温度、出料管之直径、金属液导管露出坩埚之长度以及喷嘴之角度等，使得坩埚底部出料管处之压力降低，甚至产生负压，帮助将金属液吸出[5]。但如前所述，若负压过大，金属流量加大，所得粉末粒径将变大。

由于气雾化工艺中金属液滴之冷却速率相当慢，在 $10^2 \sim 10^4$ K/s 之间，液体有足够的时间凝聚成球状，所以一般气雾化粉均呈球形，如图 3-4 所示，且其显微组织呈树枝状，由此组织中树枝间之间距（secondary dendrite arm spacing）可判断出雾化粉之冷却速率。此冷却速率与所使用之气体有关，一般而言氦气之冷却速率最快，有时甚至可造成非晶质之显微组织，而氮气之冷却速率稍慢，氩气又次之。

图 3-4　球形气雾化粉之外观。（a）不锈钢粉（复国俊摄）；（b）钛粉（吴筱涵摄）

另一种加速冷却速率之方法是在粉末尚未凝固之前，使粉末撞上水。日本的 ATMIX 公司之 SWAP（spinning water atomization process）即是采用一倾斜式之舱体，此舱体内有水，借由旋转之离心力，此水能贴紧舱壁，当气雾化粉向下飞行撞上此水层时即迅速凝固，因冷却速率快，所得粉末之晶粒特别细，可在纳米尺度。

以上所述的气雾化乃使用感应电炉的方式将坩埚内的金属熔融，所得到的粉末会含有坩埚材料所造成之污染。对于一些有高纯度要求的粉末则可用电极感应熔融气雾化（electrode induction melting gas atomization，EIGA），直接将电极送入锥形感应圈中，熔融之金属将流下至尖端，然后经高速气体冲击而雾化成粉末，此方法不使用坩埚，所以适合用于制作活性高的粉末。

3-2-2　水雾化法

在铁粉方面，早在 20 世纪 40 年代，德国的 Mannesmann 公司即以空气将熔融之铁水雾化成表面含氧量高的铁粉，将此粉加热后可得到脱碳且表面呈海绵状的铁粉，称为 RZ 铁粉（Roheisen-Zunder-Verfahren），此粉在当时相当受欢迎。后来加拿大的魁北克公司(Quebec Metal Powder)、美国的 A. O. Smith 公司及瑞典的 Höganäs 公司相继以水代替空气生产雾化铁粉，水雾化铁粉自此即逐渐取代其他制法而成为主流，其工艺如下。

图 3-5 为常用铁粉之制作方法的示意图，先以电弧炉或感应炉将废铁或铁锭熔炼出合乎化学成分之铁水后，将铁水倒入小盛桶中，并维持小盛桶中铁水之高度，使小盛桶底部出口处铁水之压力固定，以维持铁水之流量；当约 1600 ℃ 之铁水由出口流下时即遭周围之高压水冲击而雾化成液滴，凝固后之铁粉与水呈泥浆状，由雾化舱下方送至磁辊机将铁粉与水分离，然后再进入烘干旋窑中。干燥后的铁粉经氢气退火炉于 900 ℃ 左右退火后即可得到干压成形用的铁粉。

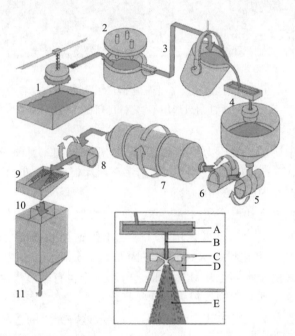

图 3-5 水雾化铁粉之制造流程图。1—经挑选过之废铁；2—电弧炉；3—铁水盛桶；4—小盛桶及下方之水雾化舱；5—磁辊湿筛；6—去水；7—烘干旋窑；8—干式磁筛选；9—过筛网；10—匀粉；11—出货。另小图中，A—铁水小盛桶；B—流下之铁水；C—高压水；D—喷嘴；E—铁粉(Höganäs 公司提供)

相较于图 3-4 之气雾化粉，以水雾化法所制粉末之形状较不规则，如图 3-6 所示。此乃因水之动量大，对金属液所形成之冲击力大，且水之导热快，所以金属液滴在飞行过程中很快即凝固，而无足够的时间借表面张力将液滴聚成球形。此种不规则粉之松装密度低，流动性差，但由于粉末间能有较好之机械锁合(mechanical interlocking),所以成形后坯体之生坯强度高。此外,由于其凝固速率非常快,所以即使铁水中之碳含量很低也会生成微量马氏体或贝氏体,再加上热应力高,表面有氧化层,使得粉末非常硬,不适于成形,所以还需在还原气氛下退火以降低其氧含量及碳含量并提高其压缩性。

(a)　　　　　　　　　　　　　　　　(b)

图3-6　水雾化粉之外观。(a)干压成形用不锈钢粉(林育全摄);
(b)注射成形用不锈钢粉(郑礼辉摄)

水雾化法中所用水之压力越大时,所得之粉末越细。目前干压成形用铁粉所用之水压多在3.5~50 MPa之间,而制作金属注射成形(见11-10节)用之细粉时,其压力多在50~150 MPa之间。

水雾化粉主要之缺点为氧含量稍高,但其原因并不仅是水较易与铁反应成氧化铁之故,前人曾分析过水雾化及气雾化不锈钢粉表面氧化层之厚度均在7 nm左右,所以水雾化粉氧含量高的主因乃是水雾化粉之形状较不规则,表面积较大[6]。又由于水雾化粉氧含量高,所以对于含有较多活性元素如钛、铝之金属粉末而言,其氧化物将较多,这些氧化物在后续之烧结工艺中亦不易被还原,所以一般水雾化粉中较少含这些元素,或这些元素的含量必须控制在特定范围之内。

如3-2-1节所述,硅可改善钢液、铁水的流动性,硅也是易氧化之元素,但一般的水雾化粉中常加稍多的硅,以316L不锈钢粉为例,水雾化粉中含有约0.8%的硅,而气雾化粉中则仅约0.5%。这些硅在喷粉过程中会在表面形成一层SiO_2,此SiO_2层具有阻止铁粉继续氧化的保护作用,也有助于粉末之储存。此外,铁粉有了此SiO_2层也较不易凝聚,振实密度及流动性也较佳。不过由于硅易氧化,工艺控制不当或添加量过多时容易在粉末内部形成SiO_2,如图3-7所示。此外,由于水雾化粉氧含量高,所以在烧结时较易造成脱碳而影响合金钢之机械性质,因此水雾化粉的氧含量及其再现性、稳定性必须严密

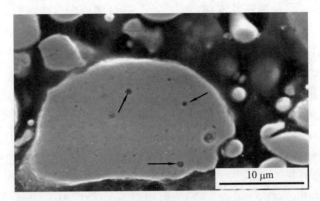

图 3-7　SiO_2（箭头指处）析出在水雾化 17-4PH 不锈钢粉末之内部（张哲玮摄）

监控。

　　水雾化法成本低，但粉末之形状不规则、氧含量高；而气雾化法则相反，且细粉良率低，例如以气雾化法制作注射成形用之 22 μm 以下之细粉时，其良率仅约 35%。由于二者各有其优缺点，所以混合式喷雾法也就应运而生，例如图 3-8 即为先气雾化再水雾化的喷雾方式。在此装置中，具有 50~150 MPa 高压之水由开槽式环形喷嘴喷出，形成一锥状水幕，此时水幕上方产生负压，

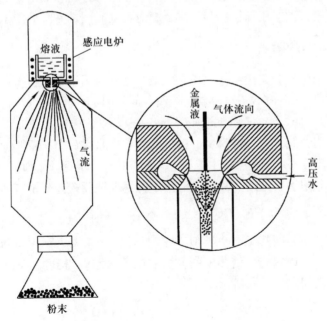

图 3-8　气雾化加水雾化粉末之混合式喷雾法示意图

造成一股吸力,将金属液及气体吸向下方。在金属液出口处附近之气流属于层流(laminar flow),并不会将金属液流打碎,且其速度随着喷嘴直径逐渐变小而加快,在到达喷嘴直径最小处时已接近音速;但通过该处后,喷嘴不再具流线形且开口变大,气体会急速膨胀而成为紊流(turbulent flow),并将柱状金属液打碎。此被打碎的金属液滴撞向锥状水幕后会再被打碎一次而成细粉,此时的膨胀气体波也同时会被水幕撞回而成为压缩波,此来回不断的膨胀波及压缩波有助于柱状金属液的气雾化。为了达到此气雾化效果,水幕厚度要在 50 μm 以上,且要形成完美的锥形,不然气体将穿墙而出,丧失了膨胀波及压缩波的来回冲撞效果。此工艺于 1998 年发表并获得专利[7,8],所得粉末较一般的水雾化粉细且形状也较规则,常用于金属粉末注射成形工艺。

如上所述,水雾化粉之冷却速率较气雾化粉快,但对有些粉末而言,仍不够快,并导致粉末表面及心部之组织不同。造成此问题的一个原因是当水撞击金属液滴时,能使液滴表面迅速凝固,但水也快速汽化,在粉末表面形成一水蒸气薄膜,此为所谓的 Leidenfrost 效应。日常生活中的水滴在约 200 ℃ 之铁锅上四处滚动的情形,即为水蒸气将水滴托住之 Leidenfrost 现象。此水蒸气阻隔了水与粉末之直接接触,使得水无法进一步将金属之热量带出,此时粉末内部甚至可能仍为液体,此慢速冷却现象也造成粉末氧化程度过高。有些工艺即针对此问题,在原来之水雾化装置下方再加装一水雾化器,借由第二次之水雾化将水蒸气薄膜打散,以加快冷却速率,缩短凝固时间,并降低粉末的氧含量。

3-2-3 化学分解法

目前采用化学分解法制作之粉末中最常见者为用于金属粉末注射成形的羰基铁粉(carbonyl iron powder)及羰基镍粉(carbonyl nickel powder),此分解反应乃是由德国之 Carl Langer 及 Ludwig Mond 在 1889 年意外发现的[9]。兹以羰基镍粉为例说明,此工艺先将镍块、镍板或含镍之原料在 100~200 atm 之压力及约 160 ℃ 之温度下与 CO 反应生成 $Ni(CO)_4$(nickel carbonyl),此 $Ni(CO)_4$ 气体由镍块表面脱附后,在约 230 ℃ 之温度下分解成纯镍粉,如下式所示:

$$Ni(CO)_{4(g)} \longrightarrow Ni_{(s)} + 4CO_{(g)} \tag{3-1}$$

在羰基铁粉方面其工艺也类似,先制作出 $Fe(CO)_5$(iron carbonyl),其沸点为 105 ℃,所以很容易借蒸发的方法将杂质去除。得到此 $Fe(CO)_5$ 后将之分解可得到铁粉,如下式所示:

$$Fe_{(s)} + 5CO_{(g)} \longrightarrow Fe(CO)_{5(g)} \tag{3-2}$$

$$Fe(CO)_{5(g)} \longrightarrow Fe_{(s)} + 5CO_{(g)} \tag{3-3}$$

在式(3-2)中铁块或铁片与一氧化碳之反应温度及压力分别在 200~350 ℃、200~300 atm；而在式(3-3)中之温度为 150~300 ℃，压力为 1 atm，气氛中也将加入一些氨作为催化剂。由式(3-3)所产生之 CO 气体会因铁粉本身即可当作触媒而使 CO 分解，其反应式如下：

$$2CO_{(g)} \longrightarrow C_{(s)} + CO_{2(g)} \tag{3-4}$$

经分解后之碳会在铁粉上沉积，此时由于铁被碳覆盖住，无法与外界气氛接触，所以丧失了其触媒之功能、减缓了反应式(3-4)之进行。与此同时，由于碳覆盖之现象减少了暴露在环境中的铁之量，因此又导致反应式(3-3)向右进行而产生新的铁层，由于新生之铁层又可当触媒，所以式(3-4)又向右进行，在铁上沉积一层碳。如此持续下去即产生如洋葱状之层状结构，如图 3-9 (a)、(b)所示。此种羰基铁粉之 C 及 N 含量均在 0.6%~0.8% 之间，故硬度高，约 900 HV[10]。

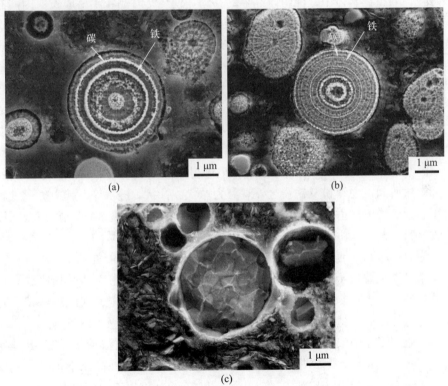

图 3-9 羰基铁粉。(a)具洋葱状层状结构之 BASF OM 铁粉；(b)具洋葱状层状结构之 BASF OS 铁粉；(c)还原后洋葱状结构消失而长成数个晶粒之 BASF CM 铁粉（陈柏源摄）

一般的羰基铁粉由于具有此含碳的纳米层状结构，此碳在脱脂、烧结时会与粉末表面的氧化层及粉末内部的氧或氧化物反应生成一氧化碳及二氧化碳而脱碳，若适当地予以控制，能提供一般合金钢所需的 0.3%~0.6% 碳。但有的应用如软磁或 Kovar(Fe-29Ni-17Co)合金工件不需要碳，而且碳含量要越低越好，此时这些羰基铁粉必须先在氢气或分解氨中脱碳，例如 BASF 公司的 CM 级铁粉即属此类，此时洋葱状之层状结构将消失，而长成数个晶粒，如图 3-9(c)所示。有些工艺则直接在氨气中将 Fe(CO)$_5$ 进行热分解，所得铁粉之碳含量也将较低。若要得到碳、氮、氧更低之粉，可再以氢气还原之，此时粉末之硬度可降低至 100 HV[10]。

由于羰基铁粉相当细，有时会有轻微的凝聚现象，所以有的厂商在羰基铁粉表面施以特殊处理，使表面被覆薄薄一层纳米尺度之氧化硅，或添加次微米(submicron)二氧化硅粉以解决此问题，此氧化硅层或氧化硅粉在烧结时形成细颗粒，散布在基体中，能阻碍晶界的移动，使烧结时晶粒不易成长，因而有助于密度、强度及硬度的提升。若烧结温度足够高且烧结气氛的还原性足够强，则此氧化硅将被还原，而还原后的硅将固溶入铁基体中。此氧化硅之优点也表现在气雾化及水雾化粉中(见 3-2-1 及 3-2-2 节)，在雾化过程中铁水或钢液中微量的硅容易在粉末表面生成氧化硅层，有助于粉末之储存，粉末也较不易凝聚，且振实密度及流动性也较佳。

羰基铁粉的外观为球形，并常有一些小颗粒铁粉附着于上，如图 3-10 所示。这些粉末之粒径均相当小，在 1~8 μm 之间；若适当地以氮气稀释化学反应槽内 Ni(CO)$_4$ 或 Fe(CO)$_5$ 之浓度，也可得到纳米级粉末或链状粉末。由化学分解法所制得之镍粉及铁粉之外观可为球状、针状、链状等，其中球形铁粉常用于金属粉末注射成形工艺(见 11-10 节)、软磁材料(见 14-2 节)以及微波吸收材料。此外，由于人体中需要铁，正常成年男性含铁量约为 50 mg/kg，女性约为 30 mg/kg，但每天均会损失，所以一般成人每日需补充约 18 mg 铁，此可借添加羰基铁粉于面粉或面包等食物中来摄取，这些铁粉为人体所吸收之比率约为七成，当粉末粒径越细、表面积越大时效果越佳[11]，因此羰基铁粉乃较佳之选择，而其他常用之食用铁粉则为较粗之还原铁粉及电解铁粉。

在航空工业中较常见之钛粉亦是由化学法所制造。此法最早是在 1910 年由 Mathew A. Hunter 所发明，他将二氧化钛与焦炭及氯气在高温下依下式先反应生成液态之 TiCl$_4$(熔点为 -23 ℃，沸点为 136 ℃，密度为 1.73 g/cm^3)：

$$TiO_{2(s)} + C_{(s)} + 2Cl_{2(g)} \longrightarrow TiCl_{4(l)} + CO_{2(g)} \tag{3-5}$$

及

图 3-10 （a）BASF OM 羰基铁粉的外观；（b）BASF OS 羰基铁粉的外观；（c）BASF CM 羰基铁粉的外观（陈柏源摄）；（d）外观为刺猬状的 INCO Ni-123 羰基镍粉（吴筱涵摄）

$$TiO_{2(s)} + 2C_{(s)} + 2Cl_{2(g)} \longrightarrow TiCl_{4(l)} + 2CO_{(g)} \qquad (3-6)$$

所得之 $TiCl_4$ 再与液态钠（熔点为 98 ℃，沸点为 883 ℃，密度为 2.16 g/cm^3）于 700~800 ℃ 依下式反应得到海绵状之钛：

$$TiCl_{4(l)} + 4Na_{(l)} \longrightarrow Ti_{(s)} + 4NaCl_{(l)} \qquad (3-7)$$

再将此海绵钛（sponge titanium）予以打碎即可得到钛粉，而 NaCl 则仍可回收。

由于此 Hunter 工艺成本高，因此于 20 世纪 40 年代逐渐被较经济的 Kroll 工艺所取代，至今绝大多数的钛仍是采用 Kroll 工艺。其作法与 Hunter 工艺类似，乃先将二氧化钛与焦炭及氯气于 1000 ℃ 左右之流体床内反应生成 $TiCl_4$ 气体，然后以液态镁取代钠作为还原剂。如图 3-11 所示，在 800~850 ℃ 之温度下，此液态镁与通入的 $TiCl_4$ 气体依下式反应即得到海绵钛及 $MgCl_2$（熔点为 714 ℃，沸点为 1412 ℃，密度为 2.32 g/cm^3）：

$$TiCl_{4(g)} + 2Mg_{(l)} \longrightarrow Ti_{(s)} + 2MgCl_{2(l)} \qquad (3-8)$$

由于钛的密度为 4.54 g/cm^3，比 MgCl$_2$ 高，所以反应完的海绵钛会沉降到反应器底部，将之酸洗、打碎即可得到钛粉。

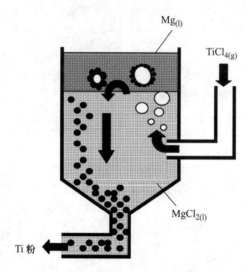

图 3-11　液态镁与 TiCl$_4$ 气体反应得到海绵钛之示意图

由 Hunter 或 Kroll 工艺所得钛粉之形状及粒径并不适合粉末冶金或金属粉末注射成形业者使用，若要用于这些行业，这些钛粉仍需经过细化之步骤，如前述之气雾化或氢化后再脱氢（hydride-dehydride，HDH）（见 3-2-6 节）。由于 Hunter 或 Kroll 工艺属于高成本的批次型作业，所以如何降低钛粉成本仍是一项热门的研发题目。20 世纪 90 年代所开发出来的 Armstrong 工艺[12] 即是将 TiCl$_4$ 气体喷入流动之液态钠，其反应式与式（3-7）相同。反应完之钛马上被周遭的液态钠急速冷却，由于液态钠是流动的，所以反应完之钛不会烧结在一起，也不会沉积在反应槽的槽壁上，经过粉液分离后即可直接得到钛粉。由于此工艺属连续式且工艺温度低，较为节能，制造成本有望降低，而所生成之钛粉又不是海绵状，故受人瞩目。

3-2-4　还原法

此法最常用于制作铁粉，此种还原铁粉乃将氧化铁以碳或氢气还原而得。由于氧化铁粉之密度较低且体积大，被还原后会留下孔洞，所以使用还原法所制得之铁粉［图 3-12（a）、（b）］与水雾化铁粉［图 3-12（c）、（d）］不同，其外形不规则且内部多孔洞，俗称海绵铁粉（sponge iron powder）。瑞典的 Höganäs 公司早在 1937 年时即开始生产此种铁粉，但规模很小，直到 20 世纪 40 年代该公司以分解氨将这些还原铁粉中的氧、碳含量降低，改善了其压缩性后市场

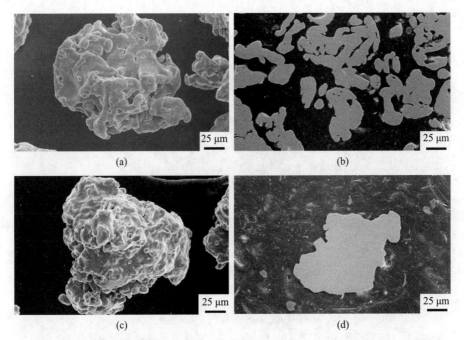

图 3-12　海绵铁粉之外形不规则(a)且内部有孔隙(b)，而水雾化铁粉之外观也
为不规则形(c)但心部无孔洞(d)(林育全、范维汀摄)

需求量才逐渐增加。

　　兹以 Höganäs 公司海绵铁粉之工艺为例作一简单之说明(图 3-13)。其还原材料为焦炭和石灰石之混合物，此还原材料在一旋转炉中烘干后因有聚集之现象，所以需先经碾碎、过筛，然后再与另一旋转炉所烘干之磁铁矿粉(magnetite，Fe_3O_4)依固定比例置入碳化硅(SiC)反应管中，此反应管以台车送入 1200 ℃之隧道窑，利用焦炭产生之一氧化碳将氧化铁还原，而石灰石则能与焦炭及磁铁矿中之硫形成灰渣以免铁粉中硫含量过多。这些铁粉由于氧、碳之含量均高，所以压缩性差，仍不适合成形。

　　还原后之铁粉块经与焦炭、灰渣分离后经过一系列之碾碎、过筛再于 800~900 ℃之钢带炉中以氢气气氛退火、脱碳，然后再经碾碎、过筛才可得到压缩性佳、低碳、低氧之海绵铁粉。此种粉末之外形为不规则状，粉末间可产生机械锁合的效果，粒径多在 20 μm 以上，适合制作形状复杂、生坯强度必须要高之工件，且因内部多孔，也适于制作含油轴承。

　　海绵铁粉之粒度与外观可由还原时之温度调整，当所使用之温度较高、时间较长时，因烧结现象逐渐明显，粉末粒度将偏大而孔隙度将减小，外观则较

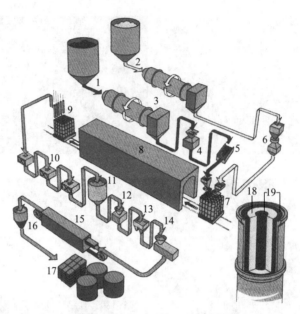

图 3-13　Höganäs 公司海绵铁粉之工艺流程图。1—焦炭及石灰石；2—磁铁矿粉；
3—烘干；4—碾碎；5—过筛；6—磁分离；7—碳化硅反应管；8—还原；9—取出；
10—粗碾；11—储存；12—碾碎；13—磁分离；14—过筛；15—退火；16—匀粉；
17—包装；18—磁铁矿粉；19—焦炭及石灰石(Höganäs 公司提供)

规则。

　　钼粉也常以还原法制作，其还原工艺分为两个阶段，首先乃将 MoO_3 在管状炉或旋转炉中以氢气还原成褐色之 MoO_2，然后再于管状炉中还原成纯钼粉。在第一阶段中的还原反应乃放热反应，故升温速率不可太快且还原温度多在 $500\sim550\ ℃$ 之间，以防造成局部高温，高过 MoO_3 之升华点 $720\ ℃$，使 MoO_3 开始烧结并快速升华，也防止 MoO_3 与还原过程中所产生之 Mo_4O_{11} 产生共晶反应(在 $550\sim600\ ℃$ 之间)而熔化成块状。

　　第二阶段之还原反应乃吸热反应，所以不需担心如第一阶段中局部熔化之现象，但因 MoO_2 之升华点为 $1100\ ℃$，所以还原之温度多定在 $850\sim1050\ ℃$ 之间。

　　由此还原法所得钼粉之粒径小，为 $2\sim10\ \mu m$，而粒径分布亦佳，粉末外观呈多面体状，如图 3-14 所示，比表面积为 $0.1\sim1.0\ m^2/g$。

　　以上之还原法原理亦可用于铜粉，较常见之应用是调整水雾化铜粉之松装密度(定义见第四章)。由于有些铜粉之松装密度要低，但流动性(定义见第四章)却不可因此而变差，所以可将水雾化铜粉于 $600\ ℃$ 左右在空气中氧

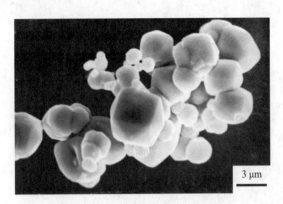

图 3-14　以还原法制作之钼粉

化 2~4 h，然后于 500 ℃ 左右将之还原 1~2 h。在此氧化及还原过程中粉末易结块，所以事后均需予以粉碎。以此法所得之铜粉其松装密度可降至 2.0 g/cm³ 以下，且流动性仍可在 35 s/50 g 以下。此种粉末之外部为海绵状，表面粗糙、多孔、多裂纹，而内部则视氧化还原程度而异，由实心至海绵状均有可能。

　　以上所述的气雾化法、水雾化法、化学分解法及还原法所制粉末占了目前干压成形及金属粉末注射成形工艺所用粉末的绝大多数，而其他少数工艺有等离子雾化法、机械法等，这些方法所制粉末虽不普遍，但有时却是制作特殊用途零件所必须使用的，因此在以下各节中也对其他金属粉末工艺作一简单之介绍。

3-2-5　等离子雾化法

　　图 3-15 显示等离子雾化法的基本原理，原料常以线材方式由舱体上方喂入，下端正好位于三束等离子之交点，由于该处温度高，线材熔化后被等离子气体打散成颗粒状，这些颗粒在掉落之过程中因有足够的冷却时间，所以能凝聚成球形。此方法适于制作高熔点或活性高的金属粉，如钛、铬、铌粉等，由于没有使用坩埚，原料本身可以是高纯度的线材，且喷雾舱体充满惰性气体，所以这些等离子雾化粉也多具高纯度。由此工艺所得粉末之粒径约为 40 μm，其粒径分布相当窄，且粉末呈球形，流动性佳，常用于 3D 打印工艺。

　　此等离子雾化法之原理也可用于球化不规则状粉末，其步骤是将水雾化法或化学分解法等工艺所制作之粉末送入等离子火焰中，此时粉末再次熔化，借由表面张力球化成粉，故称等离子球化法（plasma spheroidization）。

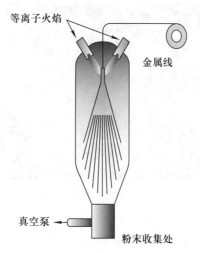

图 3-15　等离子雾化法之示意图

3-2-6　机械法

对于有些质脆的材料，如 TiH_2，若予以撞击可使之粉碎，所以只要经过连续撞击后即可得到较细且合乎规格之粉末。撞击之方法有搅拌球磨法或称磨碎法（attritoring）、涡流磨法（jet milling）、碾压法（compression）、球磨法（ball milling）。在这些机械法中，一般工业界中最常见的乃搅拌球磨法，或称机械合金法（mechanical alloying），此方法最早用于制作弥散强化合金（oxide dispersion strengthened alloy），其成粉方式如图 3-16 所示。将粉末及磨球倒入

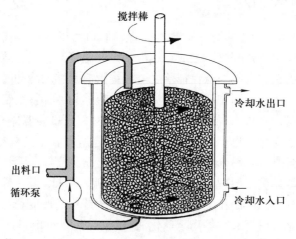

图 3-16　以机械合金法制作合金粉末之搅拌球磨机示意图（科陶公司提供）

搅拌球磨机(attritor)中，然后倒入己烷或酒精或充入氩气以防止粉末在工艺中氧化，经密封后以搅拌棒高速旋转。其他类似的高能量球磨机器有行星式球磨机(planetary ball mill)、振动式球磨机(Spex mill)等。

此方法除了可将粉末细化之外，也有均质化的功效，例如以小于 150 μm 之 Cu(60%)、Zr(24%)、Ti(10%)、Y(6%)之元素粉为例，当这些粉经 0.5 h 之振动球磨后，粉末将被碾平，由于片状之粉与粉间产生冷焊，所以会产生层状组织。又由于铜粉延性佳，故这些元素粉反而会结合在一起而形成约 400 μm 之粗粉，如图 3-17(a)所示。当这些粉再经 0.5 h(共 1 h)之球磨后，由于加

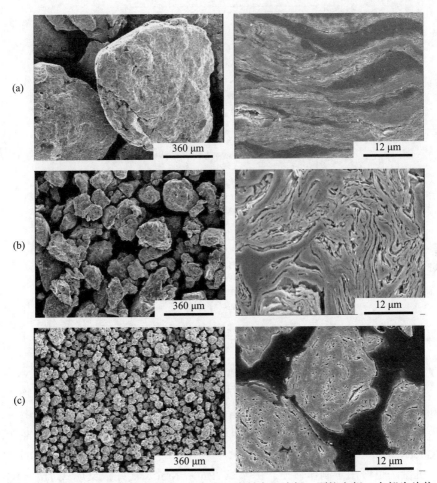

图 3-17　机械合金法成粉之机理。(a) 各元素粉产生冷焊，颗粒变粗，内部为片状结构；(b) 因加工硬化变脆，颗粒变小，层状结构变细且呈扭曲状；(c) 连续之冷焊、脆裂后形成细颗粒之合金粉末且层状组织消失(李丕耀提供)

工硬化之效果渐趋明显，粉末渐渐变脆，故粒径逐渐变小，不过冷焊现象仍持续进行，层状组织持续变细，且不再是长片状而是因扭曲变形所造成之不规则状，如图 3-17(b) 所示。当球磨进行至 5 h 后，粉末粒径因周而复始之冷焊、脆裂而细化为 70 μm 左右，且层状组织也已消失，如图 3-17(c) 所示。一般以此高能球磨法可得完全合金化之粉末，其合金之固溶度甚至常超出相图所预测者，当合金成分设计得当时，也可产生非晶质(amorphous)状态。图 3-18 即显示上述之元素粉末经 1 h 之高能球磨后，Ti 即已完全固溶入其他元素，而经 2 h 后，各元素粉之 X 射线衍射峰均已消失，而形成非晶质合金[13]。

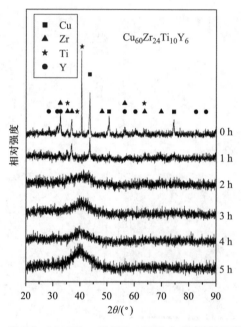

图 3-18　60%Cu、24%Zr、10%Ti、6%Y 之元素粉经不同时间之
振动球磨后之 X 射线衍射图(李丕耀提供)

　　一般而言，要形成非晶质合金的话，其原子必须不易有序化，所以各元素最好有不同之晶体结构。此外，晶体结构中缺陷越多越好，所以粉末经严重撞击后有助于结构之破坏，因而有助于非晶质之生成。这些都是上述合金能非晶质化之原因。

　　机械法也可用于制作钛粉，由于钛可固溶大量氢气并依反应式 $Ti_{(s)} + H_{2(g)}$ ——$\rightarrow TiH_{2(s)}$ 形成氢化钛(titanium hydride)，故可将钛锭或海绵钛充氢，然后借由氢化钛非常脆之特性，以机械法将之打碎成粉，然后在真空中加热至 400 ℃以上予以脱氢即可得纯钛粉，如图 3-19 所示。此种粉之流动性不佳，堆积密度低。由于此工艺先将钛氢化（hydriding）后再脱氢（dehydriding），故俗称HDH 粉。

图 3-19 HDH 钛粉之外观

另一种粉碎之方式乃涡流磨法，此法乃将粉末由相对之方向以高压气体送出喷嘴，使之对冲以击碎粉末（见 5-6 节），或者将粉末以高压气体带出并打向硬质合金墙，使粉末碎裂。

在使用以上各种机械处理方法时，特别如高能量球磨工艺，必须注意粉末温度将升高并造成氧化、燃烧等问题，对于钛粉、铝粉等活性高的粉末，此问题特别严重，因此必须将粉末置于惰性气体中或溶剂中处理以避免粉末与空气接触。此外，也必须注意污染问题，磨碎机之内衬及磨球之材质最好与粉末一样或为硬质合金、氧化锆等不易磨耗者，故机械法多用于制造价昂之特殊粉末。

3-2-7 电解法

以电解法制作之粉末已不多见，仍常见的为电解铜粉及电解铁粉。以电解铜粉为例，其特性为纯度高、压缩性佳、生坯强度好、不同批次之粉末的性质仍相近，其低松装密度（多在 $0.55 \sim 3.5 \ g/cm^3$ 之间）及树枝状的结构特性乃是其他铜粉所没有的；但是电解铜粉也有缺点，如易有环境污染之问题产生、制造成本高，故目前先进国家几乎已不生产。而电解铁粉自雾化法开始量产后已多被取代，只剩下需高压缩性、高纯度、高磁性时才使用。

电解铜粉的制造方法如图 3-20 所示。在电解槽中将铜块或铜板当作阳极，以高纯度铜、不锈钢或钛当作阴极，硫酸铜溶液当作电解质，铜离子由阳极释出后将沉积在阴极上。此法与电镀铜类似，只是所用之操作温度较高，电解液之酸性较强，电流密度较大，使阴极板与沉积物之结合力偏弱，以便将阴极板上附着之海绵状或硬脆的沉积铜刮下收集。此高纯度之电解铜粉经水洗、真空干燥、退火、粉碎之后即可用于传统粉末冶金工艺。以此法所取得之铜粉其形状多为树枝状（图3-21）或海绵状，其纯度相当高，通常铜含量超过99.5%，其氧含量可在0.05%以下，硝酸不溶解物也低于0.05%，适合制作需要高导热、高导电性之工件。由于电解铜粉之表面清洁度高，为了保持此优点，一般制造厂商多会作一些特殊之表面处理，防止铜粉之氧化，以延长粉末之使用期限。

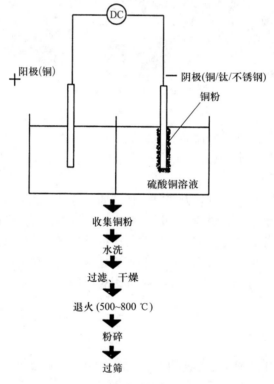

图3-20　电解铜粉之工艺示意图

以此工艺所得到电解铜粉之形状不规则、堆积密度低，但这些特性仍可借工艺参数之调整而改变，例如调整电压、电解液中铜离子之浓度及温度。在这些工艺参数中最不易控制的乃是电解液之稳定度，因为系统中之铜不需电流也会溶解入电解液中，电解液本身也会随反应之进行而减少，且起始材料中之不

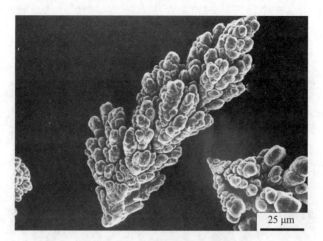

图 3-21 电解铜粉树枝状之外观(吴嘉信摄)

纯物也会累积,所以电解液需定期更换,也因此将产生废液,此废液必须回收,不然将造成环保问题。此工艺之其他缺点为产量小、成本高。

3-2-8 离心式法

除了利用水或气体之动量将金属熔液喷成粉末以外,亦可利用离心力之原理将金属液滴甩出。图 3-22 为旋转电极法(rotating electrode process,REP)之示意图[14],此法先将柱状材料做成阳极电极,当此电极旋转时其端部与相邻之阴极间产生电弧而局部熔化,熔化之液滴借着电极本身之高速旋转所造成的

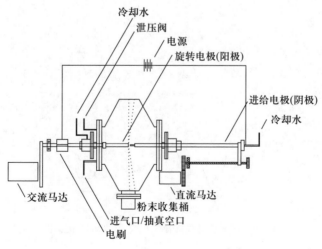

图 3-22 旋转电极法示意图[14]

离心力向外甩出。此方法所制得粉末之成本较高，但污染少，适于制作活性金属如钛等。由于电极转速固定，粉末粒度范围较狭窄，外观则呈球形，如图3-23所示。

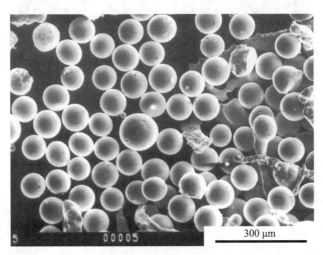

图 3-23 由旋转电极法所制作之球形铜粉（狄马克摄）

旋转电极法制粉之机理如图3-24所示，在旋转电极尾端所产生之液体因受到离心力而汇集到电极之边缘，在此边界上液体与气体之界面相当不稳定而呈周期性的凸出，其相隔突出峰之间距 λ 约为[15]

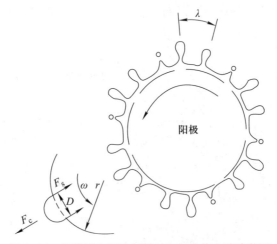

图 3-24 以旋转电极法制粉时电极边缘之液滴状况

$$\lambda = k \frac{1}{\omega} \sqrt{\frac{\gamma}{\rho \cdot r}} \qquad (3-9)$$

式中：k 为一常数；ω 为转速；ρ 为液滴密度；r 为电极半径；γ 为液滴之表面张力。

此突出之液滴受到离心力之外移力量 F_c，也受到表面张力之内吸力量 F_s，当液滴离开旋转盘之刹那，其离心力与表面张力约略相同（图3-24），所以

$$F_c \approx F_s \qquad (3-10)$$

而

$$F_c = m \cdot r \cdot \omega^2 \qquad (3-11)$$

$$F_s = \pi \cdot D \cdot \gamma \qquad (3-12)$$

式中：m 为质量；D 为凸出液滴之直径。将式（3-11）、式（3-12）代入式（3-10），得

$$m \cdot r \cdot \omega^2 = \pi \cdot D \cdot \gamma \qquad (3-13)$$

假设凸出液滴之量为半个球形，则

$$m = \rho \cdot \pi D^3 / 12 \qquad (3-14)$$

$$\therefore D = \frac{1}{\omega} \sqrt{\frac{12\gamma}{\rho \cdot r}} \qquad (3-15)$$

此突出之半球形液滴离开电极后可形成直径约为 $0.79D$ 之相同体积之粉末，但因凸出液滴之实际几何形状与上述假设稍有差异且工艺参数相当多，因此实际之经验式如下[15]：

$$D = k \frac{1}{\omega^{0.98}} \frac{1}{r^{0.64}} \left(\frac{\gamma}{\rho}\right)^{0.43} Q^{0.12} \qquad (3-16)$$

式中：Q 为液体之流量。当 Q 之单位为 m^3/s，D 及 r 为 m，γ 为 N/m，ρ 为 $\mathrm{kg/m}^3$，ω 为 1/s 时，k 值为 2.97×10^6，此式在转速为 $6000 \sim 15000$ r/min 时所得之计算值均相当值得参考。

离心式法除了上述之旋转电极法外，亦可借旋转盘将金属液甩出，而甩出后之液滴可用氦气等惰性气体将之急速冷却。图3-25之双旋转法则改用液体将甩出之粉末冷却，此法乃将甩出之液滴打在急冷旋转盘上，靠该旋转盘上之薄液层将液滴冷却，由于雾化旋转盘与急冷旋转盘之转向相反，故可得到竹叶状之外形，而内部为急速冷却之显微组织[16]。

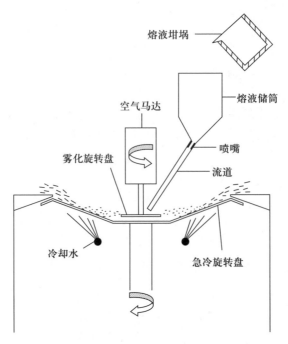

图 3-25 双旋转法之示意图

3-2-9 纳米级粉末之制造

纳米级粉末(nanocrystalline powder)之定义为小于 100 nm(0.1 μm)之粉末。当金属粒子纳米化后,其电子能阶会随着粒径不同而异,当光波波长大于粉末粒径时,物质对光之吸收与反射已与块状物不同;又如磁性粉末小至只剩一个磁畴时,即成为单磁畴粉末,其矫顽力大幅上升。由此可见纳米粉之电、磁、光性质已与一般金属粉完全不同。

纳米级粉末粒度极小,表面原子占了整颗粉末总原子数相当大的比例,如表 3-1 所示。此使得粉末表面呈阶梯状,且该处原子非常不稳定,所以活性非常高,导致蒸气压变大,熔点、沸点降低,例如 50 nm 钨粉之熔点可由 3422 ℃降至 2300 ℃左右。此外,纳米粒子容易与外界原子反应,使得其机械及物理性质与传统之粉末有极大之差异。

纳米级金属粒子虽有上述特性,但由于活性大、易氧化,在室温中即会自燃,储存处理不易,故目前进展仍未尽理想。市场上所见纳米粉仍以陶瓷粉为主,在金属方面则以较稳定之金、银粉为主,但即使如此也仍已有一些应用,例如磁性轴封中所用磁流体中的纳米铁粉,隐形涂料中可对电磁波、红外线产生吸收作用的纳米铁粉或纳米钴粉等。

表 3-1　不同粒径之粉末其表面原子数占整个粉末原子数之大约比例

粒径	百分比
10 nm	10%
100 nm	1%
1 μm	0.1%
10 μm	0.01%

　　纳米级粉末之制作方式可分为物理法及化学法两种，而一般之机械研磨或雾化法均无法制造出足够细之纳米级粉末，兹举下列五种制作方法为例。

　　（1）蒸发法（evaporation）。此属于物理之方式，如图 3-26 所示。此方法乃将金属材料置于坩埚中，由于舱体中充入惰性气体之压力相当低，所以当电子束打向金属原料时，金属会蒸发。将蒸发之细微金属颗粒借着微量携带气体（carrier gas）之导引沉积在上方之冷凝板上，将之刮除即可得到所要之纳米级粉末。此粉末的大小可由收集位置来决定，又由于粉末之间会互相凝聚，越靠近蒸发源所收集到的粉末颗粒会越小，而越远离时则因有较多之机会凝聚使得粉末颗粒较大。一般而言，由此法所得粉末之粒度在 20~200 nm 之间。

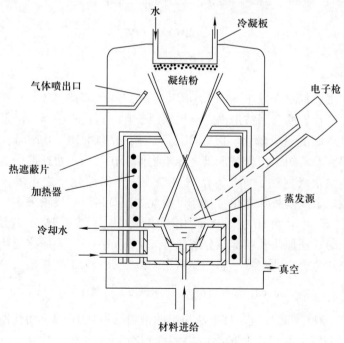

图 3-26　蒸发法之基本装置

除了上述以电子束加热之方法外，亦可以激光、等离子作为热源，或将坩埚直接以电阻或感应加热之方式将材料蒸发，但在冷却及收集之方式上则大致相同。

（2）溅镀法（sputtering）。溅镀法亦为物理方法，其基本原理如图 3-27 所示。在真空炉中置一标靶物（target）作为阴极，此标靶物即是要溅镀成粉末的材料。当氩气被通入炉中后在两电极间会变成氩气正离子，因而将加速冲向阴极的标靶物，造成标靶物原子被击出而产生粉末。

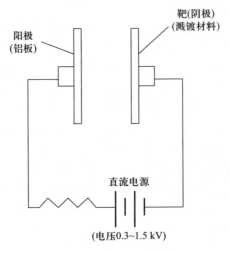

图 3-27　溅镀法的基本装置

一般之溅镀都是在低压下（<50×10⁻³ Torr）操作使生成薄膜，此工艺常用于制作半导体晶片，此乃因被击出之标靶物原子在飞行过程中尚未经足够之碰撞即已到达基材而沉积成薄膜。但在高压下，例如 700×10⁻³ Torr 时，因粒子的平均自由路径非常短，使得被击出之标靶物原子在气相中快速撞击而成长，因而可以产生纳米级之粒子。此方法之好处在于不需熔化用之坩埚，可减少污染，高熔点之金属及特殊之化合物亦可借此方法直接溅射成粉末。

（3）气态化学析出法。气态化学析出法主要有热分解法（thermal decomposition）、还原法及喷雾热分解法（spray pyrolysis）。金属之氯化物、氟化物或氧化物均适合以此法将气态金属析出。以下所示为铜之析出反应：

$$2Cu_3Cl_{3(g)} + 3H_{2(g)} \longrightarrow 6Cu_{(s)} + 6HCl_{(g)} \qquad (3-17)$$

上式在 1000 ℃ 之反应条件下所析出的铜粉约为 0.1 μm，而其他如三氧化钼亦可经由类似于上式之升华反应得到纯钼粉。这些粉末不需经由熔化之程序，不用与坩埚接触，所以污染少。

（4）熔射法。以等离子或可燃性气体将微米级粉末熔化后再借高压将熔液喷出，可制出纳米级粉末。有时亦可放入前导物（precursor），使在燃烧过程中形成粉末。此方式与雾化法类似，只是热源及喷嘴之设计不同。

（5）喷雾转化法（spray conversion）[17]。此工艺用于量产纳米级之碳化钨及钴粉，其基本工艺（图3-28）包括以下三个主要步骤。

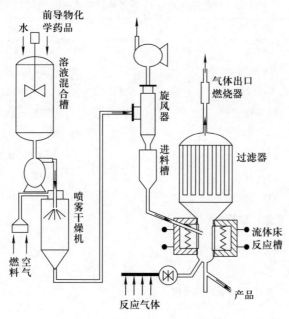

图 3-28　喷雾转化法之示意图

① 混合钴及钨之盐类于水中。

② 将此水溶液予以喷雾干燥，使形成非晶质之前导物。

③ 于流体床中以气体渗碳之方式使前导物中所含之钨碳化成碳化钨粉。

以此喷雾转化法可得到粒度在 75 μm 左右之粗粉，但每颗粗粉中均含有无数颗表面含钴之纳米级碳化钨粉，其粒径在 50 nm 以下。此喷雾转化法亦可用于制作其他纳米级粉末，如 W-Ag、WC-Ni、Ni-Mo 等。

3-3　粉末之标准代号

美国粉末冶金协会（MPIF）就一般常用之材料已制订了一套标准，表 3-2 即为几种常用铁系及铜系材料之代号及其化学成分。兹以 FN-0205 举例说明，F 表示铁基，N 表示以镍为主要之合金元素，而前二码 02 表示添加之镍为

2%，后二码05表示碳含量为0.5%左右。MPIF在碳含量方面之定义如表3-3所示。又如 FD-0405 中之 D 表示为扩散接合型(diffusion bonding)，FLNC-4405 中之 L 为预合金之意，N、C 分别代表 Ni 及 Cu，44 代表 44xx 型合金，而 05 则表示碳含量为 0.5%。

表3-2　美国粉末冶金协会常用材料代号之范例

代　号	材　料
F-0000	纯铁
F-0005	Fe-0.5C
F-0008	Fe-0.8C
FC-0208	Fe-2Cu-0.8C
FX-2008	Fe-20Cu-0.8C(渗铜)
FN-0205	Fe-2Ni-0.5C
FN-0408	Fe-4Ni-0.8C
FD-0405	Fe-4Ni-1.5Cu-0.5Mo-0.5C
扩散接合粉	
Ni, Cu　　碳含量 F　L　N　C-4　4　0　5 预合金形式　一般预合金代号之低合金钢	Fe-2Ni-2Cu-0.8Mo-0.5C
FLN4-4405	Fe-4Ni-0.8Mo-0.5C
SS-316	316 不锈钢
SS-410	410 不锈钢
CZP-2002	Cu-20Zn-2Pb
CT-1000	Cu-10Sn
CNZ-1818	Cu-18Ni-18Zn （锌白铜）

表3-3　美国粉末冶金协会所制订碳含量之定义

代号	碳含量
00	0.1%~0.3%
05	0.3%~0.6%
08	0.6%~0.9%

3-4 结语

就干压成形之应用而言,其所使用的粉末多是以① 小于 150 μm 之直径,② 不规则形,③ 碳、氮、氧含量少,作为最主要之规格。这些粉末多由水雾化法及还原法制作。此外,另有一些特殊工艺用来制作特殊粉末,如活性高之钛粉、铌粉,粒度小之羰基铁粉、羰基镍粉等。表 3-4 列出了四种主要的粉末制造方法及粉末之特性。在制作不锈钢及工具钢等工件时,大多数的业者均使用水雾化或气雾化预合金粉,以求工件显微组织、机械性质及抗腐蚀性的稳定。在制作低合金钢结构件时,则大多数业者采用混合粉的方法,将铁粉与其他作为合金用的元素粉一并混合,经成形、烧结后这些工件的组织虽不均匀,但机械性质也仍可达到所需之要求。

表 3-4 干压成形及注射成形最常用的四种粉末之特性及其优缺点

工艺	常见金属粉	粒径 D_{90}	形状	氧含量	优点	缺点	工艺成本	应用
气雾化法	高速钢、不锈钢粉	<150 μm	球形	<0.1%	氧含量低、生坯密度高	生坯强度弱、较易变形	稍高	注射成形、热等静压及 3D 打印
水雾化法	铁、高速钢、不锈钢粉	<150 μm	不规则状	<0.4%	生坯强度佳、不易变形	氧含量高	中	干压成形及注射成形(铁除外)
化学分解法	羰基铁粉、羰基镍粉	<10 μm	球形或刺猬状	<0.3%	烧结密度高	价格高	高	注射成形
还原法	铁粉	<150 μm	不规则状	<0.2%	有孔隙、成本低、生坯强度佳	生坯密度低	低	干压成形
	钼、钨粉	<10 μm	立方体形	<0.2%	烧结密度高	无法直接干压成形	高	干压成形及注射成形

就注射成形之应用而言,其所使用的粉末均是以① 小于 20 μm 之直径,② 近球形,③ 碳、氮、氧含量少,作为最主要之规格。这些粉末多由水雾化法、气雾化法、化学分解法及还原法制作,如表 3-4 所示。

参考文献

［1］ B. Hopkins，"Close-coupled Gas Atomization Comes of Age"，Metal Powder Report，1994，Vol. 49，No. 3，pp. 34-38.

［2］ A. Lawley，"Atomization of Specialty Alloy Powders"，J. Metals，1981，January，pp. 13-18.

［3］ 余勇、曾归余、肖明清、乐晨、欧建雄，"不同工艺对真空气雾化 Ni 粉粒度的影响研究"，粉末冶金工业，2015，25 卷 1 期，38-41 页。

［4］ 刘文海，"金属粉末气雾化技术进展"，粉体及粉末冶金会刊，2014，39 卷 4 期，198-204 页。

［5］ 沈军、蒋祖龄、曾松岩、李庆春，"气体雾化过程的增压与吸动现象"，粉末冶金技术，1994，12 卷 1 期，15-17 页。

［6］ T. Tunberg and L. Nyborg，"Surface Reactions during Water Atomisation and Sintering of Austenitic Stainless Steel Powder"，Powder Metall.，1995，Vol. 38，No. 2，pp. 120-130.

［7］ T. Takeda，Y. Tanaka，M. Sasaki，T. Shimura，K. Nakabayashi，H. Azuma，H. Abo，T. Takakura，and Y. Kato，"Method and Apparatus for Production of Metal Powder by Atomizing"，U. S. Patent 6, 254, 661 B1, 2001.

［8］ Y. Kato，"New Atomization Process Developed by PAMCO"，In：R. M. German，H. Wiesner，and R. G. Cornwall，*Powder Injection Molding Technologies*，*Proceedings of PIM*98，Innovative Materials Inc.，State College，PA，USA，1998，pp. 45-55.

［9］ I. J. Mellanby，"Inco Speciality Powder Products for the 1990's"，Metal Powder Report，1990，Vol. 45，No. 2，pp. 94-98.

［10］ F. L. Ebenhoech，"Carbonyl Iron Powder：Production，Properties，and Applications"，Progress in Powder Metallurgy，MPIF，Princeton，NJ，1986，pp. 133-140.

［11］ 屈子梅，"缺铁性贫血与食物增铁用铁粉"，粉末冶金工业，2002，12 卷 2 期，20-23 页。

［12］ D. R. Armstrong，S. S. Borys，and R. P. Anderson，"Method of Making Metals and Other Elements from the Halide Vapor of the Metal"，U. S. Patent 5, 958, 106, 1990.

［13］ 姚其均、陈俊雄、郑荣瑞、林于隆、李丕耀，"$Cu_{60}Zr_{24}Ti_{10}Y_6$ 金属玻璃合金制备和其热稳定性探讨"，粉末冶金会刊，2003，28 卷 2 期，88-95 页。

［14］ 连双喜、狄马克、黄坤祥，"旋转电极铜粉末设备之研制"，粉末冶金会刊，1999，24 卷 2 期，111-114 页。

［15］ B. Champagne and R. Angers，"Fabrication of Powders by the Rotating Electrode Process"，Int. J. Powder Metall. & Powder Tech.，1980，Vol. 16，No. 4，pp. 359-367.

［16］ K-Y Shue，J-W Yeh，and K. S. Liu，"Centrifugal Atomization/Substrate Quenching of Rapidly Solidified Particles"，Int. J. Powder Metall.，1995，Vol. 31，No. 2，pp. 145-153.

［17］ P. Seegopaul and L. E. McCandlish，"Nanodyne Advances Ultrafine WC-Co Powders"，Metal Powder Report，1996，Vol. 5，No. 4，pp. 16-20.

作业

作业

1. 使用预合金粉与混合元素粉制作青铜轴承时，此两种粉各有何优缺点？

2. 若你需要一批粒径分布非常窄之球形粉，你可能选用哪种方法制造？其相关之重要工艺参数有哪些？

3. 你需要一批 5 μm 之铁粉，你将选择下列何种制造方法？原因为何？① 水雾化法；② 气雾化法；③ 羰基分解法；④ 还原法；⑤ 旋转电极法；⑥ 其他方法。

4. 在上述方法中你将选择哪一种方法制造轴承用之铁粉？你认为针对此用途之粉其特性要求为何？

5. 为何一般之铝粉无法由氧化铝粉还原而得？

6. 请详细描述羰基铁粉中为何有洋葱状之组织。

7. 目前你以气雾化法制作之锡粉之粒度太小，要改变哪些参数才能得到较大之粉末？

8. 下列三种方法中你将选择哪一种以制造钛粉？原因为何？① 化学反应法（wet chemical）；② 气雾化法；③ 将 TiO_2 以氢气还原。

9. 如表 3-5 所示，以扩散接合粉制作之 Fe-0.5Mo-2Ni 粉末冶金零件之疲劳强度反而比预合金粉所制作者为佳，原因何在？

表 3-5

材料	密度/（g/cm^3）	UTS/MPa	疲劳极限/MPa	疲劳比例
扩散接合粉	7.1	610	225	0.37
预合金粉	7.1	560	180	0.32

10. 表 3-6 所示 8 种镍粉中何者用于电磁波屏蔽材料最为适当？理由何在？

表 3-6

号码	松装密度/（g/cm^3）	流动性/（s/50g）	号码	松装密度/（g/cm^3）	流动性/（s/50g）
1	2.40	35	5	2.80	30
2	2.40	36	6	2.80	29
3	2.70	30	7	2.90	28
4	2.70	21	8	3.01	26

11. 有一名工程师声称他的球形不锈钢粉是以旋转电极法制造的，其工艺参数如下：

    电极直径：20 mm

    电极边缘之温度：高于熔点 200 ℃（superheat）

    雾化舱之直径：250 mm

    电极转速：10000 r/min

    此粉之显微组织显示其二次树枝状结晶之间距为 1 μm，经查得知粉末之冷却速率为 $1×10^4$ K/s。你能证明上述之参数不可能制作出此粉吗？

12. 欲将一种 Fe-2Ni 之预合金粉与聚乙烯混合，其体积比为 4∶6[V(聚乙烯)∶V(预合金粉)]，此混合粉乃供粉末注射成形之用。若欲混合 1 kg 之混合粉，你应各用多少千克之预合金粉及聚乙烯？若你要使混合物在加热后具低黏度的话，应设定哪些粉末特性？应采用何方法去得到这些特性？

13. 水雾化及气雾化不锈钢粉之氧含量各为 0.3% 及 0.1%，但以俄歇（Auger）表面分析仪测试粉末表面氧化层之结果，发现水雾化粉因冷却速率快，氧化层反而较薄。请问为何水雾化粉之总氧含量仍较多？

14. 你在实验室中发展了 REP 之工艺参数，目前正拟量产，量产之铁粉之平均粒径应为 80 μm。请问在表 3-7 条件下应使用多大之转速？

表 3-7

参数	实验	量产
电极直径	20 mm	36 mm
熔化速率	10 g/s	20 g/s
熔液之表面张力	1 N/m	1 N/m
平均粒径	180 μm	80 μm
转速	8000 r/min	?

15. 在以气雾化法制作 Ni-H 电池所用之粉末时，Mn 若产生偏析而非固溶于基体内的话，所制成之电池之性能将不好。有何方法可改进 Mn 偏析之现象？

16. 添加入面粉中作为增铁剂之铁粉应使用还原铁粉，水雾化铁粉，气雾化铁粉，抑或羰基铁粉？原因为何？

17. 你正转动你的雨伞甩水滴，雨伞的转速为 120 r/min，水的表面张力为 72 dyn/cm。请估计甩出水珠的直径。

18. 下列几种粉末制作方法中何者适合用来制作纳米粉末？① 化学分解法（carbonyl process）；② 气雾化法；③ 水雾化法；④ 磨碎法；⑤ 电解法；

⑥ 旋转电极法；⑦ 还原法。

19. 以磨碎法制作粉末时得到下列数据：

     1 h：30 μm

     3 h：60 μm

     10 h：40 μm

     30 h：10 μm

此粉末为铜粉抑或硅粉？原因为何？

第四章
粉末特性之分析

4-1 前言

粉末之特性相当多，如粒径、表面积、形状等，在选用粉末时，必须针对其用途选出最主要之特性以作为规格。例如在制作触媒时，粉末之表面积应是最主要之特性；制作壁薄之金属粉末注射成形（metal injection molding，MIM）工件时，细粉较适合，因为在相同的厚度下可容纳较多颗粉末，能增加粉末间的摩擦力，使壁薄处不易产生射不饱或变形等缺陷，所以粉末之粒径应是最重要之规格；对于形状复杂的零件，使用外观较不规则的粉较易有机械锁合的效果，使得坯体在脱脂、烧结时较不易变形，此时粉末形状则相对重要；又如在制作高导电度之电器零件或具高散热效果的蒸汽室均温板（vapor chamber）时，可能最重要的规格是铜粉之纯度，以确保其导热性。所以若要选出所需之粉末时，必须先订出所要的特性及规格，然后与粉末制造商所提供之资料比较，并且一定要了解这些制造商的数据是由何种方法量测而得，如此才能找到所要的粉末，而当收到所购买的粉末并要验收时也应针对重点规格予以测试。以下各节针对各种粉末之特性及其量测方法作一介绍。

4-2　粉末特性之种类

一份完整的粉末分析报告常包括下列各项，除了数据之外，粉末外观及其剖面之照片亦有助于对粉末之认识。

（1）粒径。

（2）形状。

（3）表面积。

（4）化学成分。

（5）振实密度（tap density）。

（6）真密度（true density）。

（7）自然坡度角（angle of repose）。

（8）生坯强度。

（9）流动性。

（10）松装密度（apparent density）。

（11）压缩性（compressibility）。

（12）型号。

（13）制作方法。

（14）制造商。

虽然以上所列出的项目很多，但是并非每种粉末的测试报告均需具备所有这些数据，对于干压成形粉末而言，如表4-1所示之水雾化预合金粉最常用到的是粒径、松装密度、流动性、化学成分及压缩性。相对地，对金属注射成形粉末而言，最常参考的性质则为粒径、形状、化学成分及振实密度，例如表4-1中之羰基铁粉即属此类，它不具有流动性，故无法测得其松装密度及流动性，也

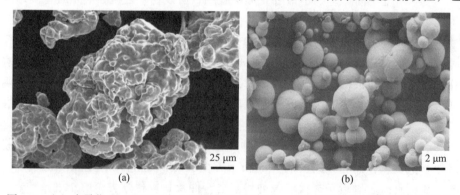

(a)　　　　　　　　　　　　　　(b)

图4-1　（a）水雾化FL-5305预合金粉外观（范维汀摄）；（b）羰基铁粉之外观（林咏刚摄）

由于其主要用途为金属粉末注射成形，其压缩性不具参考价值，故一般不量测此值。所以每一种粉末只需依照需求，量测上述各项中一部分之特性即可。

表 4-1 应用于干压成形的预合金粉及应用于金属粉末注射成形的羰基铁粉之特性

特性	水雾化 FL-5305 预合金粉	羰基铁粉
型号	Astaloy CrM	OM
粒径分布/μm(网目)		
−45(−325)	10.0%	
45~53(−270+325)	13.2%	
53~63(−230+270)	16.8%	
63~75(−200+230)	10.5%	
75~90(−170+200)	11.4%	
90~106(−140+170)	14.5%	
106~125(−120+140)	11.5%	
125~150(−100+120)	3.9%	
+150(+100)	8.2%	
粒径分布(激光散射法)/μm		
		$D_{10}=2.0$
		$D_{50}=4.1$
		$D_{90}=7.5$
形状	不规则形[图 4-1(a)]	近球形[图 4-1(b)]
松装密度/(g/cm³)	2.79	
流动性/(s/50g)	27	
生坯密度(600 MPa)/(g/cm³)	6.99	
真密度/(g/cm³)		7.63
振实密度/(g/cm³)		4.07
比表面积/(m²/g)		0.78
化学成分/wt%		
Cr	2.82	
Mo	0.47	
C	0.004	0.78
N	0.004	0.75
O	0.136	0.15
制作方法	水雾化法	化学分解法
供应商	Höganäs	BASF

4-3　粒径分析

由于制造粉末之方法有很多种，而每种方法所制造出的粉末形状并非均为球形，所以一般所谓的"粉末直径"乃是指该粉末之"相当直径"，此相当值会依不同之量测方法而有不同之数值。有的取体积相等之球状粉的直径作为"相当直径"，而有的则是取表面积相同之球状粉的直径，所以即使是同一批粉末也常因量测方法之不同而得到不同之粒径。因此，一般常根据该粉末之用途来决定应用何种方法来量测，例如某一粉末之用途为触媒，则该粉之粒径宜用表面积法来量测。

一般常用金属粉末之粒径在 $1 \sim 1000$ μm 之间。由于其差距甚大，并无一种理想之仪器能涵盖此大范围，且仍能迅速地量测出该粉末之准确粒径。一般最常用之测试方法有下列数种，而每种方法均有不同的量测原理，也因此而有其最佳之适用范围，且均各有优缺点，兹详述如下。

4-3-1　激光散射法[1-3]

目前业界要量测细粉粒径时最常用的方法为激光散射法（laser light scattering），或称静态激光散射法（static laser light scattering），又称激光衍射法（laser light diffraction）。此方法乃将激光射向金属粉末，使产生散射图案，将此图案用数学模型解读出粉末粒径的分布，然后以粒径分布图表示之。此图之 x 轴为粒径，使用对数尺度（logarithmic scale），而 y 轴为某一粒径范围的粉末所占总体积的比例，使用的是线性尺度（linear scale），兹将其原理及仪器分别说明如下。

4-3-1-1　激光散射原理

此方法之原理如图 4-2 所示，当光线碰到一颗粉末时，它可能被吸收或直接穿透过或产生散射（scattering），而散射又包括了反射（reflection）、折射（refraction）及衍射（diffraction），其中折射即与光线由空气进入水中时其路径会偏移之现象一样，而衍射即与光通过一窄缝时发生光晕之现象相似。将激光打在细粉上后应用此衍射的原理即可测出粉末之大小。

由于光干涉之现象，衍射光会形成特有之图形，即如同物理学中光线通过一微细孔时产生环状纹一样，且其特征是粉末越细（即如同孔越小）时，其衍射角越大、衍射光强度越小，反之亦然，如图 4-3 所示。此衍射环状纹之强度与将石头投入平静之水中所产生之涟漪一样，波之强度由中心向外递减，且此强度与粉末粒径的关系式在 $I \propto d^2$ 至 $I \propto d^6$ 之间，其中 I 为光波之强度，d 为粒径。由于此关系，当直径为 50 μm 与 0.05 μm 之两种粉一起测试时，后者之强度将非常低，不易测得，故此方法所能同时测得粒径的上下限有其限制。

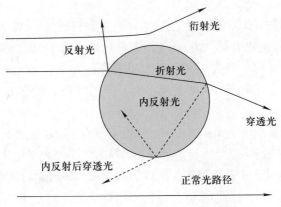

图 4-2　光线遇到细粉时产生散射之情形

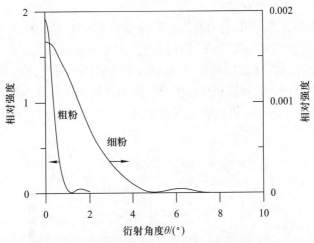

图 4-3　衍射光之强度和角度与粉末粒径的关系

光的散射有不同类型，且可以下列参数 α 来分类：

$$\alpha = \pi d / \lambda \tag{4-1}$$

式中：λ 为入射光之波长。所以此 α 即为粉末的圆周长（πd）与光之波长 λ 的比例。当 α 不同时，其所发生之散射现象及解读之方式将稍有不同：

α≪1：此时属于 Rayleigh 散射

α≈1：此时属于 Mie 散射

在 Rayleigh 散射范围内，散射中心的细粉之形状已不重要，可将之视为一球体，例如当粉末粒径小于 0.1λ 亦即 $\alpha < 0.314$ 时，其散射行为即属于 Rayleigh 散射。一般蓝色天空即为蓝光（波长约 475 nm）在气体分子间所产生的 Rayleigh 散射现象。此时散射光之强度与光之波长成 $1/\lambda^4$ 之反比关系，而与粉末粒径成 d^6 的正比关系。当 $\alpha \approx 1$ 时，散射行为属于 Mie 散射，例如当光源之波长为 0.7 μm 时，由式（4-1）可知粉末粒径大于 0.23 μm 时 α 即大于 1。Mie 散射之强度与入射光波长的关系不大，但仍对粉末粒径相当敏感，大约是与 d^2 成正比关系。

由于粉末冶金用的金属粉多在 Mie 散射范围内，而注射成形金属粉如羰基铁粉、不锈钢粉，或高熔点金属粉如钼粉、钨粉等之平均粒径也多在 3~15 μm 之间且粉末形状不至于非常不规则，所以均适合以 Mie 理论将散射光谱转换为粒径分布，当粉末为不规则形状时，也仍可用数学演算的方式去解出散射光之分布情形。至于较粗的金属粉，一般较少使用激光散射法，而是用经济且具相当历史之筛分法（见 4-3-2 节）。

4-3-1-2　激光散射仪

图 4-4 为激光散射仪之示意图。其光源是氦-氖气激光（He-Ne，波长为 632.8 nm）或是由激光二极管或 LED 所产生之光，其波长大多在 450~850 nm 之间。这些光源经过过滤并成束平行（collimation）以增加光束的截面积后射向待测物，此待测物一般是散布在液体或气体中之粒子。若粉末不会凝聚，可使用干式法；若粉末偏细，即使在空气中也容易凝聚的话，则采用湿式法，此时

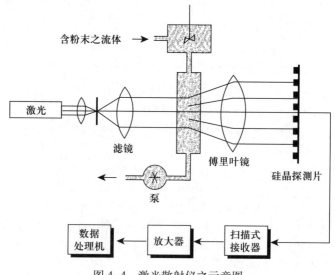

图 4-4　激光散射仪之示意图

含有粉末之溶液常需施以超声波震荡且需添加分散剂，如六偏磷酸钠（$NaPO_3$）$_6$、焦磷酸钠（$Na_4P_2O_7$）、氨水等，以确定粉末能均匀分散在液体中。

当激光碰到粉末后产生衍射，此衍射角的 $\sin\theta$ 值与粉末粒径成反比而与光源之波长成正比[1]。具不同角度之衍射光经傅里叶镜(Fourier lens)光学系统后抵达探测器，由于粉末粒子越小，衍射角越大、强度越低，所以探测器多为一系列的长条形或扇形或环形硅晶光二极管(photodiode)，且其晶片的排列方式需配合衍射角，亦即角度大时，其数目或间距也要成对数的关系增加，如图4-5所示，使能读取大角度衍射光之信号。但当粉末粒径小至某种程度时，其衍射角将过大以致无法被探测到，此时可在高角度处再加设探测器，或加装一波长更短之光源并以斜角的方式射入样品，以得到较小的散射角及较强的散射光。但尽管如此，当粒径小于 50 nm 时，不同角度之散射光将过于接近且强度相当低，不易依散射光之特征而辨别其粒径，故此法之理论下限约为 50 nm。

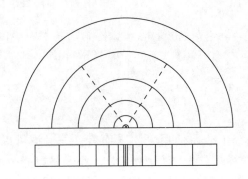

图 4-5　探测器多为一系列的长条形或扇形或环形硅晶光二极管，
其数目或间距并非线性排列

激光散射仪虽然看似简单，但要得到正确的数据并不容易，在样品准备上以及操作参数的选择上均需相当谨慎。例如采用湿式法时，样品中粉末的浓度太高的话，有些散射光会再次被其他粉末散射，导致浓度高的样品将出现多重散射的现象，使测得的粉末粒径分布变宽；而浓度太低时，收集到的信号强度又不够，所以一般将通过样品的光的百分比作为调整的依据，并将此光线通过量控制在 75%~98%。此外，如何调整进料速度、液体的酸碱度，如何选取样品的折射系数(refractive index)，是否应添加分散剂或使用超声波以避免粉末产生凝聚的现象等，这些均需要经验及多次测试才能得到正确之结果。若要了解此方法之详细理论、测试标准、测试方法、硬件设备的再现性及数据如何判读等资讯，可参照 ISO 9276 及 ISO 13320 标准。

激光散射法之优点在于分析速度快，属目前注射成形粉末制造商及注射成形零件制造业者最常使用的测试方法。图4-6为注射成形常用的羰基铁粉及气雾化316L不锈钢粉的粒径分布图，羰基铁粉之粒径细且分布为近乎正态分布之对称形，相对地，气雾化不锈钢粉之粒径较粗、分布较宽且不对称，其主要原因是气雾化粉多为以旋风器分级过之粉。

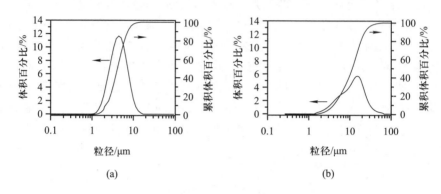

图4-6 注射成形常用的羰基铁粉(a)及气雾化316L
不锈钢粉(b)的粒径分布图

4-3-2 筛分法

对传统粉末冶金工艺所使用之粉末而言，一般均可以用筛分法(sieving analysis)来测量其粒径。在此方法中粉末之大小乃是以能否通过某一孔径之筛网来定，而筛网之孔径又依网目之多寡而定。例如400目之筛网所代表之意义为每一英寸①之长度上有400个孔，因为此筛网网线之直径约26 μm，扣除网线之总宽度后，网孔孔径为38 μm。表4-2所列即为18目到635目筛网之孔径及各筛网所用网线之直径。由此表中可看出每个网目之孔径均以$\sqrt[4]{2}$或1.189之比例增加，所以每隔四个筛网其孔径即加大一倍，亦即表4-2中的400、200、100及50目筛网之孔径均以倍数增加，分别为38 μm、75 μm、150 μm及300 μm而成一等比级数。较简易之记忆法为将网目数与孔径相乘约等于15000，故100目的粉孔径即为150 μm，而其他任一非整数网目之孔径也可借此公式估算。传统粉末冶金业所使用之粉大多在80~400目之间，而注射成形业者所使用之粉则几乎都是比400目细之粉。

---

① 1 in(英寸)=2.54 cm，下同。

表 4-2　筛网之孔径

网目编号	筛网之孔径/μm	筛网所用网线之直径/μm
18	1000	430~620
20	850	380~550
25	710	330~480
30	600	290~420
35	500	260~370
40	425	230~330
45	355	200~290
50	300	170~253
60	250	149~220
70	212	130~187
80	180	114~154
100	150	96~125
120	125	79~103
140	106	63~87
170	90	54~73
200	75	45~61
230	63	39~52
270	53	35~46
325	45	31~40
400	38	23~35
450	32	
500	25	
635	20	

　　量测时各筛网之排列如图 4-7 所示。首先将约 100 g 之粉末放入最上面之筛网中，而各筛网之次序由上至下依次由网目号码小者至网目号码大者，然后在最上层加盖，在最底层加一承接底盘。将这些组装好之筛网置入振动机中，在振动过程中于水平方向上有 285 rpm 之回转运动，且在垂直之方向上有一锤子以 150 次/min 之频率敲击使粉末不致阻塞网孔，经 15 min 之振动后量测各

筛网上所盛粉末之质量即可得此粉末之粒径分布。图 4-8(a) 即为此俗称为
Ro-Tap 设备之外观，而图 4-8(b) 则为另一常见之筛分设备，此设备亦具有水
平之圆周运动及上下振动之功能。

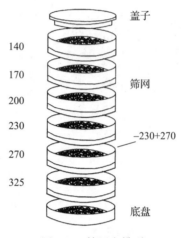

图 4-7 筛网之排列

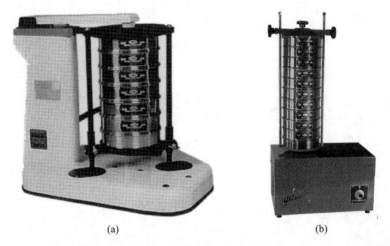

(a)   (b)

图 4-8 Ro-Tap 筛分设备(a)及一般筛分设备(b)之外观(Gilson Co. Inc. 提供)

以这些筛分设备所测得之粒径分布属于一种质量百分比之分布。一般之表
示方法以"-"代表小于某网目，而"+"代表大于某网目，例如-230+270 之粉末表
示其粒径小于 230 目，大于 270 目，亦即在 230~270 目之间，或介于 53~63 μm
之间，如图 4-7 所示。此测试之标准有美国粉末冶金协会之 MPIF Standard 05
或美国测试与材料标准学会(American Society for Testing and Materials，ASTM)

之 ASTM E-11。

　　由于一般筛网之孔径最小仅至 38 μm，对于更细的粉末必须使用特制的精密微筛(precision microsieve/electroformed sieve)。此种筛网多以刻蚀之方式制作，首先将铜或不锈钢片涂上感光剂，以照相之方式将筛孔以外之部分感光，然后以化学药品将未感光之筛孔部分之感光剂移去，然后以酸将筛孔部分之铜或不锈钢蚀出，即可得到最细约 5 μm 之细筛孔。此类筛网之网孔很易阻塞，需经常清洗，也可使用超声波振动方式或湿式筛分法使粉末较不易卡在网孔中。图 4-9 为精密微筛与传统编织式筛网之外观，前者为平面式，各网孔之尺寸较后者精确。

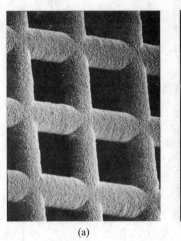 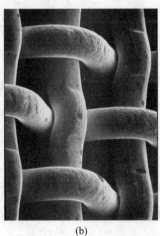

(a)　　　　　　　　　　　(b)

图 4-9　精密微筛(a)与传统编织式筛网(b)之外观，前者为平面式，
各网孔之尺寸较精确(Gilson Co. Inc. 提供)

4-3-3　显微观测法

　　利用光学显微镜(optical microscope，OM)、扫描电子显微镜(scanning electron microscope，SEM)及透射电子显微镜(transmission electron microscope，TEM)可以直接观察到粉末之形状、粒径大小以及表面或内部之特征。由于在显微镜下取景区域之不同会影响到量测值之大小，一般需有足够之画面或照片，且每个画面中需有数十颗粉末，所得之平均粒径才具代表性。而计算之方法可借定量金相之原理[4]，例如以随意之直线与粉末相交所得截距之平均值[图 4-10(a)]；以平行线与粉末相交，其截距之平均值[图 4-10(b)]；与粉末边缘相切之两切线间距离之平均值[图 4-10(c)]；或与粉末之投影面积相等的球形粉之直径[图 4-10(d)]等。近年来影像分析仪(image analyzer)相当

进步，取代了以往人工计算之方式而加速了分析之速度。此法所得之粒径分布乃以个数(population)百分比为基础，所以其结果与以质量百分比为基础的筛分法不同，也与以体积百分比为基础的激光散射法所得结果不同。

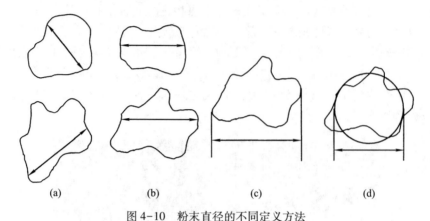

(a)　　　　　　　(b)　　　　　　　(c)　　　　　　　(d)

图 4-10　粉末直径的不同定义方法

4-3-4　费氏法

当粉末粒径在 38 μm(400 目)以下时，虽可用更细之筛网分级，但这些细筛网容易被阻塞，需特殊之振动装置且效率低、价昂，所以筛分法在-400 目之范围并不实用，需使用上述之激光散射法或显微观测法。另一种选择是费氏法，此方法只提供粉末之平均粒径，无法提供粒径分布。费氏粒径分析仪(Fisher subsieve sizer, F. S. S. S.)操作方法简单，适合之平均粒径范围在 0.2~50 μm 之间，且设备便宜，故常被工业界所采用，其外观如图 4-11 所示。

费氏粒径分析仪之基本原理乃利用粉体之透气性，其步骤为将粉末填入一柱状空间，当空气通过粗粉(表面积小)时所受到之阻力较小，而通过细粉(表面积大)时则阻力较大，其间之关系可由 Darcy 方程式得知：

$$Q = \frac{\Delta P \cdot \alpha \cdot A}{L \cdot \eta} \tag{4-2}$$

式中：Q 为气体流量(cm^3/s)；ΔP 为气体通过粉末后之压降(dyn/cm^2)；L 为粉末坯体之长度(cm)；A 为粉末坯体之截面积(cm^2)；α 为气体之透气系数(permeability coefficient)(cm^2)；η 为气体之黏度(P，或 $dyn \cdot s/cm^2$)。

在实验中先求得 Q、ΔP、L、A、η，再由式(4-2)求得此粉末坯体之透气系数 α，将 α 代入下式即可得此粉末之比表面积 S：

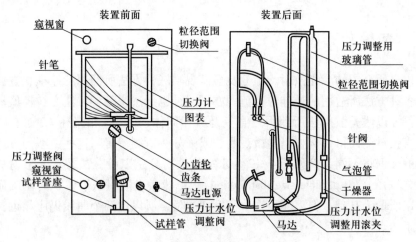

图4-11 费氏粒径分析仪之外观

$$S = \frac{1}{\rho_m}\left[\frac{\varepsilon^3}{5\alpha(1-\varepsilon)^2}\right]^{\frac{1}{2}} \qquad (4-3)$$

式中：S 为比表面积（cm^2/g）；ε 为孔隙度，可由粉末之质量及所填入之柱状空间求得；ρ_m 为粉末之密度（$\mathrm{g/cm}^3$）。

当粉末之比表面积求出后，其平均粒径可以由下式计算而得：

$$d = \frac{6}{\rho_m \cdot S} = 6\sqrt{\frac{5\alpha(1-\varepsilon)^2}{\varepsilon^3}} \qquad (4-4)$$

费氏粒径分析仪之操作相当简单，其细节可参照 18-3 节或美国粉末冶金协会 MPIF Standard 32 之标准。

4-3-5 X 射线衍射法

对于粒径小的粉末，特别是小于 100 nm 的纳米级细粉，可以用 X 射线衍射法及如下之 Scherrer 公式测量粒径 D：

$$D = \frac{0.9\lambda}{B\cos\theta} \qquad (4-5)$$

式中：λ 为 X 射线之波长；B 为衍射峰之半高宽；θ 为衍射角。

一般而言，由于粉末并非毫无缺陷，实际上含有内应力、晶格缺陷、位错、孪晶等，这些都会使得衍射峰变宽，所以所测到之值多比实际值稍小。

4-4　粒径分布图

以上所介绍的激光散射、筛分及显微观测三种方法所使用的原理、方法不同，各种方法所适用的最佳粒径范围亦不同，也无法说哪种方法之粒径值最正确。例如以激光散射法所测得之直径乃具相同体积之"球相当径"，而有的粒径是直接量测而得，例如以显微观测法或筛分法所测得者。这些由不同方法所测得的数据将不同，例如图 4-12 为水雾化铁粉分别以筛分法及激光散射法所测得之粒径分布(particle size distribution)，虽然激光散射法以体积为基础而筛分法以质量为基础，但因体积乘上密度即质量，所以这两个曲线仍应相近，但事实不然。

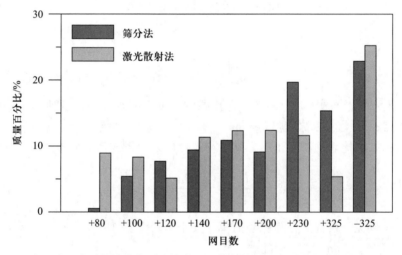

图 4-12　水雾化铁粉分别以筛分法及激光散射法所测得之粒径分布图

若将激光散射法与显微观测法作一比较，由于粉末之体积或质量与直径之三次方成正比，最粗的粉末其个数也许仅占 10%，但其质量可能占了一半以上。又如 10 颗 1 μm 之粉末与 10 颗 10 μm 之粉末混合之后，其个数分布各为 50%，所以以显微观测法量测时其中位数(个数达一半时)约 5.5 μm，若以质量或体积测试则 1 μm 之粉仅占 0.1%，而 10 μm 之粉则占了 99.9%，所以用激光散射法测试时其中位数(体或质量达一半时)接近 10 μm，因此质量分布曲线均在个数分布曲线之右侧，其平均粒径较大。图 4-13 即显示一个粉末以激光散射法量测时得到右方之曲线，但以一般之定量金相法或影像分析法量测时却得到左侧之曲线，此乃因前法得到的是体积分布，而后者乃是个数分布。

所以在说明粉末之平均粒径及粒径分布时，必须注明是由何种方法所测得，而在比较不同供应商或不同批次的粉末时也必须确定所用方法均相同。

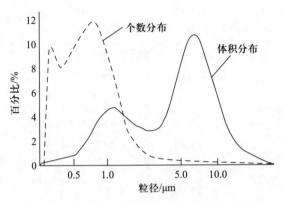

图 4-13 以激光散射法量测时得到右侧之曲线，以一般之定量金相法量测时则得到左侧的曲线

由以上各种方法所测得粉末粒径之分布必须能以简单明了之方式予以表达。一般最简单但最不清楚的乃是只列出该粉末粒径之中值(D_{50})；较普遍的是画出其粒径分布之直方图或曲线，如图 4-12 及 4-13 所示，或累积质量图，如图 4-6 所示；较复杂者为以统计之观念画出其出现之概率图。以下介绍各种粒径分布图所提供的资讯，以及使用不同测试方法所得结果间的差异。

4-4-1 粒径分布图之解读

大多数由激光散射法所测得的粒径图乃以体积作为计算的基础，但若是以显微观测法而得的粒径分布图，则是以个数为主。以图 4-14 及表 4-3 为例，图 4-14 为非正态分布的粉末粒径分布图，其 x 轴为粒径，用的是对数坐标，并非线性坐标，而 y 轴为体积百分比。所示曲线实际上是由直方图亦即许多长条形所组成，每一个长条形的 y 值为该区间的粉末总体积与所有粉末总体积相比之百分比。以表 4-3 及图 4-14 中 11~12 μm 处的长条形为例，此区间包括的是 11~12 μm 之间的粉末，其体积为总体积的 5.04%。若将粉末由细至粗将其体积累积后当作 y 坐标，当累积到 11 μm 时其值为 47.74%，累积到 12 μm 时其值为 52.78%，直至 100% 为止，此时曲线将成为 S 形。所以图 4-14 中的 S 形虚线是由实线积分而得。

表 4-3　图 4-14 中粒径曲线的原始数据

粒径/μm	体积百分比/%	累积体积百分比/%	粒径/μm	体积百分比/%	累积体积百分比/%
74.00		100	9.25		38.97
	0			3.85	
67.86		100	8.48		35.12
	0			3.58	
62.23		100	7.78		31.54
	0.14			3.38	
57.06		99.86	7.13		28.16
	0.21			3.20	
52.33		99.65	6.54		24.96
	0.25			3.05	
47.98		99.40	6.00		21.91
	0.31			2.89	
44.00		99.09	5.50		19.02
	0.41			2.72	
40.35		98.68	5.04		16.30
	0.54			2.51	
37.00		98.14	4.62		13.79
	0.71			2.29	
33.93		97.43	4.24		11.50
	0.96			2.04	
31.11		96.47	3.89		9.46
	1.28			1.78	
28.53		95.19	3.57		7.68
	1.71			1.54	
26.16		93.48	3.27		6.14
	2.26			1.30	
23.99		91.22	2.999		4.84
	2.92			1.09	
22.00		88.30	2.750		3.75
	3.69			0.90	
20.17		84.61	2.522		2.85
	4.42			0.74	
18.50		80.19	2.312		2.11
	5.12			0.60	
16.96		75.07	2.121		1.51
	5.55			0.48	
15.56		69.52	1.945		1.03
	5.69			0.38	
14.27		63.83	1.783		0.65
	5.65			0.29	
13.08		58.18	1.635		0.36
	5.40			0.23	
12.00		52.78	1.499		0.13
	5.04			0.13	
11.00		47.74	1.375		0
	4.58			0	
10.09		43.16	1.261		0
	4.19				

　　若详细观察此图之 x 轴并配合表 4-3 可知，在 x 轴上相邻区间的粒径比例均成一固定值，例如 $10.09:11.00:12.00:13.08:14.27 = 1:1.0909:1.0909^2:$

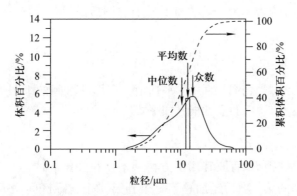

图 4-14　以激光散射法所测得气雾化 316L 不锈钢粉的粒径分布图，其中位数
为 11.45 μm，平均数为 12.88 μm，众数为 15.56 μm

$1.0909^3 : 1.0909^4$，亦即为一等比级数。由于 x 轴是对数坐标，这些粒径的对数值分别为 1.004、1.041、1.079、1.117、1.154，此时相邻数值的差距相同，均约 0.037，亦即由等比级数变成等差级数，所以取了对数后每个长条形之宽度均相同。粉末粒径分布图之 x 轴用对数坐标的另一个原因是相当多的粉末在使用对数坐标时，其曲线将呈对称形状，如图 4-6(a)所示，此种分布形态常称为对数正态分布(log-normal)。

对于粉末粒径分布图而言，若要以一个数值来表达此粉末的粒径的话，最常见的代表数字有中位数(median)、平均数(mean)及众数(mode)，如图 4-14 所示，图中的中位数是由虚线(积分曲线)所算出的，而平均数及众数则是由实线(微分曲线)所决定的，其定义分述如下。

(1) 中位数或中值代表的是当粉末体积由细粉往粗粉开始累积，当累积的体积达到总体积的 50% 时之粒径。如前所述，粉末粒径分布图乃由直方图所组成，亦即为 S 曲线之微分图，其 x 轴为对数尺度，而每一个长条形之宽度均相等，例如在图 4-14 中为 0.037，所以每一个长条形面积为 0.037 乘上长条形之高度(体积百分比)，而 S 曲线即为累积之面积，所以 D_{50} 就是平分实线曲线(微分曲线)下方面积之粉末粒径。更简单的方法是在图 4-14 之 S 曲线中找出 y 轴在 50% 处之粉末的直径，此中值一般以 D_{50} 表示。

(2) 众数的定义是整个微分曲线(图 4-14 中的实线)中最高点处的粒径，亦即出现频率最高的粉末粒径，也是 S 曲线斜率最大之处。

(3) 平均数即如同日常生活中的平均值(average)，对粒径分布图而言即为上述面积之重心，其左右两边之力矩总和相等，此重心值又可分为个数、面积及体积平均数。以激光散射法测得的平均数即为体积平均数 $D[4,3]$，有时也以 D4,3 表示，兹将粒径分布图简化成直方图后说明其计算方法如下：

$$D[4,3] = \frac{\Sigma(1,n)D_i^4 V_i}{\Sigma(1,n)D_i^3 V_i} \qquad (4-6)$$

式中：D_i 为第 i 个粒径区间的几何平均值，亦即此区间的下限值 $D_{i\,min}$ 与此区间的上限值 $D_{i\,max}$ 相乘后的平方根，如下式所示：

$$D_i = (D_{i\,min} \times D_{i\,max})^{0.5} \qquad (4-7)$$

由式(4-7)取得 D_i 后取其四次方再乘上该粒径区间的体积百分比即为式(4-6)之分子中的第 i 项，经加总第一个到第 n 个粒径区间之 $D_i^4 V_i$ 后即得式(4-6)之分子，而分母则取 D_i 的三次方再乘上该粒径区间的体积百分比然后加总所有粒径区间之值。当粒径分布曲线是以体积或质量为基础时其平均值即是此 $D[4,3]$，此 $D[4,3]$ 也是各种平均值中最常用者。当粉末面积较重要时，例如注射成形所用注射料的流动性与粉末的表面积有关，而注射料中黏结剂的添加量也与粉末的表面积有关，此时激光散射粒径图可以用面积的分布表示，其平均粒径为 $D[3,2]$，定义如下：

$$D[3,2] = \frac{\Sigma(1,n)D_i^3 V_i}{\Sigma(1,n)D_i^2 V_i} \qquad (4-8)$$

以图 4-14 为例，其 D_{50} 为 11.45 μm，众数为 15.56 μm，体积平均粒径 $D[4,3]$ 为 12.88 μm，但当粉末粒径分布为正态分布，如图 4-15 所示时，其 D_{50}、众数及体积平均粒径均相同。在此三个数值中一般最常用的是 D_{50}，不过只有此中值仍无法用来判断粉末的分布是窄或是宽，所以常再加上 D_{10} 或 D_{90}，此两个值分别表示粉末的体积累积达到 10% 或 90% 时之粒径，对图 4-14 而言，分别为 3.98 μm 及 23.08 μm(见表 4-3)，且对 D_{50} 而言并不对称。由 D_{10}、D_{50}、D_{90} 可大致看出一个粉末粒径分布的宽窄。此外，也可用跨度(span)看出，其定义为

$$\text{span} = (D_{90} - D_{10})/D_{50} \qquad (4-9)$$

对呈正态分布的图 4-15 而言，其曲线为对称形，此粉末之 D_{50} 为 4.0 μm，D_{10} 为 2.3 μm，D_{90} 为 7.0 μm，与图 4-6(a)羰基铁粉的粒径分布图相似。粉末粒径分布的宽窄除了以 D_{10}、D_{50}、D_{90} 及跨度可大致看出外，也可用标准差(standard deviation，σ，定义见附录二)来显示，图 4-15 中的正态分布曲线即显示出由中位数算起加、减一个标准差(±1σ)及两个标准差(±2σ)处的粉末粒径，在±1σ 范围内的粉占了所有粉末体积的 68.26%，而±2σ 标准差范围内的粉则占了 95.44%(见附录二)。

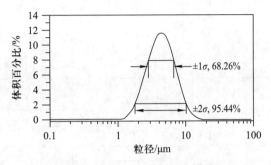

图 4-15　呈正态分布的粉末粒径图

4-4-2　概率图

　　上述之直方图及 S 曲线常用来描述粉末粒径之个数或体积或质量分布情形，但论文或报告中偶尔也会看到以概率尺度作为 y 轴的粒径分布图。当粉末属于对数正态分布时，其粒径分布曲线为对称形，如上节之图4-15 所示，此时若将粒径分布图的 y 轴改用概率尺度，x 轴仍维持对数尺度，则 S 曲线将成一直线，如图 4-16 中左边之直线所示。但当粉末不是对数正态分布，如图4-14 中的不锈钢粉时，若将该非对称形曲线转换成概率尺度，则曲线将不是一条直线，如图 4-16 中右边的曲线所示。由此图也可看出左侧之 y 轴为标准差数目，而右侧之 y 轴则为累积百分比，在±1σ 时，粉末之含括范围在 15.87% ~ 84.13% 之间，合计有 68.26%，而在±2σ 时则合计有 95.44%。

　　使用概率图的好处之一是便于数学运算，例如图 4-17 显示由显微观测法及激光散射法所测得的 D_{50} 各为 18 μm 及 68 μm。此二者之间有一固定之关系如下：

$$\log d_{\mathrm{w}} - \log d_{\mathrm{p}} = \frac{6.908}{m^2} \tag{4-10}$$

且

$$\delta = \frac{6.908}{m} \tag{4-11}$$

式中：d_{w} 为以质量或体积表示时所得之 D_{50}；d_{p} 为以个数表示时所得之 D_{50}；m 为曲线之斜率；δ 为如图 4-17 中两平行线间 y 方向之距离。而此 6.908 之常数即为 3 ln10 (3×2.3026)，此乃因为牵涉了 log 与 ln 对数之转换且质量与直径之三次方有关[5]。所以

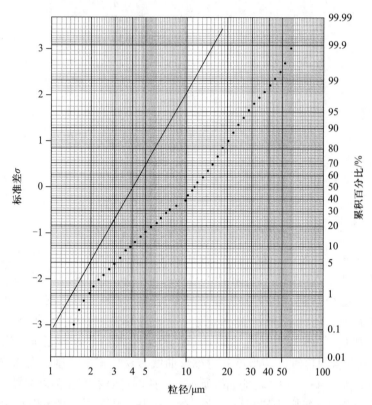

图4-16　将图4-14(右线)及图4-15(左线)改以概率显示时之粒径分布图

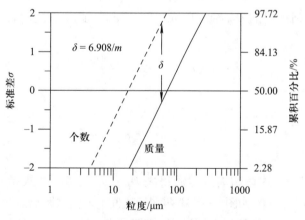

图4-17　以激光散射法及显微观测法所测得的粒径
　　　　分布图用概率图显示时之比较

$$\log d_{\mathrm{w}} - \log d_{\mathrm{p}} = \frac{\delta}{m} \qquad (4\text{-}12)$$

由以上之公式可知若某一粉末之粒径为对数正态分布，而其测试方法(例如个数法)也已知，则可由上述公式直接推测出以其他方法(质量法或体积法)量测时将会得到何种曲线，且可直接计算得知其 D_{50}。但一般而言，由质量法转换至个数法时其误差将较大，因此较少使用。但由个数法转换至质量法时其准确度相当高，所得结果值得参考。由于不少粉末都具有对数正态分布的特性，所以只要知道此分布曲线的任意两点，即可画出整个曲线。对于干压成形或注射成形粉末而言，一般的供应商均会提供原料粉的分析数据，例如 D_{90}、D_{50} 及 D_{10}，由此三点是否成一直线也可看出粉末是否呈对数正态分布，而厂商也常以 D_{90} 作为该粉之代表粒径，例如"$-22\ \mu\mathrm{m}$"的粉常表示 $D_{90}=22\ \mu\mathrm{m}$。

上述各节介绍了数种量测粉末粒径的方法，但各种方法所测得的数值将不尽相同，例如激光散射法与筛分法均是量测粉末的体积或质量，但筛分法的中位数将较小，因为粉末不是球形时，如椭圆形或圆柱形的粉末其较瘦的部分可通过筛网的孔径，造成 D_{50} 的下移。此外，每种测试方法所测对象可能不同，有的是个数，有的是质量，有的是体积，而每个方法所测粒径的最适范围也不同，所以不应期望各种测试法所得结果均相同。当所用仪器之制造厂商不同时，相同之粉末也常有不同之读值，而同一供应商的新旧两种机型所测得的粒径也可能不同，甚至所用之仪器相同时，所得粒径仍可能依操作步骤之不同或参数的选择不同(如折射系数)而有异。此时最好以标准粉末作校正，例如，美国国家标准与技术研究院(National Institute of Standards and Technology，NIST)即有各种不同粒径之标准粉末可作为比对之用。

4-5　粉末之形状

前述之粉末粒径常常只是一个"球相当径"，或是"面积相当径"，并不足以代表粉末之所有特性。事实上，对于使用者而言，诸如外形等其他特性亦相当重要，所以在描述一种粉末时其形状之特征必须包括在内。例如应用于干压成形的齿轮坯体时，为了保护齿部之完整性，使不致在工厂之搬运过程中受振动等外力而崩塌、破损，最好使用形状稍微不规则的粉末，使粉末间有机械锁合之作用，即如同拼图游戏中各个单片互相卡住般，才能提高坯体之强度。而注射成形用粉末间的摩擦力要小，以利射出，所以使用之粉最好近似于球状。又如应用于通信产品的塑胶外壳时，常将导电金属粉混入塑胶中，以达到防止电磁波穿透之效果，此时之粉末最好是链状或片状，使在最少之使用量下仍能使粉末互相接触、形成通路而达到电磁屏蔽(electromagnetic shielding, EMS)之效果。

当粉末非常细,如在 20 μm 以下时,以一般光学显微镜无法得到所要之外观及大小等资料,最高倍率顶多为 1000 倍,此乃因以可见光作为光源时,所观察物体的分辨率顶多为 1 μm。若要看出细粉末或试片的外观或微细结构时,则需使用扫描电子显微镜(SEM),其分辨率可达 1 nm,最高倍率约 50 万倍。

SEM 的原理如图 4-18 所示。由电子枪产生电子束后,经过聚光透镜将电子束集中打在试片表面,并与距离试片表面约 50 nm 以内的原子产生交互作用,并释放出主要来自 K 层轨道的二次电子(secondary electron),将此二次电子收集并处理后即可成像。由于电子束直径仅 1 μm 左右,所以要观察试片表面的全貌时,要先选定一个长方形面积,然后调整择向线圈(deflection coil),使电子束在该面积上作 x 及 y 方向上之移动、扫描,最后再将扫描后的所有资讯合并成像。

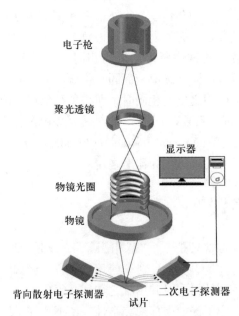

图 4-18 扫描电子显微镜的结构及成像原理

图 4-19 显示了以气雾化法制作之球状 316L 不锈钢粉、以水雾化法制作之不规则形状铁粉,以及由化学分解法所制作之多刺状羰基镍粉在 SEM 下之外观。

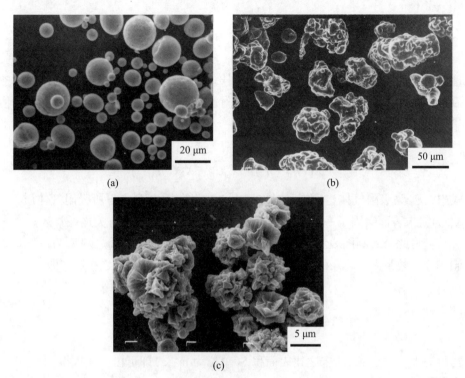

图 4-19　(a) 气雾化球状 316L 不锈钢粉(Osprey，-22 μm)(李孝忠摄)；(b) 水雾化不规则形状铁粉(Höganäs，100.30)(林育全摄)；(c) 多刺状羰基镍粉(INCO，123)(萧敏佑摄)

4-6　表面积

对于触媒而言，表面积(surface area)之大小决定反应量之多寡，所以对于此类应用而言，表面积之量测是不可或缺的。对于烧结零件而言，生坯中粉末之表面积越大，表示其能量越高，越不稳定，也就越容易烧结，所以粉末之表面积也影响了烧结之难易及烧结密度的高低。一般常用之量测方法有两种，兹分述如下。

4-6-1　费氏法

此方法以气体之透气性为原理，粉末之表面积大时其透气性差，利用式(4-2)及式(4-3)可求得粉末之比表面积 S，如 4-3-4 节所述。但若所测粉末有团聚现象或为喷雾造粒粉时，则所测值将比各个原始粒子之总表面积小，此时所得数据仅为一参考值。

4-6-2　BET 法

此法乃由 Brunauer、Emmett 及 Teller 三个人于 1938 年所建立，基本之原理为粉末表面积越大时所吸附之氮分子越多，反之亦然。当粉末表面所吸附之氮分子与外界达到平衡状态时，氮之吸附速率与挥发速率将相等，此时的吸附量与吸附气体之压力 P 呈下列之关系：

$$\frac{P}{X(P_0 - P)} = \frac{1}{X_m C} + \frac{C-1}{X_m C} \frac{P}{P_0} \tag{4-13}$$

式中：P_0 为吸附气体达到饱和时之压力；X 为在压力 P 之下所吸附气体质量；X_m 为粉末表面吸附了一分子层之气体时之质量；C 为与焓有关之一常数。

若将此公式画图表示，可得如图 4-20 之直线，此直线之斜率为 $(C-1)/(X_m C)$，截距为 $1/(X_m C)$，而 X_m 值之倒数即为斜率与截距之和，亦即

$$X_m = \frac{1}{\dfrac{C-1}{X_m C} + \dfrac{1}{X_m C}} \tag{4-14}$$

当得知 X_m 值之后，粉末之比表面积 S（单位为 m^2/g）即可由下式求得：

$$S = \frac{X_m A_0}{\dfrac{\overline{M}}{N_0} W} = \frac{X_m N_0 A_0}{\overline{M} W} \tag{4-15}$$

式中：W 为粉末之质量；N_0 为阿伏伽德罗常量；$\overline{M}$ 为分子量；A_0 为每一气体分子所覆盖之面积。

图 4-21 为 BET 量测方法之示意图。所使用之氮气加氦气的混合气分为两

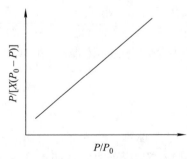

图 4-20　粉末表面吸附之气体量与气体压力之关系

路，其一通过粉末时一部分之氮气被吸附，使得通过热传导探测器时其值与未通过粉末者有一差距，由此差值可计算出被吸附之氮气量(X)，若改变氮气之比例（一般为$5\% \sim 30\%$），则可得到不同之P_0值及X值，由这些数据及上述之作图法和公式即可求得粉末之X_m及比表面积。

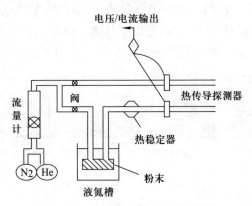

图 4-21 BET 量测方法之示意图

4-7 密度

与粉末冶金工艺相关之密度有：① 与粉末本身相关之密度；② 干压成形或注射成形后坯体之密度，亦称生坯密度（green density）；③ 烧结密度（sintered density）。与粉末相关之密度又分为真密度（true density 或 pycnometer denisty）、松装密度（apparent density）及振实密度（tap density）三种，兹分述如下。

4-7-1 真密度

在分析粉末的真密度[6]时，会发现金属元素粉的真密度均低于周期表上的理论密度，若是合金粉末，则合金粉末本身之密度也将低于经熔炼、辊轧、锻造等工艺所得块状金属之密度。主要的原因是金属粉表面都有一层很薄的氧化物，因此降低了粉末的真密度；另一个原因是粉末内部也含有氧化物、氮化物或碳化物等密度低的化合物，也会固溶入一些间隙型原子，如 C、N、O 等，导致真密度降低。例如 BASF 公司之 OM 羰基铁粉中即含有约 0.78% 之碳，0.15% 的氧，及 0.75% 的氮（见表 4-1），其真密度仅 7.63 g/cm³。但经过还原处理之羰基铁粉，如 BASF 公司之 CM 粉，其碳含量仅 0.005%，氧含量为 0.18%，氮含量为 0.01%，故其真密度较高，约为 7.75 g/cm³。此外，粉末内部亦可能有一些封闭之气孔，特别是在气雾化粉或还原粉中，因此降低了粉末的真密度。由于注射成形工艺中常需计算注射料中粉末的体积比例或是在干压成形时需计算混合粉之理论密度，所以每种粉末之真密度是一项必要之数据。

　　测量真密度的方法有数种，其中之真密度计（pycnometer）相当准确。真密度计的基本原理采用了 $PV=NRT$（P 为压力，V 为体积，N 为气体的摩尔数，R 为气体常数，T 为绝对温度）的原理以及阿基米德原理，只是将阿基米德原理中所用的水改为小分子的惰性气体氦。此真密度计的示意图如图 4-22 所示，

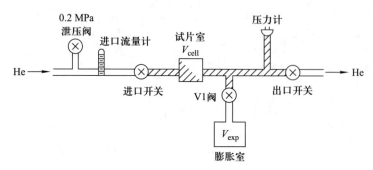

图 4-22　真密度计之示意图

试片室及进出口开关间之斜线部分的体积为 V_{cell}，下方之膨胀室的体积为 V_{exp}，在测试开始阶段时先通以氦气数分钟，此时试片室与膨胀室之压力皆为外界之压力 P_a，而温度皆为 T_a，将中间之阀 V1 关上后，把粉末置入左边之 V_{cell} 并加压至 P_1 后，则

$$P_1(V_{cell} - V_{samp}) = N_c R T_a \qquad (4-16)$$

式中：V_{samp} 为粉末之体积；N_c 为放入粉末后试片室内气体之摩尔数。此时膨胀室中，

$$P_a V_{exp} = N_e R T_a \qquad (4-17)$$

式中：N_e 为膨胀室内氦气之摩尔数。将 V1 阀打开后两边之气体互通而达到平衡，其压力假设为 P_2，此时

$$P_2(V_{cell} - V_{samp} + V_{exp}) = N_c R T_a + N_e R T_a \qquad (4-18)$$

将式（4-16）、（4-17）代入式（4-18）可得

$$P_2(V_{cell} - V_{samp} + V_{exp}) = P_1(V_{cell} - V_{samp}) + P_a V_{exp} \qquad (4-19)$$

所以

$$V_{\text{samp}} = V_{\text{cell}} + \frac{P_a - P_2}{P_1 - P_2} V_{\text{exp}} \qquad (4-20)$$

由于 P_a 接近于 1 atm，若将压力改为相对压力亦即表压，此时 $P_a - P_2 = -P_{2g}$，$P_1 - P_2 = P_{1g} - P_{2g}$，式(4-20)可成为

$$V_{\text{samp}} = V_{\text{cell}} + \frac{V_{\text{exp}}}{1 - \dfrac{P_{1g}}{P_{2g}}} \qquad (4-21)$$

此公式中 P_{1g} 及 P_{2g} 可由压力计读得，而 V_{cell}、V_{exp} 可分别求出，亦即不放试片时 $V_{\text{samp}} = 0$，由式(4-21)可得一公式，而放入一校正用已知体积为 a 之试片时 $V_{\text{samp}} = a$，又得一公式，由此二公式可求出 V_{cell} 及 V_{exp}。所以粉末之真实体积可由式(4-21)求出，再加测粉末之质量后即可得到粉末之真密度。

由于粉末之表面积大，易吸附一般气体如氧、氮等，因而会影响系统中气体之压力，并导致不正确之真密度值，故一般需用惰性气体。此外又因粉末中常有微裂纹及微细孔，为了使气体容易进入这些微缝中，以求出真正之粉末体积，所以一般多使用分子小之氦气。

除了上述方法外，亦可使用细颈大肚之玻璃瓶，在颈部刻有精细之刻度，当粉末置入玻璃瓶后记录颈部液面升高之体积，此即为粉末体积，由此体积及粉末之质量亦可得到粉末之真密度。上述之方法亦可用于测试质脆烧结体之理论密度，当两种不同成分之粉末烧结成一具有孔隙之合金坯体时，若欲知其理论密度，可将质脆烧结体粉碎，使坯体中之孔隙外露，再测试粉碎后粉末之密度，即可知其理论密度。

4-7-2 松装密度

松装密度又称视密度，顾名思义，乃将已知质量的粉末填入已知体积的容器后所测得之密度，此量测之方法已大致统一，可参考 18-2 节或美国 MPIF Standard 04 之测试标准，其装置称为霍尔流动计(Hall flowmeter)，如图 4-23 所示。

测试之方法乃将一内径为 28 mm、内部体积为 25 cm³ 之杯子(图 4-23)，放在漏斗之下，与漏斗之距离为 25 mm，将粉末置入漏斗中后让其经由一直径为 2.54 mm 之小孔自由落入杯中，将杯口刮平，量测杯内粉末之质量后除以 25 cm³ 即得此粉末之松装密度。

若粉末较细，粉末间摩擦力太大，无法通过 2.54 mm 之孔径时，可改用卡尼漏斗(Carney funnel)，其孔径较大，为 5.08 mm，测试方法为 MPIF

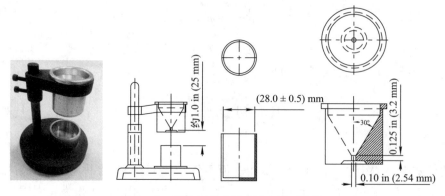

图 4-23　松装密度及流动性之测试装置

Standard 28 之标准，其操作步骤与霍尔流动计类似。

　　MPIF Standard 48 之标准中亦另有亚诺计（Arnold meter）（图 4-24）。此装置为一 25 mm×64 mm×165 mm 之钢块，其正中央有一直径为 31.66 mm 之孔，将一内径为 38 mm、外径为 45 mm、高为 38 mm 之钢管，内部填满 3/4 之粉末后，在钢块上来回移动一次，使管内粉末落入钢块之孔内，将钢块孔内之粉末取出称重，再除以钢块中孔之容积，即为亚诺松装密度，此值一般比霍尔法之松装密度值稍高。图 4-25 即为铁粉加入不等量之润滑剂 Acrawax 后之松装密度，以亚诺计所测得之值比以霍尔流动计所测得之值高约 0.03 g/cm^3。

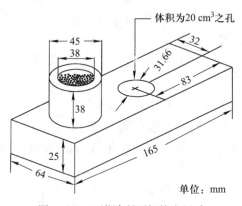

图 4-24　亚诺计所用钢块之尺寸

　　当粉末的松装密度高时，代表粉末间之摩擦力低，粉末容易填入模穴，且分布均匀。对于形状复杂的工件而言，此特性更为重要，松装密度高、摩擦力小的粉才能填入尖角、小缝等处。此外，松装密度高时，填粉深度可以小些，

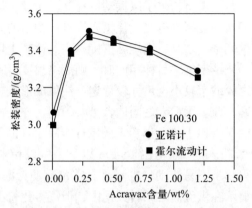

图 4-25 亚诺计所测之密度值比霍尔流动计所得之值稍高

此可减小中模厚度，亦可缩短充填时间而提高成形机之效率。

4-7-3 振实密度

图 4-26 为振实密度（或称敲击密度）量测仪之装置图，其中之玻璃量筒受到底部凸轮之作用而上下振动，此时管内之粉末高度将逐渐降低，由其体积及质量即可计算出粉末之振实密度。此振实密度高于霍尔法之松装密度值，也高于亚诺松装密度。表 4-1 中羰基铁粉的振实密度为 4.07 g/cm^3，为真密度之53%，所制成的注射成形注射料中的固体含量（solids loading）可达 63 vol%，注射料密度约为 5.1 g/cm^3。

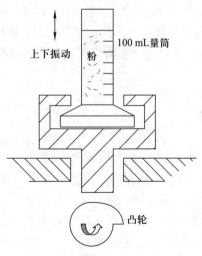

图 4-26 量测振实密度之仪器

有些粉末冶金工艺也需将粉末予以振动以提高其密度，例如在冷、热等静压时都希望粉末之振实密度越高越好，使填入模具内粉末的质量增加，生坯密度也就可提高，而生坯密度越高，则烧结密度越高。此高生坯密度之优点也可从另一角度来看，当烧结密度之目标相同时，则烧结温度可降低，或烧结时间可缩短，且烧结时之收缩率较小，尺寸较稳定。注射成形工艺也不例外，射出生坯之密度越高越好，此表示粉末之固体含量必须高，亦即振实密度要高，一般希望要在真密度的50%以上，所以粉末的特性有决定性的影响。对于注射成形粉末而言，大多数粉末的 D_{50} 均在 15 μm 以下，所以粉末间的接触点数目多，摩擦力大，使得粉末不易流动，也不易自霍尔流动计漏斗中之细孔落下，所以松装密度不会显示在供应商之原料数据中，但气雾化粉由于为球形，所以若平均粒径也够大时，仍可以此霍尔流动计测得松装密度。

对于注射成形工艺而言，由于注射料之粉末固体含量为 50~70 vol%，远高出粉末之松装密度（在 45 vol% 以下），所以松装密度之参考价值不高，但振实密度之数值较高，也较接近固体含量比例，所以此数据已成为判断粉末是否适用于注射成形工艺的一个重要指标，也常作为业者入料检验项目之一。

振实密度常用于细粉的另一个原因是细粉之粒径无法使用筛分法量测，常需使用激光散射法、显微观测法等，这些方法所需之仪器较昂贵且测试时间较长，所以若能以简便且经济之方法来了解该细粉之特性，将更易为工业界所接受。由于粒径及粉末形状都与堆积密度有关，所以使用细粉之注射成形业者及喷雾造粒业者即常以振实密度作为粉末规格之一，以代替粒径及松装密度等规格。振实密度之测试细节可参照 18-7 节或 MPIF Standard 46 或 ASTM B527 之标准，一般使用 25 mL（松装密度>4 g/cm³ 时）或 100 mL（松装密度在 1~4 g/cm³ 时）之量筒，使用粉末质量均为 100 g，每分钟敲击次数应在 100~250 次之间，但其他细节如振幅、次数等仍未明确规定，所以量测参数仍需由使用者与供应商共同约定。

4-8 自然坡度角

自然坡度角（angle of repose）亦为粉末间摩擦力之一种表示方法，其测试装置可与图 4-23 相同，将粉末从漏斗自由落下在平台上后，取堆积粉末之斜面角即为自然坡度角，或称安息角，如图 4-27(a) 所示。亦可将粉末放入长方盒或圆筒中，然后将容器倾斜，而自然坡度角即为粉末开始滑落时之角度，如图 4-27(b)、(c) 所示。当粉末之流动性越好、形状越接近球形、粉末间之摩擦力越小时，此自然坡度角越小。

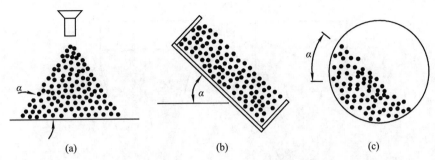

图 4-27 自然坡度角之测试法。(a) 水平面与堆积粉末斜面间之夹角;
(b)、(c) 粉末开始滑落时之角度

4-9 流动性

粉末流动之难易代表了粉末间摩擦力的大小，也因此受到粉末粒径及形状之影响，所以此流动性(flowability)之数据也是一般粉末特性中常见的。其测量之装置与松装密度量测之装置相同，如图 4-23 所示。其步骤为先以手指将漏斗下方 2.54 mm 直径之孔挡住，然后将固定之 50 g 粉末置于漏斗中，移开手指后开始计时，而所有 50 g 粉末流完所需秒数之多寡即为该粉末之流动性，例如 32 s/50 g。一般而言，流动性佳者较易流入模具之模穴中，且其松装密度较高。此量测之方法可参考 18-2 节或美国 MPIF Standard 04 之测试标准。对于注射成形用的细粉而言，由于大多数粉末均无法通过霍尔流动计漏斗下方的细孔而无法量测，所以此特性常不列入规格。

以霍尔流动计量测粉末之流动性虽相当普遍，且已为业界使用数十年，但仍有其缺点。图 4-28(a)显示其漏斗之角度为 60°，当粉末往下流时，有时在漏斗壁处因摩擦力较大，而粉末之重力不足以克服此摩擦力，所以该处会形成停滞区，并于测试过程在漏斗中间形成下陷孔，此导致粉末之流动性变差(总秒数增加)。针对此问题，Höganäs 公司开发了新的漏斗，并以发明人 Gustavsson 命名，此新型漏斗之角度降低为 30°，如图 4-28(b)所示，此可避免上述停滞区之形成，粉末能均匀地自漏斗横截面上的各个区域同时向下掉，而不会形成图 4-28(a)所示之凹陷或粉末突然停止不流动的现象。一般而言，Gustavsson 漏斗所得之值比霍尔流动计稍高，如图 4-29 所示，而秒数较多是因同样的 50 g 之粉末在 Gustavsson 漏斗中之高度较高，所以即使流动较平顺，但总秒数仍是稍高。此法已为国际标准化组织(International Organization for Standardization，ISO)在 2013 年定为 ISO-13517 标准，而测试之对象以掺入润滑剂之金属粉末为主。

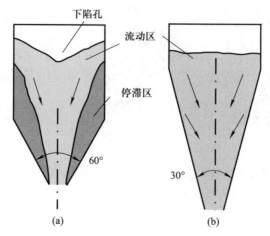

图 4-28 (a) 粉末在霍尔流动计中流动之情形；(b) 粉末在 Gustavsson 流动计中流动之情形

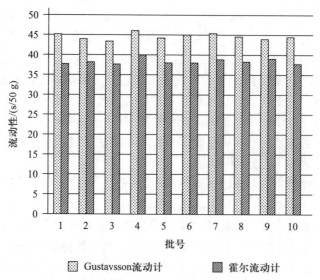

图 4-29 同一粉末以霍尔流动计及 Gustavsson 流动计所测得流动性之比较

4-10 生坯强度

若生坯的形状复杂或厚度太薄时，常因搬运、碰撞等原因造成崩角、破裂等现象，而此维持原形状之能力称为成形性（compactability），而粉末之生坯强度（green strength）与其成形性有绝对之关系。日本目前常采用拉特拉试验（rattler test）作为判定成形性之方法[7]。如图4-30所示，此方法乃取数个试片预先称重，置入由青铜或不锈钢网制成之圆筒，此圆筒经定速旋转约1000转后，取出试片量测其因崩角、破裂等所造成之质量损失，此质量损失之多寡代表生坯强度之高低。此方法主要是针对压坯而设计，但也可用于注射成形生坯。

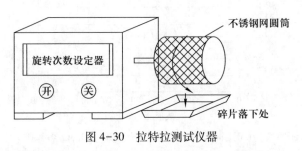

图4-30 拉特拉测试仪器

另一个测试生坯强度的方法是三点或四点弯曲之横向破裂试验（transverse rupture test），以弯曲强度作为生坯强度之指标，操作细节可参考18-4节。

一般而言，同一种粉末之生坯密度愈高者其生坯强度愈高，亦即愈不易破损，但各种粉末由于粉末之形状、大小、成分及硬度之不同，有的不规则状粉末其松装密度、振实密度虽低，但生坯的强度却不错，相对地，有些球形粉末其松装密度、振实密度高，生坯密度也高，但生坯强度却不佳，所以要判断坯体是否容易毁损，可比较其弯曲强度之高低，或用拉特拉试验测试之。

4-11 压缩性

一般之用户均希望所用之粉末冶金零件具有高强度，所以对密度之要求也高，又由于干压成形工件希望在烧结后的尺寸不变，以提高尺寸稳定性，因此零件制造商也就希望在同一成形压力下所用之粉末能达到较高之密度，此粉末达到高密度之能力俗称压缩性（compressibility）。

压缩性之高低与粉末之化学组成及制造过程有关，例如还原铁粉之形状不规则、气孔多，松装密度本就偏低，所以压缩性较差，而水雾化粉则较佳，如图4-31所示。预合金粉及表面已氧化之粉，因粉末本身硬度已高，所以不易压缩。当粉末粒径分布过窄时，由于粉末间之空隙无细粉予以充填，所以其生坯密度及压缩性也不理想。压缩性较佳之粉一般均为混合元素粉，粉末硬度较低，其粒径分布也经过调整、控制，使能达到高松装密度。

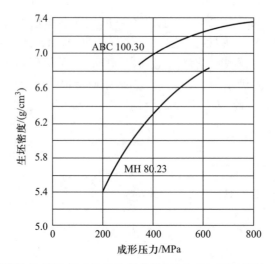

图 4-31 还原铁粉(MH 80.23)及水雾化粉(ABC 100.30)各添加 0.8%之硬脂
酸锌润滑剂后在不同成形压力下其生坯密度之比较

4-12 化学成分

4-12-1 碳、硫含量

粉末冶金工件中不论是铁系列合金钢还是不锈钢，其碳含量对工件的机械或物理性质均有重要的影响力，这些碳可能是刻意以石墨粉加入的，也可能是原始粉末中原来就有的(如羰基铁粉)，或是润滑剂、黏结剂在工艺中残留下来的，所以若能测得原料、半成品及成品中的碳含量，就能了解工艺能力及产品品质。

目前最常使用的仪器为碳硫分析仪(carbon sulfur analyzer)，可同时量测试片中的碳含量及硫含量，其操作原理如图 4-32 所示。此设备采用陶瓷坩埚并使用氧气气氛，先将试片置入坩埚中，加入适量的钨粉或铜粉作为助燃剂，通入氧气将系统内气体赶出，然后以高频感应的方式加热，由于试片温度可达 1400 ℃且在氧气环境中，试片将燃烧而其中的碳将与氧反应生成 CO 及 CO_2，而硫则生成 SO_2。由于每一种气体均能吸收红外光谱中的某一特定波长，所以借由非分散性红外线探测器(non-dispersive infrared detector，NDIR detector)能探测红外线之波长中属于 CO、CO_2 及 SO_2 之波长段是否已被吸收，并测出 CO、CO_2 及 SO_2 之量，然后即可换算成碳及硫之含量。由于水和二氧化硫的波长相近，会影响到红外线探测到的硫含量，对碳含量也会有些许的影响，因此试片最好先干燥过，且设备中的管线必须加入过氯酸镁 $[Mg(ClO_4)_2]$ 等干燥

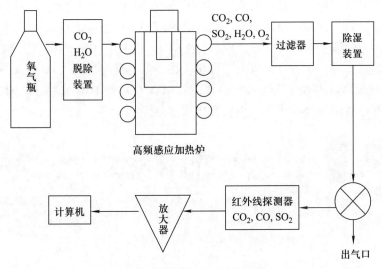

图 4-32　碳硫分析仪示意图

剂或干燥装置以降低气体中的水分。

　　粉末冶金工件中常有一些孔洞，这些孔洞中绝大部分为连通孔，当有油进入这些连通孔时，会因毛细现象而被留在孔内，此时即使将工件泡入溶剂中数小时也不易将这些油完全溶出，所以若要避免残留之油造成工件中碳含量的提高，则需先将工件放入还原性气氛炉中加热至 425~650 ℃并保温 0.5 h 左右，以将孔隙内的油完全烧除，然后再以碳硫分析仪量测试片中的碳含量及硫含量。

4-12-2　氧、氮含量

　　与铸锻件相较，粉末冶金产品之氧含量相对较高，此乃因其原料为金属粉，而金属粉表面均有氧化层，虽然烧结时的还原性气氛可将氧化物还原，使烧结后产品之氧含量大幅降低，但尽管如此，一些稳定的氧化物仍可能残留并影响烧结工件之性质。此外，当粉末之氧含量高时，在工艺中氧将与碳反应造成脱碳现象，这些均会影响产品之机械性质、密度、尺寸及抗腐蚀性。

　　粉末冶金工件中的氮含量也会影响工件的机械性质或抗腐蚀性，这些氮可能是原始粉末中原就存在的，也可能是烧结时因气氛中含氮所造成，所以若能测得原料及烧结成品中的氮含量，就较能了解工艺参数的影响并进而控制工艺及产品品质。

　　氧氮分析仪(oxygen nitrogen analyzer)之示意图如图 4-33 所示，其测试步骤是先将试片放入石墨坩埚中，然后将此坩埚置于上、下两电极之间，并通入氦气，当高脉冲电流通过坩埚时，温度可高达3000 ℃，将坩埚及系统内的杂质气体赶出后，样品可自动掉入空烧过之坩埚中，调整电流将试片熔融，此时逸出气体中的氧会与石墨反应生成CO及CO_2，借两台红外线探测器（NDIR）可分别测出其含量，然后算出氧的总含量。接着所有反应后的气体（主要为CO_2、CO、H_2O及N_2）再经过化学吸收剂管，把CO、CO_2及H_2O去除，此时残留氮气的浓度即可用热导仪测出，再换算成氮含量。

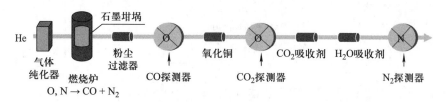

图4-33 氧氮分析仪操作原理示意图

另一个测试粉末氧含量的方法是将粉末置入氢气或分解氨气氛中加热，借由还原性高之氢气将不稳定的氧化物还原，在此过程中一些间隙型固溶原子也会逸出，导致粉末质量的降低，此质量损失称为氢损（hydrogen loss）。此氢损测试之方法可参考 MPIF Standard 02 之标准，在此方法中先将约5 g之粉末置于烧结炉中，在露点为−40 ℃以下之干燥氢气或分解氨气氛中于550~1150 ℃中还原30~60 min，然后计算粉末所损失之质量。此损失质量之主要来源为氧，但是亦包括了粉末中之碳、硫等，此两种元素能与氢反应生成CH_4及H_2S而逸出。此外，粉末中之氮亦会降低[8]。此测试方法所采用的温度及保温时间依粉末而不同，如表4-4所示。以铁粉为例，其温度为1120 ℃，与工业界常用的烧结温度相同，而保温时间为1 h。

表4-4 以氢损法测试氧含量时，采用的温度及保温时间依粉末种类而不同

金属粉种类	保温时间/min	温度/℃
钴	60	1120
铜	30	875
铜-锡	30	775
铅	30	550
铅-锡	30	550
铁及钢	60	1120
镍	60	1120
锡	30	550
钨	60	1120

4-12-3　杂质

在上述氢还原试验中，有些稳定之氧化物如 CaO、Al_2O_3 及一些碳化物仍无法被还原，此时若欲知这些化合物之总量时，可用酸不溶物（acid insoluble matter）试验法测试。此法乃利用盐酸溶铁、硝酸溶铜之原理先将金属粉置入酸中予以加热煮沸，使粉末溶入酸中，经水稀释后再煮沸，然后过滤，所得残留物之质量即为酸不溶物之含量。一般而言，这些酸不溶物主要为 SiO_2，主要测试对象是铁粉及铜粉，此测试方法之细节可参考 MPIF Standard 06 之标准。

以上所述之氢损及酸不溶物数据，可用来预测甚至解释金属粉烧结后各种性质之变化及烧结体中碳、氮、氧含量之变化，甚至烧结体之硬度、强度之差异性有时也可借原始粉末中酸不溶物之数据予以解释，由于酸不溶物可扮演弥散强化，阻止晶粒成长、应力集中等角色，所以对机械性质也有影响。

4-12-4　金属元素分析

粉末冶金工件中合金元素之分析与一般熔炼产品之化学分析方法相同。较常用的有能量散布光谱分析法（energy dispersive X-ray spectroscopy，EDS 或 EDX），波长散布光谱分析法（wavelength dispersive X-ray spectroscopy，WDS），荧光分析法（X-ray fluorescence，XRF）及感应耦合式等离子光谱法（inductively coupled plasma，ICP）几种，兹简单说明如下。

（1）能量散布光谱分析法（EDS，EDX）。在 4-5 节中简单描述了如何以扫描电子显微镜观察粉末或工件之外貌，除了此功能外，SEM 的另一个常见功能是能量散布光谱元素分析，加装了相关附件后即能用来分析元素种类及含量。其原理是当电子束打在试片表面时，原子各轨道中的电子会与之起作用，当内层轨道（如 K 层）的电子被激发而离开时会造成电洞，此时此原子很不稳定，其在外层的高能量电子将"跌"入此电洞，以降低整个原子的能量，此所降低的能量即以 X 射线的方式释出，此 X 射线的能量及强度经由一个植入锂之硅半导体探测器比对其内建的能谱资料后，即可判断出此能谱是由工件中的哪些元素所放出。此 EDS 之优点是能一次测出所有内含的元素及其含量，但缺点是其能量的分辨率不佳，且放出的 X 射线方向很广，不见得都能逸出试片表面而被探测器测得，所以其准确度并不理想，且对于轻元素如锂、铍、硼、碳等的精确度不佳。

（2）波长散布光谱分析法（WDS）。当知道试片中有何元素存在后，若要测出其准确含量时，可采用波长散布光谱分析法，其 X 射线能量的分辨率比 EDS 佳，故准确度较佳。此方法的基本原理是将试片所释出的 X 射线入射于一单晶内，借 X 射线衍射原理及布拉格定律（Bragg's law）确认出此特定波长的 X 射线之强度，并与标准试片比对后，即可得知元素种类及其含量。此 WDS 一次只能量测一个元素的含量，所以整体的测试时间较长，要测多种元素的含量时，有时需更换不同的单晶，较新的设备则装置多个晶体，采用多频道同时探测，此 WDS 分析法常在电子探针显微分析仪（electron probe microanalyzer, EPMA）中进行。

（3）荧光分析法（XRF）。此方法的原理与前述之 EDS 类似，但用来激发 X 射线光谱的来源不是电子束而是 X 射线。当高能量 X 射线照射在样品上时，样品表面原子吸收了此 X 射线后，其内层电子被激发或游离，导致内层轨道产生电子空洞，当外层轨道中的电子"跌"入内层轨道时将释放出 X 射线（荧光，fluorescence），由于每个元素皆有其特定 X 射线波长，如同人之指纹一样，经由探测器探测即可鉴别元素的种类及含量。由于制作技术的进步，目前的荧光分析仪已做得非常轻巧，能在生产线上以手持式设备确认原料、半成品及产品的成分，以避免混料现象产生。

（4）感应耦合式等离子光谱法（ICP）。此方法是以感应耦合式等离子作为发射光源的光谱分析法。其光源是利用高频产生器产生高频电磁场及高频感应电流以提供类似火焰的等离子，借其高温将已转化为熔液的样品挥发并灰化成原子，再将之激发、电离，此时会发射出各种特定波长的光，这种生命期极短的高能量状态并不稳定，因此很快地降至稳定态，并释放出特定的辐射能。由于辐射能或辐射光的波长可说是每种元素的特性，所以可据此同时测定数十种元素，且准确度高。

4-13 粉末与安全

在所有金属粉末中，至今已知镍及钴会对一些人造成健康上之问题，特别是当镍以硫化物或羰基镍[Ni(CO)$_4$]之形态存在时最易造成困扰。有的人对镍会产生皮肤过敏（allergy）之现象，例如对含高镍之 316 或 304 不锈钢材料所制之手表过敏，也因此目前有些不锈钢手表及装饰品已改用含高铬、高锰、高氮之无镍不锈钢。根据欧洲的统计，年轻人中 20% 的女性及 4% 的男性会对镍过敏。主要的原因是镍接触到汗水产生镍离子所造成。除了镍之外，钴、锡、铬也是较常见的过敏型金属元素，所以不锈钢（Fe-Cr-Ni）粉、形状记忆合金（Ti-Ni）粉、青铜（Cu-Sn）粉、碳化钨（WC-Co）粉均有可能对一些人造成过敏之困扰。

另一常见之工厂安全问题为粉尘之飞扬，因为 10 μm 以上之粉末大多可被人体之呼吸系统过滤掉，但粉末小于 1 μm（香烟烟雾中微粒之粒径即在 0.01~1 μm 之间）时易飘浮于空气中且易进入肺部，穿过肺泡而进入血液中。

　　另一个常见的标准是 PM2.5 及 PM10，此 2.5 及 10 代表的是 2.5 μm 或 10 μm 之悬浮微粒。而 PM2.5 及 PM10 之规定不一，例如，中国、美国、日本之标准均不同，如表 4-5 所示。以中国 GB3095-2012 标准为例，其 2.5 μm 以下之微粒，以每天 24 h 之平均值来看，不能超过 75 μg/m³，而每年之平均值不能超过 35 μg/m³。

表 4-5　PM2.5 及 PM10 之标准

	中国		美国		日本	
	PM2.5	PM10	PM2.5	PM10	PM2.5	PM10
年平均/(μg/m³)	35	70	12	—	15	—
日平均/(μg/m³)	75	150	35	150	35	100

　　当粉末粒径小时，其表面积变大，此时应注意自燃的危险性，常用的 Al、Cr、Co、Fe、Ni、Ta、Ti 均属易燃元素粉，当其表面积在 1 m²/g 以上时，需特别注意其保存及搬运问题。坊间亦有测试机构可代为测试粉末之爆炸严重性（explosion severity）、最低爆炸浓度（minimum explosible concentration）、最低燃点（minimum ignition temperature）、最低引燃能量（minimum ignition energy）等。

4-14　结语

　　粉末之物理及化学性质会影响粉末冶金之工艺及产品之优劣。本章介绍了各种测试物性及化性的方法，基于现实之考虑，不可能每种特性均予以量测，所以一般之做法乃针对工艺及产品之特点，找出数种重要之特性予以量测即可。对于传统干压成形用的粉末而言，粉末供应商一般会提供松装密度、流动性、化学成分以及筛分法所测之粒径分布，而注射成形粉末供应商则大多只提供振实密度、真密度、化学成分以及以激光散射法所测之粒径分布。附录三列出了各种较常见测试方法之标准供参考。

参考文献

[1]　E. L. Weiss and H. N. Frock，"Rapid Analysis of Particle Size Distributions by Laser Light Scattering"，Powder Technology，1976，Vol. 14，pp. 287-293.

［2］ ASM Handbook Committee, *Metals Handbook*, 9th ed., Vol. 7, *Powder Metallurgy*, ASM, Metals Park, Ohio, 1984, pp. 214–232.

［3］ G. Jiang, H. Henein, and M. W. Siegel, "Overview: Intelligent Sensor for Atomization", Int. J. Powder Metall., 1990, Vol. 26, No. 3, pp. 235–267.

［4］ E. E. Underwood, *Quantitative Stereology*, Addison–Wesley Publishing, Reading, Massachusetts, 1970, pp. 23–45.

［5］ 李训杰，"由体积、表面积与个数所得三种平均粒径彼此间之转换公式"，粉末冶金会刊，1995，20 卷 1 期，2–6 页。

［6］ S. Lowell and J. E. Shields, *Powder Surface Area and Porosity*, Chapman and Hall, New York, 1991, pp. 228–230.

［7］ 金属粉体のラトラ値の測定法，JPMA P11–1992，日本粉末冶金工业会规格。

［8］ S. C. Hu and K. S. Hwang, "Dilatometric Analysis of Thermal Debinding of Injection Moulded Iron Compacts", Powder Metall., 2000, Vol. 43, No. 3, pp. 239–244.

作业

1. 假设你实验室中有一台 BET 表面积分析仪，你是否可预测粉末之粒径？为什么？

2. 两种粉末其松装密度分别为 3.0 g/cm^3 及 2.5 g/cm^3，何者之流动性较好？

3. 某一粉末以费氏法测试之大小为 0.3 μm，若以激光散射法测试时，其粒度可能变大还是变小？为什么？

4. 你的上司要你测试某粉末之粒径分布，他已告知粒径在 1～10 μm 之间，请问你将用什么仪器来测试？为什么？

5. 某位学生用 BET 算出某一圆盘状之粉末之厚度为 3 μm（他并没有用 SEM 去量此厚度）。在显微镜下该物之直径为 200 μm，请问他如何算出此粉末的厚度？

6. 某一铁粉在电子显微镜下由学生甲所量测到之粒径为 15 μm，但由学生乙利用精密微筛法量测时（质量法）粒径变为 30 μm，粒径有差异之原因为何？

7. 你用来研磨金相用的碳化硅砂纸为 1000 号，砂纸上的碳化硅颗粒之粒径为多少？

8. 三种粉之流动性有待比较，但你并无霍尔流动计之仪器，有何其他方法可以作定性之测试？

9. 若你的经费只可买五个筛网，而所欲过筛粉末之粒径分布如图 4–17 所示。你将买哪些孔径之筛网以使测得之粒径分布较有代表性？

10. 下列数据为以不同方法对同一种因受潮而凝聚的铁粉测量而得，为何会有不相符之情形？可能之原因为何？

表面积(BET 法)：0.24 m^2/g

表面积(费氏法)：0.10 m^2/g

密度(由标准手册)：7.86 g/cm^3

真密度：7.58 g/cm^3

11. 一钨粉之粒径具对数正态分布之特征，其质量粒径分布为 $D_{50} = 6.4$ μm，$D_{90} = 12.0$ μm，若改用扫描电子显微镜配合定量金相法，则所测得之 D_{10}、D_{50}、D_{90} 将为何？

12. 一钨粉之粒径具对数正态分布之特征，其以 SEM 测得之粒径 $D_{10} = 10$ μm，$D_{50} = 30$ μm，画出此粉以筛分法测试时之粒径分布图。

13. 你欲制作一特殊磁性墨水，用于硅芯片上，经测试后属不良品之芯片将被点上直径约2 mm之墨水，当墨水干时会留下一金属粉之圆点，这些不良芯片将被一强力磁铁吸起而剩下良品。请问你应如何为此墨水中粉末之特性订出一规格？

14. 一铜粉之粒径具对数正态分布之特征，分别用显微镜及筛网量测时，其平均粒径各为 70 μm 及 100 μm，请画出此粉末之粒径分布图。

15. 学生甲、乙分别以扫描电子显微镜与筛分法量测一粉末之粒径分布，其所得平均粒径为 45 μm 及 70 μm。① 请问 45 μm 是以什么方式测得的？② 若此粉之粒径具对数正态分布之特征，画出此粉之粒径分布图。

16. 一水雾化铜粉以真密度计测得密度为 8.70 g/cm^3，此值比手册中之 8.96 g/cm^3 小，有哪些可能之原因使得此粉之密度偏低？

17. 假如甲公司要向你买粉末冶金零件，而此零件中有一个最重要之尺寸其公差为 10.00±0.02 mm，你的产品不良率必须能在万分之一之下，请问你的产品之尺寸之一个标准差(1σ)应小于多少？

18. 一水雾化粉之松装密度太低而流动性太差，请问有何二次加工之方式可改善？

19. 若你要购买一激光散射之粒径分析仪，而所拟测试之粉末均为 1 mm 以下。请问此粒径分析仪所用之激光之波长应大些还是小些？

20. 王先生买了三种铜粉，平均粒径均为 50 μm，但烧结后之密度都不同，为什么？

21. 假如使用真密度计时用氮气取代氦气，所得粉末之密度值将比正确值大还是小？

22. 5 μm 之羰基镍粉［图 4-19(c)］经球磨后其多刺状外观变为圆滑，此时若用费氏法测其粒径，其平均粒径将大于 5 μm 还是小于 5 μm？若改用 SEM 观察则又如何？

23. 一批粉之粒径资料如下，此粉末是否具对数正态分布？$D_1 = 2$ μm，$D_5 = 3$ μm，$D_{20} = 4.8$ μm，$D_{40} = 6.8$ μm，$D_{60} = 9.2$ μm，$D_{80} = 13$ μm，$D_{95} = 20$ μm，$D_{99} = 30$ μm。

24. 你所生产的粉末具对数正态分布，$D_{50} = 12$ μm，若取−22 μm 粉末则良率为 60%，售价为 15 美元/kg。如果客户可接受−30 μm 的粉末，良率可提高到多少？你的售价最低可降至多少？

25. 你属下的三个工程师各自买了一套筛网，其网目分别为：① 80，140，200，270，325；② 100，140，200，270，400；③ 70，100，140，170，230。你认为是否合理？

26. 一批粉末之粒径具对数正态分布之特征，用 SEM 测得 $D_{50} = 75$ μm，$D_{90} = 150$ μm，你手上有 10 t 的粉，你可卖出多少−325 目之粉？

第五章
粉末成形前之处理

5-1 前言

一般不论在实验室还是在工厂中，收到粉末后的第一个手续就是检验粉末特性，并与规格作一比较，在确定粉末合乎规格之后才能开始制作坯体。但在成形前通常需先做一些前处理，以使成形步骤变为较简单、较快速，或使生坯之尺寸、密度更稳定，强度更高。这些前处理依目的之不同可分为下列数种：

（1）分级（classification）。

（2）合批（blending）。

（3）混合（mixing）。

（4）球磨（ball milling）/消除凝聚物（de-agglomeration）。

（5）涡流磨（jet milling）。

（6）造粒（granulation）。

（7）添加润滑剂（lubricant）。

以下各节将针对这些前处理做详细之说明。

5-2　分级

工业界在干压成形前需先将细粉及粗粉除去，因为细粉常夹在冲子与中模或冲子与芯棒间之缝隙，造成卡粉，导致模具表面之拉伤；而粗粉太多时则会因不易烧结或充填密度不稳定，导致成品之尺寸或密度与规格有所偏差。又如工业界所使用的注射成形用合金钢、不锈钢粉，其 D_{90} 粒径多在 25 μm 以下，所以需将水雾化或气雾化粉中的粗粉去除。此外，在从事实验时，有时为了使数学模型或机构之建立单纯化，常需要单一粒径(monosize)之粉末。工业界在制作多孔性产品如生物医用材料或过滤器时，也必须针对产品中孔径之规格，调整所用粉末的粒径大小及分布。针对以上这些特殊要求，业界常需将粉末分级，一般采用的方法有筛分法(sieving)及空气分级法(air classifying)。筛分法适用于 38 μm 以上之粉末，而空气分级法则较适用于 38 μm 以下之粉末。

5-2-1　筛分法

筛分法之步骤与第四章鉴定粉末粒径所采用之过筛方法是一样的，但是工业界常采用自动分级之方式。例如欲得到 −80+170 及 −170+325 之粉末时，可用如图 5-1(a)所示之筛分机，此装置共有三层筛网，各为 80、170 及 325 网目，粉末由最上层筛网的中心进入，小于网目孔洞的粉末即掉落至下层之筛网，剩下之粗粉移动至筛网外缘后由圆周切线方向离开并被导入盛桶。此四层式筛分机(三层筛网及一层底盘)最上层之筛网可将+80 之过粗粉

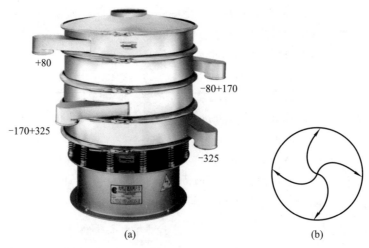

(a)　　　　　　(b)

图 5-1　(a)四层式筛分机(勤刚工业公司提供)；(b)粉末行进路径

末筛出，并由最上面之出口流出，由第二层流出的为-80+170网目之粉末，第三层筛网流出的为-170+325网目之粉末，而最下层之筛盘则承接了-325网目之粉末。

使用筛分机时需确定筛网之直径够大，使粉末在由筛网中心移动至筛网外缘之时间内能接触到筛网，不然当直径太小时，粉末将堆叠成一薄层，上方之粉末尚未接触到筛网即已抵达筛网外缘而流出。为了延长粉末在筛网上的滞留时间，除了加大筛网直径外，还可调整振动马达配重块的位置，改变粉末流动之路径，例如图5-1(b)之螺旋纹方式即比直线路径佳，可增加粉末接触筛网的时间。若调整不当，粉末也可能朝圆心移动、堆积，而失去过筛之功能。此外，筛网下方可加入隔层，放入钢珠，借其跳动打击筛网，以减少粉末阻塞网孔之概率。若要进一步提高筛分效率，可使用具超声波功能的筛分机，可更有效地防止网孔之阻塞，此功能对于细粉之效果最为明显，且由于其噪声小，振动频率高，过筛效率佳，因而能使用较小直径之筛网，减少了机器所占之空间。由于这些优点，此方法近年来已逐渐普遍。

5-2-2 空气分级法

一般而言，筛分法最细可将38 μm以下之细粉筛出，但要将这些细粉再分级时则多借空气分级法，空气分级法主要是利用粉末之重力或离心力将粗、细粉分离。例如图5-2中细粉可被向上吹之空气带走而将粗粉留下。而图5-3(a)中粉末经由喷嘴下喷时由于流体力学中之附壁效应(Coanda effect)，使得气流及细粉会沿着圆弧壁转向，此时粗粉则因惯性及重力之关系仍沿原方向移

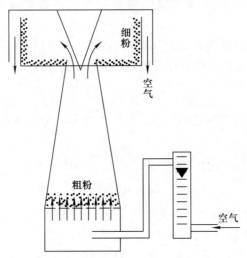

图5-2 底吹式分级器，细粉经由向上吹之空气带走而将粗粉留下

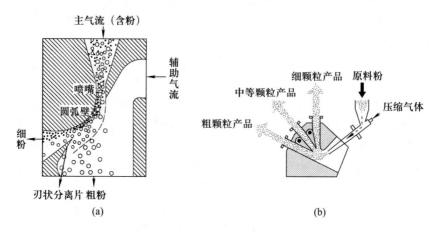

图 5-3　（a）粉末经喷嘴下喷产生附壁效应，使得细粉沿着圆弧壁转向，
粗粉则向下掉落[1]；（b）连续式 Coanda 分级器

动[1]。若将细粉再经一次或两次附壁效应处理，则可一次得到三级或四级之粉末，如图 5-3(b) 所示。

另一种粉末分级器为旋风器（cyclone），如图 5-4 所示，空气与粉末以高速由旋风器的切线方向进入旋风器筒槽，然后以螺旋方式向下流动，粗粉在流动过程中撞击槽壁而掉落至筒底，而细粉及空气则由中间之管子向上吹出。由于旋风器构造简单、不太需要维修、购置成本低，所以常为业界采用。旋风器的设计及使用参数决定了所收集到粉末的粒径及收集效率，以下为其基本原理。

假设一颗粉末由高为 H、宽为 W 之风管（图 5-4）进入筒槽，经过数圈（N）之旋转后才撞击筒壁而掉落，此圈数 N 可由下式估算：

$$N = (L_b + L_c/2)/H \tag{5-1}$$

式中：L_b 为直筒部分筒槽之高度（m）；L_c 为锥形部分筒槽之高度（m）；H 为入口风管之高度（m）。

该粉末的飞行时间 Δt 与圈数 N 有关，可估计如下：

$$\Delta t = \pi DN/V_i \tag{5-2}$$

式中：D 为筒槽直径（m）；V_i 为空气及粉末由风管进入筒槽时之切线速度（m/s），V_i=气体流量/（WH）。

在此 Δt 的时间内，该粉末在半径方向也移动了 W 之距离，由风管的内侧到达筒壁，所以其在半径方向的速度 V_t 为

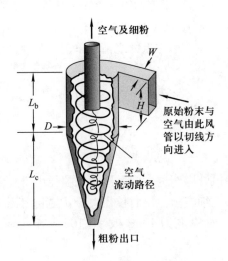

空气及细粉

W

原始粉末与
空气由此风
管以切线方
向进入

H

L_b

D

空气
流动路径

L_c

粗粉出口

图 5-4 旋风器之示意图

$$V_t = W/\Delta t \qquad (5\text{-}3)$$

或

$$V_t = W/(\pi DN/V_i) \qquad (5\text{-}4)$$

为了方便了解起见，可将在旋风器中移动的粉末视同在液体中沉降之粉末，由风管内侧沉降到筒壁之沉降距离为 W，此时旋风器中的粉末受到三种力量的拉扯，第一个力量为离心力 F_c，即如同粉末在液体中沉降时受到的重力，此 F_c 与粉末质量(m)、距离轴心之距离($D/2$)及其速度(V_i)有关，如下式所示：

$$F_c = mV_i^2/(D/2) \qquad (5\text{-}5)$$

或

$$F_c = (\pi d^3\rho/6) \times V_i^2/(D/2) \qquad (5\text{-}6)$$

式中：d 为粉末直径；ρ 为粉末真密度。

第二个力量为粉末在移动时所受到的阻力 F_d，即如同粉末在液体中沉降时受到的阻力一样，假设 Stokes 原理适用于此情形，此时

$$F_d = 3\pi\nu dV_t \qquad (5\text{-}7)$$

式中：ν 为气体之黏度(gas viscosity)，单位为 kg/(m·s)。

第三个力量为粉末本身的重力，但其重力加速度 g 与离心加速度 $V_i^2/(D/2)$ 相较之下太小，例如 V_i 为 12 m/s 而 D 为 0.6 m 时，离心加速度可达 480 m/s^2，远大于 9.8 m/s^2，所以在不考虑重力之情况下，让 $F_c = F_d$，亦即式(5-6)等于式(5-7)，则

$$V_t = d^2 \rho V_i^2/(9\nu D) \tag{5-8}$$

又由式(5-4)与式(5-8)可算出

$$d = \left[(9\nu W)/(\pi N V_i \rho) \right]^{0.5} \tag{5-9}$$

此表示当粉末由风管内侧进入旋风器时，粒径小于 d 之粉末将百分之百地被分离出来而由中心之细管出去，而粒径大于 d 之粉末因 $F_c > F_d$，将撞击筒壁而全部掉落筒底，此时称之为 100% 效率(100% efficiency)。此旋风器效率(cyclone efficiency) η 可由下式计算：

$$\eta = \frac{\pi N V_i \rho}{9\nu W} d^2 \tag{5-10}$$

所以当 $\eta = 1$ 时其对应之 d 值即与由式(5-9)所得 d 值相同。后人由此公式提出一常用之 $\eta = 0.5$ 时的"50%切割径"(50% cut diameter)，如下式所示：

$$d_c = \left[(0.5 \times 9\nu W)/(\pi N V_i \rho) \right]^{0.5} \tag{5-11}$$

此 50% 切割径 d_c 是旋风器效率为 50% 时之直径，代表的是粒径大于 d_c 之粉末将有 50% 掉落筒底，另外 50% 飞出。

图 5-5 为 $D_{90} = 22$ μm 之 316L 不锈钢粉，以及经旋风器分成四个等级后之粉末在扫描电子显微镜下之外观。分级后的粗粉和细粉其实并无法一刀两断般地严格分成两个级别，例如 $D_{90} = 22$ μm 之不锈钢粉，其 D_{50} 粒径为 14.5 μm，以旋风器分为两批粉时，第一次分级后的粗粉之 D_{50} 粒径为 21.1 μm，而剩余的细粉再分级一次，此第二次分级后所得粗粉的 D_{50} 粒径为 15.5 μm。而剩余的细粉又分级一次，此第三次分级后所得粗粉的 D_{50} 粒径为 10.5 μm，而剩余的细粉的 D_{50} 粒径为 6.2 μm。若将分级后的四级粉末之粒径分布图放在一起比较，由图 5-6 可看出有些粉的分布趋近于一直线，表示其粒径分布近似一对数正态分布。此外，也可看出粗粉中仍有些细粉，而细粉中也仍有些粗粉，由图 5-5 扫描电子显微镜下之外观亦可看出此现象。此表示以旋风器分级时并不像筛分法一样，能将一批粉末一分为二，而是分成两批仍具类似正态分布曲线的粗粉及细粉。

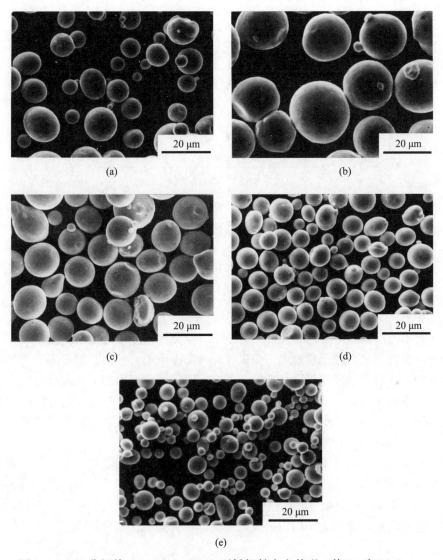

图 5-5 （a）分级前 $D_{90} = 22$ μm 316L 不锈钢粉末之外观，其 D_{50} 为 14.5 μm；
（b）分级后 D_{50} 为 21.1 μm 之粉末的外观；（c）分级后 D_{50} 为 15.5 μm 的粉末之
外观；（d）分级后 D_{50} 为 10.5 μm 的粉末之外观；（e）分级后 D_{50} 为 6.2 μm 的粉
末之外观(李孝忠摄)

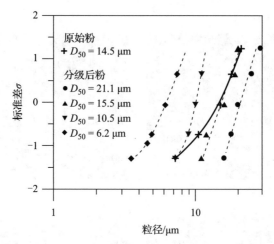

图 5-6　$D_{90} = 22\ \mu m$ 之 316L 粉末分成四种级别后的粒径分布图

5-3　合批

粉末经由长途之运送到达使用者手中时，常因过程中之颠簸，使得细粉渐渐经由粗粉间之空隙沉到桶底，造成粒径分布上下不一。为了使粉末之粒径分布均匀，一般可用搅拌机重新搅拌一次；有时出清库存时为了使成品之性质稳定，也常将不同批号所残留之余粉（相同成分之粉）予以混合，此动作称为合批(blending)，在此动作中并无其他元素粉或润滑剂之掺杂，故在严谨的定义上与混合(mixing)稍有不同。

有时为了提高粉末之松装密度、振实密度或为了改善烧结密度，常将不同粒径或不同形状之粉末予以搅拌，以达到所需之粒径分布，例如将 1 μm、7 μm 及 49 μm 之粉末予以搅拌，所得粉末之振实密度即比各原始粉末来得高，这些将相同成分之粉均匀搅拌之步骤也称为合批。

5-4　混合

混合乃指将不同成分之粉末搅拌在一起，而一般所混合之材料有润滑剂及配制合金用之石墨粉或金属粉。添加润滑剂之功能在于使粉末易于流动，提高松装密度，及减少模具之磨耗。润滑剂之种类相当多，将在 5-8 节中另作介绍。而添加石墨粉或金属粉乃是为了提高烧结产品之机械或物理性质。

5-4-1 混合粉与预合金粉

一般粉末冶金零件之用户对机械性质之要求相当高，所以大多数之结构零件并非低价之碳钢而是以合金钢为主，因此必须在铁粉之外添加其他合金元素，最常添加者为石墨粉、铜粉、镍粉及钼粉。当然也可以使用预合金粉（prealloyed powder），亦即在制作水雾化或气雾化粉时，就已经将坩埚内之铁水配制成合金之成分。此预合金粉之优点为烧结后显微组织及机械性质均匀，如图 5-7 所示，在 Fe-3Cr-0.5Mo-0.5C（FL-5305）预合金粉中其 Cr 及 Mo 分布均匀，但缺点为硬度高、压缩性差。为了避免此缺点，目前工业界所使用之铁系合金粉多为只含 Mo 或 Cr 等元素之合金粉，这些粉末虽是以水雾化冷却，仍不会产生马氏体相，压缩性仍可接受，所以用此种预合金粉作为基础粉，掺入镍、铜、石墨粉后仍易成形而得到高生坯密度，故可得到高烧结密度之成品，且热处理后可拥有优异之机械性质。

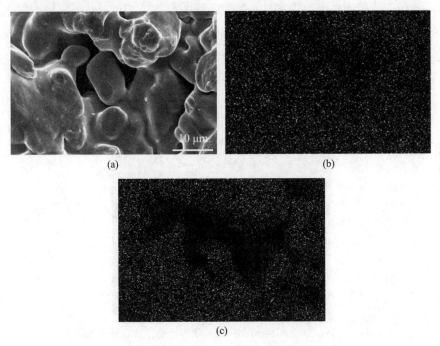

图 5-7　Fe-3Cr-0.5Mo-0.5C（FL-5305）预合金粉之外观（a），及 Cr（b）、Mo（c）之均匀分布情形

预合金粉之另一缺点为烧结密度稍低，此乃因粉末间的相互扩散行为不若混合粉强，所以烧结温度必须要比混合粉高才能达到高密度。其他缺点是当订

单包括多种不同合金时，必须订购、储存每种预合金粉，此将造成库存原料资金之积压。相对地，使用混合元素粉（mixed powder）时，添加之合金元素粉末多为细粉，烧结时相互扩散能力强，密度高，且添加合金元素之多寡及种类均可由业者自行调配而制出不同合金，粉末之库存量将可因此大幅降低。

使用混合粉亦有其缺点，例如成分不均，或如业者之混粉设备不大，则每批之量也就有限，易造成各批次间粉末特性有些差异。相对地，粉末制造商利用其较大之设备、较成熟之混合技术可供应品质较稳定之粉，或称预拌粉（premixed powder），能帮助小厂或较不具专业混粉之厂商改进此问题。

一般的混合粉即使已混合均匀仍有些缺点，例如石墨粉因较轻且因其与铁粉间有静电力之关系，特别容易在处理过程中飞扬、偏析，或是在运送过程中较轻的石墨粉易飞起而后沉降在包装桶之最上层，此现象在石墨含量超过0.5 wt%时更为明显，相对地，较细且重的金属粉则易因振动而掉落在桶底，所以目前较佳的作法是将薄薄一层的高分子被覆于粉末表面，此高分子具有些微之黏性，能黏住石墨粉及合金元素粉，如图5-8所示，但其黏度仍不至于影响到粉末之流动性、松装密度等。

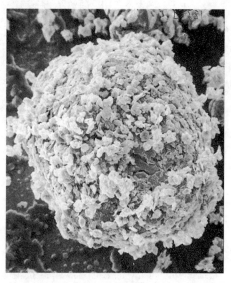

图5-8　Höganäs公司之STAR-MIX预拌铁粉，其表面具高分子，
可将石墨粉黏附住（Höganäs公司提供）

黏结剂除了必须能均匀地被覆在主粉（如Fe-2Cu中之铁粉）表面，然后黏住所添加之石墨粉、铜粉、镍粉、钼粉等之外，也需考虑其润滑性。有些黏结剂的黏结力强，但润滑性差，导致生坯密度低，脱模力大。相对地，润

滑剂则是黏结性差，但润滑性好，所以一个理想的黏结剂必须兼顾黏结性及润滑性。

早期需要黏结剂的功能时，业者常添加 0.1% ~ 0.2% 之油，并以一般的 V 型混粉机或具高剪力之混合机在常温下操作，由于液体油能被覆在粉末表面，所以能均匀地黏住添加粉，且润滑性好，脱模力也可降低，但流动性变差，如表 5-1 所示。但添加油的缺点是库存时间越久，黏结效果将越差，松装密度及流动性会随时间而变化。

亦有些业者添加环氧树脂，以高剪力的混合机将黏度比油高的环氧树脂与金属粉混合后亦可达到均匀黏结添加粉之效果，经 70 ℃ 左右之固化反应后，粉末表面能变硬且光滑，也因此其松装密度及流动性变好，但润滑效果差，所以脱模压力变大，如表 5-1 所示。

表 5-1　粉末添加油、环氧树脂和聚合物之后的特性[2]

种类	松装密度/(g/cm³)	流动性/(s/50g)	脱模压力/MPa
对照粉	3.06	35.8	18.9
+0.1%油	2.92	不流动	16.2
+0.2%油	2.97	不流动	15.4
环氧树脂	3.21	25.0	19.3
聚合物	3.33	30.2	13.7

较新的方法是使用高分子聚合物，其软化点或熔化温度要足够低，以便黏结，但也不可太低，以防成形时所产生之摩擦热将之熔化或软化，导致脱模后易黏附模面附近之粉末，使得烧结后的工件产生颗粒状之表面。经适当选择后的聚合物能兼顾黏结性及润滑性，且粉末形状也趋向球形，使松装密度、流动性及脱模力均能同时改善，如表 5-1 所示。

在选择适当的黏结剂后，仍需注意混合工艺的变数，当黏结剂熔化成液体后，一个可能发生的现象是一些添加之细粉互相凝聚在一起，例如铁-铜混合粉中的细铜粉凝聚成粗粉，而非黏在铁粉上，如图 5-9(a) 所示[2]。此凝聚铜粉在烧结温度超过 1083 ℃ 时将因熔化而形成一新的大孔，且因液体铜在大孔周围到处乱窜形成局部膨胀的现象，使得烧结密度偏低，所以要避免此凝聚粉的产生，所用黏结剂要细，且混粉机之剪力要足够大，以将黏结剂均匀地被覆在主粉(如铁粉)上，然后将添加之细粉黏于主粉表面，如图 5-9(b) 所示。当所用黏结剂、混合设备及混合参数选择得当时，甚至可使得细铜粉被挤入并黏在铁粉凹陷处，此不但仍能使铜均匀地分布而且使铁粉整体而言更趋近于球形，如图5-9(c)所示，此有助于松装密度及流动性之提升。

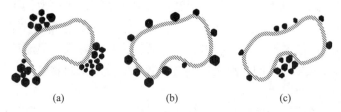

(a)　　　　　　　　(b)　　　　　　　　(c)

图5-9　黏结剂在铁-铜混合粉中造成之现象。(a)添加之细铜粉本身凝聚在一起；(b)细铜粉均匀地黏着在铁粉表面；(c)细铜粉黏在铁粉凹陷处，使铁粉整体而言更趋近球形[2]

　　另一种避免添加之元素粉偏析的作法是采用扩散接合粉(diffusion bonded powder)[3]，其作法是先将镍、铜、钼等合金元素粉，或氧化物粉如CuO、MoO$_3$，与铁粉均匀地混合，然后将混合粉送入退火炉中，在800℃左右使合金元素粉稳定地扩散接合(diffusion bonding)在铁粉表面，由于此温度不高，不至于导致镍、铜、钼的均质化而影响压缩性。图5-10即显示FD-0205(Fe-1.75Ni-1.5Cu-0.5Mo-0.5C)中Ni、Cu、Mo仍很容易辨别，并未完全固溶入铁基体中，与图5-7之预合金粉不同，此退火步骤亦可降低金属粉末中的碳及氧含量，也因此仍能保有铁粉的高压缩性。由于碳在800℃以上即能迅速扩散入铁粉心部，造成铁粉之硬化，所以碳均是在Fe-Ni-Cu-Mo混合粉退火后才以细石墨粉的方式加入。

　　此扩散接合粉早在1964年即由Hoeganaes公司开发出来，当时是以海绵铁粉为主粉，压缩性并不佳。到了20世纪60年代末期，Höganäs公司以新开发出来的水雾化铁粉取代海绵铁粉，由于水雾化铁粉所用原料较纯，且熔炼工艺中去除了绝大多数的磷、氮、硅，使得其压缩性大幅提高。该公司最早推出之粉为Distaloy AB(等同于FD-0205)及Distaloy AE(等同于FD-0405)，其Di代表"扩散"合金，st代表"钢"，aloy代表"合金"，而A则代表水雾化粉，最后之B及E并无特别意义，仅为不同合金成分之代号。

　　此FD-0205及FD-0405添加镍及钼是因其具有高硬化能系数，而添加铜是因其具有析出硬化之功效。此三种元素之活性均比铁低，所以烧结时均不会氧化，而能达到合金化的目的。

　　上述合金在开发时并不含铬，此乃因含铬之合金难以烧结，所用气氛之露点必须非常低，且温度要高，以当时一般之网带式烧结炉仍无法发挥铬之合金强化效果。但即使如此，此扩散型合金至今仍为最普遍之高强度粉末冶金合金

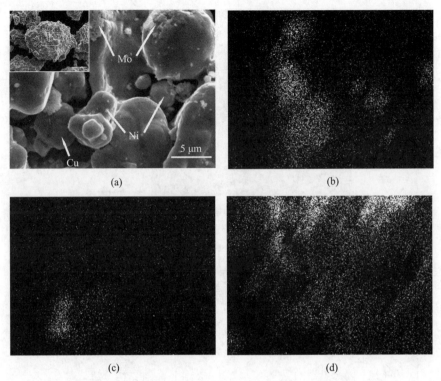

图 5-10　FD-0205(Fe-1.75Ni-1.5Cu-0.5Mo-0.5C)粉末之
外观(a)及 Ni(b)、Cu(c)、Mo(d)之分布情形

钢之一。

　　由于扩散接合粉之工艺能使合金元素粉均匀且牢固地分布在铁粉表面，在
运送及压结过程中不易偏析，再加上铜、镍之添加比例之优化，此合金粉之尺
寸稳定性相当不错。

　　除了上述各种制作混合粉末的方法以外，亦可将欲添加之元素以电镀之方
式被覆在基础粉上成为复合粉(composite powder)，图 5-11 即为将镍镀在羰基
铁粉后之剖面。图 5-12 为综合上述各种制造方法所用原料粉之示意图。

5-4-2　混合机制

　　混合之机制可分为三种[4]：① 对流(convection)，② 剪断(shear)，③ 扩
散(diffusion)，如图 5-13 所示。以滚筒混合为例，在对流机制中，粉末由容
器底部经由摩擦力被带至容器之上部，当粉末超过自然坡度角时将自然落下，
然后继续循环，形成循环流。而剪断机制则多在接近筒壁、筒底处，此乃因被

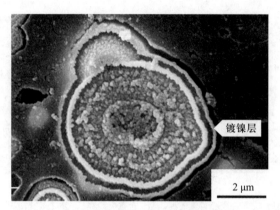

图 5-11 表面镀镍之羰基铁粉之剖面(萧敏佑摄)

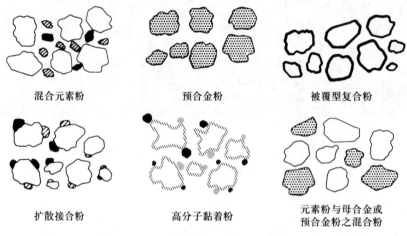

图 5-12 粉末冶金所用各种原料粉之示意图

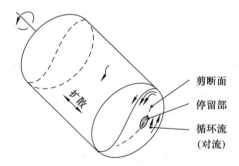

图 5-13 混合时共有对流、剪断及扩散三种机制[4]

压缩并滑动的粉末在这些地方的相对运动最大，此剪断机制也发生在上下对流之剪断面的停留部附近。而扩散则为容器在水平方向两端之粉末逐渐互相渗透之混合机制。此三种机制随着混合时间之长短，其作用之程度亦不同，在初期时以对流机制为主，然后为剪断与对流兼具之混合机制，最后为扩散机制，如图 5-14 所示[4]。

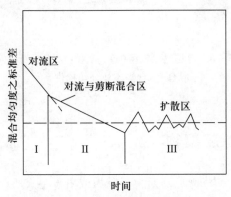

图 5-14　混合之初期机制为对流，然后为
剪断与对流兼具，最后为扩散[4]

常见之混合机器有 V 型、双锥型、滚筒型，如图 5-15 所示。在容器内粉末之充填量一般占全部体积之 20%～40%，而转速不可太快，不然粉末将因离心力大于重力而贴住筒壁，此将无混合之效果。以滚筒式球磨机为例，此状况发生时之临界转速的计算方法如下：

$$mg = m\omega^2 d/2 \tag{5-12}$$

式中：g 为重力加速度(9.8 m/s^2)；ω 为转速(rad/s)；m 为质量(g)；d 为滚筒之直径(m)。而

$$\omega = 2\pi f/60 \tag{5-13}$$

式中：f 为每分钟旋转的圈数(r/min)。

由式(5-12)、(5-13)可得

$$临界转速 = 42.3/\sqrt{d} \quad (\text{r/min}) \tag{5-14}$$

为了达到最佳之混合效果，应使粉末在到达高处并落下时能被甩到最远处，此最佳之转速约为 $32/\sqrt{d}$，亦即约为临界转速之 0.75 倍左右。

(a)　　　　　　　　　　(b)　　　　　　　　　　(c)

图 5-15　常见之双锥型(a)、V 型(b)、滚筒型(c)
混合机(台溢实业公司提供)

5-5　球磨/消除凝聚物

粉末间的静电力、范德瓦耳斯力、磁力或由于湿气所产生的毛细力等，会使得粉末产生凝聚(agglomeration)甚而结块之现象，若要使这些粉末回到原有粉末之粒径或表面积之规格，必须将这些已结块或凝聚之粉打散。较常使用的简单方法为球磨，如图 5-15(c)所示，将粉末与钢球置入滚筒内，以干式法或加入水或庚烷等液体以湿式法在筒内靠钢球之撞击力将粉末打散。有时为了加强效果，可添加一些有极性之分散剂于液体中，使粉末间有排斥力，以防粉末再次凝聚。

有些粉末由于外形有棱有角，松装密度及振实密度不高，导致生坯密度偏低，烧结后产品的收缩率及尺寸不易控制。此外，当这些粉末之硬度偏高时，如钨粉，其硬度约 350 HV，在干压成形及注射成形时均会造成模具的损耗。若要解决这些问题，可将粉末施以球磨前处理，其粉末与磨球之总充填量约为 45 vol%，利用球磨将粉末的棱角磨钝，例如刺猬状的羰基镍粉经球磨后其外观可变成球形，如图 5-16 所示，而振实密度也可因此而大幅上升，由 2.8 g/cm^3 增加至 4.2 g/cm^3，如图 5-17 所示。又如钼粉、钨粉多呈立方体状，并不适于直接应用在注射成形工艺，经球磨处理后其尖角即被打圆，如图 5-18 所示，使粉末间的摩擦力降低，所以其振实密度随着时间的增加而上升(图 5-17)。此外，其粒径分布也稍有不同，细粉比例将上升，此种粉可降低注射成形时之射压，也可延长模具之寿命。为了避免球磨后的粉有凝聚现象，有时可添加 0.2%~0.5% 之润滑剂，如硬脂酸等，使粉末间不会因为湿气等因素在接触点产生毛细现象而导致凝聚。

图 5-16 球磨前(a)及球磨后(b)羰基镍粉之外观

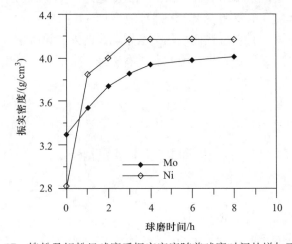

图 5-17 镍粉及钼粉经球磨后振实密度随着球磨时间的增加而上升

图 5-18 (a)具有棱角的钼粉；(b)经球磨后变成圆滑的钼粉

5-6　涡流磨

以球磨方式将粉末打细或将粉末形状钝化时容易造成污染，要避免此问题可采用涡流磨(jet milling)，兹以图5-19之涡流磨设备作简单之说明。此设备上方有一漏斗，粉末由此掉入扁平之圆形腔体，此时高压(约 7 atm)气体由腔壁高速喷入，其喷入之方向可为半径方向，也可偏离半径方向，如图5-19所示，这些气体将带动粉末使其互相撞击或使粉末撞击腔壁，被打碎之细粉将由中间上方之出口随着气体被带出，即如同旋风器般，而粗粉则仍留在腔体内继续粉碎。若使用此方法之目的不在得到细粉，只是要将粉末棱角磨钝，则气体改用较低之气压及流量即可。此方法避免了磨球之污染，且由于使用大量的气体，而高压气体喷入时又有焦耳-汤姆孙效应(Joule-Thomson effect)，其所产生的冷却效果可避免粉末过热而氧化甚至燃烧，此外，设备中没有太多会移动或转动的工件，所以维护容易，因此涡流磨法是一个适合大量生产的粉末改质方法。

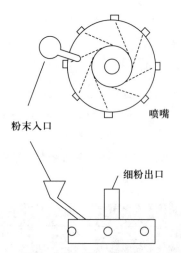

图 5-19　具有八个喷嘴的涡流磨设备之示意图

5-7　造粒

由于细粉末间之摩擦力大，使得其流动性相当差，不易填入模穴中，且因松装密度非常低，不易压成高密度之生坯，因此无法用于工业界之快速自动成形机。解决此问题的一个方法是造粒（granulation），兹以制作散热体（heat sink）所用钼粉之喷雾造粒（spray drying）举例说明。

图 5-20（a）为原始细钼粉之外观；经喷雾造粒后，细钼粉间借着黏结剂而结合，如图 5-20（b）所示；而造粒粉之外观多呈球形，如图 5-20（c）所示。而表 5-2 为喷雾造粒前及喷雾造粒后粉末之特性，其中造粒后之粉已经过 100 目及 325 目筛网过筛，此过筛之目的乃在于减少过粗及过细之钼粉。由于造粒粉呈球形，且粒径大，故其流动性及松装密度均大幅改善，符合自动成形机所需。

图 5-20　（a）原始钼粉之外观；（b）细粉间靠聚乙烯醇黏结剂接合之情形；
（c）喷雾造粒后钼粉之外观

喷雾造粒之第一步骤乃将细粉与水及黏结剂如聚乙烯醇 [polyvinyl alcohol，PVA，$\left(\!-\!CH_2CHOH\!-\!\right)_n$]、阿拉伯胶（Arabic gum）或甲基纤维素（methyl cellulose）等搅拌成泥浆状，然后经由喷嘴高速喷出，如图 5-21 所示，此喷出之雾状液滴受到迎面而来之热空气或热氮气吹袭，使得其中之水分蒸发，只剩下黏结剂，此时细粉间即靠这些黏结剂结合，如图 5-20(b)所示。

表 5-2　喷雾造粒前之钼粉及经喷雾造粒且以 100 目及 325 目
筛网过筛后之钼粉的特性

	喷雾造粒前	喷雾造粒且过筛后
费氏法粒度	4 μm	11 μm
筛分法粒度		
−325	100%	3.8%
−230+325		29.7%
−170+230		46.8%
−120+170		18.5%
−100+120		1.2%
外观	单独颗粒	球形聚集体
流动性	不流动	30 s/50 g
松装密度	不流动故不适用	2.0 g/cm³

一般最常用之黏结剂为聚乙烯醇，其结构式如图 5-22 所示，此黏结剂之

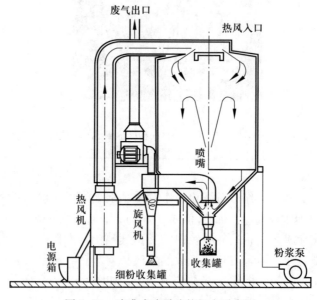

图 5-21　喷嘴式喷雾造粒机之示意图

工艺为将聚乙酸乙烯酯（polyvinyl acetate，PVAc，其结构式见图 5-22）与氢氧化钠进行水解（hydrolysis）反应，将其酯基转化为醇基。一般的水解率（或称醇解度）多在 87%～99% 之间，故也称为部分碱化型，而酯基完全碱化成 OH 基者，则称为完全碱化型。由于聚乙烯醇含有 OH 基，故易溶于水，成为最常用之造粒黏结剂。

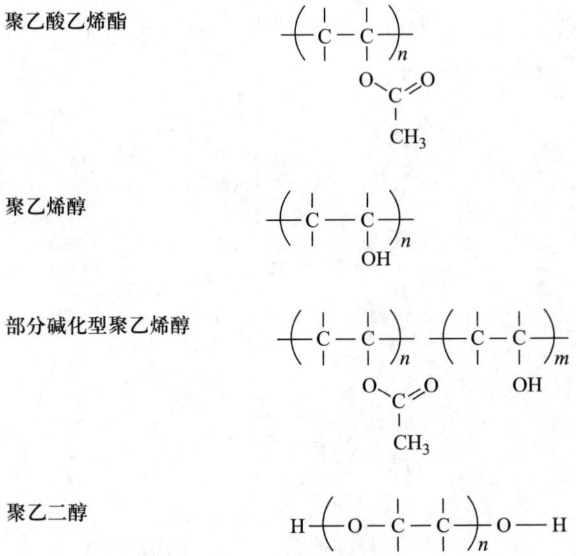

聚乙酸乙烯酯

聚乙烯醇

部分碱化型聚乙烯醇

聚乙二醇

图 5-22　聚乙酸乙烯酯、聚乙烯醇、部分碱化型聚乙烯醇及聚乙二醇之结构式

由于聚乙烯醇分子量及官能基之不同，碱化程度对雾化粉的性质影响很大，当分子量大、碱化度高亦即 OH 基多时，其粉浆黏度、粉体硬度、强度、抗吸湿性等均将提高。所以可依造粒粉之粒径要求，选用不同之聚乙烯醇。此外亦可添加其他添加剂，以改变粉末之性质，例如雾化后之粉若硬度太高，以致模具磨耗过快或成形密度太低的话，可以在搅拌过程中加入微量的塑化剂（plasticizer），如聚乙二醇[polyethylene glycol，PEG]，其结构式见图 5-22。此塑化剂可降低 PVA 等黏结剂之玻璃转换温度，使粉末稍为软化，而聚乙二醇易吸湿，所吸收之水分亦有塑化剂之功效，使得 PVA 更为软化，此将使得粉末较易成形。所以并非完全干燥之粉末才是最理想的，粉末中残留些微量水分有其必要，但其含量需谨慎控制，其缺点则为生坯之强度并不会因密度之提高而增加，反而会稍降[5]。

一般常用之喷雾方法有两种：① 喷嘴式（图 5-21）及②旋转盘式（图 5-23）。以粉之粒径分布而言，旋转盘式所得之分布较窄。以离心式旋转盘造粒时，其粉末之大小是由粉浆在离开旋转盘之刹那间决定的，此时离心力与液体之表面张力约略相同，而离开旋转盘之浆液所形成之粉末直径 D 之大小与3-2-8 节相同，为

$$D = \frac{1}{\omega} \sqrt{\frac{12\gamma}{\rho \cdot r}} \tag{5-15}$$

式中：ρ 为浆液之密度；r 为旋转盘之半径；ω 为旋转盘之转速；D 为造粒粉之粒径；γ 为浆液之表面张力。

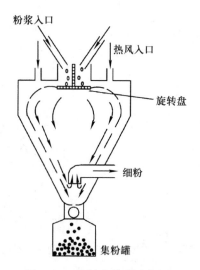

图 5-23　旋转盘式之造粒机

以上是以少量液体为前提以及在理想之情况下所得到之粒径，而实际上之经验值为[6]：

$$D = K \cdot \frac{Q^a}{\omega^b r^c} \tag{5-16}$$

式中：Q 为粉浆之供给量；K、a、b、c 为常数。由式(5-15)及(5-16)可知转速越大时造粒出来之粉末直径越小，若不改转速，则可改变液体之黏度，或增加、减少粉浆供给量及黏结剂(如 PVA)之量以调整造粒粉之大小。

粉浆离开旋转盘或喷嘴后为一实心之液滴，此液滴表面之水分因与外界之热气体接触而蒸发，由于粉末间之孔隙所造成的毛细力可将水分源源不断地由内部送至表面继续挥发，同时使得此液滴逐渐变小，最后可形成一实心之干燥球。倘若液滴表面水分蒸发之速度大于内部水分扩散至表面之速度时，表面将

因过于干燥而 PVA 与粉已形成一薄壳，此壳将逐渐变厚，此时内部之水分只能慢慢地透过此硬壳扩散出去，但有时水气仍会冲出薄壳而形成火山口般之大孔，在这些状况下将得到中空之球形粉，其松装密度及流动性均偏低。

除了平均粒径外，粒径分布亦是一重要之粉末特性，此亦与旋转盘之设计有关。图 5-24 为三种不同之旋转盘，以图 5-24(a)之栅栏型而言，由于阻力之关系，粉浆之分布在栅栏之根部较多而上端及栅栏中间之部分较少，此分布不均将造成粒径分布较广。相对地，图 5-24(b)之栅栏底部较粗，如同山之形状，此山形栅栏改善了粉浆在离开旋转盘前粉浆层厚度之均匀性，使得造粒后粉末之粒径分布较窄，且由于解决了栅栏根部粉浆聚集之问题，使得粗颗粒较少，不易因离心力过大而在舱壁造成黏壁之现象。而图 5-24(c)之孔型旋转盘因孔径固定了粉浆之出口量，所以其粒径分布最窄，但其缺点为旋转盘内角落之粉浆不易流动，易阻塞。

图 5-24　旋转盘之型式。(a) 直棒式栅栏型；(b) 山形栅栏型；(c) 孔型

造粒粉之测试除了一般的粒径分析、流动性、自然坡度角之外，必须作残留水分及外观之检验，水分过多时流动性不佳、原粉易生锈，而过少时成形性较差。图 5-25 为用来检验残留水分之红外线加热器，可在数秒钟内烘干造粒

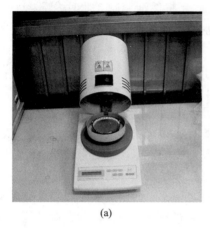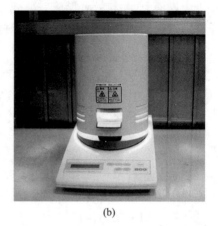

(a)　　　　　　　　　　　　　　　　(b)

图 5-25　以红外线快速加热之方式可迅速检验造粒粉之残留水分。(a) 将盖子打开
放入粉末前；(b) 加盖后加热时(陆永忠摄)

粉，快速地得知造粒粉之含水量。在外观方面则一般以实心、球形粉为佳。

造粒虽然提供了具流动性、易压缩之粉末，但也因此额外之步骤使得成本增加。为了使此额外成本尽量降低，应提高良品率使黏壁之现象减少，此表示喷雾舱之直径必须足够大。下式为在一固定进气气体温度下，粒径为 D_{99} 的最粗液滴之飞行距离 L 的经验式[6]：

$$L = Kr^{0.2}Q^{0.25}\omega^{-0.16} \tag{5-17}$$

式中：K 为一常数；r 为旋转盘之半径；Q 为粉浆之流量；ω 为转速。当进气气体温度提高时，液滴干燥速度较快，可降低飞行液滴之动量，因此可降低飞行距离，但若气体温度过高时，前述中空球及火山口之情况将发生。

由此公式可知将旋转盘半径缩小、减少粉浆供应量及提高转速虽可缩短飞行距离、提高良品率，但调整这些参数表示产能将降低，且旋转盘需较常维修，故并非良策。而舱体内气流之流动路径也仅能作些微之改善，故舱体直径一旦决定后，此造粒机之效率即已大致确定了。

除了上述喷雾干燥之方式以外，亦可使用类似搓元宵之方式造粒，亦即在网盘上盛粉，然后喷上水、溶剂或含有微量前述黏结剂之溶液，再加以摇动、旋转，亦可做出球形之粉末。此外，亦可将细粉予以加压或实施轻微之烧结，然后将生坯或已轻微烧结之坯体加以粉碎，即可得到具较大粒径、有流动性之粉末。另一工艺为将约与粉末等量(100 vol%)之甲苯(toluene)或正庚烷(heptane)与约 1/3(33 vol%)之石蜡(paraffin wax)混合，加热使石蜡熔入溶剂中，然后倒入粉末，经搅拌并干燥后使石蜡被覆在粉末表面将粉末黏结在一起，将之捣碎、过筛后即可得到较粗颗粒之粉末。造粒后仍有一些太粗或太细之粉末不适于成形，易造成密度不均或在冲子与中模之间卡粉等问题，此可借在造粒机下方安装如图 5-1 之筛分机，使造粒粉直接过筛而得到所需粒径范围内之粉末。

除了添加高分子黏结剂之外，喷雾造粒粉亦可用其他黏结剂来制造，例如等离子喷焊用之造粒钼粉即采用钼酸铵[ammonium molybdate，$(NH_4)_2MoO_4$]当黏结剂，此化合物乃水溶性之钼盐。制造之方法为将 MoO_3 粉溶入氨水中形成钼酸铵溶液，然后将钼粉倒入此溶液，混合成钼浆，此钼浆经喷雾干燥将水分蒸发掉，剩下之钼粉为钼酸铵所结合住而成大颗粒球状之钼凝聚物，将此钼凝聚物在 1000 ℃ 左右以氢气将钼酸铵还原成钼即可得球形之纯钼粉[7]。以此法所得之造粒粉适合用于喷焊、被覆等工艺，此乃因其粉末流动性佳，松装密度高，且不含任何有机黏结剂所残留下来之污染物，较不易产生起泡之现象。此法亦可在钼浆中添加少量有机黏结剂如硬脂酸、聚乙二醇等，使喷雾干燥粉之黏结性更佳，便于筛分、运送等而不致产生碎粉，但以此法所得之粉与使用 PVA 黏结剂者相同，均必须先烧除黏结剂后才可烧结。

5-8　添加润滑剂

添加润滑剂之作用有下列数种：

（1）改善粉末之流动性，使充填模穴之时间缩短，提高成形机之生产效率，并使生坯密度更为均匀。

（2）增加粉末之松装密度，降低模穴之充填高度，减少模具之厚度及充填模穴之时间，可节省成本。

（3）改善粉末之压缩性以提高生坯密度。

（4）降低脱模力，减少模具之磨耗。

5-8-1　润滑剂之种类

目前常用之润滑剂有阿克蜡（商品名为 Acrawax，学名为 ethylene bis-stearamide，EBS）、硬脂酸锌（zinc stearate）及硬脂酸锂（lithium stearate）。其化学式如图 5-26 所示。

由于润滑剂大多是碳氢化合物，必须在烧结前予以去除，此常称为脱脂（debinding 或 delubing）。脱脂工艺及润滑剂之选择对成品均有相当大之影响，所以在此对一般常用润滑剂之特性稍作说明。表 5-3 列出了此三种润滑剂之熔化温度及脱脂后之残留物。这些残留物之形成乃因原润滑剂中含有金属原子，

硬脂酸锌

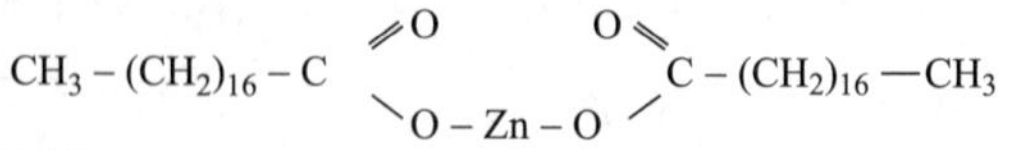

$$CH_3-(CH_2)_{16}-C\overset{\displaystyle\diagup\!\!\diagup O}{\diagdown O-Zn-O}\overset{\displaystyle O}{\diagdown\!\!\diagdown C}-(CH_2)_{16}-CH_3$$

硬脂酸锂

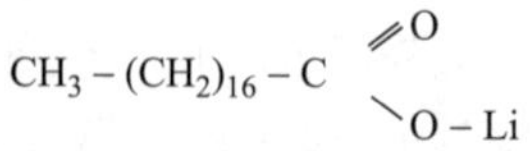

$$CH_3-(CH_2)_{16}-C\overset{\displaystyle\diagup\!\!\diagup O}{\diagdown O-Li}$$

阿克蜡

$$CH_3-(CH_2)_{16}-C\overset{\displaystyle\diagup\!\!\diagup O}{\diagdown}\overset{H\ H}{\underset{H\ H}{N-C-C-N}}\overset{O}{\diagdown\!\!\diagdown}-(CH_2)_{16}-CH_3$$

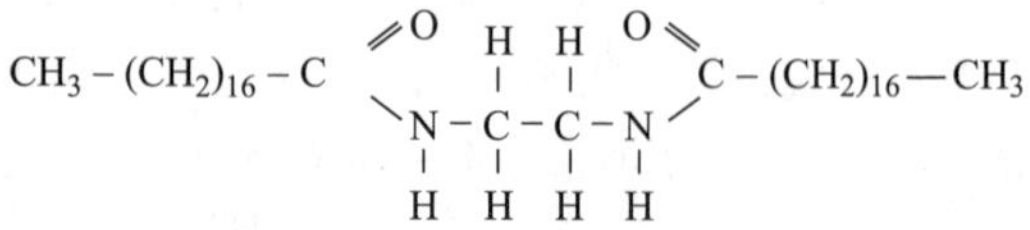

图 5-26　硬脂酸锌、硬脂酸锂及阿克蜡之化学式

表 5-3　阿克蜡、硬脂酸锌及硬脂酸锂之特性

种类	熔化温度/℃	残留物	残留物之量/%	残留物之熔点/℃
阿克蜡	140	无	0	—
硬脂酸锌	130	ZnO	14	1975
硬脂酸锂	220	Li_2O	5	>1700

这些润滑剂在受热而挥发或分解时其中所含的金属原子有的将以细粉之方式随气体排出，有的将直接沉积在连续炉炉口或烟囱中温度较低处，而部分之金属原子则在脱脂过程中与润滑剂中之氧原子或与气氛中之微量氧分子或水分子反应而生成氧化物。其中硬脂酸锌将产生氧化锌残留物，若以热重分析仪（thermogravimetric analyzer，TGA）量测时，在氮气中其残留量为14%，而硬脂酸锂中之锂乃活性更高之元素，非常容易与氧原子结合，形成稳定之氧化锂（Li_2O），均匀散布于坯体基体中，其残留量约为5%，如图5-27所示。由于硬脂酸锂有抢氧（oxygen gettering）之功能，使活性高之合金元素（如铬）不易与氧结合形成氧化物，也使得氧不易溶于金属中，所以常被称为具有"清洁"（cleansing）之功能。这些残留物之熔点均相当高，化学性质稳定，对成品之机械性质及磁性质之影响不大[8]，但对生产而言仍会造成困扰。例如氧化锌及锌常如钟乳石般悬挂在连续式烧结炉中脱脂区炉膛之顶部，会阻碍烧结坯体之进入，必须每隔一段时间即以机械方式予以刮除，或将烧结炉降温借其与炉膛间热膨胀系数之差异让其自行掉落。此外，镀锌钢板及锌压铸工厂常在生产过程中产生锌气体及锌之细微粉末而造成环境之污染，最近已引起环保

单位之注意，所以使用硬脂酸锌时需特别留意锌之排放所造成之污染问题。

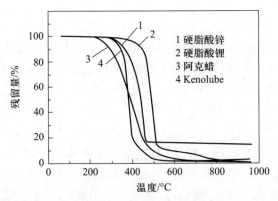

图 5-27　阿克蜡、硬脂酸锌、硬脂酸锂及 Kenolube
在氮气中之热重分析图

相对地，阿克蜡则无残留物且其脱脂效率良好，在 200 ℃左右即已开始挥发，此时其分子键仍未断裂，当温度升至 316 ℃以上时才开始分解成小分子，直至约 690 ℃为止。图 5-27 显示阿克蜡曲线之斜率较缓所以也较不易在坯体内因突然产生大量分解气体而形成过大压力，进而造成生坯之破裂、起泡等缺陷。此外需注意的是此图乃是在氮气中之热重分析，若在含氢或含氧之气氛中各曲线将向左移，表示脱脂效率将提高。

若以润滑功能而言，一般以硬脂酸锌之功能最佳，硬脂酸锂次之，而阿克蜡最差，所以制作铁系结构零件时常使用硬脂酸锌。阿克蜡之优点在于其无残留物，对于不锈钢等有污染顾虑之材料较适合。此外，使用阿克蜡时烧结炉之清洁度较佳，生坯强度较高，所以也常用于制作铁系结构零件。使用硬脂酸锂时，粉末之松装密度高，生坯密度高，而锂可与残留的氧反应生成氧化锂，所以常用于不锈钢、软磁材料、黄铜及纯铜等需要氧含量低之材料。

除了上述三种润滑剂以外，亦有一些混合型润滑剂，如台湾常用之 Kenolube 即为约 20% 之硬脂酸锌与约 80% 之二酰胺合成蜡（diamide synthetic wax，如 EBS 阿克蜡）之混合物，此润滑剂之功能及特性介于硬脂酸锌与阿克蜡之间，而在生坯强度及脱模能力方面则表现突出。另一种新润滑剂乃压力敏感型，其熔化温度在 50~60 ℃，当成形压力大至某种程度后，此润滑剂将因其熔化温度降低而熔化成液体，此液体易被挤至模壁处而提供了优异之润滑效果[9]。此新的润滑剂仍有易黏附的问题，且存放及运送时易因本身及外来压力而结块，所以也常与传统润滑剂混合后使用，以缓解此问题。

5-8-2　润滑剂对粉末特性及成形之影响

图 5-28、5-29、5-30 分别显示润滑剂含量对纯铁粉之松装密度、流动性及生坯密度之影响。一般而言，松装密度及生坯密度均先增后减，而流动性则先快后慢。由图 5-30 可知当所需之生坯密度较低时，其密度随着润滑剂含量之增加而上升。但在高生坯密度时，若成形之压力相同，则当润滑剂含量增加时，生坯密度先是上升，到达一极大值后渐渐降低，此乃因少量之润滑剂可减少粉末间之摩擦力，但太多时则由于坯体之理论密度（theoretical density）或称无孔隙密度（pore-free density）降低（理论密度之计算方法见下文），所需压结之相对密度也提高了。例如含 1% 阿克蜡之铁粉之理论密度为 7.40 g/cm³（图 5-31），而含 2% 阿克蜡时则为 6.98 g/cm³，所以若欲压结一生坯密度为 6.98 g/cm³ 不含润滑剂之纯铁粉时，其相对密度为 88.7%，若含 1% 及 2% 之阿克蜡时，其相对密度则分别为 94.3% 及 100%，亦即愈来愈不易达成。一般而言，100% 之生坯密度无法达成，实际上可达到之最高密度约为完全无孔隙时密度之 98%，因为成形密度再高的话，生坯被顶出模具后之回弹（spring back）现象将太严重，并易产生微裂纹。

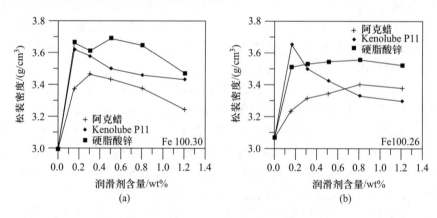

图 5-28　润滑剂之添加量与松装密度之关系。
（a）水雾化铁粉；（b）还原铁粉

由图 5-32 可进一步看出水雾化铁粉添加 0.5% 及 1.0% 硬脂酸锌时其生坯密度与成形压力之关系[10]，在 620 MPa 以下之压力成形时，含 1.0% 硬脂酸锌之材料的密度较高，但超过 620 MPa 时，反而是只添加 0.5% 硬脂酸锌者较高。若由图 5-30 判断可知需要高生坯密度时其最适当之润滑剂添加量应在 0.1%~0.5% 之间。

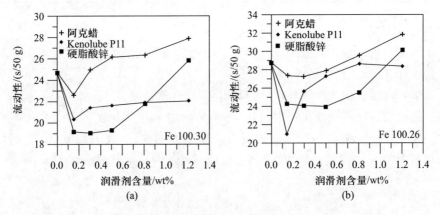

图 5-29 润滑剂之添加量与流动性之关系。
（a）水雾化铁粉；（b）还原铁粉

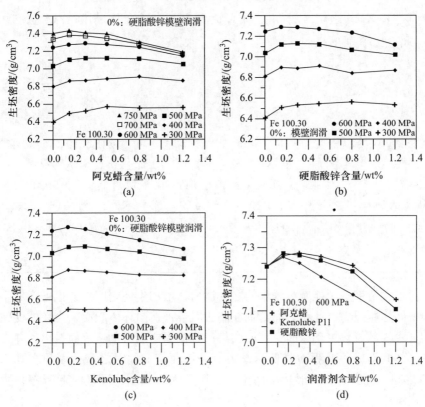

图 5-30 水雾化铁粉在不同之成形压力下，润滑剂之添加量与生坯密度之关系。
（a）阿克蜡；（b）硬脂酸锌；（c）Kenolube；（d）前三者在 600 MPa 下之比较

混合粉理论密度之计算

当金属粉末加入润滑剂或其他合金用之金属粉时，其理论密度可由以下之例子计算之。

例：求羰基铁粉添加 0.8% 硬脂酸锌后之理论密度。

解：先以比重瓶或真密度计(pycnometer)分别测出羰基铁粉及硬脂酸锌之真密度，经实测各为 7.68 g/cm³(假设粉末内无空孔)及 1.21 g/cm³，所以假设有 99.2 g 之羰基铁粉与 0.8 g 之硬脂酸锌混合，则其理论密度 ρ_{th} 为

$$\rho_{th} = \frac{100}{\left(\frac{99.2}{7.68}\right) + \left(\frac{0.8}{1.21}\right)} = 7.365 \ (g/cm^3)$$

假设铁粉之密度为 ρ_{Fe}，质量比率为 $W_{Fe}\%$，石墨粉之密度为 ρ_{gr}，质量比率为 $W_{gr}\%$，铜粉之密度为 ρ_{Cu}，质量比率为 $W_{Cu}\%$，润滑剂阿克蜡之密度为 ρ_{acr}，质量比率为 $W_{acr}\%$，混合后共 100 g，则其理论密度为

$$\rho_{th} = \frac{100}{\frac{W_{Fe}}{\rho_{Fe}} + \frac{W_{gr}}{\rho_{gr}} + \frac{W_{Cu}}{\rho_{Cu}} + \frac{W_{acr}}{\rho_{acr}}}$$

图 5-31 为真密度为 7.87 g/cm³ 之铁粉加上不同量之阿克蜡(Fe+x%阿克蜡)，铁粉加上不同量之石墨(Fe+x% C)，铁粉加上 0.6 wt%阿克蜡、1.5 wt%铜粉、1.75 wt%镍粉、0.5 wt%钼粉(Fe+0.6 阿克蜡+1.5Cu+1.75Ni+0.5Mo)及不同量之石墨(FD-0205)，以及铁粉加上不同量之 Ni 或 Cu 或 Mo 粉后之理论密度。其中石墨密度为 2.24 g/cm³，阿克蜡为 1.07 g/cm³，镍为 8.90 g/cm³，铜为 8.93 g/cm³，钼为 10.22 g/cm³。

添加润滑剂除了能减少粉末间之摩擦力、增加生坯密度外，也可降低生坯与模壁间之摩擦力，此乃因润滑剂在高压时会被挤向坯体表面，当坯体受摩擦力而产生局部过热之现象时，其而会将一些低温之润滑剂熔解而挤出，并在模壁与坯体间形成一薄膜而降低摩擦力。一般而言，此时之摩擦系数在 0.03～0.12 之间，视压力及成形速度而定，当压力大、成形速度慢时此摩擦系数将降低[11]。

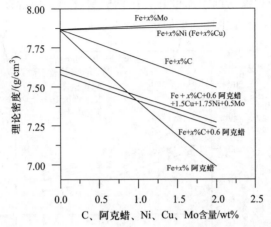

图 5-31 纯铁粉中加入石墨、阿克蜡、铜、镍、钼粉后
之理论密度

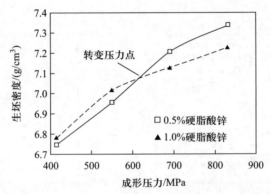

图 5-32 水雾化铁粉添加 0.5% 及 1.0% 硬脂酸锌时，其生坯密度与成形压力之关系[10]

　　若从脱模力或脱模能量(脱模力乘上坯体移动距离)之大小考虑时，润滑剂应越多越好，如图 5-33 所示。但润滑剂之量过多则无法得到高密度之生坯，且生坯强度将下降，如图 5-34 所示。图 5-34 亦显示采用模壁润滑以及还原铁粉时其生坯强度最佳。此外，亦应考虑工件之侧面积(亦即零件与中模及芯棒接触之面积)，例如侧面积与截面积之比为 0.5 时，其生坯密度之最高值出现在约 0.4% 之添加量，但若形状复杂且厚度大时则可考虑使用 1.0% 之润滑剂，以降低脱模力。一般较普遍之润滑剂添加量在 0.5%~1.0% 之间，但对造粒后之粉末而言，其所需之润滑剂可少些，例如造粒钼粉只需 0.05%~0.3%，此乃因造粒之中已含有黏结剂在内，如 PVA 等，使得粉末间之摩擦力已降

低了不少[12]，所以润滑剂添加量并无所谓的最佳值，应视该工件最重视的是密度、模具之磨耗还是生坯强度而定。

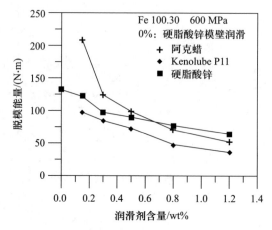

图 5-33　在同一成形压力下润滑剂含量与脱模能量之关系

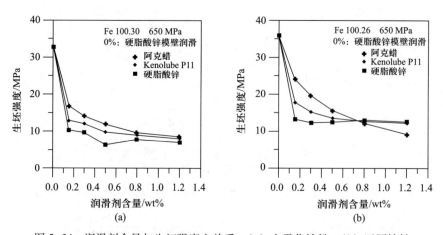

图 5-34　润滑剂含量与生坯强度之关系。（a）水雾化铁粉；（b）还原铁粉

5-8-3　模壁润滑法

　　5-8-2 节所述为在金属粉中添加润滑剂之情形，由于一般添加量都在 0.6% 以上，所以不易压至高生坯密度，甚至比采用模壁润滑时低，如图 5-30 所示，由图 5-34 亦可知采用模壁润滑时其生坯强度比添加润滑剂时高出一倍以上，所以模壁润滑法有其无法取代之优点。

此模壁润滑法乃将润滑剂与溶剂混合，喷向模壁，待溶剂挥发后在模壁上形成一薄膜。但此方法速度慢，且当坯体形状复杂时润滑剂薄膜不均匀，因此工业界一直无法大量使用，直到后来由于静电式模壁润滑技术之开发成功才开始量产[13,14]，其装置如图 5-35 所示，可分为干粉机、静电枪及填粉盒三部分。首先只有确保粉末干燥才有可能带静电，所以必须将干粉机中之润滑剂粉末于空气室内以干燥之空气予以分散并吹干，如同流体床般。当成形机给予电磁阀一个信号时，压缩空气进入真空产生器，借由伯努利(Bernoulli)效应吸入一些干燥润滑剂粉末，然后进入静电枪，借由粉末彼此间以及粉末与塑胶壁间之碰撞，使粉末带有正电，此带电粉末将经由一直管(以免在转弯处堵塞)吹入模穴。由于模穴及机台已接地，此粉末将吸附在模壁上。由于此属静电作用，并非纯机械式的喷覆动作，所以即使模穴之形状有些复杂，各角落仍可被覆一层润滑剂粉末。此吹入模穴之位置多在填粉盒前端，喷完后，填粉盒前移，将金属粉末填入模中，其余动作与一般成形动作相同。由于坯体只在侧边有润滑剂，而内部则无，此方法可以提高生坯之密度，对铁粉而言，其密度最高可达 7.55 g/cm^3。此外，其生坯强度高，脱脂时间缩短，而烧结时之尺寸变化率亦因内部无润滑剂而较稳定。相对地，此方法之缺点为粉末内因无润滑剂，所以松装密度较低，流动性较差，不宜用在形状较复杂之工件。

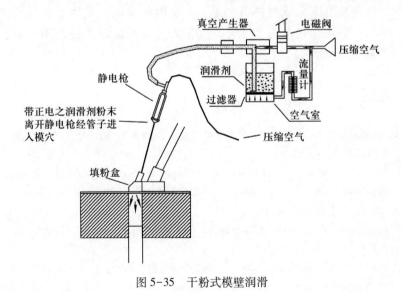

图 5-35 干粉式模壁润滑

5-8-4 黏结剂

成形前除了添加润滑剂外，有时会添加黏结剂，其功能与润滑剂不同。黏结剂之主要功能在于改善粉末之成形性，由于有些细粉粉末间之摩擦力高，成形时之压力多被抵消掉，需使用高压力，但高压力造成严重的脱模膨胀，使坯体易产生裂纹、鱼鳞纹（delamination）（见7-4-1节）。此外，有些粉末为球形且硬度高，不易产生塑性变形，以致粉末间无法以冷焊或机械锁合之方式结合，导致坯体较易分层、崩角、破损。对于此类之粉末常需添加黏结剂，如5-7节中造粒时所添加之聚乙烯醇即可结合粉末，提高其生坯强度。碳化钨粉亦常用酒精溶解石蜡后混入粉中，待酒精挥发后所留下之石蜡可帮助结合碳化钨粉。

5-9　结语

　　金属粉末到厂后并不一定马上就可送到生产线上予以成形，有的粉末需先除去过粗或过细的部分；有的形状不适合，需先处理，例如去除其尖角以改进粉末的流动性及松装密度；而有的需添加特殊的合金元素粉或润滑剂；而有的则是完全无流动性，无法填入模穴，必须先予以造粒。这些处理之目的在于改善粉末的特性，使能提高成形之效率或坯体之密度及强度。一般之粉末均可从市面上购得，但这些粉末常供不同产业使用，其特性未必适合粉末冶金业，所以粉末前处理及改质常成为必备之工艺，也因此反而常成为业者特有之技术（know-how），并因而在市场上具有其竞争力，因此粉末前处理不可忽视，值得深入了解、开发。

参考文献

［1］　M. Wakabayashi and Y. Nakajima, "微粉分級機の開発", R&D 神戸製鋼技報, 1989, Vol. 39, No. 2, pp. 53-56.

［2］　C. Schade, M. Marucci, and F. Hanejko, "Improved Powder Performance through Binder Treatment of Premixes", Advances in Powder Metallurgy & Particulate Materials, MPIF, Princeton, NJ, 2011, Part 7, pp. 1-10.

［3］　P. Lindskog, "The History of Distaloy", Powder Metall., 2013, Vol. 56, No. 5, pp. 351-361.

［4］　矢野武夫, 混合混练技术, 2 版, 日刊工业新闻社, 1986, 15-20 页。

［5］　C. W. Nies and G. L. Messing, "Effect of Glass-Transition Temperature of Polyethylene Glycol-Plasticized Polyvinyl Alcohol on Granule Compaction", J. Am. Ceramic Soc., 1984, Vol. 67, No. 4, pp. 301-304.

［6］　大川原公司资料, 喷雾造粒技术讲习, 台湾大学材料研究所, 1999 年 1 月。

［7］　I. M. Laferty Jr., J. E. Ritsko, and D. J. Port, "Free Flowing Powder and Process for

Producing It", U. S. Patent 3, 973, 948, 1976.

[8] 林光鸿、黄坤祥,"润滑剂对 Fe-0.45%P 软磁之工艺与磁性质之影响",材料科学,1992, 24 卷 4 期, 211-217 页。

[9] D. Hammond, "Lubricant System for Use in Powdered Metals", U. S. Patent 6, 679, 935 B2, 2004.

[10] D. Yamton and T. J. Davies, "The Effect of Lubrication on the Compaction and Sintering of Iron Powder Compacts", Int. J. Powder Metall., 1972, Vol. 8, No. 2, pp. 51-57.

[11] P. Doremus and E. Pavier, "Friction: Experimental Equipment and Measuring", Proc. PM World Congress, 1998, Vol. 2, pp. 114-119.

[12] H. S. Huang, Y. C. Lin, and K. S. Hwang, "Effect of Lubricant Addition on the Powder Properties and Compacting Performance of Spray-Dried Molybdenum Powders", Int. J. Refractory Metals & Hard Materials, 2002, Vol. 20, pp. 175-180.

[13] W. G. Ball, P. F. Hibner, F. W. Hinger, J. E. Peterson, and R. R. Phillips, "New Die Wall Lubrication System", Int. J. Powder Metall., 1997, Vol. 33, No. 1, pp. 23-30.

[14] I. I. Inculet, J. D. Brown, G. S. P. Castle, and P. Hansen, Powder Metallurgy Apparatus and Process Using Electrostatic Die Wall Lubrication, U. S. Patent 5, 682, 591, 1997.

作业

1. 密度为 $7.86 \ g/cm^3$ 之铁粉与 0.5 wt% 及 2.0 wt% 之硬脂酸锌润滑剂混合后,其理论密度为何?

2. 扩散接合之合金粉(diffusion bonded powder)及预合金粉(prealloyed powder)之优缺点为何?

3. 润滑剂及黏结剂有何差别?并各举一例子。

4. 你需制作一 $7.0 \ g/cm^3$ 之 FC-0008 零件,你将如何配粉?(每种元素粉之质量各为多少?润滑剂多少?烧结后总质量为 100g)

5. 你想制作一批 10 vol% Al_2O_3, 80 vol% Fe, 及 10 vol% Ni 之粉,共 100 g,你以质量配材料时此三种原料各需几克?你可能使用哪种方法使此粉之成分最为均匀?

6. 某一 Cu-50W 复合粉乃以机械合金方式制作,铜粉及钨粉之粒度原各为 70 μm 及 10 μm,当机械混合 2 h 后,复合粉之个数平均粒度为 60 μm,但 8 h 后变为 300 μm,16 h 后变为 10 μm,原因何在?

7. 两批 316L 不锈钢粉,其中一批含 0.5% 之硬脂酸锂,另一批含 1.5%,此粉成形后之生坯密度要求为 $7.0 \ g/cm^3$,请问你将选用哪一批?原因何在?

8. 为何离心式旋转盘所得造粒粉之粒度分布比由喷嘴所得者窄?

9. 一喷雾舱直径为 8 m 之喷雾造粒机用来喷钨粉时正好不会有黏壁之现象,

假如公司要将产量增加一倍，而粉末之大小分布、形状均无所谓，你应如何达到此要求？若你改变条件的话所产出粉末之特性有何改变？

10. 某厂商将氧化铜粉粉碎后将之还原成铜粉（代号为 1700），若将氧化铜粉先经特别处理后再还原（代号为 1700 FP），其规格将改变，如表 5-4 所示。请问为何 1700 FP 粉较细、氢损失较高，而松装密度却也较高？此特别处理改变了粉末的哪些特性？此处理可能为何种处理？

表 5-4

代号	粒径/μm	氢损失/%	松装密度/(g/cm³)
1700	13	0.16	2.0
1700FP	9	0.35	2.5

11. 为何表 5-2 中造粒粉之平均粒径为 11 μm，但图 5-20(c) 之 SEM 照片却约为 100 μm？

12. 传统成形、烧结不锈钢零件之密度约为 6.8 g/cm³，若欲改用约 10 μm 之细粉以改进烧结密度，会有何缺点？要如何改进？此改进方法本身又会造成哪些其他方面的问题？

13. 你要制作一铜轴承，其密度为 6.0 g/cm³，外径为 10 mm，内径 6 mm，长度为 50 mm，你要用多少润滑剂？0%（模壁润滑），0.8%，还是 1.5%？原因为何？

14. 造粒粉之规格为 -80+325，你亲自在现场监督造粒工艺，但出货至客户后却发现有 5%+80 目及 3%-325 目的粉，你如何解释？

15. 你用筛网测得造粒粉末之中值约 70 μm，但用湿式激光粒径分析仪测时却为 10 μm，原因可能为何？

16. 你拟将实验室良率为 100% 的造粒工艺量产，实验室及量产的一些参数如表 5-5 所示，请问量产型喷雾舱体之直径至少应为多少？

表 5-5

	实验室型	量产型
旋转盘直径/mm	100	200
浆料流量/(kg/min)	10	120
D_{50}/μm	100	100
喷雾舱体之直径/mm	1000	?
旋转盘转速/rpm	8000	8000

17. 316L 造粒粉之配方如表 5-6 所示，计算造粒后之粉的理论密度。

表 5-6

	粉末	水	PVA
vol%	29.64	66.3	4.06
wt%	77.0	21.8	1.2

18. 你希望将 Fe-2Cu-0.6C 压至 7.1 g/cm³ 之密度，使用之阿克蜡的量为 0.8 wt%，当你压至 6.8 g/cm³ 时模具已出现异音，你认为是因为润滑性不足，想增加润滑剂至 1.2 wt%，此方法可行吗？

第六章
粉末加压成形概论

6-1 前言

　　粉末冶金之工艺步骤有多种,如图 6-1 所示,但不论哪一种,最常见的仍是先将粉末加压成生坯(green compact),其目的在于尽量地先提高生坯密度(green density),然后才予以烧结,使密度或机械、物理等性质提高。本章将只介绍传统之干压成形法(pressing, compaction),至于等静压成形(isostatic pressing)、注射成

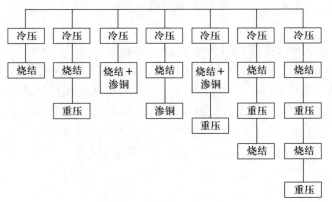

图 6-1　在各种粉末冶金工艺中加压成形均为一重要之步骤

形（injection molding）等特殊成形方法，则将另在第十一章中作详细之介绍。

6-2　成形步骤

　　粉末冶金成形模具可分为上冲、中模、下冲、芯棒四大部分，而依零件之复杂程度，其上、下冲之数目也不同，最简单之模具为一支上冲、一支下冲，俗称上一下一，常用于制作平板式零件，而较复杂之多台面差零件则常需以两支上冲、三支下冲或俗称上二下三之模具来成形，如图 6-2 所示。一般最外层之冲子以上一冲或下一冲称之，然后第二层者称为上二冲、下二冲，依此类推。图 6-3 为具有一支上冲、两支下冲及芯棒之成形模具及支撑机构之示意图。

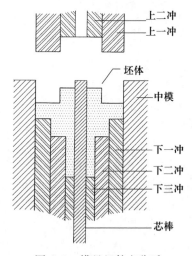

图 6-2　模具组件之称呼

　　一般干压成形之步骤如图 6-4 所示，图 6-4（a）中粉末成形后，中模向下移动（die withdrawl），使坯体露出中模面，此步骤称为脱模（ejection）；而图 6-4（b）则为填粉盒（feed shoe）向右方前进，利用其前端将坯体顶向右方之收料盘，或可用机械手臂将工件捡出；而图 6-4（c）中，中模向上移，而填粉盒则移至模穴正上方，使粉末落入模穴内，在这个过程中填粉盒将左右移动使粉末较易落入；当充填（die filling）结束后，填粉盒向左移，挪出空间，使上冲能向下移动进入中模挤压粉末，如图 6-4（d）所示。当压结动作结束后，上冲上移而中模继续下移，直至试片露出中模，回至图 6-4（a）之情形。兹将各步骤再详细说明之。

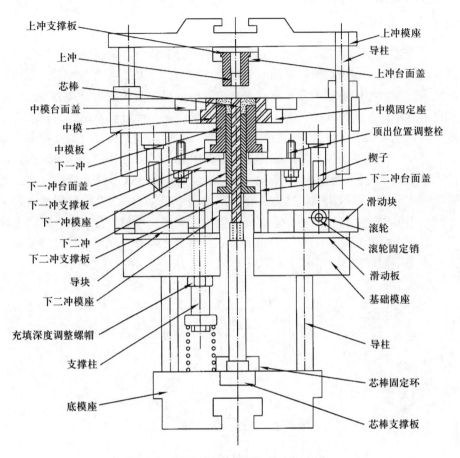

图 6-3 成形模具及支撑机构之示意图

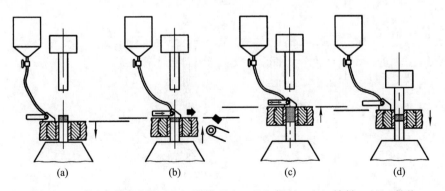

图 6-4 干压成形之步骤。(a) 脱模顶出；(b) 踢料；(c) 填粉；(d) 成形

6-2-1　充填

在前述粉末充填之步骤中，其充填方法可分为数种。兹以图6-5制作一圆筒状坯体为例，此模具包括上冲、下冲、中模以及芯棒，在图6-5(a)中乃传统之填粉法，亦即中模上升至最高点之位置后，填粉盒才到达模穴上方，将粉以自由落体之方式掉入模穴中，此俗称落入法。利用此方法填粉时，充填之速度及均匀性常取决于模穴截面积之大小、模穴与填粉盒之相对方位及粉末之粒径。由于一般所使用粉末之粒径多在 40~200 μm 之间，当模穴狭窄时(例如制作薄壁之轴承时)，粉末进入不易，速度较慢，将影响成形机之使用效率。若要改善此现象，可采用吸入之方式，亦即在图6-5(b)中当填粉盒到达模穴上方时，中模才往上移，此动作造成真空吸粉之现象，可加快粉末进入模穴之速度，以及充填之完全性，对于形状复杂、有尖角之零件，或壁厚小于 1 mm 之工件的充填均有很大之帮助，此法俗称吸入法。

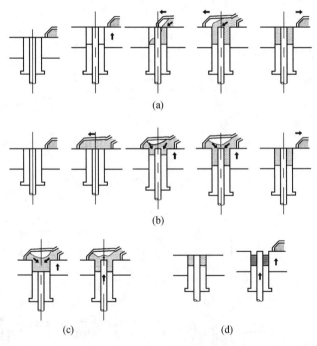

(a)

(b)

(c)　　　　　　　　(d)

图 6-5　粉末充填之数种方法。(a) 落入法；(b) 吸入法；
(c) 上充填(增填)法；(d) 下充填(减填)法

除了图 6-5(a)、(b)两种基本填粉法之外，仍有一些其他方法可帮助填粉之完全性。在图 6-5(c)中粉末填入模穴后，芯棒才向上移至模面之高度，此对于薄壁零件亦有相当大之帮助，因为薄壁零件成形时芯棒与中模间之空隙小，易产生如图 6-6 所示之架桥(bridging)现象，阻碍了后续粉末之掉入，若芯棒先在下方，可增加模穴空间，有利充填，待充填结束后，芯棒再上移即可改善这些困扰，此俗称上充填或增填(overfill)法。图 6-5(d)中乃在充填结束后下冲不动，中模及芯棒再向上移，使粉末相对下移低于模面，此可防止上冲向下移动到达中模面时粉末向外喷，且可减少因中模有推拔角或圆弧角而使一些粉末卡在上冲与中模间造成夹粉之现象，此方法俗称下充填或减填(underfill)法。

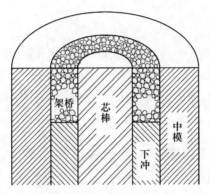

图 6-6　薄壁轴承使用重力落入法充填时易产生粉末架桥之现象

除了上述以上、下冲及中模之动作改进填粉之完全度外，填粉盒之新设计亦有些帮助。如图 6-7 所示之填粉盒内装置了数支有孔之通气管[1,2]，当气体以适当之速度喷出时可使粉末具有浮动之特性，能帮助粉末填入模穴中。此气体流速必须适当，太小时不具效果，过大时粉末有如沸腾般不易掉落。此方式可使模穴中之粉末分布均匀，有助于改善生坯密度之均匀性，并降低生坯厚度及质量之变异性，使其标准差(standard deviation)降低，如图 6-8 所示[1]。

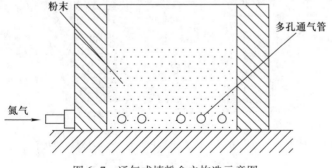

图 6-7　通气式填粉盒之构造示意图

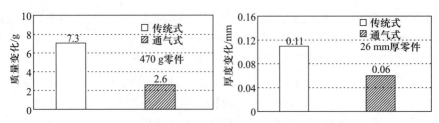

图 6-8　以通气式填粉盒所制作之 470 g、26 mm 厚
之同步齿轮毂之质量及厚度之变化

6-2-2　成形

　　成形之方式大致可分为四种，如图 6-9 所示。图 6-9(a) 为单压成形法
（single action compaction）法，成形时下冲不动，由上冲施力，压结后，中模不
动，由下冲向上将产品顶出。此种成形方法因只有单向加压，所以坯体之密度

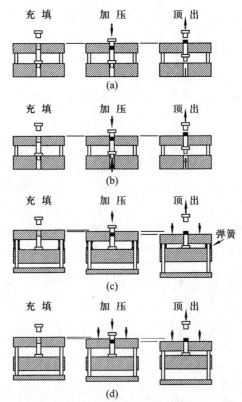

图 6-9　成形方式。(a) 单压成形法；(b) 双压成形法；
(c) 中模浮降法；(d) 强制浮降法

上方较高，下方较低，故只适用于较薄之产品，但设备便宜为其优点。图6-9(b)为双压成形(double action compaction)法，亦即在成形时下冲亦往上压，而中模固定不动，此可使坯体密度较均匀，而顶出动作与单压时相同。图6-9(c)为中模浮降(floating die)法，此法在中模下方有弹簧，当上冲下压时，坯体与中模间之摩擦力会使得中模向下移，且中模下降之量约为上冲下压量之半。使用此方法时，下冲不动，但由于中模之下降使得上、下冲对中模而言均有相对运动，此法有如图6-9(b)双压成形法之功效，而顶出时则靠中模续降将坯体露出中模面。图6-9(d)亦类似中模浮降法，但中模之下降动作均由机械或油压方式独立操作，且下降之速率约为上冲之半，此称强制浮降(die withdrawl)法。在工业界中大多采用图6-9(b)或6-9(d)的工艺。

为了了解粉末之充填量、充填深度及其与坯体尺寸间的关系，在此先以制作一圆柱体为例(图6-10)，其填粉之深度H_1可由下式作初步之计算：

$$\frac{H_1}{H_2} = \frac{\rho_g}{\rho_a} \tag{6-1}$$

式中：H_2为生坯坯体之高度；ρ_g及ρ_a分别为生坯密度及粉末之松装密度。例如当生坯之H_2为3 mm，ρ_g为6.8 g/cm^3，而铁粉之松装密度为2.8 g/cm^{3}时，由此公式可得知充填深度应为7.29 mm。但如第四章所述，由霍尔流动计所测之松装密度较实际在成形机上之值为低，而由亚诺计所测之值比霍尔流动计之测量值稍高，也较接近实际值，所以实际之填粉深度将比7.29 mm稍低。

以上用于举例之产品均为简单之零件，若要压制多层零件或俗称多台面差

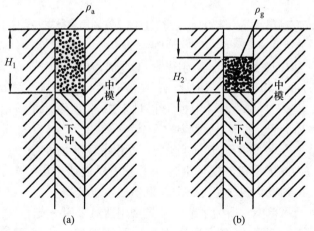

图6-10　(a)制作圆柱体时其粉末之充填高度为H_1，密度为ρ_a；

(b)生坯之高度为H_2，密度为ρ_g

(multilevel)零件时，则上、下冲之数目必须增加且动作也较复杂，兹举制作纵剖面为十字形(图6-11)与纵剖面为 H 形(图6-12)零件之步骤说明之。

图6-11(a)显示充填完毕后上冲开始下移，上一冲(亦即上冲之最外层冲子)先接触到粉末，然后下一冲与上一冲同时以相同之速度下移，以便将上一冲与下一冲之间的粉末移至较适当之位置以便成形，此俗称移粉(powder transfer)。图6-11(b)为移粉结束后粉末在中模之位置。至此阶段为止，下二冲(亦即下冲中由外向内数第二层之冲子)及中模之位置均未变，只有上一冲、上二冲及下一冲下移。图6-11(c)则显示加压之动作，此时下二冲仍不动，其他工件包括上一冲、上二冲、下一冲及中模均下移，直至达到最后尺寸为止，如图6-11(d)所示。

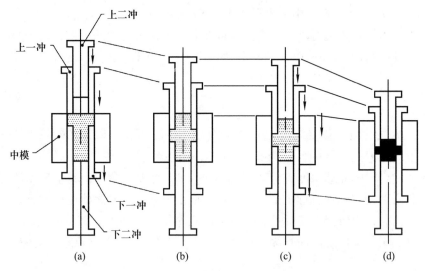

图6-11　在制作台面差较大之十字形零件时，常利用移粉之方式使密度均匀

制作剖面为 H 形零件之步骤与图6-11 类似，但不动之冲子为下一冲。图6-12(a)、(b)亦为移粉步骤之示意图，图6-12(c)为加压，图6-12(d)显示成形结束后，上一冲不动，将中模下移且上二冲上移时之顶出状况，而图6-12(e)则为工件完全被顶出后模具之位置。

在制作上述十字形及 H 形工件时常采用计算机数控(computer numerical control，CNC)型的成形机，模具中各冲子或中模之动作均可个别调整，使成形后之生坯能得到较均匀之密度，但其设备成本也较高。

若成形机乃简单型，或为了节省模具费用而只采用一支上冲、一支下冲却欲打出两段式产品时，仍有变通之方法。例如欲打一 T 形零件时，可如图6-13(a)将中模做出沉头孔之形状，利用中模之台阶当作下冲，此台阶之深度可由式(6-1)计算出。

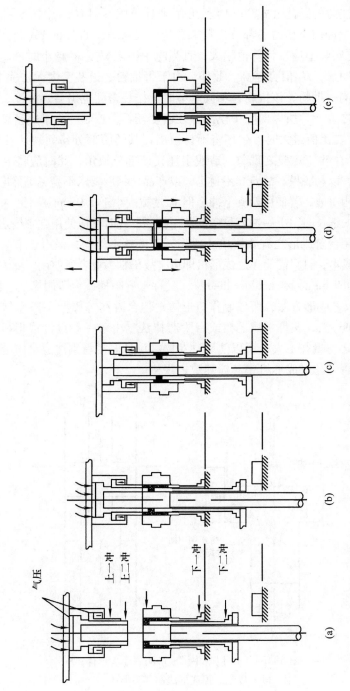

图 6-12　制作纵剖面为 H 形之零件时，亦需有移粉之动作。（a）填粉；（b）移粉；（c）加压；（d）脱模初期；（e）脱模完成

气压

上一冲
上二冲

下一冲
下二冲

(a) (b) (c) (d) (e)

不过需注意的是此公式(6-1)虽可用来计算图 6-13(a)中沉头孔之深度 H_1，但由于上冲向下压时一部分之粉末会朝中央移动，如图 6-13(a)所示，所以一般 H_1 之实际值应较计算值稍大，且当吃中模之宽度 W 越小时，此粉末之流动现象越明显，H_1 值会越高。此外，由于每批粉之松装密度无法完全相同，且即使使用同一批粉，该批粉在不同季节时其松装密度也仍会因湿度、温度不同而有些微之变异，所以此吃中模部分之密度较不易控制。除了此密度之困扰外，当 W/H 之比值过大时，生坯将不易顶出，其翅膀部分易断裂，且直角(R角)处也易产生粉末黏模之现象，造成生坯在该部分缺角，此时应将 R 角之半径尽量放大，以利脱模。故若非不得已，或产品之精度要求不高，不然应尽量少用此方法。相对地，若使用两支下冲，但 W 之宽度小于 1.0 mm 或下一冲之宽长比太小亦即太细长时，下一冲容易弯曲甚而折断，此时则应使用吃中模之方法。

虽然利用台阶成形之方式属单压成形，密度较不均匀，但由于节省了一支下冲之制作成本，且只需简单之成形机即可，故仍常为业者所使用。此方法俗称"吃中模"(shelf die 或称 shoulder die)法，又称带肩阴模或台阶阴模法。图 6-13(b)亦为类似之成形方法，用以制作Π形体，但台阶在芯棒上，俗称"吃芯棒"(shelf core rod)法，又称带肩芯棒或台阶芯棒法。由于一般设计成形机时，芯棒所能承受之力量并不大，所以使用吃芯棒之设计时需特别注意台阶处所能承受之力量是否已超过成形机中芯棒吨数之规格。

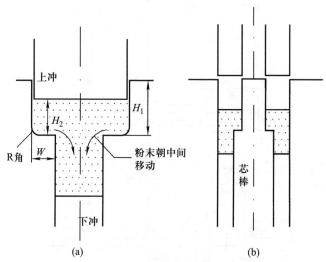

图 6-13　(a) 以吃中模成形法制作 T 形体；
(b) 以吃芯棒成形法制作Π形体

6-3　成形基本原理

6-3-1　粉末成形机制

　　一般认为成形之机制可分为粉末重排、塑性变形及弹性变形三个阶段，如图 6-14 所示。在第一阶段也就是加压的初期，粉末之堆积相当松散，且各粉末间因形状及摩擦力之关系常在填粉时因架桥而形成大孔，密度相当低。当压力稍增时，粉末可克服粉末间之阻力而产生重排之现象，使小粉末挤入大粉末间之空隙，有些不规则形状粉末也会调整彼此间之相对位置，使得充填密度因而提高。此外，粉末间之机械锁合现象也将增多，可提高坯体之强度。

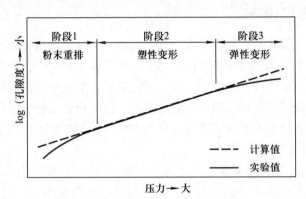

图 6-14　粉末成形可分为粉末重排、塑性变形及弹性变形三个阶段

　　在第二阶段中，因粉末间的接触点面积小，施以荷重时该处之压力非常高，所以粉末开始产生塑性变形，使一些材料被挤入空隙中，从而提高了坯体之密度，此时由于粉末间之接触面积逐渐加大，有效成形压力相对降低，再加上粉末本身产生加工硬化的现象，使得粉末之强度、硬度随之提高，因此在同一荷重下将无法继续提高密度，荷重必须继续加大才能提高粉末接触面之有效塑性变形应力，以持续提高生坯密度。此阶段中孔隙度之对数值与压力呈一直线之关系，如图 6-14 所示，此部分之实验值与模拟值相当接近[3]。在此第二阶段中因粉末产生加工硬化的现象，强度、硬度逐渐上升，塑性变形越来越困难，在末期甚至产生粉末破碎之现象，所以进入第三阶段时即趋向弹性变形，使得孔隙度之减少速率逐渐迟缓进而偏离计算值。

6-3-2　生坯密度及强度与粉末之关系

　　一般而言，若要使坯体之密度提高，可提高成形压力，此外，提高粉末之松装密度及清净度亦有帮助。例如松装密度达 2.95 g/cm³ 而碳含量低于 0.01%之水雾化铁粉，在加入 0.6%润滑剂 Kenolube P11 后，于 600 MPa 压力下成形时其生坯密度可达 7.19 g/cm³；相对地，松装密度较低(2.30 g/cm³)而碳含量较高(0.08%)之还原铁粉，在相同成形条件下其生坯密度仅 6.75 g/cm³。若欲使生坯强度提高则可使用形状较不规则之粉如还原铁粉，使机械锁合力增加。亦即在同一生坯密度下，还原铁粉之生坯强度将高于雾化粉，甚至在同一成形压力下，还原铁粉之生坯密度虽稍低，但生坯强度却较好，例如上述水雾化粉所压出坯体之生坯强度为 16 MPa，但还原铁粉所得生坯强度却高达36 MPa[4]。而球状粉末如气雾化粉，其松装密度及生坯密度虽高，但生坯强度却最差，所以在粉末之选择上常视其工艺及应用之重点而定。

6-3-3　成形理论

当粉末进入模穴后，其密度相当低，需靠上下冲之加压才能使坯体之密度提高。一般而言，为了维持传统粉末冶金零件尺寸之稳定性，希望此生坯之尺寸及密度与烧结后之尺寸及密度一样，所以常尽可能地在成形时即压至所欲达到之密度，而烧结只是加强粉末间之结合力，并使合金成分均质化。基于此提高生坯密度之前提，上下冲对于粉末以及中模所施加之压力相当大，以下乃这些作用力之分析。

图 6-15 显示模穴内粉末之高度为 H，直径为 D，截面积为 A，兹取出其中之一截面，其厚度为 dx，此碟形坯体上方承受之压力为 P，由于此压力 P 使得模穴内之粉末被挤向四周，其中一个方向为径向，此沿着径向传达至模壁之力为 F_r，当坯体与模壁产生相对移动时此 F_r 力造成了一摩擦力 F_f，此摩擦力 F_f

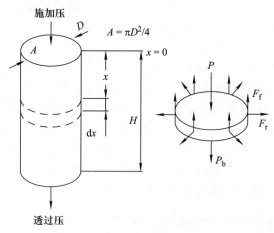

图 6-15　生坯在高度为 x 处之压力分析

将抵消掉部分之成形压力，使得传达至碟形坯体下方之压力 P_b 变小。若以力而言，坯体下方所承受之力 F 为

$$F = AP_b = AP_{x+dx} = AP_x - \mu \cdot \pi \cdot D \cdot dx \cdot Z \cdot P \qquad (6-2)$$

式中：μ 为摩擦系数；Z 为径向压力与轴向压力之比，亦即轴向力传达至径向力之能力。图 6-16 为 Fe-2.0Cu-0.7C-0.75ZnSt（硬脂酸锌）粉末之 Z 值与成形压力之关系[5]。表 6-1 为各种纯粉末未添加润滑剂时之 Z 值[6]，由此表可知越软或屈服强度（yield strength）越低的材料其 Z 值越高，侧压力越大，亦即越趋近于液体状态时其施压情况越趋近于等静压之状态。由图 6-16 亦可知压力越高亦即生坯密度越大时其 Z 值也越大。

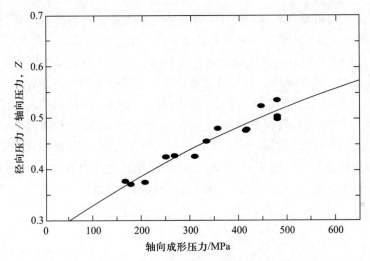

图 6-16　Fe-2.0Cu-0.7C-0.75ZnSt 粉末之径向压力与轴向
压力之比值（Z）与成形压力之关系[5]

由式(6-2)可得

$$A(P_{x+dx} - P_x) = -\mu \cdot \pi \cdot D \cdot Z \cdot P \cdot dx \qquad (6-3)$$

$$\frac{\pi D^2}{4} \cdot dP = -\mu \cdot \pi \cdot D \cdot Z \cdot P \cdot dx \qquad (6-4)$$

$$dP/P = -4\mu \cdot Z \cdot dx/D \qquad (6-5)$$

将式(6-5)积分可得

$$P_x/P = \exp(-4\mu Zx/D) \qquad (6-6)$$

表 6-1　各种粉末之 Z 值[6]

粉末	生坯密度		
	40%	60%	80%
钨	0.08	0.12	0.16
铁	0.16	0.23	0.31
锡	0.20	0.30	0.39
铜	0.22	0.32	0.43
铅	0.32	0.47	0.63

　　由式(6-6)可知在坯体中之压力随 x 值之加大及直径 D 之变小而降低，如图 6-17 所示。由此图亦可得知坯体内各 x 处之密度将不均匀，前人之实验(图 6-18)亦证明单压时以上方边缘处之密度最高，下方边缘处最低[7]。双压时上方仍以边缘处之密度最高，但最低之密度发生在圆柱中间之边缘处。此乃因冲头本身承受之压力并不均匀，并非一平均值 P。图 6-19 显示单向加压时冲头之实际压力 P_s 在边缘处较平均值 P 为高，在中心线处则较 P 值为低；底座处之压力 P_b 则以外缘处最低，中心线处稍高；模壁之压力 P_w 亦以坯体之端面处最高，而底部最低[8]。由于 P_s 及 P_w 在上方角落处之压力最大，所以该处之密度最高，而下方角落处之 P_b 及 P_w 最低，所以密度最低。

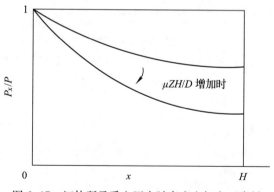

图 6-17　坯体所承受之压力随高度之加大而降低

　　由式(6-6)可知若欲改善压力之均匀性，则必须降低 μ 值及 Z 值，此可借调整润滑剂之添加量以及粉末之形状、大小而稍作改变。一般而言，将润滑剂施于模壁时，坯体与模壁间之 μ 值将降低，此有助于轴向压力之传递。若于粉中添加润滑剂时，其 μ 值虽亦会降低，但其 Z 值却升高，故需视 $\mu \cdot Z$ 值而

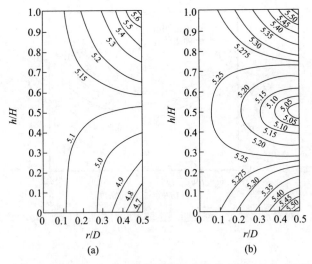

图 6-18　在单压及双压情形下，一柱状体内部之密度分布图。（a）单压；（b）双压[7]

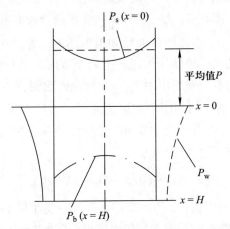

图 6-19　单向加压时上冲(P_s)、底座(P_b)及模壁(P_w)所承受压力之分布图

定。前人曾量测过 $\exp(-4\mu Z)$ 与生坯密度及润滑剂含量间之关系，如图 6-20 所示[9]。由此图可看出对于一般结构件而言，亦即密度在约 80% 以上时，添加润滑剂将使 $\exp(-4\mu Z)$ 值提高(μZ 值下降)因而有助于将上冲之压力传至下冲。由式(6-6)亦可知当 X/D 值小时，密度及生坯强度将较 X/D 值大者为佳，故一般坯体长度与直径之比值越小越好，一般多在 6 以下，不然坯体中间部分将因密度过低而易碎裂。

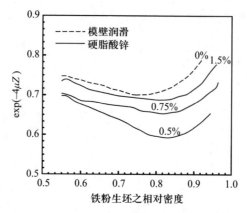

图 6-20　润滑剂之种类、添加量及生坯密度对成形时 $\exp(-4\mu Z)$ 之影响[9]

6-3-4　脱模力

当施压之步骤完成后，坯体因受到残留径向压力所造成之摩擦力，将撑在中模内，不易顶出，图 6-21 为一圆柱体在成形后泄压时其径向压力 (P_r) 与轴向压力 (P_a) 之关系[10]。由此图可大略知道加压时之径向压力随轴向压力之增加而上升，当成形结束，轴向压力迅速下降至零时，其径向压力也迅速下降，但却不会回归至零而有一残留压力 P_{r0}。对海绵铁粉而言，此 P_{r0} 约为最大轴向压力 P_a 之 0.2~0.3 倍，例如图中在温度高时，若轴向压力为 10 tf/cm² (1000 MPa)时则此残留径向压力约为 200 MPa，由此径向压力乘上坯体之侧面积及摩擦系数即可得到脱模力 F_e 之大小：

$$F_e = \mu \cdot (0.2 \sim 0.3) P_a \cdot A_{side} \tag{6-7}$$

式中：A_{side} 为坯体之侧面积；μ 为静摩擦系数，一般在 0.2~0.3 之间。

图 6-21 之迟滞曲线在粉末之屈服强度较低(如表 6-1 中之铜粉及铅粉)或粉末之温度较高时其迟滞现象较不明显，在加压过程中之径向压力较大，但其残留径向压力 P_{r0} 却较小，此有助于降低工件顶出时之脱模力。

对于薄壁之小工件如自润轴承等，由于侧面积大，其脱模力常超过成形所需之力量，使得顶出时坯体底部因再度受高压而提高密度，有时下冲承受不住此顶出力将产生塑性变形甚至断裂。为了降低脱模力，一般可在粉末中增加润滑剂之量，以降低坯体与模壁间之摩擦系数，且必须随时维护模具之表面光滑度，不然将产生严重之模具磨损，甚而有尖锐噪声之出现。不过润滑剂之量也不可过多，过多时 Z 值将提高且压缩性反而变差，原因见 5-8 节。

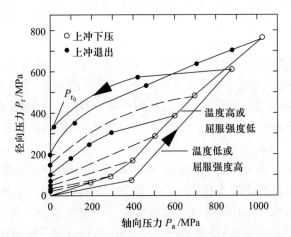

图 6-21 海绵铁粉成形阶段中，轴向及径向压力之关系，
以及粉末之屈服强度及温度对此关系之影响[10]

图 6-22 为试片被顶出时，顶出力量之变化，由此图可知当润滑剂之量增加时，脱模力将下降，由此图亦可知当试片被顶出之一刹那[(a)处]由于静摩擦之关系此力量最大，随后变为动摩擦，力量即迅速变小[(b)处]，但仍维持在某一范围。当试片移动一段距离之后，有时由于试片周围之润滑剂膜被打破，此顶出力又逐渐增加[(c)处]，直至试片开始脱离模穴口后，由于接触面积逐渐减少，才又开始下降[(d)处][11,12]。

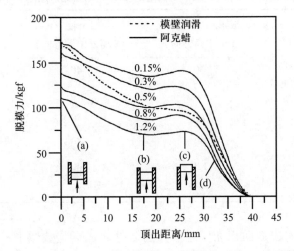

图 6-22 纯铁粉以 300 MPa 之压力成形后之生坯被顶出时，其脱模力随润滑剂之增加而降低。此脱模力大小之变化可分为：（a）静摩擦；（b）稳定之动摩擦；（c）润滑膜破损；（d）脱离中模等四个阶段[12]

6-3-5　吨数

成形所需吨数(tonnage)与成形压力、零件之截面积、粉末之压缩性，以及所需之生坯密度有关，对粉末冶金工件而言，一般最常用的压力在400~800 MPa，但有时更高，例如应用于交流电之磁性材料中有一种是表面被覆了绝缘层的软磁复合铁粉(soft magnetic composite，SMC)，此粉成形后仅需在450 ℃硬化即可使用，其成形压力即在1300 MPa左右，生坯密度可达7.5 g/cm^3。

兹以一外径为20 mm、内径为10 mm、高度为3 mm且生坯密度为6.8 g/cm^{3}之薄片为例，此薄片由上方投影之面积为235.6 mm^2，若所使用之铁粉为还原铁粉，其特性如图4-31所示时，则成形之压力必须在600 MPa(6 tf/cm^2)左右，所以成形之吨数为6.00 tf/cm^2×2.356 cm^2＝14.1 tf。目前业界所用成形机吨数多在4~1600 tf之间。

当工件较复杂，例如需用两支上冲及三支下冲时，成形机之吨数需适当分配，此时需知道机器之规格，例如表6-2为"上二下三"且中模固定之120 tf油压成形机之详细规格，当冲子朝中模方向行进时，其上二冲及下三冲之加压出力均为120 tf，但上一冲、下一冲及下二冲仅能各出力60 tf，而芯棒则仅能出力22 tf。在反向行进时，每支冲子之最大吨数均为40 tf，而芯棒则仅能出力15 tf。在行程方面，一般而言，位于最内侧之冲子其行程最大，如表6-2所示。

表6-2　"上二下三"且中模固定之120 tf油压成形机的详细规格

冲子名称	成形加压吨数/tf（朝中模方向）	拉回吨数/tf（离开中模方向）	行程/mm
上一冲	60	40	100
上二冲	120	40	250
下一冲	60	40	150
下二冲	60	40	100
下三冲	120	40	200
芯棒	22	15	200

由上例可看出截面积相同之厚件与薄件之成形吨数似乎一样，但事实不然，厚件因与模壁所产生之摩擦力较大，所以成形吨数需稍大些。一般在计算成形所需吨数之过程中常忽略了顶出力之计算，使得长圆柱体等侧面积大之零件常因成形机之选择不当造成坯体无法顶出。以铁粉为例，当成形压力为

600 MPa 时，由式(6-7)可知脱模力为零件之侧面积乘上约 38 MPa(600 MPa×0.25×0.25)，由此可计算出成形机所需顶出力量之大约值。若欲知更准确之值，则应以现有产品作一实验，由成形机之顶出力量及零件之侧面积算出脱模之压力值，有了此压力值后则可根据成形机顶出力之规格订出此机器所能制作之最长或最大侧面积之零件。

有时为了减少顶出力，可在中模下降以顶出工件时将芯棒维持不动，使生坯与芯棒之间无摩擦力，待坯体顶出后因脱模膨胀之关系使得坯体与芯棒间产生小间隙，此时芯棒能很轻松地拉下。此法俗称浮动芯棒(floating core rod)法，如图 6-23 所示。使用此方法顶出零件时由于芯棒与坯体间无相对运动，故坯体与芯棒接触面处之孔隙不会因产生塑性变形而被填满，仍维持其开放孔之特性，对自润轴承而言，此是较佳之顶出方式。

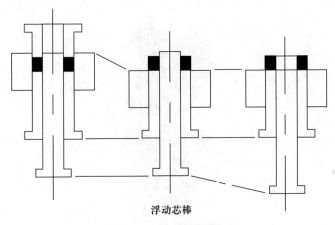

浮动芯棒

图 6-23 浮动芯棒脱模法

6-4 成形机

传统式成形机可依上冲、下冲、中模及芯棒之动作来源分为机械式、油压式及电动式，机械式之操作易懂，维修容易，成形速度最快。而油压式则在成形动作上可作各种速度上之调整，较易做出具复杂形状之工件，但对于机器之构造及功能必须相当熟练才能发挥其特点，此外，因涉及油压系统，在维修上较困难。电动式为最新之机型，采用伺服马达分别带动各冲子及中模，配合计算机数控(CNC)后其所能压制的形状复杂度与 CNC 油压式相同，但行程之准确度更佳，且成形速度也较油压机快。此类型之成形机常用于碳化钨刀具，此乃因碳化钨不易研磨，所以若工件厚度在成形、烧结后即符合公差的话将可节省加工费。不过电动成形机因受限于伺服马达之扭力及空间之大小，所以其缺点是成形吨数偏小，目前多在 100 tf 以下，价格昂贵也是另一缺点。

若以模具之动作来区隔，则可分为中模固定型及中模浮降型两种，前者之中模不动，以标准双压（double action）动作成形，而中模浮降型则是最主要之下冲（内冲）不动，其中模下降之幅度约为上冲下降幅度之半。由于目前各制造业均讲求速度、成本，粉末冶金业也不例外，为了减少换模时间，一些成形机均有立即更换模组之设计，亦即当成形机仍在操作时，技术员可在旁边组立冲子、中模及芯棒，组完后之模组置在成形机旁，当成形机结束某一工件之生产后，将机上之模组卸下，并立即推入新的模组，然后只需稍作调整即可马上开始生产。模组之应用在成形机越昂贵时越常使用，此乃因该成形机之待模时间成本越高之故。图 6-24 即为组立好等待上机之模组。

图 6-24 具有上三、下三功能之模组（Dorst 公司提供）

6-5 坯体之测试

生坯之强度决定坯体是否易在搬运过程中损坏、崩角，也关系到坯体是否能直接加工，此坯体之机械性质可由横向破裂强度（transverse rupture strength）、成形性（compactability）及生坯密度三者来判定。横向破裂强度之测试方法乃以三点或四点弯曲试验测试生坯之强度，测试之细节可参考 18-4 节。而成形性可以拉特拉试验机（见 4-10 节）测试坯体是否容易产生崩角、破损等现象。

生坯密度之测试方法乃将生坯先在空气中称重，定为 W_{air}，然后将生坯在真空中渗油，渗油后抹去表面过多之油，再于空气中测其质量，定为 W_{oil}，再将此已渗油之生坯置入水中称其在水中质量，是为 W_{water}，而水之密度为 ρ_{water}，此时生坯密度 ρ_g 即可由下式求得：

$$\rho_g = \frac{W_{air}}{(W_{oil} - W_{water})/\rho_{water}} \qquad (6\text{-}8)$$

由于有些生坯之密度高，且侧面之孔在脱模时即被高剪力所产生之塑性变形材料所封住，所以有时不必渗油即可直接放入水中称重，此时

$$\rho_g = \frac{W_{air}}{(W_{air} - W_{water})/\rho_{water}} \qquad (6\text{-}9)$$

由此简易方法所得之数值将较实际值稍高，但因简便，所以在工业界中仍偶尔被用于一些高密度之工件上。

6-6 结语

松散之金属粉末必须借成形机及模具才能压制出具复杂形状之结构件，且坯体需具足够之强度以应付夹持、搬运时之外力，此外，生坯密度也必须均匀，不然烧结时尺寸收缩率将不均匀而导致尺寸稳定性不佳。要符合这些要求除了需依粉末之压缩性、形状、粒径、松装密度及流动性慎选粉末外，在成形机之成形方式（中模固定抑或浮降，有否移粉功能等）、类型（油压式、机械式抑或电动式）、上下冲数目、吨数、速度、维修难易、占地空间、价格、工件精度要求等方面均需审慎评估。

参考文献

［1］ I. Urata, S. Takemoto, and M. Kondoh, "Improvement of Dimensional Tolerance for Automotive PM Parts by Aeration Powder Filling Method", Proc. PM World Congress, 1998, Vol. 2, pp. 91-96.

［2］ M. Kondoh, S. Takemoto, and I. Urata, "Development of Uniform Powder Filling Method—Aeration Powder Filling", Proc. PM World Congress, 1998, Vol. 2, pp. 85-90.

[3]　I. Shapiro, "Reflections on Mechanism of Powder Compaction", Proc. PM World Congress, 1998, Vol. 2, pp. 33–38.

[4]　*Höganäs Iron and Steel Powders for Sintered Components*, Höganäs AB, 1998, p. 50, p. 78.

[5]　H. Yanagawa, "Tooling Design Development by FEM Analysis", 6th Case Studies of New Product Development, Proc. PM World Congress, 1993, pp. 59–60.

[6]　H. Hausner, *Handbook of Powder Metallurgy*, Chemical Publishing Co., NY, NY, 1973, p. 86.

[7]　R. A. Thompson, "Mechanics of Powder Compaction：Ⅰ, Model for Powder Densification", Ceramic Bulletin, 1981, Vol. 60, No. 2, pp. 237–243.

[8]　王遐, *粉末制造与传统粉末加工成形*, 全华科技图书股份有限公司, 1988, 84–85 页。

[9]　S. Turenne, C. Godère, Y. Thomas, and P.‑É. Mongeon, "Evaluation of Friction Conditions in Powder Compaction for Admixed and Die Wall Lubrication", Powder Metall., 1999, Vol. 42, No. 3, pp. 263–268.

[10]　G. Bockstiegel and J. Hewing, "Verformungsarbeit, Verfestigung und Seitendruck beim Pressen von Metallpulvern", 3rd. European Symposium on Powder Metallurgy, Stuttgart, 1968.

[11]　N. Solimannezhad and R. Larsson, "Measurement of Friction during Metal Powder Compaction", Proc. PM World Congress, 1998, Vol. 2, pp. 120–125.

[12]　林育全、黄坤祥, "润滑剂对铁及不锈钢粉末成形工艺之影响Ⅱ, 成形特性", 材料科学与工程, 2001, 33 卷 4 期, 223–232 页。

作业

1. 有一 T 形零件如图 6-25 所示, 在你所知之粉末冶金成形方法中, 以哪一种最为经济? 单压还是双压? 成形方向之轴向应在 x、y 还是 z 方向? 为什么?

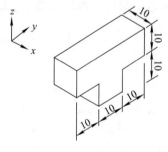

单位：mm

图 6-25

2. 当架桥现象产生时，你可能采用哪些步骤去解决？

3. 制作图 6-26 之零件时，你将使用两支下冲、一支芯棒及一支上冲，画出
   ① 填粉，② 成形，③ 顶出时这些模具零件之相关位置图。

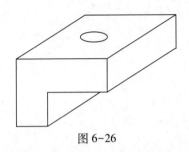

图 6-26

4. 你需要制作一个壁厚仅 0.6 mm 之轴承，需注意之事项有哪些？（粉之选择、
   模具之设计及模具动作之次序等均需考虑）

5. 一个 FN-0208 之坯体可在使用 0.8% 阿克蜡（Acrawax）之润滑剂及 400 MPa
   之压力下达到 7.5 g/cm^3 之密度吗？原因何在？

6. 一铁粉之松装密度为 2.8 g/cm^3，若用此材料制作长 10 mm、生坯密度为
   5.8 g/cm^3 之轴承时，其粉之充填深度应为多少？

7. 为何用高压力成形时，模壁润滑法常比添加润滑剂之效果来得好？（用方程
   式来解释）

8. 以公式来讨论润滑剂之多寡对细长件之生坯密度均匀性之影响。

9. 若欲维持一定的生坯密度，但必须提高坯体之生坯强度时，有何方法？

10. 当采用细粉时生坯侧面常有分层之现象，如何改进？

11. 吃芯棒之缺点有哪些？

12. 一坯体之尺寸为 20 mm×10 mm×2 mm。画出你的模穴之长宽及成形之方
    向，并解释原因。

13. 你以 500 MPa 之压力将海绵铁粉压出外径为 30 mm、长度为 90 mm 之圆柱
    时，密度约多少？你要用多大吨数之压机？顶出力要多少？你注意到了坯
    体下半部的密度反而比上半部稍高，原因为何？

14. 如果成形机之顶出力不足，在不换机器之情况下有何方法可解决？

15. 你将 D_{50}＝5 μm 之铁粉压出外径为 20 mm、内径为 18 mm、长度为 40 mm
    且密度为 80% 之圆筒时，① 你预期会碰到哪些问题？② 详细介绍你的解
    决方案。

16. Fe+1.5wt% 阿克蜡的混合粉压成密度为 7.2 g/cm^3 的生坯，其孔隙度为
    多少？

第七章
粉末加压成形实务

7-1　前言

　　在选定成形机之类型后，工件之能否成形需借助优异之模具设计，且工件本身之设计是否适合干压成形也需评估，除了模具及工件之设计外，成形技术及经验是一大挑战。本章将先介绍模具及工件设计方面需考虑的地方，然后介绍常见之坯体缺陷及解决方法。在最后几节中也将介绍温压成形（warm compaction）、温模成形（warm die compaction）、砧式成形（anvil compaction）、旋转成形（rotary comaction）、侧压成形（side compaction）等特殊成形方法。

7-2　模具设计之考虑事项

　　每一台成形机均有空间上的限制，以容纳上冲、下冲、中模及芯棒，所以设计模具、零件时其尺寸必须在此空间范围内。设计模具时一般先决定上、下冲之数目及动作顺序，且根据成形机对每支冲子所允许之最大吨数（见 6-3-5 节）决定哪支冲子应负责成形哪个部位，然后先将填粉位置时各模具工件之组合图画出，之后画出压结位置的组合图，最后再画出顶出位置之组合图。由这些组合图可模拟出成形时各工件之动作是否将与邻近之工件有所冲突，且各冲子及中模之行程是否超过成形机之规格。以下针对模具设计及模具材料作一简单介绍。

7-2-1　模具尺寸及公差

设计模具之尺寸时，不仅要考虑成品图上之尺寸，同时必须考虑成形时之脱模膨胀量 ε 及烧结时所造成之收缩或膨胀量 s，若烧结后之坯体需校正时则需再预留校正量 $d(\mathrm{mm})$。所以若成品之尺寸为 $D(\mathrm{mm})$ 时，则中模之尺寸应为

$$(D+d)/(1-s\%)/(1+\varepsilon\%) \tag{7-1}$$

而制作模具之公差一般多小于 0.005 mm，又由于上下冲与中模及芯棒间必须有间隙，若间隙太大，细粉末易进入其中，当冲子移动时粉末将被碾平，且使粉末硬化，造成模具之磨耗、拉伤。若间隙太小时，模穴内之气体无法逸出，将造成有效成形压力之降低，导致生坯密度偏低且不稳定。此间隙一般多以中模（芯棒）之尺寸减掉（加上）间隙之值以作为上下冲之尺寸。一般而言，间隙之值随尺寸之增加而稍微变大，多在 0.01~0.02 mm，表 7-1 为可供参考之间隙值。

表 7-1　上下冲与中模或芯棒间之间隙值

工具尺寸/mm	间隙（ $\approx$ IT5 之标准）/ $\mu\mathrm{m}$
$\leqslant 10$	10~15
10~18	12~18
18~30	15~22
30~50	18~27
50~80	21~32
80~120	25~38

当粉末冶金零件之密度高时，其成形所需之压力可高达 800 MPa，所以在模具之设计以及材料之选择上均需相当谨慎，以下为简单之说明。

7-2-2　中模及其承受之应力

中模所承受之应力为张力，此乃因模穴内之粉末受到上下冲之挤压，迫使粉末向周围模壁施压，对铁、铜粉而言，此侧压力虽然一般只有上下冲所施压力之 0.5 倍左右（见图 6-16），但仍然常造成中模之破裂，特别是在尖角，如齿轮顶端处等。为了降低此张应力，一般常将中模分为内圈与套环两部分，采

用紧配方式将之结合，由于紧配之关系使得内圈之中模在未施压状态时即已先承受了压应力，当粉末受压对模壁造成张应力时，会受到此预压应力之抵消，使得最终之张应力降低。

以一内径为 100 mm、外径为 200 mm 之单筒形中模为例，图 7-1 显示当模壁内侧之径向压力为 210 MPa 时，在模壁处之切线方向造成之张应力为 350 MPa。假如将此单筒形模具改为内圈与套环之双层设计，而内圈之外径为 150 mm 且紧配时之干涉量为 0.25 mm 时，在内圈之内外径处将各造成约 102 MPa 及 73.5 MPa 之压应力，而对套环而言，其内外径处将各有 102 MPa 及 72.8 MPa 之张应力，所以当粉末被加压而造成内圈模壁于切线方向有 350 MPa 之张应力时[图 7-1(a)]，此张应力被 102 MPa[图 7-1(b)]之压应力抵消了一部分，故只剩下 248 MPa 之张应力[图 7-1(c)]，因而较不易造成具复杂形状之中模内圈之破裂。相对地，对套环而言，其内径处之张应力反而由 192 MPa[图 7-1(a)]上升为 294 MPa(192+102)[图 7-1(c)]，但由于套环之内径处均为简单的圆，所以仍不致破裂。此内圈内径处预压应力之大小视紧配度以及所使用材料之杨氏模量而异。一般而言，此紧配之干涉量(内圈之外径减去套环之内径)在直径之 0.15%~0.25% 之间，使用碳化钨时较低，而使用工具钢时较高。

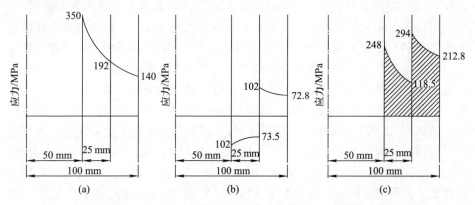

图 7-1 　(a) 施压(径向压力为 210 MPa)于单筒形模具时之应力分布图；(b) 双
　　　层模具紧配后之预应力分布图；(c) 施压于双筒形模具时之应力分布图

内圈与套环之尺寸选择也相当重要，若内圈之内外径分别为 a、b 值，而套环之内外径分别为 b、c 值，且 $c=4a$ 时，此 $a:b:c$ 之最佳值约为 $1:1.78:4$，若 $c=3a$ 时，$a:b:c$ 之最佳比值约为 $1:1.48:3$，如图 7-2 所示。在此最佳 b 值时其内圈内径处所产生之预压应力最大，若成形机之空间有限或为了降低模具材料之成本，可调整 c 值，此时可经由计算而得一最佳比例[1,2]。

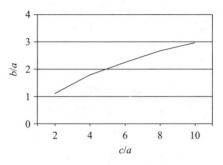

图 7-2　内圈内径处所产生之预压应力为最大时之最佳 b 值

7-2-3　模具材料

　　由于中模模穴之形状常为不规则形，当应力大时很容易破裂，且又必须承受粉末之磨耗，所以所选用之材料必须具有高强度、高硬度、高耐磨耗性，例如一般内圈多使用工具钢如 D2、SKD11、M2 等。若产品量大，模具之寿命必须长，以减少维修及上、下模之时间，此时则可考虑使用更耐磨耗之粉末高速钢如 CPM10V 或 VANADIS-60 或 ASP-60，甚至碳化钨。碳化钨中之含钴量多在 8%~20% 之间，含钴量高者韧性佳，但硬度低。若成形之粉末为不锈钢时，可采用含 TiC 或 TaC 之碳化钨以减少磨耗及黏模（galling）之现象。而套环则可使用铬钼钢，硬度在 40 HRC 左右。在冲子方面，若产生塑性变形，冲子将变短、变粗，当冲子变短时将造成工件变长，而冲子变粗时将造成卡模，此外冲子也必须耐磨耗，所以冲子材料之屈服强度及硬度均须高，又由于冲子属动态模具，其韧性及抗疲劳性之要求远超过中模，所以大部分之冲子均以工具钢制作，如 A2、SKD11、SKD12、M2、DRM2，若要再提高冲子之韧性时可采用粉末工具钢、高速钢等材料，如 Vanadis-60 或 ASP-60、Vanadis-4 Extra（V-4E）。在芯棒方面，其材料之要求与中模类似，需具高强度、高硬度及高耐磨耗性等，但由于芯棒之长度比冲子长得多，脱模时易被拉断，所以一般使用高抗拉强度之工具钢，如 SKH9，且其顶端应作局部高周波热处理以增加硬度。若强度无虑但耐磨耗性较重要时可将芯棒之上半部改用碳化钨，再将之以银焊之方式焊在下半部之合金钢上。以上各种标准工具钢、高速钢之成分如表 7-2 所示，而其他常见商用品牌工具钢及高速钢之成分及硬度则见表 7-3。这些资料亦列于附录五。

表7-2　常用标准工具钢及高速钢之成分

钢种	相当规格		成分/%						
	JIS（日本）	AISI（美国）	C	Cr	Mn	Mo	V	Si	其他
工具钢	SKD11		1.40~1.60	11.0~13.0	0.60max	0.80~1.20	0.20~0.50	0.40max	
		D2	1.40~1.60	11.0~13.0	0.60max	0.70~1.20	1.10max	0.60max	1.0maxCo
	SKD12		0.95~1.05	4.50~5.50	0.60~0.90	0.80~1.20	0.20~0.50	0.40max	
		A2	0.95~1.05	4.75~5.50	1.0max	0.90~1.40	0.15~0.50	0.50max	
	SKS3		0.90~1.00	0.50~1.00	0.90~1.20	—	—	0.35max	0.50~1.00W
		O1	0.85~1.00	0.40~0.60	1.00~1.40	—	0.30max	0.50max	0.40~0.60W
高速钢	SKH51		0.80~0.88	3.80~4.50	0.60max	4.70~5.20	1.70~2.10	0.45max	5.90~6.70W
	SKH9		0.80~0.90	3.80~4.50	0.45max	4.50~5.50	1.60~2.20	0.45max	5.50~6.70W
		M2	0.78~1.05	3.75~4.50	0.15~0.40	4.50~5.50	1.75~2.20	0.20~0.45	5.50~6.75W

表7-3　常见商用品牌工具钢及高速钢之成分及硬度

商品名	成分/%								硬度/HRC
	C	Cr	W	Mo	V	Si	Mn	其他	
VANADIS-4Extra，V-4E 工具钢	1.40	4.70	—	3.50	3.70	0.40	0.40	—	58~64
VANADIS-60，ASP-60 高速钢	2.30	4.00	6.50	7.00	6.50	—	—	10.50Co	65~69
DRM2 高速钢	0.70	5.50	1.00	2.40	1.00	—	—	—	58~62
CPM10V 工具钢（AISI A11）	2.45	5.25	0.30	1.30	9.75	0.9	0.50	—	56~64

7-3　零件设计之考虑事项

7-3-1　台面差

当零件为双层或多层亦即俗称有台面差时，必须用多支上下冲或以吃中模（shelf die）、吃芯棒（shelf core rod）之方式成形。此外，如图7-3(a)所示为一具小台面差之零件，此可借一支上冲及两支下冲来成形，亦可借具台面差之上冲或称有"面取"之上冲及一下冲来成形,以减少冲子之成本。若零件之台面差明显,如图 7-3(b)所示,却仍以单支具有台面差之上冲成形时,将造成较薄部分之密度太高,该部分冲子承受之应力太大,有时会折断或破裂,而较厚部分之密度偏低,且易在厚薄部分交接处产生裂纹。要解决此问题,应将该工件反过来并改用两支下冲成形。

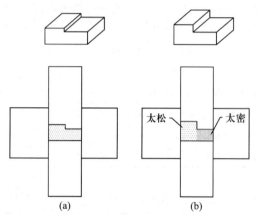

图 7-3　(a)具小台面差之零件;(b)具大台面差之零件

　　图 7-3 中的零件其左右密度不均乃因台面差所造成,不过在实作经验上即使无台面差而为一平板时仍有左右密度不均之可能,例如图 7-4(a)中的填粉盒向右移动时粉末将填入模穴,当充填快结束时由于中模内之空气被粉末挤至右上角,导致该处充填密度较低,如图 7-4(b)所示。此外,充填结束后填粉盒向左移动回到其起始位置时,由于摩擦力的关系,少量的右边粉末将被带到

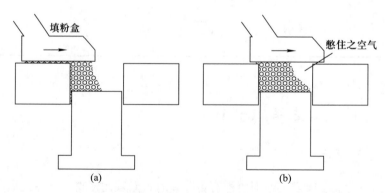

图 7-4　(a)填粉盒向右移动时粉末将填入模穴;(b)充填结束时空气被
粉末挤至右上角导致该处充填密度较低

左边，更导致左边的填粉量将较高。此问题可借吸入法（见 6-2-1 节）改进，填粉盒多次来回移动也可使粉末分布较均匀，若使用 CNC 成形机则可借由程序设计使填粉盒向左移动的同时将中模向下或下冲向上移动，使中模的填粉高度由右至左有些微之差异，以抵消由填粉盒之移动所造成填粉量之差异，此种充填方式又称外形充填（profile filling）。

7-3-2　清角

由于坯体成形及脱模时均是上下移动，在前进路线上不能有阻碍物，所以如图 7-5(a)所示具有清角（undercut）及横向孔（transverse hole）之零件并不适合以粉末冶金工艺直接制作出，需借传统机械加工完成。若要配合粉末冶金工艺，则图 7-5(a)中之清角应转向 90°，使能由下一冲直接成形，如图 7-5(b)所示，以利脱模，而横向孔则一般仍以二次加工之方式完成。

7-3-3　尖角

粉末冶金零件应尽量避免尖角之设计，以免中模在尖角处因应力集中而破裂，而上下冲也应尽量避免有过薄或过尖之设计，以防尖端处承受之压力过大而崩裂，如图 7-5(c)之上冲及图 7-5(e)之上下冲所示。所以应将设计改为图 7-5(d)及图 7-5(f)中具小平面之设计，其宽度应在 0.1 mm 以上。而图 7-5(g)中之设计将使得下冲之尖端容易崩裂，故应更改设计，如图 7-5(h)所示。

7-3-4　倒角

图 7-5(d)中零件之倒角（chamfer）角度一般多设计成 30°或 45°，此倒角有助于使用者在组装时易于放入配合件中。倘若坯体之密度不高，此小平面之设计可免掉，直接用 30°之倒角即可。

有时为了组装之方便，可不用倒角而使用 R 角（圆弧角），但做成具 R 角之上冲之成本较高，所以一般仍使用倒角。倘若有必要使用 R 角时，仍可在烧结后、热处理前，工件之硬度不高时，将具有倒角之零件予以振动研磨（见 10-10 节），此可将倒角磨得较圆滑，使零件易于组装。又如图 7-5(f)所示之坯体，在烧结后施以振动研磨或加工时，可将小平面磨掉而形成一球体。

图 7-5(d)亦显示此零件乃以带肩阴模之方式成形，在此成形法中在中模应有 R 角之设计，此 R 角半径应在 0.25 mm 以上，以助零件脱模时不致在该直角处因摩擦力过大而留下粉块，或在该处造成裂纹。

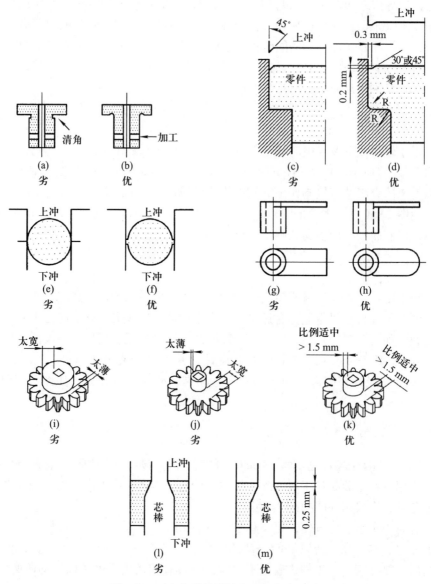

图 7-5　不当之零件设计及改良后之设计

7-3-5　肉厚

　　图 7-5(i)中齿轮之下一冲(以此图来看，下冲在上方)及图 7-5(j)中之下二冲均因太单薄，容易破裂，应加大齿轮之齿底部与心轴间之距离，并加大心

轴之肉厚，如图 7-5(k) 所示。

7-3-6　斜角

图 7-5(l) 中之推拔角(taper)之设计将使上冲很容易撞击到芯棒，造成上冲及芯棒之损坏，应改成图 7-5(m) 之设计，加一小段平直处，至少 0.25 mm 以上，作为上冲下压时其行程公差之空间。

7-3-7　逃气孔

有时虽然零件之设计并无不当，但因模具之设计或制作不当，亦会造成零件成形不易或模具之破损、磨耗。例如在图 7-6 中，上冲若缺乏逃气孔，将使得芯棒进入上冲时气体无法逸出，造成芯棒动作不稳定，故应在上方侧面增设逃气孔。

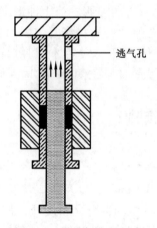

逃气孔

图 7-6　具逃气孔之上冲

7-3-8　模具表面粗糙度

图 7-7 中，模具未抛光至镜面，使得磨耗严重、间隙加大，更进一步使粉末卡入表面凹处，造成零件和模具表面之拉伤，甚至形成"大肚子"，导致无法顶出。

7-3-9　模具组合

在紧配过程中先将套环加温，然后放入中模，此时模具尚未变形，但冷却后由于套环与中模之形状不一致且所使用之材料不同，使得模具可能产生弯曲。这些均是常见之不良现象。此时需作检查，必要时再针对变形处予以加工修整。

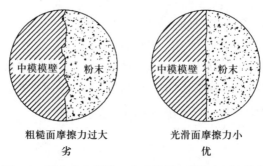

图 7-7　粉末卡入间隙，造成零件和模具表面之拉伤

7-3-10　回弹量

　　坯体受压时将产生弹性及塑性变形，当上冲退出模穴后，由于坯体已不受上下冲之压力，故其轴向之弹性变形将恢复，因而在高度上将呈现增长之现象，而径向之部分则在坯体离开模穴后才回弹（spring back），此回弹量在0.1%~0.2%之间，当压力大、添加之润滑剂多时，此回弹量将增加。

7-4　成形时常见之缺陷

7-4-1　鱼鳞纹

　　鱼鳞纹（分层、层裂，delamination）及断痕常发生在下列几种情形：① 长度/直径之比值太大时，工件中间部分之密度低、强度弱，当成形结束、上冲升起时，坯体所受轴向压力消失，产生向上之回弹，因而产生裂纹；② 试片在被顶出离开模穴口之刹那，因径向压缩应力瞬间消失，使得坯体产生回弹膨胀，每顶出一小部分，该部分就因脱模回弹而产生横向裂纹，如图 7-8(a) 及图 7-8(b) 所示。此现象在坯体中段特别明显，此乃因双压成形时该处之密度最低，生坯强度最弱。

　　图 7-9 为 Höganäs 公司三种铁粉之脱模回弹量[3]，当成形压力加大时，生坯密度增加，但脱模回弹量也上升，特别是还原铁粉因内部孔隙较多，压缩时孔隙体积收缩，使得一些封闭孔内之气压变大，造成顶出后孔内压力回胀，产生大量之脱模膨胀。相对地，对其他水雾化粉而言，此现象则较不明显。此回弹量在设计模具时应纳入考虑。

　　为了减少脱模膨胀造成的这些缺陷，可使用具较高生坯强度但无内孔之粉，减少润滑剂之添加量，或使用压缩性好之粉，使在低压成形即可。此外，

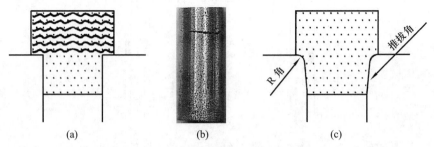

图 7-8　（a）坯体在被顶出模穴之刹那产生脱模回弹，因而产生横向裂纹之缺陷；
（b）产生裂纹之实际工件；（c）中模模口加大推拔角或 R 角可减少鱼鳞纹之产生

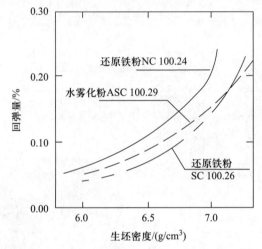

图 7-9　Höganäs 公司三种铁粉之脱模回弹量[3]

亦可在模口处加大推拔角或 R 角，如图 7-8(c) 所示，使坯体顶出时之回弹膨胀为渐进式而较不易产生裂纹。若裂纹是由于上冲升起时坯体产生轴向之回弹所造成时，可借调整上下冲之动作使在顶出时上冲仍压住坯体，如图 7-10 所示，以减少轴向之回弹，此动作亦可增加坯体向侧面回弹时之摩擦阻力，因而可减少鱼鳞纹之出现。加快顶出之速度可使坯体在模口之回弹速度相对降低，或添加黏结剂，亦可减少此鱼鳞纹缺陷之产生。

7-4-2　裂纹

　　除了上述因脱模膨胀所产生之横向鱼鳞纹之缺陷外，在制作图 7-11 之 T 形或∏形坯体时也常出现缺陷，特别是轴向及横向之裂纹。此乃因制作这些零件必须使用两支下冲，在成形结束、上冲上移后，由于此两支下冲之长度不

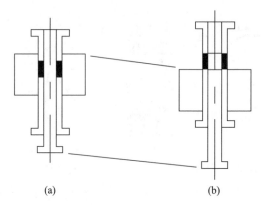

(a)　　　　　　　　　　　　　(b)

图 7-10　为改良鱼鳞纹之缺陷，可在顶出工件时让上
冲仍压住坯体直至脱模结束

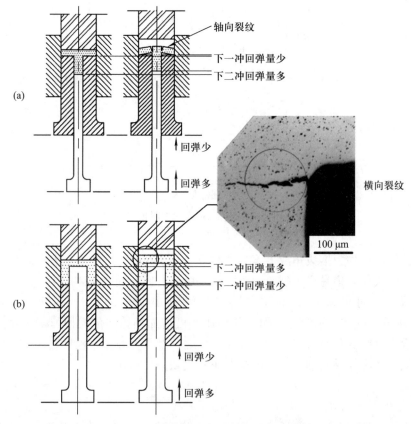

图 7-11　制作 T 形或 ∏ 形坯体时因两支下冲之回弹量不同而
常出现轴向(a)及横向(b)之裂纹(汶国俊摄)

同，其回弹之膨胀量不同，因而导致裂纹之产生。例如在图 7-11(a)中，下二冲较长，所以成形时因受压所产生之弹性变形量也较大，当成形结束且上冲上移后，此下二冲往上的回弹量比下一冲多，因而造成如图所示之轴向裂纹，这些裂纹不易察觉，经过烧结也无法愈合。改善此缺陷之方法乃在顶出时上冲仍对坯体保持一定之压力直至坯体之一部分或全部脱离模穴为止，有时亦可调整工件密度之分布，亦即调整每支冲子之压力使其回弹量趋于接近，但一般工件之密度仍以均匀分布为佳，所以此方法并不是最理想者。较新之方法乃采用 CNC 成形机，在成形结束后微调各冲子之位置，先"吸收"冲子本身之弹性变形，然后才顶出。

除了上述之缺陷外，在制作如图 7-12 所示之零件时亦易在厚度不同部分之相接处产生裂纹，此乃因左右部分之中性区(neutral zone)亦即密度最低处相距过大所造成，一般之中性区的位置可由下式决定：

$$N = F \cdot X / (X + Y) \tag{7-2}$$

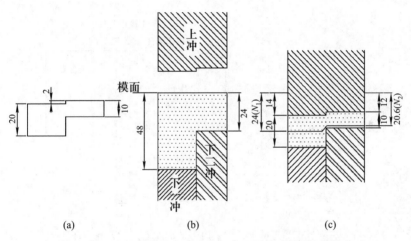

图 7-12 由于中性区位置之不连续而产生裂纹之情形(单位 mm)。
(a) 零件之高度；(b) 充填时上下冲之位置；(c) 成形后上下冲之位置

式中：F 为填粉深度；N 为中性区距模穴上缘之位置；X、Y 分别为上、下冲之相对移动距离。以图 7-12(a)之零件为例，其左侧之厚度为 20 mm，右侧之厚度为 10 mm，假设生坯密度与松装密度之比值为 2.4，则左侧之充填深度为 48 mm，右侧为 24 mm[图 7-12(b)]，当采用上下冲加压方式成形时，上冲下移 14 mm 而左侧之下一冲上移 14 mm，右侧之下二冲上移 2 mm。对左侧而言，其中性区(密度最低处)位置 N_1 为 48×(14/28)= 24 mm，但对右侧而言，其中

性区位置 N_2 为 24×(12/14)= 20.6 mm[图 7-12(c)]。由于中性区之位置相差太多使得左右侧之密度不连续，故有时会在左右部分相接触处产生裂纹，若遇到此类问题时，常需调整充填深度及两支下冲上压之时间，或改用两支上冲并调整各冲子之行程以解决之。

当图 7-12 中的工件中有芯棒时，此芯棒也可能会因上述中性区之问题造成左右侧密度不同而受到侧压力，并导致芯棒弯曲或成品中的孔不直之问题。另一个类似之现象为细芯棒太靠近冲子或中模时，也易产生左右密度不一致的问题，以图 7-13(a)为例，右侧芯棒离中模仅 1 mm，所以当粉末掉入此狭窄空间时，因接触中模及芯棒之面积大，摩擦力高，造成粉末不易填入之现象，导致此 1 mm 之空间内粉末之充填量偏低，所以成形时左边密度高、侧压力大，右边密度低，侧压力也低，因此芯棒将向右弯曲。由于芯棒细，仍可从生坯中抽出，但烧结后此孔呈香蕉状，此时若孔之直径是符合规格的，则以卡尺量测时均在公差内，但当以直径规格下限之棒状检具(Go gauge)测试时将无法通过而成为不良品。

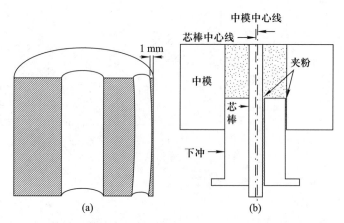

(a)　　　　　　　　　　　(b)

图 7-13　(a)芯棒过于靠近冲子或中模时，造成左右压力及密度不一致，进而导致芯棒弯曲；(b)下冲右侧夹粉及芯棒右侧夹粉时，芯棒将偏移至左侧，导致工件之同心度不佳

7-4-3　变形

另一个常见之变形情况发生于细粉卡入模具工件间之间隙时，此常造成生坯的尺寸问题，例如下冲右侧夹粉及芯棒右侧夹粉时，芯棒将偏移至左侧，如图 7-13(b)所示，此情况下所打出生坯之孔的同心度将不佳。

7-4-4 崩角

另一常见之成形缺陷为崩角(chipping)，此常发生在零件之尖角、肉薄处，此乃因粉末间之摩擦力、结合力不够。若欲改善，可选用还原粉或其他较不规则形状之粉，利用其机械锁合来提高生坯强度。有时粉末之流动性不佳时亦会使工件之某些部位充填不足，造成此处密度、强度偏低之现象。若在粉末之选择方面无法调整，有时可使用上充填法或在填粉盒中加装机械搅拌装置或喷气装置，这些均有助于粉末之充填，可改善生坯密度之均匀性。此外，亦可添加黏结剂，例如在碳化钨粉中添加石蜡等。

7-5 温压成形

在传统之铁系粉末冶金工艺中若欲得到 7.2 g/cm³ 以下之零件时，可以用一次加压一次烧结之方式；若要达到 7.2~7.6 g/cm³ 之密度时，可采用二次加压二次烧结之方法或是采用渗铜法；若需 7.6 g/cm³ 以上时，则可用粉末锻造法(见 11-6 节)，如图 7-14 所示[4]。但是除了一次加压一次烧结之方法外，其他三种工艺之成本均相当高。渗铜法约多出35%，且渗铜产品尺寸多会膨胀而不易控制。二次加压二次烧结法约多出 70% 之成本，粉末锻造法则多出约100%。由于二次加压二次烧结、渗铜及粉末锻造法之成本高，不易与其他机械制造方法竞争，所以采用这些工艺之工件一直有限，但 1994 年所开发出来之温压成形(warm compaction)法，因密度高而成本增加不多，正好用于生产密度在 7.2~7.5 g/cm³ 间之零件[4,5,6]。

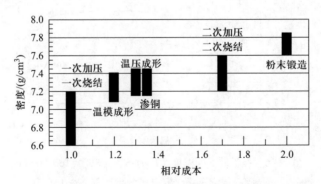

图 7-14　一次加压一次烧结、二次加压二次烧结、渗铜、粉末锻造、
温模成形及温压成形六种工艺成本之比较[4]

温压成形可提高生坯密度之机制有两个：① 粉末强度之降低；② 润滑剂效果之提高。由于粉末本身之屈服强度及加工硬化之现象会随着温度上升而降低，图 7-15 即显示纯铁粉由 25 ℃升温至 150 ℃时，其屈服强度由 230 MPa 降至 150 MPa[7]。所以将铁粉添加一般之阿克蜡润滑剂后加热至 120 ℃时，其生坯密度也仍可提高 0.1~0.2 g/cm³，如图 7-16 所示[8]。

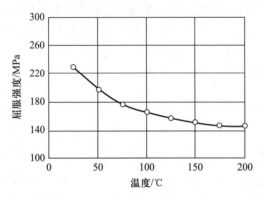

图 7-15　纯铁粉在不同成形温度下其屈服强度之变化[7]

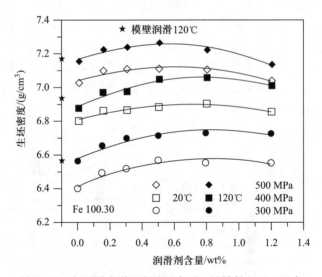

图 7-16　在不同成形温度及压力下，纯铁粉（100.30）与
阿克蜡润滑剂之混合粉的生坯密度[8]

温压成形可提高生坯密度之另一个主因是所采用之润滑剂较特殊，在 120~150 ℃时不像一般之润滑剂会因熔解或软化造成铁粉凝聚之现象，仍能提

供金属粉末良好之润滑作用及流动性，且此润滑剂即使在该温度保温 8 h 仍不会变质，仍能维持原有之稳定性。

温压成形工艺与传统粉末冶金一次加压一次成形法在材料、设备等方面不同，主要特征及优点有下列几项：

（1）由于提高成形温度可提高粉末之压缩性，且所用特殊润滑剂在高温下之润滑性能佳，润滑剂也更容易进入工件与模具间之间隙，减少成形摩擦力。温压成形生坯之密度较传统成形法可提高约 0.25 g/cm³，经一次成形即可达7.5 g/cm³ 左右，对于 Fe-C 粉而言已接近理论上所能达到之密度（相对密度之98%）。成形后之生坯仍可依传统粉末冶金工艺中之脱脂、烧结步骤生产，一般最常见之密度在 7.20~7.45 g/cm³ 之间。

（2）由于温压成形时粉末之屈服强度低，轴向压力能更有效地传给粉末，且模内侧压力也较大，这些因素使得模内压力较接近等静压（isostatic）状态，对生坯密度之均匀性有所帮助，也能减少 7-4-2 节中所述之中性区问题及裂纹等缺陷，因而对尺寸稳定性也有所帮助。

（3）由于温压成形工件的密度高，由图 5-29 及图 7-16 可知，在此高密度范围内润滑剂过多时反而是不利的，所以润滑剂之最佳量比一般低，多在0.6%左右。

（4）于一般成形机中加入所需之加热设备即可，不需购买全新之成形机。

（5）以相同之生坯密度而言，因温压成形所需压力较冷压成形者低，所以同一成形机可用来生产更大之产品。

（6）成本比二次加压二次烧结、粉末锻造及渗铜法低，只比一次加压一次烧结法多出约 30%。

（7）由于粉末润滑性好，且温度高，润滑剂更易挤入冲子与中模间之空隙，提供润滑作用，因而减少脱模力约 30%，所以模具耗损少、寿命长。

（8）生坯最高具有 48 MPa 之抗折力，较传统粉末冶金零件高，其强度足以提供简单之机械加工所需，且因生坯强度好，所以不易崩角。

温压成形虽有上述之优点，但在设备及模具设计上需作一些如下之调整：

（1）在粉末方面，需采用特制之贮粉漏斗、输粉管及填粉盒，这些组件需加热至 130 ℃左右，视粉末供应商而不同，且温度之稳定性应控制在±2.5 ℃之内，当超过 130 ℃时，粉末之流动性及松装密度将变差而导致填粉量不稳定[6]。可用微波、电阻、流体床或热油之方式加热。

（2）上冲需以带式电阻加热器加热，中模套环则常以插入式之管式电阻加热器加热，温度约为 150 ℃，而下冲则因包裹于中模内，不需另外加温。一般之芯棒也因包覆在下冲内而不需要加热，但使用大型芯棒时则最好仍以管式电阻加热器加热。

（3）由于模具温度高，所以采用紧配套筒式之中模需特别注意，尽量少用硬质合金之内模，此乃因硬质合金之热膨胀系数低，组好之中模升温至 150 ℃时，硬质合金内模膨胀量少而外模多，所以易脱落，故一般内模多采用热膨胀系数与外模合金钢接近之工具钢如 SKD11、SKH9 等，较成功之实例有 CPM9V 粉末工具钢。若使用工具钢之经验足够后仍可采用硬质合金之内模，其内模与套环间之干涉量要比使用工具钢之干涉量多出 10%～20%。此外，由于温度之提高使得模具之制作及组装要更为准确，但冲子与中模间之间隙应仍与一般室温时之模具相同。

（4）由于模具需加热，使得成形机之结构要求更严格，而成形时模具各组件之动作亦需更准确，故一般调模及生产时较少采用手动调整的方式，而多以 CNC 操作。

此温压成形亦可与二次加压二次烧结法一并使用，亦即第一次成形时改用温压成形，此可将最终密度提高至 7.63 g/cm³。除了机械结构零件外，此方法也非常适于压制软磁零件，特别是有被覆绝缘层之铁粉（soft magnetic composite，SMC），由于此法可提高密度，使磁性变好，且因绝缘层之存在使涡电流降低，加上生坯强度好，所以不用烧结即可作为软磁工件。由于温压成形工艺之成本低，产品之机械、物理性质好，并可延长模具之寿命，而所需设备之投资金额不高，所以开发成功后不少人视此工艺为一革命性之工艺。

7-6　温模成形

由于金属粉之传热效果佳，当工件小、表面积大、肉薄（壁厚最好小于 19 mm）时，即使粉末未预先加热，填入中模后仍可在短时间内仅靠中模加热至指定温度（60～110 ℃），故也称温模成形（warm die compaction）[9]。由于此工艺更简单，省去了粉末及上冲之加热，只需加热中模，成本较温压成形低，提高生坯密度之效果也不错，目前已取代部分温压成形。

温模成形提高生坯密度之机制及效果与温压成形相近，但由于所用温度较温压成形低，所以坯体之密度与生坯强度比温压成形者稍低，但也因为此原因，温模成形多使用大于 600 MPa 之成形压力，以弥补密度之不足。采用高压之另一个原因是温模成形所用特殊润滑剂在高压下其润滑效果才易显现出来，如图 7-17 所示，当成形压力由 465 MPa 提高至 853 MPa 时，其生坯密度之提升量由 0.06 g/cm³ 增加至 0.10 g/cm³。由于温模成形之生坯密度高，所以添加润滑剂的量不可太高，一般在 0.2%～0.6% 之间。

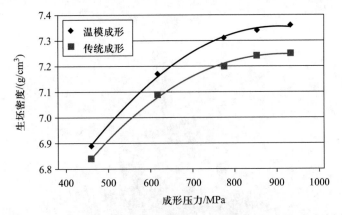

图 7-17　温模成形所用特殊润滑剂在高压下其润滑效果较明显[9]

温模成形具有下列之优点及特征：

（1）温模成形生坯密度比传统成形法高出 $0.05\sim0.15$ g/cm^3，最高可达约 7.4 g/cm^3。因密度高、润滑剂少，生坯强度可高达 35 MPa。

（2）生坯密度之均匀性比传统成形法佳，但仍比温压成形稍逊一筹。

（3）同温压成形，润滑剂过多也是不利的，最佳之量在 0.4% 左右。

（4）使用压力在 $600\sim800$ MPa 之间。

（5）只需加热中模，一般以加热管平行于成形方向插入中模。

（6）由于中模温度比温压成形低，所以模具之热膨胀量少，在模具制作及组配之要求上不若温压成形严格。

7-7　特殊成形机

除了一般之成形机外，其他较常见的有砧式成形机（anvil press）及旋转式成形机（rotary press）。图 7-18 为砧式成形机之外观，而图 7-19 则为其分解动作图，图 7-19(a)显示摆动式砧头之左侧位置已对准模穴，此时粉末能经由喂料管进入模穴，当充填结束后，砧头依顺时针方向摆正，使位于中间之砧块对准模穴，此时下冲向上顶，而砧头不动，使粉末成形，如图 7-19(b)所示。此成形步骤结束后，砧头再依顺时针方向摆动，使右侧之沉头孔对准模穴，由于沉头孔上方有一伯努利（Bernoulli）式真空产生器，所以当下冲将零件顶出时，此真空可将零件吸至沉头孔中，如图 7-19(c)所示，之后砧头依逆时针方向摆动至图 7-19(a)之位置，此时右侧之沉头孔将对准出口或输送带，将真空解除后可使零件靠重力掉下，然后送往下一站。在此同一时间位于左侧之喂料管又开始充填，完成一个循环。

图 7-18　砧式成形机外观（PTX 公司提供）

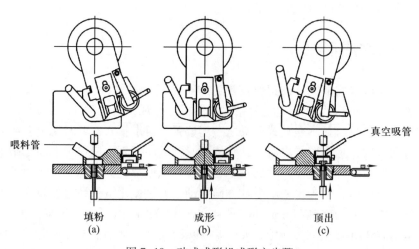

喂料管

真空吸管

填粉
(a)

成形
(b)

顶出
(c)

图 7-19　砧式成形机成形之步骤

　　此成形机之最大优点在于成形速度快，对于一直径为 5 mm、厚度为 2 mm 之圆盘零件，其成形速度可高达每秒两件，若模穴之数目再增加，则生产速率将更高。例如图 1-1(f) 中之圆柱形钼散热体，其尺寸小，约 $\phi1.0$ mm×1.2 mm，业界使用 4 吨成形机，一模十穴，每秒成形两次，所以一分钟可生产超过 1000 颗用于二极管之钼散热体。不过此机器最大之缺点在于因属单压成形，工件之密度较不均匀，故不易制作长工件。

　　旋转式成形机之速度也相当快，其成形时下方之旋转轮及上方模具之外观如图 7-20 所示。此机器乃由 6~20 组模具所组成，此模具组不断旋转，在旋转过程中上下冲之位置借由凸轮之高低而不断移动，其成形步骤如图 7-21 所示。此方式之成形速度亦相当快，转速可达 40 rpm，若有 20 组模具，则生产速率可达每分钟 800 件，但其缺点则为一次需准备多组模具，模具之制作成本较高，且坯体在高度上之公差较传统成形机大，而成形压力也较低，多在 3 tf/cm^2 以下。

图 7-20　旋转式成形机在预压及压结时凸轮顶住
冲子之外观(宏坂科技公司提供)

　　另一种特殊之成形机如图 7-22 所示，此机器之模子由上下两部分所组成，成形时上下模紧密闭合，成形完毕后，上下冲不动，将上模向上移，使零件之上半部脱离上模，然后上冲上移且下冲向上顶，将零件由下模顶出，再由一推杆将生坯推出，此类模具称为分离式模具(split die)[10]，适合用于制作图7-23中之各种零件，如上下两层不对称但圆周相切之偏心轮，上下两圆错开之偏心轮，以及具有相当长之悬臂平面之工件等。

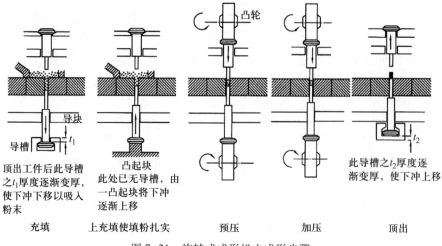

充填　　　上充填使填粉扎实　　　预压　　　加压　　　顶出

图 7-21　旋转式成形机之成形步骤

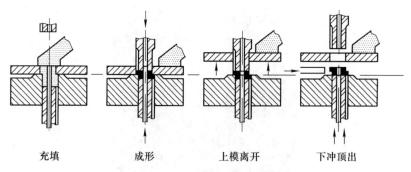

充填　　　成形　　　上模离开　　　下冲顶出

图 7-22　分离式模具之成形示意图

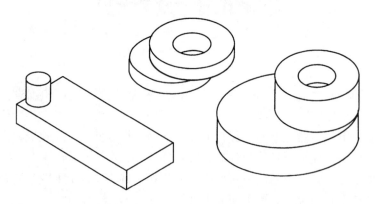

图 7-23　具上下两层且形状差异性极大之零件可以用分离式模具制作

7-8 特殊成形方法

近年来为了增加粉末冶金零件之竞争力，一些厂商开始着手制作具有横向孔或横向槽之工件，如图 7-24 所示，以降低二次加工之成本。此种零件必须以特殊之成形方法制作，如图 7-25、7-26 所示，在此成形方法中具有横向之冲子，此冲子应位于中性区，以避免上下压力不一所造成的剪力。填粉时冲子下方粉末因为阴影效应将偏低，此时可将下冲由正常填粉位置再往下移，以增加冲子下方之充填量，然后再往上移至应有位置。成形结束后此横向冲子可向外退出，以便下冲能够将零件顶出[11]。

图 7-24 具沟槽之棘轮（日本 Nissan 公司提供零件）

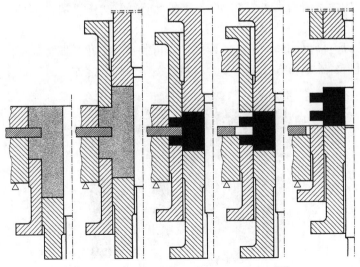

图 7-25 具横向沟槽之零件的成形步骤[11]

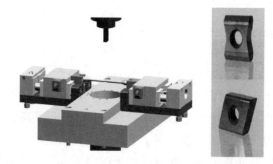

图 7-26　具横向孔成形能力之模具(Dorst 公司提供)

图 7-27　具六个侧向加压机构之模具(Dorst 公司提供)

　　另一种应用是除了上下冲之动作外，也可在侧面加压以制作出轻微凹陷之结构，如侧向之清角。图 7-27 即为具有六个侧向加压机构之模具，目前欧洲及日本均已有此类产品量产中。

　　除了以上借由侧向冲子或芯棒之动作可制作具清角、凹槽或横向孔之工件外，也可借特殊填粉方式制作复合材料。图 7-28(a)之水平式三层生坯可利用

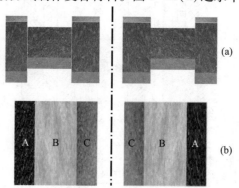

图 7-28　(a) 水平式三层生坯；(b) 直式三层生坯(Dorst 公司提供)

三个扫粉盒分开充填而得。而图 7-28(b)之直式三层生坯则是将一支下二冲置于模穴中间，填入粉末 A 后再填 C，将 A、C 部分先予以轻微压实，压实后将下二冲拉下至适当位置，填入粉末 B，然后全部一起压实。由于冲子动作较复杂，此类成形需以 CNC 成形机制作。

参考文献

［1］ S. I. Hulthén and P. G. Arbstedt, *Höganäs Iron Powder Handbook*, Höganäs – Billesholms AB, Höganäs, Sweden, 1957, Chap. 35, pp. 46-53.

［2］ 黄坤祥，"模具之应力分析与设计"，粉末冶金会刊，1989，12 月，8 期，4-8 页。

［3］ *Höganäs Handbook for Sintered Components*, Höganäs AB, 1997, Vol. 2, pp. 4-28.

［4］ U. Engström and B. Johansson, "Improved Properties by Warm Compaction", Powder Metall., 1995, Vol. 38, No. 3, pp. 172-173.

［5］ I. Donaldson and F. G. Hanejko, "An Investigation into the Effects of Processing Methods on the Mechanical Characteristics of High Performance Ferrous P/M Materials", Advances in Powder Metallurgy and Particulate Materials, MPIF, Princeton, NJ, 1995, Vol. 2 Part 5, pp. 51-67.

［6］ U. Engström and B. Johansson, "Production Experience of Warm Compaction of Densmix Powders", Advances in Powder Metallurgy and Particulate Materials, MPIF, Princeton, NJ, 1996, Vol. 2 Part 5, pp. 181-192.

［7］ U. Engström, B. Johansson, H. Rutz, F. Hanejko, and S. Luk, "High Density Materials for Future Applications", PA 94, EPMA, Vol. 1, pp. 57-64.

［8］ 林育全，"润滑剂对粉末干压成形工艺之影响"，台湾大学材料科学与工程学研究所，硕士论文，1999，48 页。

［9］ I. Donaldson, S. Luk, G. Poszmik, and K. S. Narasimhan, "Processing of Hybrid Alloys to High Densities", Advances in Powder Metallurgy and Particulate Materials, MPIF, Princeton, NJ, 2002, Vol. 8, pp. 170-185.

［10］ W. Beisel, "A Modern Powder Metal Press for Universal Applications", *Advances in Powder Metallurgy*, compiled by T. G. Gasbarre and W. F. Jandeska, MPIF, Princeton, NJ, 1989, Vol. 1, pp. 119-138.

［11］ P. Beiss, "Shape Capability in Die Compaction", P/M in Auto. Appl., R. Ramakrishnan (ed.), 1998, pp. 109-131.

作业

1. 一直径为 10 mm、长为 10 mm 之圆柱，以砧式成形机成形时，烧结后成品尺寸收缩不均匀，请画出其形状并解释其变形之原因。

2. 一直径为 5 mm、厚为 2 mm 之铁片之生坯密度为 6.8 g/cm³，应以何种成形机成形较佳？若成形压力为 450 MPa，则成形吨数应为多少？

3. 一 WC 棒其直径约为 5.00 mm。若要将此 WC 棒紧配在钢筒中，请问其干涉量要多少？如果干涉量过大，裂纹将在何处发生？原因为何？

4. 你要制作一圆盘状工件(φ12 mm×10 mm)的模具，所用粉末为水雾化粉 ASC 100.29(图 7-9)。烧结后密度为 6.8 g/cm³，尺寸收缩 2%，不需要校正或加工。请计算冲子之外径、WC 中模之内径及干涉量。你要加热 WC 中模还是钢套环？加热至多少度？

5. 传统成形的紧配模用在温压成形时效果会较好还是较差？

6. 成形高生坯密度工件时，回弹是严重的问题，有何方法可缓解此问题？

7. 为什么温压成形已逐渐不流行了？

8. 针对图 7-29 之零件画出上冲、下冲及中模在成形末期及顶出时之相对位置。所使用铜粉之松装密度为 3.5 g/cm³，而所需之生坯密度为 7.0 g/cm³。

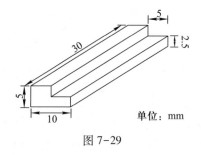

图 7-29

9. 用内径为 50.00 mm 之中模以 800 MPa 将海绵铁粉压成一柱状形生坯时，此生坯之直径约为若干？

第八章

烧结原理

8-1　前言

简单地说，"烧结"就是两颗粉末在高温时由于原子之移动，使得粉末间的距离改变、表面积减少、形状产生变化的一种现象。图 8-1 即为 316L 不锈钢粉末在 1100 ℃于氢气中烧结 1 h 后，粉末间之接触由原来之点接触变成面接触（或称颈部）之外观。随着烧结温度之提高或烧结时间之增加，此颈部将逐渐变大，并使得粉末间之距离逐渐缩小，坯体之密度逐渐上升。

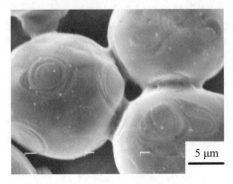

图 8-1　316L 不锈钢粉末于 1100 ℃烧结 1 h 后之外观（陈淑贞摄）

烧结理论自 1940 年代发展至今已有相当久之一段时间，早在 1949 年 Kuczynski 即提出两颗球形粉末之烧结模型以及四种烧结机构[1]，到了 20 世纪 70 年代时，以电脑处理多个烧结机构同时进行之研究已相当多，如今已能以电脑模拟整个坯体之烧结过程。尽管如此，迄今之烧结理论仍未能完全解释烧结现象，不过在定性方面则多已能作完整之解释并已可在工程上大量应用。以下将针对烧结之基本原理及动力学作一说明。

8-2　固相烧结之驱动力

一个物体的表面常不平坦而有凹有凸，此使得表面积变大、表面能变高。为了降低此能量，需将凸处之原子移至凹处，使得表面更为平滑，此倾向即为烧结之驱动力 (driving force)。若从动力学之观点来看，凹、凸处之应力及化学能 (chemical potential) 并不相同，此将造成原子之转移，以下将作较详细之说明。

如图 8-2 所示，假设一凸面向外移动一距离，如同气球向外膨胀一般，此时该面被作功之量即为应力 σ 乘上该面之体积膨胀量 dV，此所作之功应与表面能 γ 和表面积增加量 dA 之乘积 $\gamma \cdot dA$ 相等，亦即

$$\sigma \cdot dV = \gamma \cdot dA \tag{8-1}$$

由微分几何可知曲面公式可以用下式表示：

$$\frac{dA}{dV} = \frac{1}{r_1} + \frac{1}{r_2} \tag{8-2}$$

此 r_1、r_2 为一曲面之两个主曲率半径 (图 8-2)，将式 (8-2) 代入式 (8-1)，则该曲面上之应力为

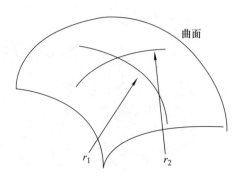

图 8-2　凸面之应力与曲率有关

$$\sigma = \gamma\left(\frac{1}{r_1} + \frac{1}{r_2}\right) \tag{8-3}$$

对凹面而言，其曲率半径之符号与凸面相反，亦即该处之应力与凸面处相反。由于这些应力之存在，凹、凸处之化学能有所不同。由于这些化学能之不同，导致空孔（vacancy）浓度不同，进而导致凹、凸两处因空孔浓度之差异而产生空孔及原子之转移。图 8-3 中两颗粉末间之颈部处（如 p 点）的空孔浓度较高，而球面处（如 q 点）之空孔浓度较低，此将造成 p 点处之空孔向 q 点移动，亦即 q 点处之原子向 p 点移动，而这些原子移动之主要路径为：

（1）表面扩散（surface diffusion）。原子由凸面经表面扩散至粉末相接处（颈部）之凹陷处。

（2）蒸发与凝结（evaporation and condensation）。原子在凸面处蒸发而在颈部之凹处凝结。

（3）体扩散（volume diffusion）。此又可分为两种，第一种为原子由粉体表面经体扩散移至颈部，第二种为原子由粉体内部及晶界经由体扩散移至颈部。

（4）晶界扩散（grain boundary diffusion）。原子由粉体相接之晶界处经由晶界扩散移至颈部。

（5）黏性流动（viscous flow）。由于应力之存在使得原子通过黏性流动之方式移至颈部，此只适用于非晶材料。

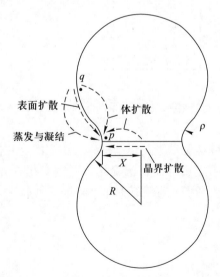

图 8-3 烧结时原子移动至颈部之移动路径

以上各种原子移动至颈部之机构中，若原子之来源在粉末之表面，则两粉末间虽有烧结情况发生并使得颈部之直径增加，但因粉体间之中心距离不变，如图 8-4（a）所示，所以并没有收缩现象，故属非致密化机构（non-densification mechanism 或称 adhesion mechanism），此机构主要包括了表面扩散（S），蒸发与凝结（E-C），以及原子来源为粉末表面之体扩散（VA）三种。相对地，若原子之来源是粉末内部或晶界，则烧结时两粉末中心点之距离将逐渐缩短（由 L_0 变为 $L_0-\Delta L$），如图 8-4（b）所示，同时颈部也将逐渐增大，此类则属于致密化机构（densification mechanism），此机构主要包括了晶界扩散（GB），原子来源为粉末内部之体扩散（VD）及黏性流动三种，但对一般之粉末而言，因具有晶体结构，并非非晶材料，所以只有前两个机构适用。

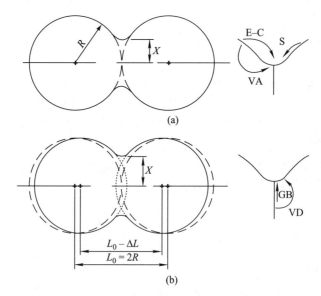

图 8-4　两球形粉末进行烧结时之几何关系图。（a）非致密化机构；（b）致密化机构

　　基于以上所述之烧结驱动力及烧结机构，粉末间之几何位置、外观及粉末内之显微组织将随烧结之进行而有所变化，这些变化可分为三个阶段：① 初期烧结（initial stage）；② 中期烧结（intermediate stage）；③ 后期烧结（final stage）。兹分述如下。

8-3　初期烧结

　　由于烧结时粉体之颈部大小、密度、表面积等均会因烧结时间、烧结温度及粉末粒径而变化，为了方便了解工艺及材料参数对这些外观及性质之影响，烧结公式之建立有其必要性。以下是以表面扩散机构为例，针对烧结初期颈部之成长所作烧结公式之推导[1]。

由于曲面与平面之空孔浓度不同，其差异值可定为 ΔC，此 ΔC 与曲面之曲率有关，可由下式界定之：

$$\Delta C = - C_0 \cdot \frac{\gamma \cdot \Omega}{k \cdot T}\left(\frac{1}{r_1} + \frac{1}{r_2}\right) \tag{8-4}$$

式中：C_0 为平面处空孔之浓度；γ 为表面张力；Ω 为原子之体积；k 为气体常数；T 为绝对温度；r_1、r_2 为曲面之两个主曲率半径。以图 8-3 中颈部为例，侧看时其形状如同马背，其一个曲率半径为 X，亦即颈部之半径，或视同马肚子之半径；另一个曲率半径即为 ρ，可视同马背弧度之半径。前者之圆心位置在颈部内，后者的圆心在颈部外，在符号上将前者取为正值，后者取为负值。所以颈部与平面之空孔浓度差为

$$\Delta C = - C_0 \cdot \frac{\gamma \cdot \Omega}{k \cdot T}\left(\frac{1}{X} - \frac{1}{\rho}\right) \tag{8-5}$$

以相同之方式亦可得到半径为 R 之粉末其凸面与平面间空孔浓度之差异为

$$\Delta C = - C_0 \cdot \frac{\gamma \cdot \Omega}{k \cdot T}\left(\frac{2}{R}\right) \tag{8-6}$$

由式(8-5)、(8-6)可算出粉末表面与颈部空孔之浓度差为

$$\Delta C = - C_0 \cdot \frac{\gamma \cdot \Omega}{k \cdot T}\left[\frac{2}{R} - \left(\frac{1}{X} - \frac{1}{\rho}\right)\right] \tag{8-7}$$

由于 $\rho \ll X < R$，所以式(8-7)可简化为

$$\Delta C = - C_0 \cdot \frac{\gamma \cdot \Omega}{k \cdot T \cdot \rho} \tag{8-8}$$

假设此 ΔC 发生在图 8-3 中 p 点附近，且在离 p 点距离为 ρ(两个曲率半径之一)之范围内，则空孔浓度之梯度 dC/dX 即约为 $\Delta C/\rho$，

$$\frac{dC}{dX} \approx - C_0 \cdot \frac{\gamma \cdot \Omega}{k \cdot T \cdot \rho^2} \tag{8-9}$$

又由于在图 8-4(a)非致密化机构中，ρ 与 X 以及粉末半径 R 之关系可由几何形状求得：

$$\rho \approx \frac{X^2}{2R} \tag{8-10}$$

所以式(8-9)可改写为

$$\frac{\mathrm{d}C}{\mathrm{d}X} = - C_0 \cdot \frac{\gamma \cdot \Omega}{k \cdot T} \cdot \left(\frac{4R^2}{X^4}\right) \tag{8-11}$$

由于此空孔浓度梯度之形成，空孔将由颈部往粉末表面移动，使得颈部空孔减少，此亦可看成是原子由粉末表面往颈部移动，此时若原子借由表面扩散之机构由 q 点扩散进入 p 点时，其通过之截面积为 $2\pi \cdot X \cdot \delta$（$\delta$ 为表面处一个原子之厚度，$2\pi \cdot X$ 为颈部之圆周长）。由扩散第一定律 $J = D'_s(\mathrm{d}C/\mathrm{d}X)$ [J 为空孔或原子通过单位面积之通量（flux），D'_s 为空孔之扩散系数] 可计算出当原子由两边之粉末分别进入颈部时其颈部体积 V 之变化率为

$$\frac{\mathrm{d}V}{\mathrm{d}t} = D'_s\frac{\mathrm{d}C}{\mathrm{d}X} \cdot 2 \cdot 2\pi \cdot X \cdot \delta \tag{8-12}$$

由于颈部体积 $V \approx \pi \cdot X^4/(2R)$，所以

$$\frac{2\pi \cdot X^3}{R}\frac{\mathrm{d}X}{\mathrm{d}t} = - D'_s C_0 \cdot \frac{\gamma \cdot \Omega}{k \cdot T}\left(\frac{4R^2}{X^4}\right) \times 4\pi \cdot X \cdot \delta \tag{8-13}$$

由式（8-13）及表面扩散系数 $D_s = D'_s \cdot C_0 \cdot \delta$ 可导出颈部半径 X 之变化为

$$\left(\frac{X}{R}\right)^7 = 56\frac{D_s \cdot \gamma \cdot \Omega \cdot t}{R^4 \cdot k \cdot T} \tag{8-14}$$

此即为以表面扩散为主时之烧结公式。依上述之方法，当原子扩散至颈部之途径为晶界或其他路径时，亦可导出类似之公式，此公式可予以统一化，而以下列公式代表之：

$$\left(\frac{X}{R}\right)^n = \frac{B \cdot t}{R^m} \tag{8-15}$$

式中之 n 及 m 值将视不同之机构而异，如表 8-1 所示。

表 8-1　不同之烧结机构在烧结公式（8-15）及（8-19）中之 n、m 及 γ 之值

烧结机构	n	m	γ
表面扩散	7	4	4.3
蒸发与凝结	3	2	1.6
体扩散	5	3	3.0
晶界扩散	6	4	3.5
黏性流动	2	1	—

以上之现象及公式只适用于烧结初期，亦即 $X/R<0.3$ 时，此乃由于推导公式时所用于描述 ρ、V 与 X 及 R 之间之一些几何公式在 $X/R>0.3$ 时其误差值将过大所致。

由以上之烧结公式可以看出，当两组半径分别为 R_1 及 R_2 之粉末欲达到相同之烧结程度时（所谓相同之烧结程度，乃两组粉末虽然粒径不同，但在不同放大倍率下之外观是相同的，亦即其 X/R 值相同），其所需烧结时间之比值可由下式表示：

$$\frac{t_1}{t_2} = \frac{R_1^m}{R_2^m} \tag{8-16}$$

式中：m 为表 8-1 中之值。此方程式曾由 Herring 根据扩散原理所导得，由于其演绎过程中不牵涉前述 $\rho = x^2/(2R)$ 或其他几何形状之假设值，只以通量、面积及体积对粉末粒径之定性关系导得，所以其结论是一般性的且相当合理，故俗称 Herring 标度律（Herring's scaling law）[2]。

由 Herring 标度律可知，使用细粉可大幅缩短烧结时间或大幅降低所需的烧结温度。图 8-5 即为 D_{50} 分别为 4.4 μm 及 12.0 μm 之 316L 不锈钢粉在不同温度及不同气氛下烧结 2 h 后的密度，细粉在 1120 ℃ 所得到的密度甚至比粗粉在 1370 ℃ 烧结所得到的密度高[3]。

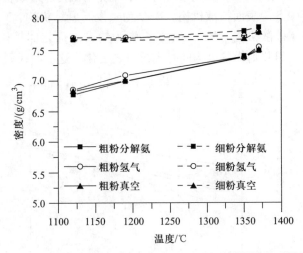

图 8-5 D_{50} 分别为 4.4 μm 及 12.0 μm 之 316L 不锈钢粉在不同温度及不同气氛下烧结 2 h 后的密度[3]

在讨论上述之烧结公式(8-14)时其前提是粉末间之距离不变，此乃因利用表面扩散烧结时其原子之来源是粉末之表面，而其他非致密化机构亦同。相对地，对于致密化机构而言，原子之来源是粉末之内部或晶界处，烧结时不但颈部会成长，粉末之中心距离亦将产生变化。前人也探讨了烧结时之线性收缩率 $\Delta L/L_0$ 及表面积减少率 $\Delta S/S_0$，在图 8-4(b) 中当两球形粉互相接近时，其 $\Delta L/L_0$ 之大约值可由下式算出[4]：

$$\frac{\Delta L}{L_0} = \left(\frac{X}{2R}\right)^2 \tag{8-17}$$

由式 (8-15) 将 X/R 代入，可将式 (8-17) 改为

$$\left(\frac{\Delta L}{L_0}\right)^{\frac{n}{2}} = \frac{B \cdot t}{2^n \cdot R^m} \tag{8-18}$$

而表面积减少率 $\Delta S/S_0$ 则可由下式表示[5]：

$$\left(\frac{\Delta S}{S_0}\right)^{\gamma} = \frac{C \cdot t}{R^m} \tag{8-19}$$

式中之 γ 值视不同机构而异，如表 8-1 所示。

由式 (8-15) 可知，若以 $\log(X/R)$ 及 $\log t$ 分别作为 y 坐标及 x 坐标，则实验所得之 X/R 值与时间所构成之曲线将如图 8-6 所示，此图乃以电脑模拟直径为 108 μm 之铜粉在 1050 ℃烧结时每个单一烧结机构所造成粉末间颈部大小之变化[6]，其中 S 为表面扩散机构，E-C 为蒸发与凝结机构，VD 为原子来源为粉末内部之体扩散机构，VA 为原子来源为粉末表面之体扩散机构，GB 为晶界扩散机构，ALL 则为各机构同时进行时之变化。这些曲线斜率之倒数即为

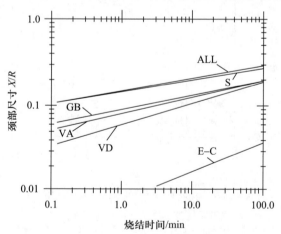

图 8-6　由电脑模拟 108 μm 铜粉依不同机构烧结时其颈部
尺寸与烧结时间之关系图[6]

式(8-15)中之 n 值，所以在从事实验时，由粉体颈部大小之变化可求出 n 值，将此 n 值与表 8-1 对照即可粗略地判断出此粉末之烧结机构乃以何者为主。

由式(8-18)亦可知，当以 $\log(\Delta L/L_0)$ 及 $\log t$ 分别作为 y 轴及 x 轴坐标时，亦可大致判断出烧结之机构。图 8-7 为以电脑模拟 108 μm 之铜粉在 1050 ℃烧结时各单一致密化机构以及所有机构(含非致密化机构)一起进行时，粉末间线性收缩率之变化情形[6]，由式(8-18)可知各单一机构之曲线的斜率应为 $2/n$，所以由粉末烧结时之收缩亦可粗略地判断其烧结机构为何。由于在众机构中仅有晶界扩散(图中之曲线 GB)及体扩散(图中之曲线 VD)可造成致密化，故此 n 值一般多为 5(体扩散)或是 6(晶界扩散)，亦即体扩散时曲线之斜率约为 2/5，而晶界扩散时则为 2/6。由此图可知当所有致密化及非致密化机构一起进行时(曲线 ALL)，其收缩率较其他单一机构之收缩率皆低，此乃因表面扩散及蒸发与凝结等非致密化机构将消耗掉一些烧结驱动力，而有碍烧结之致密化。

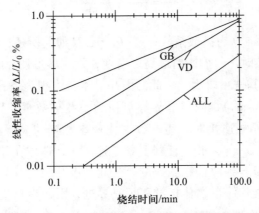

图 8-7　由电脑模拟 108 μm 铜粉在不同之烧结机构下其粉末间之线性收缩率
与烧结时间之关系[6]

8-4　中期烧结

当两颗粉末间之烧结达到 $X/R = 0.3$ 时，相邻粉末间之颈部亦已长大，且已互相接触，此时即进入中期烧结，或称第二期烧结。对于一个烧结时收缩约 15% 的坯体而言，由于初期烧结时其线性收缩率大约只有 2%，而后期(第三期)烧结亦仅有 3% 左右，所以大部分之烧结现象均发生在此中期烧结阶段。

在中期烧结阶段可将孔隙视为互通之管状孔，Coble 曾以如图 8-8 之十四

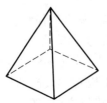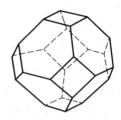

图 8-8　中期烧结之十四面体模型，每一边均代表一管状孔，此十四面体
可视同上下两个四面体结合后切除其六个角而成

面体(tetrakaidecahedron)模型模拟中期烧结[7]，此十四面体可视为上下两个金字塔形的四面体在结合后将其六个角切平而成，依此模型他导出了中期烧结之公式如下：

$$\frac{\mathrm{d}P}{\mathrm{d}t} = \frac{10D \cdot \gamma \cdot \Omega}{G^3 \cdot k \cdot T} \qquad (8-20)$$

式中：P 为孔隙率；D 为扩散系数；k、T、γ、Ω 如前所述；而 G 为晶粒之大小。在此阶段烧结时，若欲达到最高之密度，则应尽量使孔隙与晶界相连接，如图 8-9(a)之羰基铁粉所示[8]。此乃因晶界本身可视为空孔(vacancy)沉积、消失之处(vacancy sink)，同时晶界亦可视为空孔扩散至外界最快之路径[9]，所以当孔隙与晶界相连接时，坯体致密化速率相当快。但当羰基铁粉通过912 ℃时由于产生 α→γ 之相变使得晶粒急速成长，造成孔隙陷入晶粒内，如图8-9(b)所示。此导致收缩率急速减缓，此乃因孔隙一旦与晶界分离，孔隙(空孔之集合)只能借缓慢之体扩散移至晶界处，而非借较快速之晶界扩散将

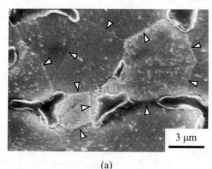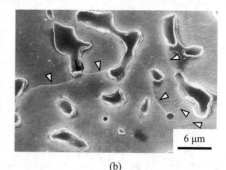

(a)　　　　　　　　　　　　(b)

图 8-9　(a) 以 10 K/min 升温至 890 ℃后马上炉冷之羰基铁粉坯体，其孔隙与晶界仍相连接(箭头指处为晶界，黑色部分为孔隙)；(b) 以相同升温速率升温至 950 ℃后孔隙与晶界已分离，使得坯体之收缩速率急速下降(陆永忠摄)[8]

之消除,所以如何维持孔隙与晶界之相联性乃是决定烧结速率快慢的一个关键。此可借由添加氧化物、氮化物或碳化物阻止晶粒之成长[10],或改变工艺参数如提高升温速率等[8]来达成。

8-5 后期烧结

当粉体处于初期及中期烧结时,几乎所有的孔隙均是互相连通的,仅有少数的孔因原就存在于粉末内部,故为封闭孔(isolated pore),另外在压结时,粉末产生大量塑性变形(如铜粉、铝粉更为明显),也会导致粉末间之少量小孔成为封闭孔。当坯体之相对密度达到约92%时,所有孔隙几乎都互不相通,亦即成为独立之封闭孔,此时之坯体可谓已达第三期烧结,或称为后期烧结。在此阶段中孔隙之数目有逐渐减少之趋势,但孔隙之平均直径则有逐渐变大之现象,此乃因小孔与大孔周围之空孔浓度不同(小孔周围高),造成空孔之扩散,产生小者愈小、大者愈大之 Ostwald 熟化(ripening)现象。

由于在第三期烧结时,孔隙与外界互不相通,所以气体将被陷入孔隙内,当孔隙收缩时其体积变小,使得内部气压变大,造成孔缩之阻力,此时孔隙内的气体分子虽仍能缓慢地扩散逸出,但由于速率相当慢,故气孔不易消失。不过当气孔内之气体分子小时,如氢气,则仍可相当快地扩散出去。此外,若使用真空烧结或气孔内之气体可溶入周围之基体时(例如氧气在氧化铝中),则这些气体仍能以相当快之速率消除,使得孔隙仍能逐渐缩小而提高烧结密度[11]。

后期烧结的另一个特殊现象是晶粒成长速率加快。晶粒成长的原因是相邻晶界合并后晶界的总面积可减少,能量可降低,但在烧结初期及中期时此现象不易发生,因为粉末间的颈部小、孔洞大且多,晶界离开颈部时晶界之面积、能量将增加很多,如图 8-10(a)所示,而晶界脱离半径为 r 之孔洞时其能量增加为 $\Delta S_{gb} = \pi r^2 S_{gb}$($S_{gb}$ 为晶界的表面能),由于所增加的能量高过晶界合并所降低的能量,所以晶界不易移动,晶粒不易成长。但在烧结后期,颈部大、孔洞小且少,晶界脱离这些地方所增加的能量不高,如图 8-10(b)所示,但晶界合并所降低的能量大,此使得晶界移动变得容易,导致晶粒迅速成长[8]。

8-6 烧结图

以上所讨论之烧结机构及其烧结公式均假设烧结时只有一个机构在进行,但事实上各机构均同时进行,并互相影响。基于此因素之考虑,Johnson[12] 及

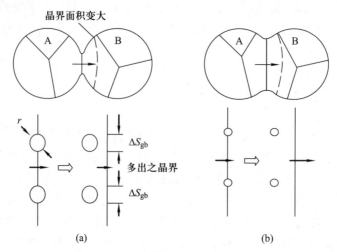

图 8-10 （a）烧结初期及中期，晶界离开颈部或脱离孔洞时，其面积、能量将大幅增加；
（b）烧结后期，晶界离开颈部或脱离孔洞时，其面积、能量增加量不多

Ashby[13]分别以数学计算及电脑模拟之方式让以上各机构同时进行，并算出在不同烧结时间下各机构对颈部成长之贡献比例，从而找出主要之烧结机构。例如图 8-11 即显示 108 μm 的铜粉在 1050 ℃烧结 0.1~100 min 之过程中均以表面扩散为主。若重复许多图 8-11 之实验，但改变烧结温度，则可知 108 μm 铜粉在不同温度及时间下之主要烧结机构为何，此机构与烧结温度及颈部大小间之关系可以图 8-12 所示之烧结图（sintering map）表示之[6,13]。例如此图中两

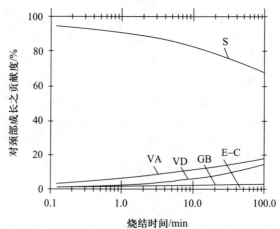

图 8-11 粒径为 108 μm 的铜粉在 1050 ℃烧结时，于不同烧结时间内，各机构
对颈部成长之贡献度（S、E-C、GB、VD 及 VA 之意义与图 8-6 同）[6]

颗点接触之 108 μm 铜粉在 800 ℃ 烧结 100 min 时，由电脑模拟所得之颈部半径约为粉末半径之 0.2 倍，且各烧结机构中贡献度最大者为表面扩散，亦即在该温度及颈部尺寸下之点落在 S 区。又如 $X/R = 0.5$ 且烧结温度为 800 ℃ 时，该点之位置落于 S 区与 VD 区之间，此表示表面扩散之烧结贡献度与致密化型之体扩散机构大致相当。

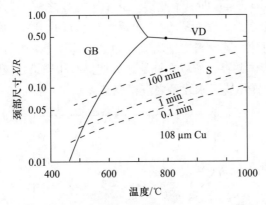

图 8-12　显示 108 μm 铜粉在不同温度及时间下，以哪一个烧结
机构为主之烧结图（S、GB、VD 之定义与图 8-6 同）[6]

烧结图虽然考虑到了多个机构同时进行之状况，但实际烧结时，由于粉末之粒径不尽相同，各粉末间之应力并不相等，会产生粉末重新排列之情形，而颈部之形状也并非真正的圆弧形，所以粉末间之烧结情形远比以上所述复杂得多，而烧结进行时，晶粒又不断成长，使得以往之数学模型不完全适用，这些都是进行电脑模拟所需克服的，但尽管如此，以上之基本理论仍是相当好的分析工具，对于实际烧结现象之解释仍有相当大之帮助。

8-7　液相烧结法

液相烧结（liquid phase sintering）法乃有效促进烧结速率的方法之一，其所使用之粉末多为元素粉之混合物，当烧结温度超过其中一种元素粉之熔点，或是已超过元素粉间之共晶或包晶点时，液相将产生。由于液相之毛细力可凝聚粉末，且原子在液体中之扩散速率较在固体中快，所以液相烧结之烧结速率相当快。

基本上，液相烧结可分为永续型液相烧结（persistent liquid phase sintering）及暂态型液相烧结（transient liquid phase sintering），此乃依材料之成分及烧结温度而定。例如 W-Cu 混合粉之烧结即属前者，当烧结温度大于 1083 ℃ 时，铜将形成液相，由于铜、钨彼此间几乎无互溶度，所以铜之液相将持续至烧结终了，故属永续型液相烧结。而暂态型则可以图 8-13 中之 A、B 两种元素粉为例，当成分为 c、烧结温度为 T_1 时，在烧结初期元素粉 A 将与元素粉 B 因生成共晶而产生液相，但在烧结后期由于扩散之持续进行使得元素 B 逐渐固溶入 A 而形成 α 相，最后将无液相存在，只剩下成分为 c 之 α 固溶体，而于唐朝所发明的汞齐（amalgam）即属于此类。此用于补牙之方法是将液态的汞与等量的银-锡-铜合金混合，银-锡-铜与汞反应会形成化合物，最后所有的液态汞完全消失。相对地，若材料之平均成分为 d，则因其在相图中之平衡状态下即为液相与 α 固溶体共存，所以在烧结之后期仍有相当量之液相存在，故成分 d 与 W-Cu 系统一样均属于永续型之液相烧结。

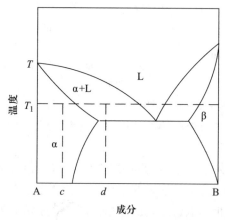

图 8-13　材料之成分及烧结温度对液相烧结型态之影响

另一种常见之液相烧结法使用的粉末是预合金粉，例如 440C 不锈钢粉、M2 高速钢粉、SKD11 工具钢粉等，当烧结温度及合金成分使得烧结状况正好落在固相线及液相线间之双相区时，液相将先在粉末间之接触面以及粉末中之晶界生成，此粉末间之液相将产生毛细力把粉末聚在一起造成致密化，并产生第一次之粉末重排，如图 8-14 所示。之后，晶界上之液相将逐渐增多，此液相有助于晶粒之滑移，并使得粉末内之晶粒再重排一次，使密度再提高。由于此种烧结法采用预合金粉，所以只要温度足够高，超过合金之固相线而到达双相区，液相烧结即开始，所以又称为超固相线液相烧结（supersolidus liquid phase sintering，SLPS）。

一般而言，此类型之液相含量与温度之关系相当敏感，当双相区为扁平状时又更为明显，以图 8-15 之 Fe-5%A 及 Fe-5%B 为例，Fe-5%A 之双相区（L+S）较为扁平，当温度由 1200 ℃升至 1220 ℃时其液相含量由 0%增加至 100%，

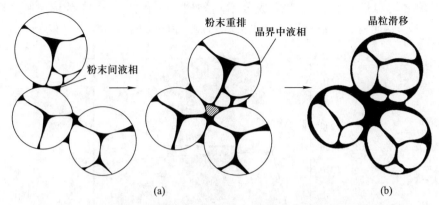

图 8-14 超固相线液相烧结之机构。（a）粉末间之液相造成粉末之重排；
（b）晶界上之液相再增加时有助于晶粒之滑移而造成晶粒之重排

也就是说其对温度之敏感性为 5%/℃。相对地，Fe-5%B 之温度由 1200 ℃ 升至 1220 ℃ 时其液相含量由 22% 增加至 60%，其液相含量对温度之敏感性仅 1.9%/℃，所以用相同之烧结炉［温度均匀性相同，一般为 ±(5~10)℃］烧结工件时，Fe-5%A 之液相含量较难控制，其尺寸稳定性较差。

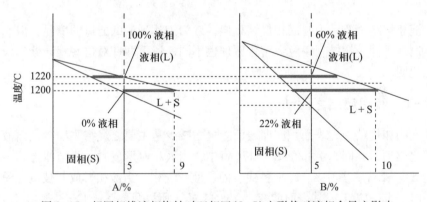

图 8-15 超固相线液相烧结时双相区(L+S)之形状对液相含量之影响

在实际应用上，440C 不锈钢即是一明显例子。图 8-16 为以 Thermo-Calc 热力学软件所计算出的 440C 的拟相图（pseudo phase diagram），440C 不锈钢含有 0.95%~1.20%C，当烧结温度超过约 1276 ℃ 的固相线进入 L+γ+M$_7$C$_3$ 区时，超固相线烧结即开始，图中虚线范围即为 440C 不锈钢常用之烧结范围，由于此 L+γ+M$_7$C$_3$ 区非常扁平，只要 440C 中之碳含量或烧结温度稍有变化，依杠杆原理可知其液相之量将大幅改变，使得收缩率及密度大幅变化，所以当烧结炉之均温性不佳或粉末之成分不均匀时，工件之尺寸将不易控制。对440C 不锈钢而言，其烧结温度范围或称为烧结窗（sintering window）仅±5 ℃。

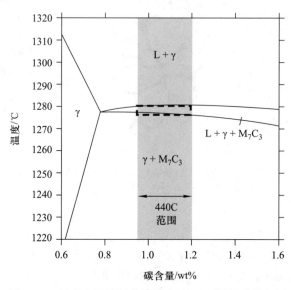

图 8-16　以碳含量及温度所作之 440C 不锈钢之拟相图

　　液相烧结之驱动力与固相烧结相似，皆为了达到最低能量的境界，但二者之机制却不同，烧结现象及致密化原理也不同，以下即针对这些相异处作较详细之说明。

8-7-1　液相烧结之驱动力

　　在固相烧结中，表面积亦即表面能量之减少是主要之烧结驱动力，而液相烧结之驱动力亦同，例如在图 8-17(a) 中，当液相刚形成时，烧结体之总表面能为 $\Sigma\gamma_{sv}+\Sigma\gamma_{lv}$，其中 s、l、v 各代表固、液及气相，当液相形成并被覆在粉末表面时[图 8-17(b)] 其表面能变为 $\Sigma\gamma_{sl}+\Sigma\gamma'_{lv}$，所以只要 $\Sigma\gamma_{sv}+\Sigma\gamma_{lv}>\Sigma\gamma_{sl}+\Sigma\gamma'_{lv}$，则液相将倾向于润湿粉末表面，以减少总能量。一般而言，此 γ_{sv}、γ_{lv} 及 γ_{sl} 之关系如图 8-18 所示，并符合以下之 Young-Dupré 公式：

$$\gamma_{sv} = \gamma_{sl} + \gamma_{lv}\cos\theta \tag{8-21}$$

式中：θ 为润湿角，或称接触角（contact angle）。当 γ_{sv}、γ_{lv} 及 γ_{sl} 之关系有如图 8-18 之情形时，表示 $\Sigma\gamma_{sv}$ 大于 $\Sigma\gamma_{sl}$，且 θ 越小时此两者之差距越大，润湿越容易，甚而造成图 8-17(b) 液体完全被覆粉末之情况。相对地，当 θ 越大时，润湿性越差，此时图 8-17(b) 中液体被覆粉末之情形将不会发生。当 $\gamma_{sl}>\gamma_{sv}$

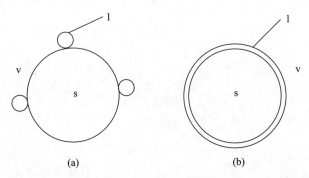

图 8-17 液相与粉末之接触情形。(a) 液相被覆粉末前；(b) 液相被覆粉末后

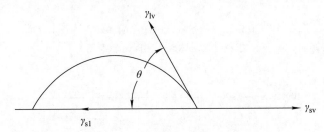

图 8-18 液、固、气相间表面张力之平衡状态图

时，θ 更将超过 90°。

液相烧结中之液相除了可能润湿粉末表面外，也有可能会穿入粉末间之接触面或粉末中之晶界，如图 8-19 所示，此时，

$$\gamma_{ss} = 2\gamma_{sl}\cos(\phi/2) \tag{8-22}$$

式中：ϕ 称为双面角(dihedral angle)。当 γ_{ss} 非常大或 γ_{sl} 非常小时，液相将很容易穿入晶界而形成能量较低之两个固/液面。

8-7-2 液相烧结阶段

如图 8-20 所示，液相烧结可分为三个阶段：① 液相生成，粉末颗粒重排；② 溶解与析出；③ 固相烧结。在第一阶段中所产生之液相将迅速流至粉末间之颈部区域以降低表面能，此时颈部液相内之压力 P 将比外界之压力低，其压力差 ΔP 为

$$\Delta P = \gamma_{lv}\left(\frac{1}{S} + \frac{1}{T}\right) \tag{8-23}$$

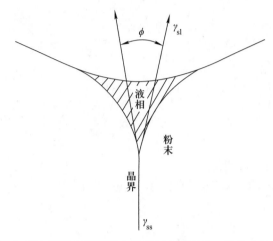

图 8-19　液相在两颗粉末接触面之晶界处，其各个界面
之表面张力达成平衡时之状态图

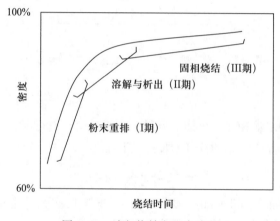

图 8-20　液相烧结之三个阶段

式中之 S 及 T 为图 8-21 中液面上任一点之两个曲率半径，且 S 为负值，T 为正值。此液面(a-b 弧)为一近似于圆之 nodoid 弧，其 S 及 T 值并非固定，随点之位置而不同，但 ΔP 值均相同，亦即液相在各位置之压力均相同，不然液相将产生流动。由于此压力差(小于大气压)以及液相之表面张力 γ_{lv} 之作用，相邻之粉末将被拉向对方，此两力量之和即为毛细力，可由下式表示之[14]：

$$F = \pi y^2 \Delta P + 2\pi y \cdot \gamma_{lv} \cdot \cos\phi \qquad (8-24)$$

式中：y 为图 8-21 中液体表面(a-b 弧)任一点之 y 轴坐标；而 ϕ 则为该点液

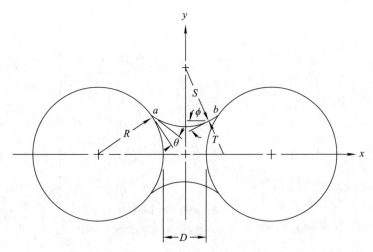

图 8-21　两颗粉末间有液相时，因毛细力之关系可将此两颗粉末拉近

面之切线与 x 轴之交角。式中之第一项即由压力差而来，亦即面积 πy^2 乘上压力差 ΔP；而第二项则由表面张力 γ_{lv} 所贡献，亦即周长 $2\pi y$ 乘上表面张力平行于 x 轴之分力$(\gamma_{lv} \cdot \cos\phi)$。在一般之情形下此式(8-24)之毛细力非常大，例如对于直径为 10 μm 之羰基铁粉而言，其毛细力可为粉末本身重量的一万倍以上，因此很容易造成粉末间之重新排列，且粉末重排之时间不需很长，所以液相烧结第一阶段之时间虽然相当短，但所产生之收缩量非常大，能使密度提高不少。但也有例外之时候，例如当液相之氧含量太高，与固相之接触角 θ 太大时，粉末间不但无吸引力反而有排斥力，如图 8-22 所示。此毛细力也与粉末间的距离有关，由式(8-24)可算出当粉末越靠近时，其吸引力或排斥力也越大，如图8-23所示。

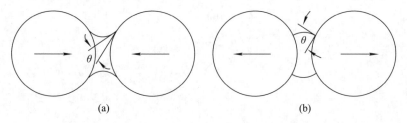

图 8-22　粉末间之力量与接触角有关。(a) θ 小时粉末相吸；(b) θ 大时粉末相斥

　　液相烧结第一阶段之另一致密化机构为大孔之充填，以 Mo-Ni 之液相烧结为例，Mo-Ni 混合粉在 1460 ℃烧结 1 min 后，其 100 μm 之镍粉因形成液相

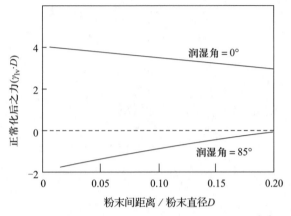

图 8-23　粉末间之毛细力与粉末间的距离有关[14]

而留下大孔，但再经 2 min 后，此大孔即已被周围之细钼粉及液相之混合物如同泥石流般流入而填满，此充填多发生在骨架尚未形成之液相烧结初期[15]，且不适用于预合金粉的超固相线烧结。

　　在液相烧结之第二阶段中，粉末将由表面开始逐渐溶入液相中，由于小粉末之溶解度较高，所以在此阶段小颗粒粉末将逐渐溶入液相内而消失，使得液相中溶质的浓度提高，进而造成大粉周围之液相因过饱和而将溶质析出于大颗粒粉末之表面，此种溶解后再析出（solution and repreciptation）之情形将造成细粉变得越细，而粗粉变得越粗之 Ostwald 熟化现象，如图 8-24 所示。此行为也将使得一些大粉末成为多角状伸入液相中，如图 8-25 中箭头所指处。此一般称为形状调适（shape accommodation）。除此之外，晶粒在此阶段也将迅速成长。

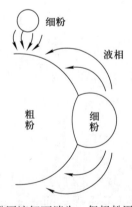

图 8-24　液相烧结时细粉因溶解而消失，但粗粉因溶质沉积于其表面而变大

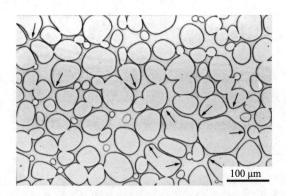

100 μm

图 8-25　箭头所指处显示重合金(W-7Ni-3Fe 于 1520 ℃烧结 1 h)
晶粒伸入液相之形状调适情形(陈淑贞摄)

在烧结后期由于溶入液相之粉末相当多，而液相内之元素也逐渐扩散入基体而生成固溶物，使得其成分逐渐趋近于平均值并使得熔点提高，此导致固相骨架逐渐稳定，此时的显微组织包括了固相晶粒、散布于其周围的液相及孔隙，而孔隙率约 8%，进入此烧结状态时一般称为第三期或后期烧结(final stage)。

与固相烧结的第三期相较，虽然液相烧结的后期也是以固相骨架为主，但其致密化速度仍较快，主要的原因是原子在液相中的扩散速率较快，但这也不代表液相烧结很容易就达到 100%的密度，因为孔隙变小时其内部气体的压力 P 将变大，当此压力 P 与孔隙的表面张力 γ_{lv} 达到下式之平衡状态时孔隙即不易继续收缩：

$$P = \frac{2 \cdot \gamma_{lv}}{r} \tag{8-25}$$

式中：r 为孔隙之半径。虽然这些被闷住的气体将使得工件无法完全致密化，但如果此气体(如氢气)在金属中的扩散速率快，或是此气体(如氧、氮、水蒸气)会与金属反应生成氧化物或氮化物时，孔隙内的气体压力将逐渐降低，密度将逐渐上升。此外也可采用真空烧结，此气体压力问题即不再是一个困扰，但此时需注意液相是否在该真空度下容易挥发。

由于液相烧结之烧结速率快，成分均匀，密度可近于 100%，所以应用相当广泛，不亚于固相烧结，例如硬质合金(WC-Co)、重金属(W-Ni-Fe，W-Ni-Cu)、Sm_2Co_{17}硬磁、Fe-Cu 系机械零件、青铜轴承、铝合金机械零件等均是常见之液相烧结产品。

8-8　特殊烧结法

在一般烧结方法中，温度越高、时间越长，所得到坯体之密度也越高，但此亦表示所耗费之能源越多，所以如何降低烧结温度并缩短烧结时间是粉末冶金研究课题中常见之项目，以下即为一些较常见之特殊烧结法。

8-8-1　体心立方相烧结

纯铁在912 ℃以下为体心立方之 α 相(见第二章)，912 ℃以上则为面心立方之 γ 相。虽然一般铁系合金之烧结温度多在1120 ℃以上，但有时可利用体心立方具有高扩散速率之特性，刻意将烧结温度降低至912 ℃以下仍可达到90%以上之密度[16]。其他亦有以添加硅、钼、磷等元素之方式使铁之 α 相范围加大，γ 相范围缩小，形成 γ 圈(γ loop)，如图8-26之 Fe-Si 相图所示，因此这些硅、钼、磷常称为 α 相的稳定元素(α phase stabilizer)。添加这些元素后可将铁之烧结温度提高至912 ℃以上却仍在 α 相之范围内，例如 Fe-3Si 在1250 ℃烧结时，由于在 α 相烧结，因此借着体心立方具有高扩散速率且所用温度也高的优势，故可烧结至高密度。

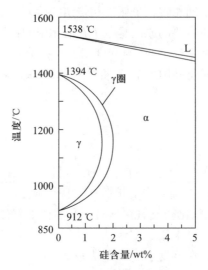

图 8-26　Fe-Si 之相图显示硅可增大铁之体
心立方相(α 相)的范围

8-8-2 活化烧结

高熔点金属之烧结温度均相当高，如钨、钼各在 2200 ℃ 及 1700 ℃ 以上。若能降低烧结温度，将可减少能源消耗量，并得以使用较简单之烧结设备，使生产成本大幅降低。基于这个原因，前人曾尝试添加少量之过渡金属元素，结果如图 8-27 所示，钨在添加 Fe、Co、Ni 后于 1400 ℃ 烧结时，其烧结活化能明显降低[17]，收缩率大幅上升。

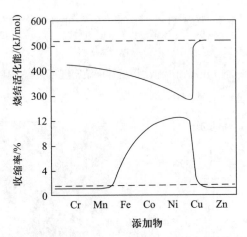

图 8-27 将周期表中不同元素粉加入钨粉后其烧结活化能及收缩率之变化[17]

图 8-28 显示钼加入少量之镍后于 1370 ℃ 作液相烧结时其烧结密度明显提升，而在 1300 ℃ 之固态下亦可烧结至高密度[18]。一般将此产生迅速致密化之固相烧结称为活化烧结。至于活化烧结之机构，至今较为人们所接受之解释是在钨粉与钨粉(或钼粉与钼粉)之间，被覆了一层薄薄的过渡金属，此薄层成为钨/钼原子由钨/钼粉内部扩散至颈部之"短路"(short circuit)路径，亦即快速扩散之途径，如图 8-29(a)所示[17]。但也有其他相似的机构，例如针对 Mo-Ni 的深入研究发现了钼粉间之薄层实为 MoNi 金属间化合物，厚度约 2 nm，如图 8-29(b)所示，而钼在此化合物中之扩散速率为纯钼之 2.6 万倍[19]，所以微量镍的添加显著地提高了钼之烧结速率。

依照上述的活化烧结机构，此薄层之过渡金属元素必须不容易扩散进入钨/钼粉，不然将很快消失而无法提供快速扩散之途径，亦即钨/钼原子应可很容易进入此薄层，但添加之元素(如镍)却很难溶入钨/钼，若要满足此两点，则钨/钼与其他活化金属元素之相图必须如图 8-30 所示。例如钯在钨内之溶解

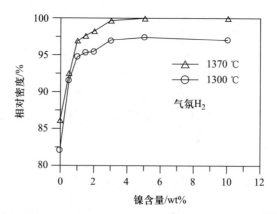

图 8-28　钼添加少量之镍后其烧结密度可大幅提高[18]

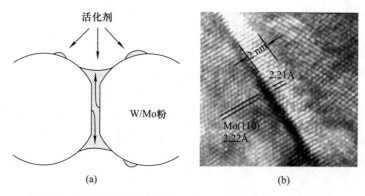

(a)　　　　　　　　　　　(b)

图 8-29　(a) 活化烧结之机构；(b) 钼粉间约 2 nm 厚之 MoNi
金属间化合物(黄宏胜摄)

度低，但钨在钯内之溶解度高，使得钨能很快地溶入钯并借由钯层扩散至颈部。综观对钨、钼有活化烧结效果之元素，其与钨、钼之双相图均有类似图 8-30 之形状。以促进烧结之效果而言，以钯最佳，钴及镍次之，如图 8-31 所示，其箭头表示活化效果较佳之方向。

尽管活化烧结能有效降低钨、钼之烧结温度，提高其烧结密度，但活化烧结最大之缺点为烧结体不具任何延性，此可能是因晶界上所偏析之薄层为硬、脆之化合物，如 MoNi，故不具实用价值，此也是数十年来此技术仍无法应用到工业界之主要原因。

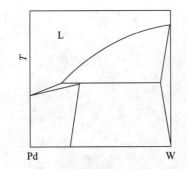

图 8-30　适合活化烧结之钨–钯之相图

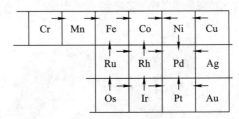

图 8-31　可促进钨、钼活化烧结之元素，箭头方向表示较佳者

8-8-3　反应烧结

反应烧结之基本原理在于利用两个元素粉在烧结时产生反应热，使烧结温度提高而达到致密化，一般要能产生高反应热的话，其反应生成物多为金属间化合物，例如，

$$3Ni + Al \longrightarrow Ni_3Al \qquad \Delta H_{298K} = (-9.1 \pm 0.5) \text{ kcal/mol} \qquad (8\text{-}26)$$

此反应可放出大量之热[20]，使得铝之实际温度超过烧结炉之设定温度，导致铝在铝/镍界面处熔融而形成液体。此铝液将很快地润湿镍粉，如图 8-32 所示[21]，并迅速增加铝/镍之反应面积，因而放出更多之反应热，最后将铝粉全部熔融并与镍生成 Ni_3Al 反应物，此过程如图 8-33 所示。此类型之反应可发生于 Fe-Al、Ni-Al、Ti-B 等系统中，其典型之相图如图 8-34 所示，即在 A、B 两元素中间有一个或多个金属间化合物（例如 AB 相）存在，且 AB 相必须为高熔点之稳定相，因此才能放出大量之反应热。

要能成功地利用反应烧结制作高密度成品，除了该系统需具备如图 8-34 之特点外，所采用之工艺参数亦需留意，一般必须采用高升温速率，以防在升温过程中因 A、B 元素交互扩散而先反应成不理想之化合物，使放出之热量不

图 8-32　将铝/镍坯体在反应烧结过程中淬火后可观察到铝粉
熔融后润湿镍粉之情形(陆永忠摄)[21]

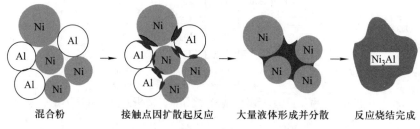

混合粉　　　　接触点因扩散起反应　　　大量液体形成并分散　　　反应烧结完成

图 8-33　反应烧结致密化机构之示意图

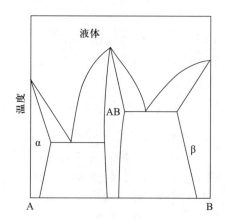

图 8-34　能产生反应烧结之典型相图

足。图 8-35(a)即显示镍/铝以 10 ℃/min 之速率升温至 575 ℃时可产生大量之热并得到正常之 Ni$_3$Al 相,但若使用 1 ℃/min 之速率升温,如图 8-35(b)所示,则到了 525 ℃时即已在镍/铝之界面生成 Ni$_2$Al$_3$(图 8-36),而先放出一些

热，使得在后续生成 Ni_3Al 时所放出之热量不足，无法将整个坯体完全反应成
Ni_3Al 并致密化。除了升温速率之参数之外，粉末粒径之配合亦需注意，例如
对 3 μm 之镍粉而言，较理想之铝粉粒径为 15 μm，而气氛则以真空、氩气或
氢气为佳[22]。反应烧结虽然可在短短数分钟之内将生坯密度提高到 95% 以上，
但一般仍还有一些孔隙，且因液体多，坯体易变形，所以可在烧结的同时加
压，亦即采用热压或热等静压之方式使密度再提高[21,22]。

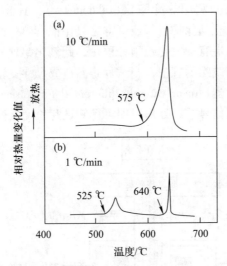

图 8-35 镍/铝粉末坯体在氩气气氛中分别以 1 ℃/min 及 10 ℃/min 之
速率升温时所放出之反应热不同

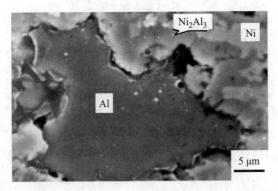

图 8-36 升温速率太慢(1 ℃/min)时在镍/铝界面将生成 Ni_2Al_3 相，使得
反应烧结不完全而无法生成致密化之 Ni_3Al 相(陆永忠摄)

8-9　烧结行为之观察

欲得知粉末间是否产生烧结现象且到何程度，可利用扫描电子显微镜观察烧结后粉末间颈部大小之变化，亦可量测烧结后坯体密度、尺寸甚至电阻之变化，但这些均属"事后"之观察，若要了解烧结进行中之实际（in-situ）烧结行为，则最常用之方法乃利用热膨胀仪（dilatometer），其装置如图 8-37 所示。其步骤为将试片置入充满保护气氛或真空之氧化铝管内，试片下方有一热电偶记录温度之变化，上端有一氧化铝顶杆顶住，此氧化铝顶杆另一端的表面镀有金属，并伸入一绕有线圈的管中，当试片升温造成尺寸变化时，氧化铝顶杆将因位移而使位移传感器（linear variable differential transformer，LVDT）产生一电压之变化，将此电压信号予以处理后即可得知试片长度之变化值。

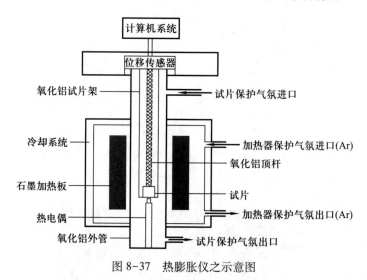

图 8-37　热膨胀仪之示意图

图 8-38 即显示具有 60% 相对密度的羰基铁粉压坯在氢气中烧结时其尺寸变化率与温度之关系，从室温到 600 ℃ 左右乃一般之热胀冷缩现象，接着开始因烧结而产生收缩，到了 910 ℃ 时收缩率已达 9%，此时曲线变平，代表尺寸变化率突然变缓，此乃因 $\alpha \rightarrow \gamma$ 相变造成晶粒异常成长（见 8-4 节），使得孔隙不再位于晶界上，且铁在 γ 相（fcc）中之扩散速率远比在 α 相（bcc）中慢。而另一曲线为 Fe-0.7P，此合金在升温过程中均在 α 相内进行烧结（请参阅图 12-15，Fe-P 相图），其间并无相变产生，故曲线圆滑，无突然弯折之现象。

图 8-39 为另一个利用热膨胀仪观察烧结行为的实例，当羰基铁粉在氢气

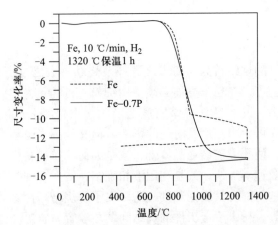

图 8-38　Fe 及 Fe-0.7P 以 10 ℃/min 升温至 1320 ℃并保温 1 h 之烧结曲线

中于 900 ℃烧结 45 min 后即降温至 400 ℃，此时收缩率可达 13.8%。相对地，升温至 1350 ℃并保温 2.5 h 后再降温至 400 ℃时，其收缩率仍相同。由图 2-9 可知铁在 1350 ℃时的扩散系数比在 900 ℃时之扩散系数高，所以在 1350 ℃烧结长时间并未得到较高密度的主因是铁在 912 ℃时发生了相变，并导致晶粒异常成长所致。

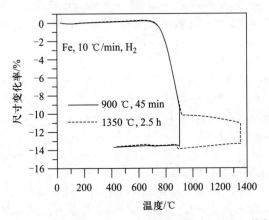

图 8-39　Fe 在 900 ℃烧结 45 min 之尺寸变化率与在 1350 ℃烧结 2.5 h 相同

　　热膨胀仪可用来观察烧结中坯体是否有尺寸突然变化之情形，并判断其成因，然后找出解决问题之方法或找出最佳之烧结温度，所以此设备乃探讨烧结现象不可或缺之一大利器。

8-10　结语

粉末冶金工件的烧结行为与粉末之选择及烧结参数之设定有密切的关系，若要得到高烧结密度，在粉末方面必须使用细粉，目的是为了拥有大量的表面积作为烧结驱动力，此粒径对烧结密度之影响可由烧结公式判断。在工艺方面，由烧结公式亦可看出温度及时间的影响，但其他因素也相当重要，例如如何抑制晶粒成长，使孔隙连结在晶界上，或是如何调整材料成分以改变晶体结构，使工件的扩散速率加快，或是利用液相烧结，借助毛细力及其他特有之机制加速致密化，这些都有其理论基础，所以在了解烧结理论之后再配合诊断的工具如热膨胀仪等，粉末冶金工件的烧结问题才较容易解决。

参考文献

［1］　G. C. Kuczynski, "Self-Diffusion in Sintering of Metallic Particles", Metals Trans. , 1949, Feb. , pp. 169-178.

［2］　C. Herring, "Effect of Change of Scale on Sintering Phenomena", J. Appl. Phys., 1950, April, Vol. 21, pp. 301-303.

［3］　Li-Hui Cheng and Kuen-Shyang Hwang, "High-Strength Powder Injection Molded 316L Stainless Steel", Int. J. Powder Metall., 2010, Vol. 46, No. 2, pp. 29-37.

［4］　R. L. Coble, "Initial Sintering of Alumina and Hematite", J. Am. Ceram. Soc. , 1958, Vol. 41, No. 2, pp. 55-62.

［5］　R. M. German and Z. A. Munir, "Surface Area Reduction During Isothermal Sintering", J. Am. Ceram. Soc. , 1976, Vol. 59, pp. 379-383.

［6］　K. S. Hwang, R. M. German, and F. V. Lenel, "Analysis of Initial Stage Sintering Through Computer Simulation", Powder Metall. Int. , 1991, Vol. 23, No. 2, pp. 86-91.

［7］　R. L. Coble, "Sintering Crystalline Solids. I. Intermediate and Final State Diffusion Models", J. Appl. Phys., 1961, Vol. 32, No. 5, pp. 787-792.

［8］　K. S. Hwang, Y. C. Lu, G. J. Shu, and B. Y. Chen, "Enhanced Densification of Carbonyl Iron Powder Compacts by the Retardation of Exaggerated Grain Growth through the Use of High Heating Rates", Met. and Mat. Trans. A, 2009, Vol. 40A, pp. 3217-3225.

［9］　J. E. Burke, "Role of Grain Boundaries in Sintering", J. Am. Ceram. Soc. , 1957, Vol. 40, No. 3, pp. 80-85.

［10］　Y. C. Lu and K. S. Hwang, "Improved Densification of Carbonyl Iron Compacts by the Addition of Fine Alumina Powders", Met. and Mat. Trans. A, 2000, Vol. 31A, pp. 1645-1652.

［11］　R. L. Coble, "Sintering Alumina: Effect of Atmospheres", J. Am. Ceram. Soc. , 1962,

Vol. 45, No. 3, pp. 123−127.

[12] D. L. Johnson, "New Method of Obtaining Volume, Grain-Boundary, and Surface Diffusion Coefficients from Sintering Data", J. Appl. Phys., 1969, Vol. 40, pp. 192−200.

[13] M. F. Ashby, "A First Report on Sintering Diagrams", Acta Met., 1974, March, Vol. 22, pp. 275−289.

[14] K. S. Hwang, R. M. German, and F. V. Lenel, "Capillary Forces between Spheres during Agglomeration and Liquid Phase Sintering", Met. Trans. A, 1986, Vol. 18A, pp. 11−17.

[15] S-J L. Kang, W. A. Kaysser, G. Petzow, and D. N. Yoon, "Liquid Phase Sintering of Mo−Ni Alloys for Elimination of Isolated Pores", Modern Developments in Powder Metall., E. N. Aqua and C. I. Whitman, (eds.), MPIF, Princeton, NJ, 1985, Vol. 15, pp. 477−488.

[16] Y. Kiyota, "Starting Material for Injection Molding of Metal Powder", U. S. Patent 5, 006, 164, 1991.

[17] P. E. Zovas, R. M. German, K. S. Hwang, and C. J. Li, "Activated and Liquid Phase Sintering-Progress and Problems", J. Metals, 1983, Vol. 35, pp. 28−33.

[18] H. S. Huang and K. S. Hwang, "The Liquid Phase Sintering of Molybdenum with Ni and Cu Additions", Material Chemistry and Physics, 2001, Vol. 67, pp. 92−100.

[19] K. S. Hwang and H. S. Huang, "Identification of the Segregation Layer and its Effects on the Activated Sintering and Ductility of Ni-Doped Molybdenum", Acta Materialia, 2003, Vol. 51, No. 13, pp. 3915−3926.

[20] O. Kubaschewski and C. B. Alcock, *Metallurgical Thermochemistry*, 5th ed., Pergamon Press, NY, 1979.

[21] K. S. Hwang and Y. C. Lu, "Reaction Sintering of 0.1% B Added Ni_3Al", Powder Metall. Int., 1992, Vol. 24, No. 5, pp. 279−283.

[22] A. Bose, B. H. Rabin, and R. M. German, "Reactive Sintering Nickel−Aluminum to Near Full Density", Powder Metall., 1988, Vol. 20, No. 3, pp. 25−30.

作业

1. 烧结机构可分为哪两大类？每类之中各有哪些主要机构？
2. 铜粉之主要烧结机构为表面扩散，当直径为 54 μm 之铜粉在 800 ℃烧结 100 min 后，其颈部之 X/R 为 0.13，若 36 μm 直径之铜粉在相同温度下欲达到 0.13 之 X/R 值，需烧结多久？
3. 图 8-40 中之坯体在烧结时之活化能为多少？

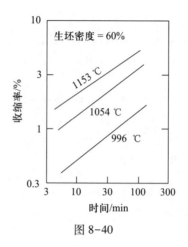

图 8-40

4. 图 8-41 为 108 μm 直径之金属粉在 950 ℃ 及 1000 ℃ 中烧结时其颈部之变化情形，此金属粉之烧结机构可能为何？另一铜粉直径为 54 μm，在 950 ℃ 烧结多久后其 X/R 之值才可达到 0.25？

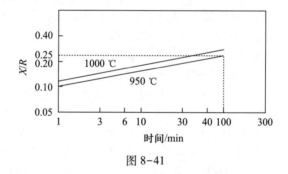

图 8-41

5. 液相烧结之第二阶段之特征为何？
6. 举出五种能提高铁系零件烧结密度之方法。
7. 水滴中之压力比外界之大气压力大还是小？如何解释？
8. 表 8-2 为一铁系试片在 600 ℃ 烧结 30 min 之前、后之 BET 表面积及密度之值，此材料之主要烧结机构可能为何？

表 8-2

	密度/(g/cm³)	BET/(m²/g)
烧结前	6.0	0.2
烧结后	6.1	0.1

9. 两种粉,其直径各为 5.0 μm 及 7.8 μm,在 600 ℃ 分别烧结 10 min 及 1 h 后,其颈部半径与粉末半径之比值(X/R)均相同。此粉之主要烧结机构为何?

10. 为何图 8-42 中导电性在低温时即急剧随着烧结温度之增加而增加,而延性及疲劳强度却只是缓慢增加?

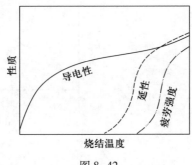

图 8-42

11. 为何对同一密度之 Fe-2Cu 零件而言,以液相烧结所得到之零件比以固相烧结者之强度高?

12. 一钨粉之收缩率为 3%,所使用之粉为 2 μm,烧结条件为 2100 ℃,1 h。假如改用 3 μm 之粉,若要达到相同收缩率需时多久?(钨之致密化机构为晶界扩散)

13. 铁粉在 600 ℃ 烧结 30 min 后其密度只增加了 1% 但强度增加了 50%,为什么?

14. 为何活化烧结及反应烧结至今仍未为工业界所大量采用?

15. 如图 8-43 所示,两钢丝之间有一液体,作用于此钢丝之毛细力之大小为

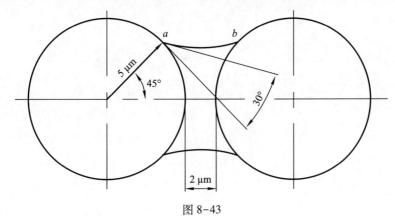

图 8-43

何？（假设液面为一圆弧，液体之表面张力为 1 N/m）

16. 直径 108 μm 之铜粉在 1000 ℃烧结 100 min 后其颈部直径约 27 μm，若改用直径为 81 μm 之铜粉，则烧结多久后其颈部直径可达 27 μm？

17. 图 8-44 中哪一张才是 108 μm 铜粉烧结所得之正确实验数据？

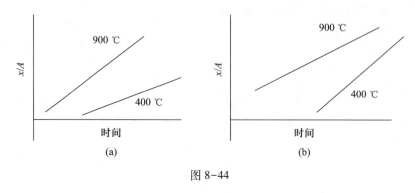

图 8-44

18. 如图 8-45 所示，两片玻璃相距 0.1 mm，中间有滴金属液体，其直径为 0.2 mm，金属液体与玻璃之接触角为 30°，金属液体之表面张力为 1 N/m，计算其对玻璃施加吸力抑或推力？力量为多少？

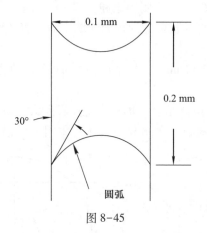

图 8-45

第九章
烧结工艺及实务

9-1 前言

　　成形后之坯体由于内部含有润滑剂，必须先经脱脂步骤去除润滑剂，然后再于高温烧结使粉末结合在一起。此脱脂及烧结工艺所牵涉之工艺参数及在设备上之考虑相当多，例如应使用何种气氛？何种温度？何种设备？如何控制碳势？若使用不同材料时，上述之参数又要如何改变？这些均有赖对烧结工艺及烧结设备的了解，所以本章将针对脱脂及烧结时各种工艺参数对烧结产品之影响以及常用之设备作详细之介绍。

9-2 脱脂

　　由第五章可知，一般之粉末需先添加润滑剂或黏结剂以利成形，但成形后其阶段性任务已完成，此时必须以脱脂步骤去除，以免润滑剂及黏结剂在后续之高温烧结时阻碍了粉末间的结合及致密化。常用之润滑剂有硬脂酸锌、硬脂酸锂及阿克蜡（ethylene bis-stearamide，EBS，俗称之 Acrawax 即为此成分）及其混合物，常用之黏结剂则有聚乙烯醇（PVA），这些润滑剂、黏结剂之优缺点及特性已于第五章详细说明。

　　一般之脱脂多在连续式烧结炉之前段进行，温度在 400~600 ℃，所需之时间大约 15 min，使润滑剂或黏结剂开始分解、挥发成小分子气体。不过润滑剂之烧除并非易事，有些零件在脱脂时会产生起泡(俗称爆米花)、爆点、破裂或积碳之现象。一般认为起泡及破裂是因工件中之润滑剂在 400~500 ℃ 间分解速率过快所造成；而积碳是因脱脂区之气氛流速太慢或水汽太少，使得润滑剂分解时所产生之一氧化碳在试片中停留过久，此一氧化碳超过 18vol% 时易反应生成碳及二氧化碳，再加上工件中之铁、钴、镍、锌有催化作用，使坯体及孔之表面容易产生积碳，由外观看常有粗糙、隆起之现象。此积碳反应在 500~600 ℃ 之间最明显，且若使用之气氛为吸热型气氛时，因其中之一氧化碳已有 15%~20%，所以在此气氛下此积碳现象将更明显。为解决此问题，可以加大气氛流量并让工件在 500 ℃ 以下有足够之时间脱脂，使所有润滑剂脱除，并快速跳过 500~600 ℃ 之范围，以减少积碳、起泡、破裂之现象。此外，亦可在脱脂区单独使用放热型气氛，此乃将天然气或丙烷与空气之比例调低，亦即调高空气之量，使较接近完全燃烧之比例，此时燃烧后气体之一氧化碳量较少。产生此气氛之装置俗称快速脱脂(rapid burn off, RBO)设备，如图 9-1 所示。此外，由于此燃烧为放热反应，可借气体将脱脂区及零件加热，而不需额外之电热。

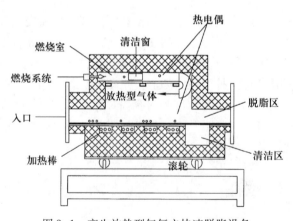

图 9-1　产生放热型气氛之快速脱脂设备

　　放热型气氛之露点较高的话亦有助于将积碳反应成二氧化碳。此外，亦可将脱脂区所使用之气氛通过一水箱，使其离开水箱时含有水蒸气，再将此气体通入脱脂区以减少炭黑。在坯体中减少镍之含量或添加硫或硫化锰，并改用硬脂酸锌以外之润滑剂，亦有助于爆点、炭黑之减少。有些烧结炉制造商则加长脱脂区之长度，使坯体有足够之时间脱脂，并调整炉膛之截面积，使烧结区之截面积较大而脱脂区之截面积较小，如此可使气氛通过脱脂区时之速度加快而有助于将脏气氛带出。

9-3 烧结气氛

烧结时所用之气氛会影响产品之机械性质、外观、抗腐蚀性、成本等，所以其所扮演之角色相当重要。气氛之主要功能有下列数项：

(1) 防止外界之空气进入炉内造成工件之氧化、脱碳。

(2) 帮助烧除坯体内之润滑剂及黏结剂。

(3) 将粉末表面之氧化层还原。

(4) 控制坯体之碳含量。

一般较常使用之烧结气氛有氢气、氮氢混合气、分解氨、真空、氮气、氩气、吸热型气氛及放热型气氛。对传统粉末冶金工件而言，所有八种气氛均常被使用；对金属注射成形工件而言，则多使用前六者。兹将这些气氛分述如下。

9-3-1 氢气

氢气可由水电解而来，但因电费昂贵，故常以天然气（甲烷为主要成分）或液化天然气(liquid natural gas，LNG)作为原料，然后借化学反应而得到氢。此工艺先将约 10 atm 之天然气除硫，在以铝当作触媒之除硫器内，借氧化锌与天然气中之硫化物反应生成硫化锌，使天然气之含硫量降低至 0.2 ppm[①] 以下。除硫后之天然气与水蒸气被输入以镍–铝作为触媒之反应管路中，在约 880 ℃ 之温度下，甲烷与水蒸气将产生下列反应：

$$CH_4 + H_2O \longrightarrow CO + 3H_2 \qquad (9-1)$$

而 CO 又再与水蒸气于约 360 ℃ 之温度转化反应成 CO_2 与 H_2：

$$CO + H_2O \longrightarrow CO_2 + H_2 \qquad (9-2)$$

此第一个反应为吸热反应，而第二个反应为放热反应。如此所得到之氢气必须在冷却后将冷凝水去除，然后再以活性铝去除剩下之水汽，以活性炭去除二氧化碳、甲烷和部分之一氧化碳，最后再经分子筛将残留之甲烷、一氧化碳及氮气去除，而这些废气皆可回收。前述反应所需之热源即由此废气加上一部

---

① 本书中 ppm 均指 10^{-6}，下同。

分氢气以及天然气经燃烧后所提供。如此所得到之氢气所含 O_2、CO_2、CH_4 之量多在 1 ppm 以下，含水量在 1.5 ppm 以下，含氮量在 10 ppm 以下。

氢气之密度为空气之 0.0695 倍，其热导率非常高，若以空气为 1，则在室温下各气体热导率之比率为 H_2：He：N_2：Air：Ar = 7：6：1：1：0.7，所以氢可将坯体迅速加热或冷却，但也因此带走不少热量，使烧结炉较耗电。又因其在金属中之扩散速率相当快，且对氧化物之还原能力强，所以对于活性高之金属(会与氢形成氢化物者除外，如钛)或是碳、氧含量要低者，常需使用此气氛。此外，由于氢能与高分子反应生成甲烷等低分子量之碳氢化合物，可加速高分子有机物之裂解，故对脱脂速率也有帮助[1]。工业界常使用氢气气氛烧结之产品有不锈钢、钨、钼等。

9-3-2　分解氨

氨在一般情况下是具刺激性及臭味的无色气体，其沸点为 -33.3 ℃，在常温下，稍为加压即可将之液化贮存，使用时可将液氨加热至 850~1050 ℃，借催化剂将之分解成氢气与氮气，如下式所示：

$$2NH_3 \rightleftharpoons N_2 + 3H_2 \tag{9-3}$$

此反应式在 300 ℃ 以上即可进行，但速率慢，且分解不完全，如表 9-1 所示。当氨分解不完时，将造成不锈钢管路之腐蚀，故一般多在高温制得，且必须使用催化剂。目前常用之催化剂多以镍为主，例如以氧化铝或氧化镁为载体的镀镍或含镍氧化物。如此制得之分解氨(dissociated ammonia, cracked ammonia)含有少量之水汽，常需以冷冻机去除，使露点降至 -40 ℃ 以下才可用于烧结。由于 1 mol 之氨气可裂解为 2 mol 之气体，且氨气可由便宜之液氨汽化而得，故常为业者所采用，此气氛俗称 AX 气氛。

表 9-1　氨之反应温度对平衡含量及分解率之影响

反应温度/℃	氨之平衡含量/%	氨分解率/%
300	2.24	95.62
800	0.013	99.974
950	0.0105	99.979

9-3-3　氮气

工业用氮气多由冷冻法将空气中之各气体分离而得，此方法与蒸馏酒精类似，首先将空气冷却成液态，然后缓慢升温。由于空气中含有 78.1% 氮，20.9% 氧，0.9% 氩及 0.1% 之氖、氦、氪、氢、氙、二氧化碳等，各气体之沸点不同，如表 9-2 所示，所以升温时在不同温度会有不同之液态气体汽化，将之收集即可。

表 9-2　常见气体之沸点

气体	沸点/℃	气体	沸点/℃
氨	−33	氧	−183
丙烷	−43	氩	−186
丙烯	−48	氮	−196
二氧化碳	−57	氢	−253
正庚烷	−98	氦	−269

制作之步骤为先将空气压缩，由于压缩过程会产生热，需先将热压缩空气冷却至室温，然后将之通过分子筛将水汽、二氧化碳等气体排除，以防水及二氧化碳在后续冷却过程中会先成为固体而阻碍其他气体之流动。过筛后之气体随即被液化，然后将此液体在不同温度蒸馏出不同气体。这些分离后之气体可以用压缩气之方式或以液体之方式送至工厂以供使用。一般而言，由液态氮汽化而得之高纯度氮其主要不纯物为氧，其含量在 0.1~10 ppm 之间，一般用于烧结之氮气则多在 5 ppm 以下，而半导体用之超高纯度氮气中的含氧量则必须在 0.1 ppm 以下。

以上所述将液态氮汽化的方法是专业氮气供应商所采用之工艺，但近年来，有些氮气使用者也开始使用切换加压法 (pressure swing adsorption, PSA)，在厂内自制氮气。此工艺利用各种气体分子大小不同的原理，将空气中的氧与氮分离，其设备具有两个筒槽，内有分子吸附材料，如图 9-2 所示，将空气先加压打入左边 PSA1 筒槽，由于氧分子直径仅约 0.29 nm，而氮分子较大，约 0.30 nm，氧气能躲入分子吸附材料中，而氮分子则往出口移动，当吸附材料已大致吸满氧分子后，此左边筒槽即停止进气，将压缩空气导入右边 PSA2 筒槽。在右边筒槽吸附氧气的同时，左边筒槽将泄压，让吸附材料内的氧分子逸出，并予以收集，此即完成一个循环。随后将左边筒槽再切换至加压状态，将右边筒槽切换至泄压状态，而开始第二个循环。

以此一次循环所制得之氮气仍含少量氧气，一般需再经过第二次，甚至更多次的循环才能得到符合规格之氮气，此循环次数决定了气体的纯度及成本，

243

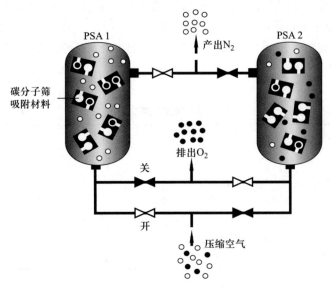

图 9-2　切换加压法制氮机之示意图

但一般而言，对于纯度要求较低的应用，如合金钢之烧结气氛或炉门、炉尾之气帘等，PSA 所制氮气具有高竞争力。

虽然一般烧结气氛需使用含氢气氛或真空才能将粉末表面的氧化层还原，并进一步将粉末致密化，但只要粉末中含有碳或石墨，即使采用氧含量及水汽含量够低的纯氮气也可生产，借由石墨仍可将金属表面的氧化物还原，然后达到烧结的目的。

9-3-4　氩气

工业用氩气之制法与前述之氮气相似，乃由冷冻蒸发法将空气中之氩气与其他气体分离而得，空气中含有约 0.9% 氩，将之收集即可。由于氩气比氮气贵，一般较少使用，但常在真空烧结时，作为控制分压用之填充气体，其优点是惰性比氮好，不会与钛、铬等活性高的元素起反应。

9-3-5　真空

真空存在于大自然中，在地表海平面位置为一个大气压，在外层空间则为高真空，严格来说，标准大气压为 1013 mbar，其中包括了 N_2、O_2、Ar、CO_2、Ne、He 等气体所贡献的分压。真空的压力单位为 Pa 或 Torr，其与大气压之关系如表 9-3 及附录四所示。

抽真空时，炉内气体分子会朝向泵移动，造成气流。此气流可分为两种，一种为黏滞流(viscous flow)，一种为分子流(molecular flow)。黏滞流主要是在粗真空，亦即压力在1×10^{-3} Torr 至 760 Torr 之范围时发生，此时气体分子间有下列的特性：

(1) 分子数目多，分子间的碰撞频率高，远大于分子撞击到管壁的频率。

(2) 分子间的碰撞频率高，分子移动的平均路径距离或称平均自由径(mean free path，λ)远小于管路直径(d)，亦即$\lambda \ll d$，如图 9-3(a)所示。

(3) 泵附近的气体分子被吸入时，其周遭与之碰撞的分子也被带向相同方向，分子间产生黏滞力，即如同分子间有摩擦力般，故称黏滞流，此使得气体的流动有方向性，朝真空泵之方向移动。

表 9-3 真空压力之单位

	atm	mbar	Torr	Pa
atm	1	1013	760	101325
mbar	9.87×10^{-4}	1	0.75	100
Torr	1.32×10^{-3}	1.33	1	133
Pa	9.87×10^{-6}	1×10^{-2}	7.5×10^{-3}	1

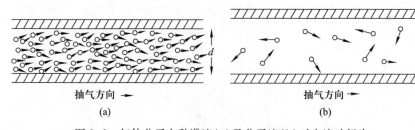

图 9-3 气体分子在黏滞流(a)及分子流(b)时之流动行为

当真空度提高至10^{-3} Torr 以上时，气体分子的数目减少，分子间的运动形态产生改变而具有下列特性：

(1) 分子密度小，气体分子撞击管壁的频率比分子间的撞击频率高，如图 9-3(b)所示。

(2) 分子间的撞击频率低，所以分子移动的平均自由径大于管路直径，亦即$\lambda > d$。

(3) 分子的运动不受周围分子的影响，也无摩擦力之作用，亦即分子会向各个方向任意运动，不受抽气方向的影响，故此时之分子运动称为分子流，其流速之快慢与压力无关，只与气体分子量、仪器、温度以及管路之形状、大小有关。

对于低合金钢，如 Fe-Ni-Mo-C 工件之烧结，只需中真空度，大约 0.1 Torr 以上即可，此借传统油封式或干式机械真空泵即可达到要求，有时可串联一个干式的罗茨泵（Roots pump）以加快抽气速率。但若要烧结活性金属如钛合金等，真空度就需低于 10^{-4} Torr 或约 0.01 Pa，而要达到此真空度，一般需要使用扩散泵，其最高真空度可达 10^{-6} Torr。图 9-4 为扩散泵之示意图，泵油在底层受热蒸发后上升，然后由喷嘴处急速喷出，将游离于附近之气体分子卷入，此混合气体碰撞到被冷却之墙壁时，泵油气将凝成液体回到底层，而内含之气体分子继续向下冲而被前段之机械泵抽走。若要达到更高的真空度时，可使用涡轮分子泵（turbo molecular pump），借由高速旋转的叶片将动能传给撞上叶片的气体分子，并使其带有与叶片相同的方向而朝出口处排出，因而产生抽气效果，其极限为 10^{-10} Torr。

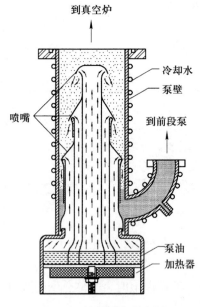

图 9-4　扩散泵之示意图

9-3-6　氮氢混合气

氮氢混合气可由纯氢气与纯氮气混合而得，一般之氮气乃由液态氮汽化而来，而氢气则多以高压气供应。另外一个方法乃将分解氨与氮气混合。业者一般所用之氮氢混合气，又称 forming gas，其氢气含量多为 3%~15%。

9-3-7 吸热型气氛

吸热型气氛(endothermic atmosphere)乃由烷类与空气(空气中氧氮之比例为 $1:3.8$)燃烧而得，若使用甲烷(CH_4)或丙烷(C_3H_8)，则由下式之反应可得到一氧化碳、氢气及氮气之混合物：

$$2CH_4 + O_2 + 3.8N_2 \Longleftrightarrow 2CO + 4H_2 + 3.8N_2 \tag{9-4}$$

$$2C_3H_8 + 3O_2 + 11.4N_2 \Longleftrightarrow 6CO + 8H_2 + 11.4N_2 \tag{9-5}$$

上述两反应式中空气与甲烷、丙烷之比例分别为 2.4 与 7.2，由于完全反应成 CO_2 及 H_2O 时此比值应各为 9.6 及 24.0，所以式(9-4)、(9-5)均为不完全之反应且需加热才能得到，故称为吸热型气氛，俗称 RX 型气氛。

图 9-5 为甲烷及丙烷与空气以不同比例燃烧时所得气体之实际成分，其中

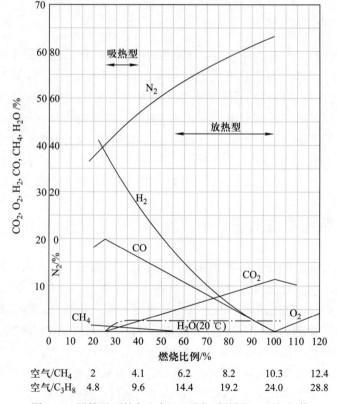

| 空气/CH_4 | 2 | 4.1 | 6.2 | 8.2 | 10.3 | 12.4 |
| 空气/C_3H_8 | 4.8 | 9.6 | 14.4 | 19.2 | 24.0 | 28.8 |

图 9-5 甲烷及丙烷与空气以不同比例燃烧，所得气体
经除水后，露点为 20 ℃时之成分

含大量 H_2 及 CO，故为还原性气氛，此外还含有微量 CO_2 及 H_2O。由此图也可看出当空气量愈多时反应愈完全，即 CO_2、H_2O 愈多，H_2 及 CO 愈少。又由上述(9-4)、(9-5)二式可知由 1 mol 之甲烷可得到 4.9 mol 之气氛，而 1 mol 之丙烷则可得到 12.7 mol 之气氛，因烷类原料相当便宜，故广为传统粉末冶金业者所采用。此气氛之缺点为当烷类不纯或空气中水汽含量不稳定时，气氛成分之比例将不稳定，对于碳势之控制较不易。

以上之吸热型气氛大多需以镀镍或含约 5% 镍之氧化铝作触媒[2]，其反应温度在 900~1050 ℃，而生成之气氛应以水冷套管或其他方式将之急速冷却至 300 ℃ 以下，以避免一氧化碳在 550 ℃ 左右分解而生成二氧化碳及炭黑（即 Boudouard reaction）。冷却后之气氛可再以冷冻机或分子筛将过多之水汽去除，以达到水汽含量之要求。若机器保养不当，或设定之温度不正确，使得反应不完全，则触媒表面将产生炭黑，使得气氛之生产效率降低，且气氛之组成将不稳定，并含过多之二氧化碳、水汽及烷类。

9-3-8 放热型气氛

当烷类与较多的空气反应时，反应本身将成为放热反应，且生成相当多之水汽，此类气氛常称为放热型气氛（exothermic atmosphere）。例如甲烷与空气以 1 : 6.7 之比例燃烧时，所得气体将含约 10% 之氢气以及 14% 之水蒸气，此属氧化性气氛，可帮助润滑剂、黏结剂之去除，故常被传统粉末冶金业者使用于脱脂区。但若欲将之用于烧结，则需先除去水汽使成为还原性气氛。一般业者也常用天然气与空气反应，由于天然气中除了甲烷之外仍含有微量之二氧化碳及乙烷等，其成分并非非常稳定，故烧结区不适合使用放热型气氛。

9-4 气氛流量之计算

一般的流量计内有一颗漂浮的球，此球受到两股力量，一是气体向上冲的力量，一是球本身的重量，当此两个力量达到平衡时，球即停在某一刻度上，由此刻度可得知气体的流量。由于气体之密度不同，若要精密地控制气氛之流量，就必须使用专用气体的流量计，例如不可将空气之流量计用来控制氮气之流量，但若准确度要求不高，且有急需时仍有变通之方法，亦即流量与气体密度之平方根成反比。例如一流量计乃以氢气校正，而氢气密度为 8.99×10^{-5} g/cm^3，若将此流量计用于密度为 1.25×10^{-3} g/cm^3 之氮气，此时读数为 2 m^3/min 之氮气之实际流量应为 $2\times(125/8.99)^{-0.5}=0.536$ m^3/min。若为混合气时算法亦同。表 9-4 即为数种气体流量计用于他种气体时之转换系数。

当校正气体所用之压力与实际使用压力不同时，亦需作调整，实际压力大时，流量亦大，且与压力比之平方根成正比。例如校正时为 1.1 atm（表压为 0.1 atm），而实际使用时之表压为 0.2 atm 时，其实际流量应为 $(1.2/1.1)^{0.5}$ = 1.044 倍。

表 9-4 专用气体流量计用于其他气体时之转换系数

校正气体	相对密度	实际使用气体									
		空气	分解氨	氩气	吸热型或氨气	氦气	氢气	天然气	氮气	氧气	丙烷
空气	1.00	1.00	1.841	0.851	1.302	2.692	3.793	1.240	1.021	0.951	0.811
分解氨	0.295	0.543	1.00	0.462	0.707	1.462	2.060	0.674	0.554	0.517	0.440
氩气	1.38	1.175	2.163	1.00	1.529	3.162	4.456	1.457	1.199	1.118	0.952
吸热型或氨气	0.59	0.768	1.414	0.654	1.00	2.068	2.914	0.953	0.784	0.731	0.623
氦气	0.138	0.371	0.684	0.316	0.484	1.00	1.409	0.461	0.379	0.353	0.301
氢气	0.0695	0.264	0.485	0.224	0.343	0.710	1.00	0.327	0.269	0.251	0.214
天然气	0.65	0.806	1.484	0.686	1.050	2.170	3.058	1.00	0.823	0.767	0.654
氮气	0.96	0.980	1.804	0.834	1.276	2.638	3.717	1.215	1.00	0.932	0.794
氧气	1.105	1.051	1.935	0.895	1.369	2.830	3.987	1.304	1.073	1.00	0.852
丙烷	1.522	1.234	2.271	1.050	1.606	3.321	4.680	1.530	1.259	1.174	1.00

注：流量计乃以空气校正，若用于氩气，则读数需乘以 0.851 才是氩气之真正流量。

当气体之流量必须非常精准时，一般校正过之流量计仍无法达到要求，需采用质流控制器（mass flow controller），其测量方式与一般流量计最大之差异在于它采用热感温差，属于非接触式的方法，能够避免环境压力与气体体积的影响。在此质流控制器中，气体的上、下游各有两个线圈，并通以电流，当气体由上游向下游移动时，因为上游端的热量被气流带往下游端，因此上游端温度将下降，而下游端温度将上升，因为感测器所选用材料对热相当敏感，此温度的差异将影响其电阻的大小，因此我们可由线圈电压之变化检测出电阻之变化，亦即温度之变化，再将此变化转换成气体通过之流量，然后据此调整阀之大小以达到所设定之流量。

9-5　金属之氧化及还原反应

金属粉表面均有一层薄薄的氧化物，此氧化物必须先被还原，粉末才有可能进行烧结及致密化而得到具高机械、物理性质的工件，本节将讨论氧化物如何被还原的基本原理。

金属氧化物在加热时有可能会分解成氧和纯金属，此可由 Ellingham 图（图 9-6，也称 Richardson 图）看出[3]，例如在 200 ℃及 1 atm 之纯氧环境下，银与氧乃处于平衡状态，当温度高于 200 ℃时，氧化银会分解成纯银和氧，而氧化钯之分解温度则在 900 ℃左右。不过除了贵重金属外，一般之金属在常压下加热至高温后均会氧化，但在高真空环境下则不同，由于此时氧之分压很低，所以可将金属氧化物分解，其判断之方法为由 Ellingham 图中左侧之 "O" 点与氧化物反应线在某温度之点相连接成一直线，此直线与图右侧氧分压（P_{O_2}）之垂直坐标线相交可得一点，此即为平衡状态下之氧分压。例如 FeO 在 1120 ℃被分解（$2Fe+O_2=2FeO$）时之氧分压约为 10^{-13} atm（如图 9-6 虚线所示）。由于低的氧分压可将金属氧化物分解，且真空成本低，因此粉末冶金业，特别是金属粉末注射成形业界常采用高真空作为烧结气氛。

金属氧化物除了在高真空下可被分解之外，也可靠还原气氛将之还原，其反应如下式所示：

$$MO + H_2 \rightleftharpoons M + H_2O \qquad (9\text{-}6)$$

在平衡状态时其反应自由能 ΔG 与 H_2 及 H_2O 之分压有下列之关系：

$$\frac{P_{H_2}}{P_{H_2O}} = \exp\left(\frac{\Delta G}{RT}\right) \qquad (9\text{-}7)$$

要取得此 H_2/H_2O 分压比，可由左侧之点 "H" 与该氧化物反应线在该温度之点作一连线，将此线延长并与图右方之 H_2/H_2O 之坐标线相交得一值，此即为平衡时 H_2 及 H_2O 之分压比，此时若提高 H_2O 量，金属将氧化。相反地，H_2O 量降低时氧化物将被还原。例如 SiO_2 在 1200 ℃与 Si 达到平衡时，其 H_2/H_2O 之比值为 90000，所以当 N_2+40H_2 气氛中之水汽为 4.44 ppm 时，其 $H_2/H_2O=0.4/(4.44\times10^{-6})=90000$，此时 SiO_2 正好在平衡边缘而无法被还原，不过一旦水汽稍低于此值，则 SiO_2 将开始被还原。对于大部分金属而言，其在 Ellingham 图中的氧化还原平衡线多在 $2H_2+O_2=2H_2O$ 线的下方，如 Si，故当温度上升时其平衡所需之 H_2/H_2O 比值较低，此时 SiO_2 将较易被还原。若平衡线在 $2H_2+O_2=2H_2O$ 线的上方，如铜，则温度上升时其平衡所需之 H_2/H_2O 比

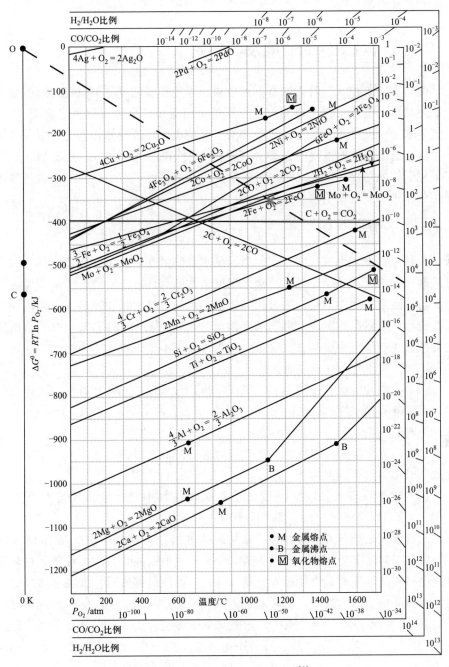

图 9-6 Ellingham 氧化还原图[3]

值较高，故较易氧化。

9-6　气氛对工件的影响及其控制

使用上述各种气氛时需注意下列事项，以免气氛之成分不稳定，影响烧结产品之品质。例如气体产生器内之触媒是否已老旧，是否有过多之炭黑产生，空气中水分及温度是否稳定，原料如液氨或烷类所含成分是否固定，以及气体产生器本身之操作温度是否正确等等。由于烧结时气氛中之水分及一氧化碳、二氧化碳均能对烧结产品之碳、氧含量产生影响，所以有必要对这些微量气体之角色作进一步之说明。

9-6-1　水汽

各种气氛中多仍有残留水汽，当这些水汽的量在某一温度下超过其饱和蒸气压时将凝结成水珠，此最早凝结之温度俗称露点（dew point），图9-7为水汽含量与露点之对照图。比对之方法为将中心点与水汽含量相连接，由此连线即可找出相对应露点的温度。例如水汽含量为1%时其露点约7 ℃。9-3节所述之各种气氛在反应完后其水汽含量一般均太高，不适于直接作为烧结气氛，必须先除水，常见之方法有三种。

（1）冷水冲洗法。在高温所生成之气体其含水量相当高，若气体由管内通过，而管外有冷水冲洗，此时气体之露点可降至该水温，例如以15~30 ℃之水冲洗时其气氛之露点即为15~30 ℃，亦即其含水量为1.7%~4.1%。

（2）冷冻除湿法。以冷冻机使气氛之温度降低，过饱和之水汽将凝结，以此法一般可得到之露点为5~15 ℃。

（3）化学除湿法。以活性氧化铝等吸收气氛中之水分，其露点可降至-40℃，若再以分子筛过滤，则可降至-60 ℃。

水汽含量之测试方法有多种，常见之两种为：① 热电型式。如图9-8所示，抛光材料之下方附着一热电材料（thermoelectric material），当通电并调整此热电材料之温度时，可使抛光材料冷却，当温度足够低时，气氛中之水分可凝结在抛光面上成为雾状，此时入射光线经反射后其强度将降低，此强度可由光电晶体管（phototransistor）测得，这些数据可解读成气氛中水分之多寡或是露点之高低。② 电容式。此方法乃利用电容之原理，在两片电极之间置入一高分子薄膜，当气氛通过此薄膜时，气氛中的水汽将改变此装置之电容，故可判断气氛中水分之多寡。

当气氛中之水汽及二氧化碳含量太多时，会造成碳钢之脱碳［式（9-8）、

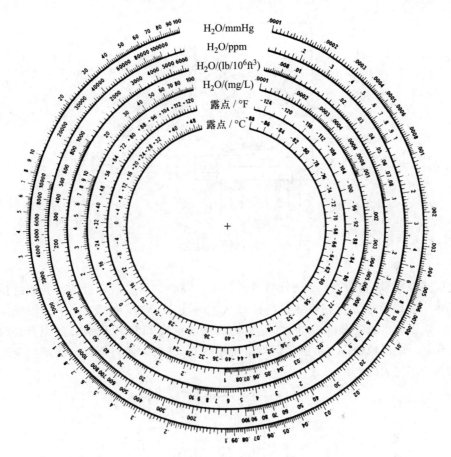

图 9-7　水汽含量与露点之对照图

(9-9)]，而且使得金属表面产生氧化物[式(9-10)、(9-11)]：

$$Fe_3C + CO_2 \rightleftharpoons 3Fe + 2CO \tag{9-8}$$

$$Fe_3C + H_2O \rightleftharpoons 3Fe + CO + H_2 \tag{9-9}$$

$$Fe + CO_2 \rightleftharpoons FeO + CO \tag{9-10}$$

$$Fe + H_2O \rightleftharpoons FeO + H_2 \tag{9-11}$$

由这些反应式可知，若要避免脱碳及氧化，则必须适当地控制 CO_2 及 H_2O 之量。

图 9-9 显示在不同温度下以吸热型气氛烧结碳钢零件且试片内之碳达到平衡时，其碳含量与露点之关系[4]。由此图可知当烧结温度在 1120 ℃时，一般

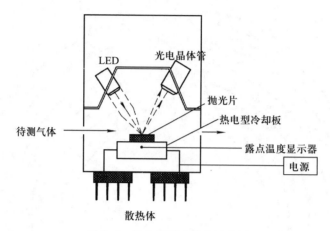

图 9-8　热电型露点计之示意图

之吸热型气氛(其露点略高于 0 ℃)将使中、高碳钢产生脱碳反应。若要维持坯体中之碳含量,可在烧结区与冷却区之间注入 0.1%～0.3% 之甲烷于气氛中,由于此区域之温度约 800 ℃,其饱和碳含量较 1120 ℃时高,所以有补碳之功效,此区域俗称复碳区。但当甲烷超过 0.3% 时,则可能又析出炭黑于工件及炉体之表面上。

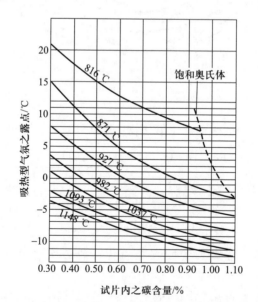

图 9-9　在不同温度下以吸热型气氛烧结碳钢零件时,其试片内之
碳含量与露点之关系[4]

9-6-2 二氧化碳

除了水汽之外，当气氛中含有太多的二氧化碳时，也会造成碳钢之脱碳[式(9-8)]及氧化[式(9-10)]。图9-10即显示试片内之碳含量与吸热型气氛中CO_2含量之关系[5]。由图9-9及图9-10可看出，只要水汽或CO_2之含量稍有变化，钢中之碳含量即大幅变化。此外，由于吸热型气氛中水汽及CO_2之含量不多，只要水汽或CO_2之含量稍有变化，其$H_2O:H_2$及$CO_2:CO$之比例即可能呈数倍之变化，导致钢中之碳含量大幅变化，可见控制碳势之不易。但要控制吸热型气氛的碳势仍是可行，一般多以露点来控制气氛中之$H_2O:H_2$之比例，而以CO_2量或O_2量控制气氛中之$CO_2:CO$之比例[6]。值得注意的是，气氛之控制并不需要同时控制水汽、CO_2及O_2，此乃因气氛中各气体成分彼此互有关系，此消彼长，均受到热力学上平衡常数及自由度之限制，例如CO_2与H_2O即有水煤气反应之限制：

$$CO + H_2O \Longleftrightarrow CO_2 + H_2 \qquad (9-12)$$

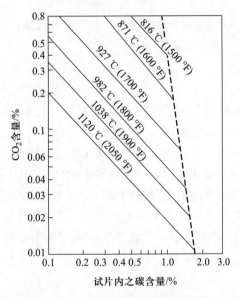

图 9-10　在不同温度下以吸热型气氛烧结碳钢零件时，其试片内之
碳含量与气氛中 CO_2 含量之关系[5]

因此以甲烷生成吸热型气氛时，当空气与甲烷之比例改变且温度维持在 1065 ℃时，气氛之露点与二氧化碳含量有固定之关系，如图 9-11 所示[6]，所以要控

制气氛时可用露点计或 CO_2 量测器二者之一即可。由于碳含量之多寡与坯体在 800~850 ℃之间时气氛之成分有最密切的关系，所以感应测头多置于炉温约 815 ℃处，以判断在该温度时 CO 之含量及碳势。

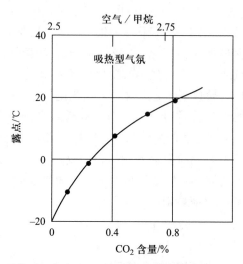

图 9-11 吸热型气氛在 1065 ℃时其露点与二氧化碳含量之关系[6]

9-6-3 氧

除了水及二氧化碳可作为监控气氛的参数外，氧含量的监控也相当普遍。由于氢、碳均会与氧反应生成水、一氧化碳或二氧化碳，所以这些气体在达成平衡后，气氛中的氧、二氧化碳及水汽的含量均有固定的比例，此也表示监控气氛时并不需要同时监控水汽、二氧化碳及氧的含量，只要监控其一即可。

目前量测氧含量最普遍的方法是用相当敏感之氧化锆型氧探测器，其原理是氧离子在高温时会由高浓度之环境(如空气)穿过氧化锆而到达低浓度之另一端(待测气氛)，此氧离子之移动能产生电动势，由此电动势可转换成所要探测的氧浓度。

9-6-4 真空

在抽真空的过程中，首先被抽走的是腔体内的气体，亦即空气，不过到了高真空时，主要的残留气体不是空气中的氮气或氧气，而是水汽，例如在真空度为 10^{-3} Torr 时，残留气体中的水汽即占了 77%~95%。此现象在夏天更为严重，因为夏天室温为 30 ℃时，空气中水汽的饱和量是 20 ℃时的 1.8 倍左右，是 10 ℃时的 3.2 倍左右(由图 9-7 推得)。由于水汽较易附着在工件及炉体材料表面，必须在高真空或加热的情况下才会脱附(desorption)，此现象在以石墨为加热体，或以石墨板、碳精棉(graphite felt)作为炉膛、隔热层及炉具材料时最为明显，原因是这些材料并非完全致密，内有孔隙，表面也较粗糙，使得能吸附水汽的表面积过大所致。当这些炉具越老旧或真空炉久未使用时，残留水汽越多，使用后石墨被侵蚀成孔的程度也越严重，表面也越粗糙，此使得高真空度就越难达到，所以真空炉未使用时应随时保持在真空状态，不应让炉内材料接触到炉外空气。

在平衡状态下，一般固体及液体均可直接变成气体，这些气体对周遭所造成的压力称为蒸气压。当蒸发出去的蒸气与凝结回固体或液体之量相等时，此气体即已达饱和状态，此时的蒸气压称为饱和蒸气压或平衡蒸气压。若一液体的饱和蒸气压与外界的气压一致时，该液体即产生沸腾现象。例如水在100 ℃时的饱和蒸气压为1 atm，所以水在100 ℃时会沸腾；又如水在20 ℃时的蒸气压为17.5 mmHg(23.3 mbar)，因此若将水置入一真空烘箱然后抽真空，真空度到了17.5 mmHg时，水温虽然只有20 ℃，也会沸腾。又若空气中水汽之分压为17.5 mmHg时，则一旦温度低于20 ℃时，一部分水汽将因过饱和而凝结成水，因此20 ℃即为此空气之露点。

除了液体以外，固体也有蒸气压，例如冰块为固体，在大气中也会有水分子蒸发，表9-5列出冰块在-40 ℃至0 ℃之间的平衡蒸气压，表9-6则列出水在0 ℃至115 ℃之间之平衡蒸气压，冰与水在0 ℃时的蒸气压一样。

表9-5 冰块在-40 ℃至0 ℃之间的平衡蒸气压

温度/℃	蒸气压/mmHg	温度/℃	蒸气压/mmHg
0	4.58	−25	0.47
−5	3.01	−30	0.28
−10	1.95	−35	0.17
−15	1.24	−40	0.10
−20	0.77		

如上所述，固态的冰也会挥发，不锈钢固体中之铬亦同，在真空烧结时也会有一些铬原子以蒸气升华之方式脱离工件表面，其他金属元素亦同，例如图9-12即为铁在不同平衡蒸气压时之对应温度[7]，而表9-7即为各种金属元素之熔点及其在不同平衡蒸气压时之对应温度[8]。虽然绝大多数金属之蒸气压都很低，但对于粉末冶金工件而言，仍需注意铬、锰、镁、铜等元素，这些元素

在高真空下烧结时仍非常容易逸出。

表 9-6　水在 0 ℃至 115 ℃之间的平衡蒸气压

温度/℃	蒸气压/mmHg	温度/℃	蒸气压/mmHg
0	4.6	60	149
5	6.8	65	188
10	9.0	70	234
15	12.8	75	289
20	17.5	80	355
25	23.8	85	434
30	31.5	90	526
35	42.0	95	634
40	55.5	100	760
45	71.9	105	906
50	92.3	110	1075
55	118	115	1268

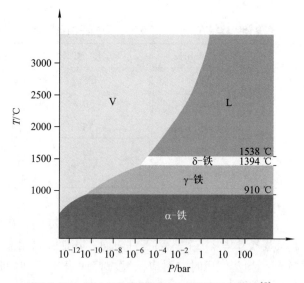

图 9-12　铁在不同平衡蒸气压时之对应温度[7]

表 9-7　各种金属元素之熔点及其在不同平衡蒸气压时之对应温度[8]

元素	熔点/℃	当平衡蒸气压为下值时之温度/℃					
		1 Pa	10 Pa	100 Pa	1 kPa	10 kPa	100 kPa (0.987atm)
Ag	962	1010	1140	1302	1509	1782	2160
Al	660	1209	1359	1544	1781	2091	2517
B	2076	2075	2289	2549	2868	3272	3799
Bi	271	668	768	892	1052	1265	1562
Cd	321	257s	310s	381	472	594	767
CdO	900~1000	770s	866s	983	1128	1314	1558
Co	1495	1517	1687	1892	2150	2482	2925
Cr	1907	1383s	1534s	1718s	1950	2257	2669
Cu	1083	1236	1388	1577	1816	2131	2563
Dy	1412	1105s	1250s	1431	1687	2031	2558
Fe	1538	1455s	1617	1818	2073	2406	2859
HNO$_3$	−42			−37	−9	28.4	82.2
H$_2$O	0	−60.7s	−42.2s	−20.3s	7.0	45.8	99.6
Hg	−40	42.0	76.6	120.0	175.6	250.3	355.9
Mg	651	428s	500s	588s	698	859	1088
Mn	1244	955s	1074s	1220s	1418	1682	2060
Mo	2622	2469s	2721	3039	3434	3939	4606
MoO$_3$	795				801	935	1151
Na	97.8	280.6	344.2	424.3	529	673	880.2
Nb	2477	2669	2934	3251	3637	4120	4740
Nd	1024	1322	1501	1725	2023	2442	3063
Ni	1455	1510	1677	1881	2137	2468	2911
P(红磷)	597	182s	216s	256s	303s	362s	431s
Pb	328	705	815	956	1139	1387	1754
S	113	102s	135	176	235	318	444
Sb	630	534s	603s	738	946	1218	1585

元素	熔点/℃	当平衡蒸气压为下值时之温度/℃					
		1 Pa	10 Pa	100 Pa	1 kPa	10 kPa	100 kPa (0. 987atm)
Si	1410	1635	1829	2066	2363	2748	3264
Sm	1072	728s	833s	967s	1148	1402	1788
Sn	232	1224	1384	1582	1834	2165	2620
Ta	3017	3024	3324	3684	4122	4666	5361
Te	450			502	615	768. 8	992. 4
Ti	1668	1709	1898	2130	2419	2791	3285
V	1910	1828s	2016	2250	2541	2914	3406
W	3422	3204s	3500	3864	4306	4854	5550
Zn	419	337s	397s	477	579	717	912
Zr	1855	2366	2618	2924	3302	3780	4405

注：s 表示为固体。

兹以铜为例，在高于其熔点（1083 ℃）之 1236 ℃ 时，其饱和蒸气压为 1 Pa，如表 9-7 所示，所以在高真空烧结时，合金（如 17-4PH 不锈钢）中所含的铜将局部挥发，特别是表面部分，导致烧结成品中的铜达不到应有之规格。除了铜以外，有些金属甚至在固体时其蒸气压就已经相当高，以锰为例，其熔点为 1244 ℃，但在 1220 ℃ 时，虽然锰仍是固体，但其饱和蒸气压已高达 100 Pa，比铜更严重。其他如铬、镁、锌等均是在固体状态下即具有高蒸气压的元素，所以在真空下烧结工件时，烧结炉内之真空度并非越高越好，必须以添加氩气分压等方法压制一些金属之挥发以控制金属成分。

9-7　烧结炉

连续式烧结炉大致上可分为脱脂区、烧结区及冷却区三部分。在脱脂区中，生坯内之润滑剂或黏结剂将被分解而逸出，并经由气氛向炉口带出；烧结区之主要目的在于促进粉体间之烧结，提高密度，并将各合金元素均质化；而冷却区则有调整显微组织、冷却坯体以便取出之功能。

一般连续炉所需之气氛大多由烧结区之尾端进入，当气氛进入高温烧结区时，由于温度升高，气体急速膨胀，因而欲向炉口及炉尾流动，但一般之炉尾常有外接之氮气向下吹，形成气帘(gas curtain)以阻隔烧结气氛与外面之空气接触，此外，对网带式炉(mesh belt furnace)而言，其炉尾亦常加上玻璃纤维帘布或不锈钢片以增加气流之阻力，而对推式炉(pusher furnace)或步进梁式炉(也称动梁式炉，walking beam furnace)而言，其炉尾之炉门大部分时间均处于关闭状态，所以气氛只能朝炉口方向流动。虽然有些炉子之炉口大部分时间也是关闭的，但炉口有烟囱提供了气体的出口，在烟囱处随时有一火苗，可将废气燃烧掉。气氛由烧结区尾部进入的好处在于烧结越趋近结束时，坯体所在位置之气氛越新鲜、干净。相对地，气氛愈接近炉口时，因其中已累积了不少润滑剂所分解之气体分子及氧化物被还原所产生之水汽和二氧化碳，所以较脏，因此由高温烧结区尾端进气之设计可确保产品之干净度。

若以输送方式或结构而言，最常用的烧结炉有网带式炉、推式炉、步进梁式炉、驼峰式炉(humpback furnace)及真空炉(vacuum furnace)，兹分述如下。

9-7-1 网带式炉

使用网带式炉(图 9-13)时，坯体可放在网带上之金属或陶瓷匣钵内，有时采用排放或堆放之方式直接放在网带上，视零件之大小、复杂度以及是否容易变形等来决定。一般之网带多由 310 不锈钢(Fe-25Cr-20Ni)制作，但 314 不锈钢(Fe-25Cr-20Ni-2Si)及 Inconel 601(60Ni-23Cr-1.5Al-余 Fe)更佳。由于网带经过高温区且需承受相当大之拉力，有蠕变(creep)之顾虑，所以其最高使用温度为 1150 ℃，但最常使用温度为 1120 ℃。由于此温度偏低，所以网带式炉一般只用于烧结铁系低合金钢及铜系工件。

使用网带的另一缺点是寿命的问题，此乃因网带会碳化、氧化或氮化。在碳化方面，由于工件中的黏结剂分解后会产生含碳气体如 CO，而不锈钢网带中又含有 Cr，二者易反应生成 $Cr_{23}C_6$，析出于晶界，此现象在使用含有约 20 vol% CO 之吸热型气氛时更为严重。在氮化方面，由于气氛中几乎都含有氮，所以 Cr 也易与 N 反应生成 Cr_2N，而使网带变脆。在氧化方面，若气氛之露点偏高时，Cr 也会与水汽及氧反应生成 Cr_2O_3，析出于晶界。这些现象使得网带易脆断而常需修补，且约每隔半年至一年即需汰换。不过，这并不表示气氛之露点越低越好，例如氮-氢混合气之露点在-50 ℃时，不锈钢网带每进出炉子一次就产生在高温区还原、在低温区氧化之循环现象。相对地，在-40 ℃左右之露点下，网带表面之氧化铬层在 1120 ℃并不会被还原而一直有一层氧化铬，所以可减少或防止气氛中之氧、碳、氮入侵到网带内部形成氧化物、碳化物或氮化物，因而可延长使用寿命。

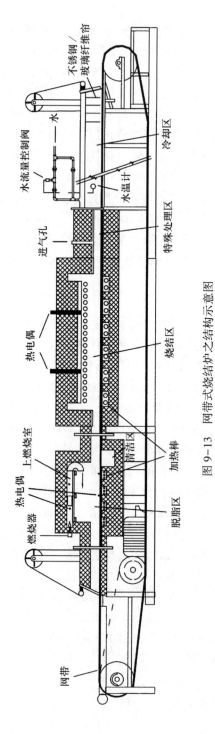

图 9-13　网带式烧结炉之结构示意图

鉴于网带无法承受太高之温度，近年来亦有氧化铝网带之开发[9]，但由于氧化铝机械强度不高，易碎，且吸热量大、成本高，所以虽然可使用于 1400 ℃，但仍少有厂商使用。

由于烧结炉之气氛必须相当干净，不能有外界气体进入，所以网带式炉之烧结区、脱脂区及冷却区多有炉膛(muffle)之保护，此炉膛可由 310 s 不锈钢、超合金 Inconel 600(75Ni-15Cr-余 Fe)、601 或碳化硅板制作。但由于烧结区温度高，炉膛使用寿命不长，因此另一种选择是只在脱脂区及冷却区使用炉膛，而烧结区则以耐火砖筑成，但外覆金属壳以确保气密性。此外，为了不让外界气体进入炉区，气氛之流量必须足够，对于每 1 m 宽之网带其流量最好能达到 100 m³/h，以避免炉内气氛受到污染。

9-7-2 推式炉

此型烧结炉之烧结温度较高，多用于 1200 ℃以上，最高可至 2200 ℃。其结构如图 9-14 所示，在炉口有一推送装置，将一片片相邻之陶瓷板或钼板推入炉中，而陶瓷板或钼板上则放置金属或陶瓷匣钵，内盛零件。由于有相当多重的板子需推送，阻力相当大，所以炉膛底部必须平整，以免陶瓷板或钼板在推送过程中拱起。

由于一般推式炉之操作温度高，所以不一定有炉膛之设计，若使用温度在 1300 ℃以下时，可采用镍基超合金 Inconel 600 或 601 作为炉膛之材料。对于具有炉膛之推式炉，其加热体一般在炉膛之外围，若不具炉膛时，加热棒将直接与气氛接触，此时需特别留意加热体是否会与气氛中之氢气、水汽及一氧化碳等反应。此外，由于炉砖直接与气氛接触，当使用低露点之含氢气氛且温度高过 1300 ℃时，炉砖内之 SiO_2 将被还原，此将导致炉砖孔隙度增加，强度降低，使用寿命缩短，此时应改用含 SiO_2 少之高氧化铝砖。

9-7-3 步进梁式炉

此型炉子之烧结温度亦较高，一般常用于 1200～1400 ℃之间，但最高可至 1788 ℃，图 9-15 为步进梁式炉内部之步进梁(walking beam)的连续动作图，图 9-15(a)显示步进梁向炉口方向移动，然后向上将所有之盛载匣钵顶起[图 9-15(b)]，顶起后步进梁向炉尾方向前进[图 9-15(c)]，然后将盛载匣钵放下，由炉体托住，如图 9-15(d)所示，步进梁随后又向炉口方向移动至图 9-15(a)之位置而完成一循环。一般之步进梁式炉其步进梁之机构大多只用于高温烧结区，而最前端之脱脂区则多采用推式炉之方式，将匣钵推至步进梁机构的第一个位置，而在冷却区则多用网带之方式将匣钵带出。

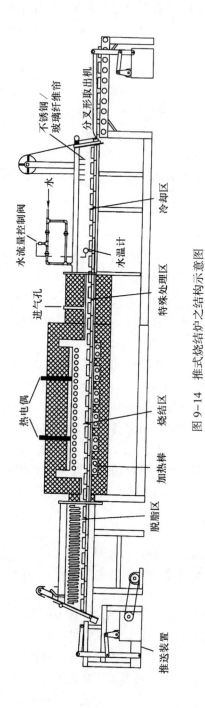

图 9-14　推式烧结炉之结构示意图

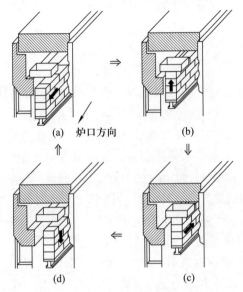

图 9-15 步进梁式烧结炉之传动系统的连续动作示意图

9-7-4 驼峰式炉

此炉亦采用网带之传动方式，但烧结区之位置较脱脂区及冷却区高，如图 9-16 所示。由于此区位置高，所以使用吸热型气氛或氮氢混合气时，气氛中较轻之氢气将累积于此烧结区中，使得该处之氢气比例提高，CO_2 及 H_2O 等气体含量降低，此可改善烧结体之品质。

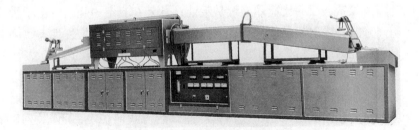

图 9-16 驼峰式烧结炉之外观(咏升电机公司提供)

选择以上四种连续式烧结炉时最常考虑的是烧结温度及产能，网带式炉及驼峰式炉之网带有蠕变之顾虑，所以烧结温度不宜超过 1150 ℃，若需超过此温度则应选择推式炉或步进梁式炉。此四种烧结炉之产能亦相当不同，以网带输送时，310 不锈钢之最高荷重约为 100 kg/m^2，使用推式炉或步进梁式炉时，其最高荷重约为 2200 kg/m^2。

9-7-5　真空炉

当粉末冶金工件之量大时，以连续炉生产较为经济，但订单数量小而材料种类多，或每个工件之烧结温度甚至烧结时间均不同时，则以批次炉（batch furnace）较适合，而批次炉中又以真空炉最普遍，其优点是较为节能且采用高真空时可避免气氛中之氧、水等之污染，其效果甚至比氢气还好。例如连续炉所用气氛之露点为-40 ℃时，其水汽含量约 130 ppm，真空炉之真空度只要在 0.1 Torr 时即有相同或更好之作用，此乃因 0.1 Torr 时真空炉内之气体约为全部容积之 0.013%或 130 ppm（0.1 Torr/760 Torr），而且如 9-6-4 节所述，高真空时，主要的残留气体不是空气中的氮气或氧气，而是真空炉内石墨及零件所释放出之水蒸气，其量约占所有气体之 70%，所以真空炉内水汽之含量仅约 91 ppm（130 ppm×0.7），其露点低于-40 ℃。由于此 0.1 Torr 的真空度相当容易达到，且实际使用真空炉时，一般均会在粗抽真空后通入氮气等惰性气体，以稀释炉内氧气及水汽含量，然后再抽至高真空，所以在 0.1 Torr 时其对应的露点应会更低。由于这些原因，真空炉内的金属不但不会氧化而且还能还原其表面的氧化物，此可省去还原气体之费用。此外，工件内部不会有气体阻止孔隙之收缩（见 8-5 节），使得致密化较容易。所以当高温烧结时间长或气氛之成本过高或工件数量少时，真空炉比连续炉更适合，特别是钼、不锈钢、碳化钨等需高温烧结者。

虽然真空炉有上述之优点，但它也有缺点，例如以真空炉生产大订单工件时，因升降温频繁，反而比使用连续炉耗能；此外在真空中烧结时由于没有传热之介质，只能靠辐射热及传导热，所以升温速率稍慢，且均温性差、降温时间长。一般在烧结结束后，为了缩短冷却时间，在炉温降至约 1000 ℃后常通入小于 1 atm（约 600 Torr）之惰性气体，并以内装之风扇让气体将工件之热量带走，此热气体可借水冷之炉壁作热交换，但其冷却速率相当慢，若炉后方设有热交换器时，气体被抽入热交换器，经冷却后再吹回炉内，此可使 1000 ℃至 100 ℃之冷却时间缩短至约 2 h。由于气体之冷却速率与气体压力有关，一般真空炉之冷却气体之压力多为 600 Torr 以下之负压，所以对流冷却之效果仍不尽理想，若采用高于 1 atm 之气冷方式的话，则冷却时间可再缩短。

真空烧结炉一般可分为两种：全金属式及石墨式。前者之绝热箱（retort）采用金属片组立而成，一般采用钨、钼或不锈钢作为内层材料，此时其最高操作温度分别为 2400 ℃、1700 ℃及 1150 ℃，而外层材料则多为 310 不锈钢，而加热材料亦多采用钼棒、钼线、钼板或钨棒、钨线、钨板，如图 9-17 所示。而石墨式则多采用石墨盒，另以板、片或纤维作为热屏障材料，其加热材料亦多为石墨材料。

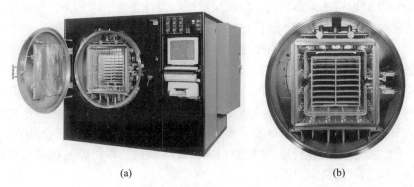

图 9-17　（a）全金属式真空烧结炉之外观；（b）加热区之细部(Elnik 公司提供)

　　全金属式真空烧结炉常采用钼材，此乃因钼之熔点高（2620 ℃），作为加热材料时其操作温度可达 1870 ℃，又因其热膨胀系数低（5×10^{-6}/K）、高温机械性质佳，所以也适合作为热屏障、炉内结构件、工件盛放盒等。目前除了纯钼外，常用之钼合金有 TZM，内含 0.5% 钛，0.08% 锆及 0.01%~0.04% 之碳，而 20 世纪 90 年代更发展出含氧化镧（La_2O_3）之钼合金（俗称 ML 合金），其抗蠕变能力更佳。钼、TZM 及 ML 合金之再结晶温度分别在 1100 ℃、1400 ℃ 及 1600 ℃ 左右，适合作为支架、结构件、第一层之绝热片等。而钨之特性与钼相似，若采用钨作为加热材料时，其操作温度可高过 2200 ℃。

　　全金属式真空炉之优点为炉体所吸附之水汽少，抽真空速度快，真空度高，升降温速度快，均温性佳，炉子干净，适合用于怕污染之材料如钛之烧结；其缺点为易变形、价昂、维修费用高，且怕含镍之粉（如 316L 不锈钢）或工件沾到钨、钼炉体，与钨、钼形成低熔点共晶而熔解。相对地，石墨炉之优点为价格低、维修容易、保温性佳、石墨结构件的高温强度高、不易变形、耗电量少；但缺点是石墨易吸附水分，使得抽真空之速率慢，且对烧结材料易有碳化、渗碳等污染问题，而降温速率也较慢。石墨炉常以石墨板或纤维做成一绝热箱，若采用石墨板时其绝热效果佳，能源使用效率高，寿命长，而采用俗称碳精棉之石墨纤维时，其冷却速率快，易维修，价格较便宜，但其绝热效果较差，寿命较短。

　　有些机械性质要求特别高之粉末冶金工件、金属注射成形工件、不锈钢、工具钢、硬质合金、钼合金等的烧结温度高，多在 1200 ℃ 以上，真空炉虽已有绝热箱且其外周有绝热层，但仍有大量的热传至炉壁。为了安全起见，炉壁温度应在 50 ℃以下，所以一般炉壁结构均为双层，内通冷却水，其内层多为304 不锈钢，而外层多为碳钢，但若水质不好时，除了要作水处理外，为了长远之计，外层也可改为不锈钢，以减少维修、焊补之成本。此外，也可使用循环水，以减少水垢在受热水管内之堆积。

由于真空炉升降温及抽真空之时间长，产能小，若需增加产能可采用连续式之真空烧结炉，此种烧结炉共有三个腔体：脱脂腔、烧结腔及冷却腔，而各区之间有隔板，如图 9-18 所示。当烧结完毕出料时可将烧结腔及冷却腔间之隔板打开，把工件移至处于真空状态下之冷却腔，将隔板关闭，再将惰性气体注入冷却腔，待工件冷却后取出。而工件正在烧结腔烧结时其脱脂腔仍可处于1 atm 下，以便进料，进料后关闭炉门，抽真空预热，等待进入烧结腔，如此可省下升降温及抽真空之时间。

9-7-6　加速冷却设备

不论是连续炉还是批次炉，由于烧结温度高，要将工件温度由烧结温度降至 100 ℃以下所需要的时间非常长，对于连续炉而言，即使冷却区之构造采用水套，使冷却区之气体可借对流的方式将工件冷却，但其冷却速率仍相当慢，一般需 2 h 以上。所以如何加速冷却速率以提高烧结炉之有效利用率是降低生产成本的一大课题。

对连续炉而言，要加速冷却速率可在冷却区与高温烧结区之间加装一急冷设备(图 9-19)，将炉内气氛导入炉外之热交换器(箭头方向)，将气体冷却后再以鼓风机打回炉内(箭头方向)，采用此装置后工件在 500~700 ℃之区间内的冷却速率可提高至 45 ℃/min 以上。

除了缩短冷却时间以降低生产成本以外，提高冷却速率的另一个诱因是有些材料也需要借由加快冷却速率来调整显微组织，以改良产品之机械性质、抗腐蚀性或加工性，例如具有高硬化能之合金在烧结后以大于 45 ℃/min 之速率急冷时，其硬度、强度可立即提高，而不需再施以额外之淬火热处理，此烧结后即可硬化之技术称为烧结硬化(sinter-hardening)，其与淬火热处理之优缺点的比较如下：

(1) 烧结硬化可省去淬火热处理，可降低成本。

(2) 淬火后工件内易有淬火油渗入孔隙内，此需借回火烧除，但易产生工件积碳，外观不佳，回火炉易脏，并有油烟等环保问题。

(3) 淬火时工件易变形，有的甚至会发生脆裂。

(4) 工件需表面电镀时，烧结硬化产品不需除油。

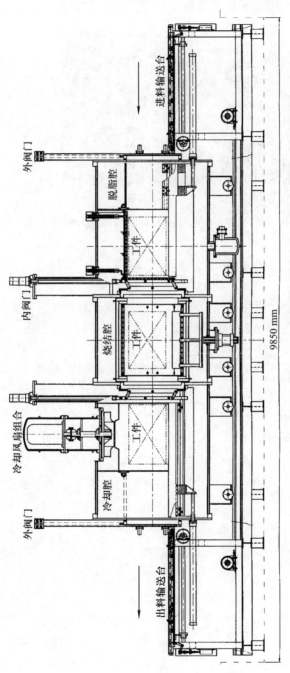

图 9-18　具有脱脂腔、烧结腔及冷却腔的连续式三腔真空炉（臻龙公司提供）

图 9-19 装置于网带式烧结炉之急冷设备

9-8 加热体

烧结炉中加热体之选择与所使用之温度、气氛有密切之关系，其最高使用温度及较适用之气氛如表 9-8 所示，兹说明如下。

表 9-8 常用加热体之适用气氛及最高使用温度

加热体	最高使用温度/℃	适用之气氛
镍铬丝(Ni-20Cr)	1150	所有气氛
铁铬铝合金(Fe-22Cr-5.8Al)	1400	空气
碳化硅(SiC)	1600	氧化气氛
	1400	吸热或放热型气氛
	1300	分解氨
	1200	氢气
二硅化钼(MoSi$_2$)	1900	氧化气氛
	1350	还原气氛
石墨	2200	真空
	1600	还原气氛
钼	1870	还原、惰性气氛及真空
钨	2480	还原、惰性气氛及真空
钽	2400	惰性气氛及真空

（1）碳化硅。碳化硅乃各式烧结炉中最常用之加热材料，它在空气中将与氧产生下列之反应：

$$SiC + 2O_2 \longrightarrow SiO_2 + CO_2 \tag{9-13}$$

由于碳化硅表面可生成一层 SiO_2 以保护加热体，所以使用温度可高达 1600 ℃，但在吸热型或其他含氢气氛中，因 SiO_2 层不易形成，故一般多用于 1400 ℃以下。若在纯氢气中则视露点而定，露点高仍可形成 SiO_2，低则难，例如露点为-30 ℃时使用温度即不可超过 1350 ℃。

式（9-13）中所生成之氧化硅将被覆于碳化硅表面并提高其电阻，此现象在 800 ℃以上逐渐明显且随着温度之增加而加速，但在使用一段时间之后由于外界之氧被氧化硅层隔绝，无法与碳化硅反应，故内部之碳化硅不会持续与氧反应。

（2）镍铬丝。此种加热体之成分多为 Ni-20Cr，最高使用温度为 1150 ℃，在空气或还原气氛下均可。

（3）铁铬铝合金。例如 Fe-22Cr-5.8Al，在空气中可用至 1400 ℃。

（4）二硅化钼。在空气中可用至 1900 ℃，在氢气中则只能至 1350 ℃。

（5）石墨。在真空炉中可使用至 2200 ℃，但若使用氢气气氛时，因为氢会与石墨反应产生甲烷，故最高使用温度为 1600 ℃。石墨也会与真空中之残留气体反应，例如与氧、水汽及二氧化碳分别在 399 ℃、732 ℃及 1010 ℃以上温度之反应相当快[10]，此反而可降低气氛中这些氧化型气体之含量，有助于改善工件表面之光泽，但也因为会生成一些 CO 气体而对产品产生渗碳之现象，所以若产品有渗碳之顾虑时，应改用其他加热体。

（6）钨。钨及钼均非常容易氧化，在 200 ℃以上即应引入还原性或惰性气氛。钨在氢气、氮气或高真空下之使用温度为 2480 ℃以下。

（7）钼。一般多用于还原气氛中如氢气、分解氨或高真空之气氛下，最高使用温度为 1870 ℃。

（8）钽。钽亦很容易氧化，常用于真空气氛中，最高使用温度为 2400 ℃。

9-9　盛放物

工件置入烧结炉后有时会与相接触之材料如匣钵（saggar）、载板（setter plate）起反应，表 9-9 为数种元素间之共晶点，若工件与匣钵之主要成分起反应且烧结温度超过其共晶点，则工件或匣钵可能因而熔解。例如将不锈钢或铁系合金之拉伸试片直接置于石墨盘上送进真空炉烧结，虽然石墨之熔点或升华点在 3500 ℃以上，但是当温度超过 1148 ℃（Fe/C 共晶点）时，工件将熔解，如图9-20(a)所示。若将石墨盘改用SiC盘，在1350 ℃之烧结温度下也会熔解，因为铁与硅之熔解反应温度在1200 ℃左右。又若将不锈钢放置于钼盒中烧结时，因不锈钢中之镍会与钼反应，当烧结温度高于1316 ℃之Mo/Ni共晶点时工件与钼盒之接触部分也将熔解，如图9-20(b)所示。在这些情况下应将工件置于陶瓷板上。此外，如9-7-2节所述，在氢气气氛及高温下，匣钵中之SiO_2易被还原，使得匣钵强度变弱，且工件表面也易被SiO_2污染，此时亦应改用高氧化铝或氧化锆。

表9-9　常见元素间之共晶点　　　　　　　　　　　（单位：℃）

	W	Mo	Ta	Ti	Ni	Fe	C
W					1455	1538	
Mo					1316	1454	
Ta					1322	1342	
Ti					943	1086	1650
Ni	1455	1316	1322	943		1427	1316
Fe	1538	1454	1342	1086	1427		1148
C				1650	1316	1148	

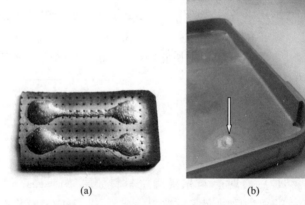

(a)　　　　　　　　　　(b)

图9-20　(a) 将不锈钢拉伸试片置于石墨盘上于1200 ℃下进行真空烧结后试片熔解之现象；(b) 于1350 ℃进行烧结时，不锈钢产品不慎从氧化铝板掉落在钼盒上所造成之熔解现象(箭头指处)

在烧结炉中不同材料间之反应亦需注意，例如石墨加热棒常穿过绝热箱而连接电源，此时若以氧化铝管套住石墨加热棒作为与绝热箱间之绝缘物时，此氧化铝管在高温仍会与石墨反应而逐渐变薄，故应改用氧化锆或氮化硼。表9-10 为氧化物、金属与碳在真空中互相接触时所建议之最高使用温度。

表 9-10　氧化物、金属与碳在真空中互相接触时所建议之最高使用温度[11]

（单位:℃）

	W	Mo	Al$_2$O$_3$	BeO	MgO	SiO$_2$	ThO$_2$	ZrO$_2$	Ta	Ti	Ni	Fe	C
W	2538	1927	1821	1760	1371	1371	2204	1593	—	—	1260	1204	1482
Mo		1927	1821	1760	1371	1371	1899	1899	1927	1260	1260	1204	1482
Al$_2$O$_3$			1821	—					1821	—			—
BeO				1760	1371	—	1760	1760	1593	—	—	—	1760
MgO					1371	—	1371	1371	1371				1371
SiO$_2$						1371	—						1371
ThO$_2$							1982	2204	1899	—			1982
ZrO$_2$								2038	1593	—			1593
Ta									2343	1260	1260	1204	1927
Ti										1260	927	1038	1260
Ni											1260	1204	1260
Fe												1204	1093
C													2204

9-10　热电偶

一般常用的热电偶其适用温度范围及气氛列于表 9-11，而常用来保护热电偶之套管（sheath）的种类则列于表 9-12。量测温度除了用热电偶外也可用比色高温计（pyrometer），pyrometer 中的 pryo 为希腊文中的“火”，而 meter 即为“计”，所以 pyrometer 也可说是测“火”的温度计。最早之比色高温计是将一电阻丝加热使其变为炽热，将此电阻丝之颜色与炉内工件之颜色作一对比，当视窗内电阻丝之颜色与炉内环境之颜色相同时，此电阻丝将"消失"，此时由电阻丝之电流、电压可判断出炉内之温度。此种温度计属光学式（optical pyrometer）。工业界即常以此比色高温计量测 1700 ℃以上之温度。

表 9-11　常用热电偶之适用温度范围及气氛

型号	适用温度/℃	应用
K Chromel(+)/Alumel(-)	-200~1200	在氧化性气氛下相当稳定，在还原性气氛下有轻微的高温腐蚀现象，一般而言不论使用何种气氛最好均使用保护套管
N Nicrosil/Nisil	-200~1200	应用与 K 型相同，但高温抗氧化性较佳，使用寿命较长，在 300~500 ℃之间的温度准确性也较好
R Pt-13Rh(+)/Pt(-)	0~1600	铂若接触到其他金属易受污染，一般均使用陶瓷套管，在氧化性气氛中相当稳定，但在真空及还原性气氛下劣化速度相当快
S Pt-10Rh(+)/Pt(-)	0~1600	与 R 型类似
B Pt-30Rh(+)/Pt-6Rh(-)	600~1700	使用条件与 R 及 S 型类似，但可用于更高温度。在低温时电压低且非线性，较不准，所以 250 ℃以下时其温度不作参考
C W-26Re(+)/W-5Re(-)	0~2315	必须在真空、氢气或惰性气氛下使用，在真空下可使用开口端暴露之方式，其他气氛则需使用封闭式，易碎

表 9-12　常用热电偶之保护套管

材料	最高使用温度
304，316，440 不锈钢	氧化性气氛：870 ℃
	非氧化性气氛：1260 ℃
镍基 Inconel 601 合金钢(60Ni-23Cr-1.5Al，余 Fe)	氧化性气氛：1260 ℃
氧化铝(99.8%)	1870 ℃

近年来低温型的测温计也相当普遍，借由工件所散发出来的辐射热经聚焦后抵达探测端，再由此探测器将所获得之能量转换为电子信号而读出温度，此种温度计称为辐射式温度计（radiation pyrometer）。

9-11　结语

要得到理想的烧结工件，除了要谨慎选择粉末之外，在烧结设备及烧结参数上也要特别注意。当单一粉末冶金工件的订单大时应使用连续炉，产品品质较稳定、人工成本低且较节能；有时虽然单一产品之数量不大，但如果相同材料（如316L不锈钢）的数种工件之总数相当大，仍能维持连续炉的高利用率的话，则连续炉仍是较佳的选择。相对地，订单量不大时则应选择批次炉，虽然每千克或每个工件的单位电费成本及操作成本较高，但却不若连续炉在无工件可烧结时仍需维持炉温及气氛。

在工艺参数方面，烧结气氛、升降温速率、烧结保温温度及时间、载盘种类、真空度、气氛之露点或氧含量等，均会影响工件的机械、物理性质及尺寸稳定性。由这些参数的数目可知，要找出最适当的烧结条件有赖对烧结工艺及设备的深入了解，且不同材料的最佳烧结条件也不同，后续的第12~17章中将针对不同材料举出一些实例并详细说明之。

参考文献

[1] K. S. Hwang and H . K. Lin，"Lubricant Removal in Metal Powder Compacts"，Int. J. Powder Metall. ，1992，Vol. 28，No. 4，pp. 353-360.

[2] D. Herring，"Endothermic Gas Generators"，Adv. Materials & Processes，2000，Feb，pp. H20-H22.

[3] D. R. Gaskell，*Introduction to Metallurgical Thermodynamics*，2nd ed. ，Hemisphere Pub. Corp. ，Washington，1981，p. 287.

[4] *Powder Metallurgy Manual*，2nd ed. ，MPIF，Princeton，NJ，1977，pp. 119-120.

[5] F. V. Lenel，*Powder Metallurgy：Principles and Applications*，MPIF，Princeton，NJ，1980，pp. 207-208.

[6] S. N. Banerjee，"Generating Endothermic Atmospheres"，Adv. Materials & Processes，1998，pp. 84SS-84UU.

[7] Ref. http：//en. wikipedia. org/wiki/File：Pure_ iron_ phase_ diagram_ (EN). svg

[8] *Handbook of Chemistry and Physics*，96th ed. ，CRC Press Inc. ，Boca Raton，Florida，2015-2016，6-89~6-93.

[9] B. Cole，"Ceramic Belts for High Temperature Sintering"，Metal Powder Report，1992，Vol. 47，No. 3，pp. 40-42.

[10] *Powder Metallurgy Manual*，2nd ed. ，MPIF，Princeton，NJ，1977，p. 100.

[11] G. E. Totten(ed.)，*Steel Heat Treatment：Equipment and Process Design*，2nd ed. ，CRC

Press，Taylor & Francis Group，Boca Raton，Florida，2006，p. 251.

作业

1. 一 316L 不锈钢零件之烧结条件为 1200 ℃，1 h，在氢气中，露点为 -20 ℃。此零件之抗腐蚀性将如何？好、尚可还是差？若要改进其品质，除了上述条件外有何工艺条件需再加强控制或调整？

2. 一 FN-0208 之生坯在 1120 ℃之吸热型气氛中烧结 30 min，此零件将脱碳还是渗碳？原因为何？

3. 一个 F-0000 之烧结产品在一含有 30%水汽、70%氢气之 900 ℃炉子中，其表面将会有何反应或变化？

4. Fe-3Si 粉常被用来制作软磁材料，在 1200 ℃、露点为 0 ℃之分解氨气氛下烧结，所得之显微组织显示其晶粒相当小，此乃因有大量之微细 SiO_2 颗粒阻止了晶粒之成长。为了使晶粒粗大以达到良好的磁性，我们应升高还是降低烧结温度？提高还是降低气氛之露点？

5. 一个铁碳机械零件在 1100 ℃之吸热型气氛中，其碳势正好维持在不脱碳、不渗碳之状态，当降温时，此零件将脱碳还是渗碳？

6. 制造高密度烧结零件时，在粉末之选择、成形方法及烧结条件上有哪些地方应注意？

7. 一种制作氧化铝弥散强化型烧结铜零件之方法为，将铝粉与氧化铜屑混合后在 600 ℃烧结，从热力学之观点来看，为何成品可成为 $Cu+Al_2O_3$？

8. 在露点为 6 ℃之氢气气氛下，Cr_2O_3 在几度以上可被还原？

9. 含 100 ppm 水汽之气氛，其露点为几度？又一杯温度为 10 ℃之水，其杯子外缘有水滴出现，请问今天之空气中之水蒸气百分含量最少为多少？

10. 一卷铜线在 800 ℃之氢气下作热处理，氢气之露点为 +10 ℃，此铜线是否会氧化？

11. 不锈钢零件能以一般之网带式炉在 1200 ℃之分解氨气氛下烧结吗？为什么？

12. 某一新炉子乃以多孔性氧化铝砖所砌成，当通入氢气后，炉中气氛之露点随着温度之增加而逐渐升高，为什么？

13. 吸热型气氛、氢气、氮氢混合气及分解氨哪一种成本较低？应如何计算？（假设液态氨、液态氮及用以制造吸热型气体之液态丙烷之价格各为新台币每千克 25 元、5 元、20 元，氢气为每立方米 20 元）

14. 某些材料如钛及不锈钢之氧含量越低越好，若由此观点来看，在下列润滑剂中哪一种较适合？原因为何？① 硬脂酸锌；② 硬脂酸锂；③ 阿克蜡

（Acrawax）；④ 硬脂酸铝。

15. 某公司之推式炉使用 SiC 加热棒，使用温度为 1250 ℃，气氛为 N_2 + 15%H_2，并且气氛均先经过一增湿器，使气氛之露点在 10 ℃ 左右，但加热器每三个月就断，不知有哪些可能的原因？

16. 烧结不锈钢(Fe-18Cr-12Ni)时，下列条件之优缺点各为何？为什么？
    ① 1200 ℃，纯氢，露点为-20 ℃；
    ② 1200 ℃，分解氨，露点为-40 ℃；
    ③ 1150 ℃，纯氢，露点为-30 ℃。

17. 烧结体之密度为 95%，其生坯密度为 70%，此坯体烧结时之线收缩率为多少？

18. 你要设计一烧结炉，其规格为最高温 1600 ℃，使用-40 ℃之氢气气氛，烧结零件为不锈钢，问：① 你应使用何种炉子？网带式炉，推式炉，步进梁式炉，批次炉，还是驼峰式炉？② 你应使用何种加热器？③ 你应使用何种热电偶？④ 你应使用何种载具以摆放零件？

19. 某一级之羰基铁粉中含有 0.9%碳及 1.0%氧，当此粉在一不同氮/氢混合比例之气氛中烧结时，其碳含量与气氛中之 H_2 含量之关系如图 9-21 所示，试解释此图中之碳为何会如此变化？

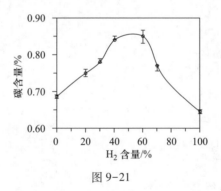

图 9-21

20. 你将一已氧化之银币放入 700 ℃之真空炉内 1 h，真空度为 0.1 Torr，此银币是否可回到原有之亮度？

21. 一氢气流量计被拿去测量分解氨及 N_2-10H_2 之流量，当流量计之读数为 2 m³/min 时，分解氨及 N_2-10H_2 之实际流量各约为多少？

第十章
烧结体之后处理

10-1 前言

粉末冶金工艺之优点是能够很经济地制作出形状复杂之工件，但由于烧结时零件会产生收缩或膨胀现象，使得烧结后坯体之尺寸常仍未尽人意，而有些工件之形状无法以轴向加压方式成形，此时必须再借车削、研磨、整形等机械加工方式才能符合图面及尺寸之要求。此外，有些工件之表面或内部也需再作处理，以达到所需之特性，这些处理包括喷砂、振动研磨、热处理、钝化、蒸汽处理、渗铜、渗油、树脂含浸、机械加工等。以下为这些后处理（secondary operation）之介绍。

10-2 精整

所谓精整（sizing）或称校正、整形，乃将烧结完之坯体再放入模具或治具中加压，以使其真圆度、平坦度、平行度、内径、外径或某些尺寸更为精确之步骤。表 10-1 为日本工业标准协会（Japanese Industrial Standards，JIS）在尺寸公差及配合方面所订之 JIS B0401 规格。一般而言，以国际标准化组织（International Organization for Standardization，ISO）

（单位：μm）

表 10-1　IT 基本公差值（JIS B0401）

尺寸范围/mm 超过	以下	IT01 01级	IT0 0级	IT1 1级	IT2 2级	IT3 3级	IT4 4级	IT5 5级	IT6 6级	IT7 7级	IT8 8级	IT9 9级	IT10 10级	IT11 11级	IT12 12级	IT13 13级	IT14 14级	IT15 15级	IT16 16级
	3	0.3	0.5	0.8	1.2	2	3	4	6	10	14	25	40	60	100	140	250	400	600
3	6	0.4	0.6	1	1.5	2.5	4	5	8	12	18	30	48	75	120	180	300	480	750
6	10	0.4	0.6	1	1.5	2.5	4	6	9	15	22	36	58	90	150	220	360	580	900
10	18	0.5	0.8	1.2	2	3	5	8	11	18	27	43	70	110	180	270	430	700	1100
18	30	0.6	1	1.5	2.5	4	6	9	13	21	33	52	84	130	210	330	520	840	1300
30	50	0.6	1	1.5	2.5	4	7	11	16	25	39	62	100	160	250	390	620	1000	1600
50	80	0.8	1.2	2	3	5	8	13	19	30	46	74	120	190	300	460	740	1200	1900
80	120	1	1.5	2.5	4	6	10	15	22	35	39	87	140	220	350	540	870	1400	2200
120	180	1.2	2	3.5	5	8	12	18	25	40	63	100	160	250	400	630	1000	1600	2500
180	250	2	3	4.5	7	10	14	20	29	46	72	115	185	290	460	720	1150	1850	2900
250	315	2.5	4	6	8	12	16	23	32	52	81	130	210	320	520	810	1300	2100	3200
315	400	3	5	7	9	13	18	25	36	57	89	140	230	360	570	890	1400	2300	3600
400	500	4	6	8	10	15	20	27	40	63	97	155	250	400	630	970	1550	2500	4000

之 IT 基本公差来表示的话，烧结后径向为 25 mm 之尺寸若经细心监控工艺的话，其公差可在 0.05%（12.5 μm）至 0.08%（20 μm），亦即约在 IT6 与 IT7 之间，一般则在 0.13% 至 0.20% 左右，亦即约在 ISO 规格之 IT8 与 IT9 之间。这些径向之公差不一定能满足客户之需求，而在成形方向由于加入冲子上下移动之误差，此方向的尺寸更不易控制，所以为了改善工件尺寸之精密度，烧结体常需再予以精整。

精整之方式可分为余量精整（positive sizing）及无余量精整（negative sizing），前者为烧结体之尺寸偏大时，借压力将坯体挤入模具内把多余之材料挤入孔隙或使肉厚变薄、高度增加，此法所得到之零件表面光滑。而无余量精整坯体之尺寸需偏小，精整时将工件从高度方向加压，使坯体朝径向之空间挤压以达到最后尺寸。若以模具之设计而言，又可细分为内径精整、外径精整、内外径同时精整、全精整、再加压和精压等。其中以内外径同时精整最多。

单整内孔[图 10-1(a)]乃在内孔留精整余量，此状况多适用于壁厚工件，以确定精整时工件不致破裂，一般精度可达 IT7~8 级，而此状况多适用于 $D/d \geqslant 1.5$ 时（D 为外径，d 为内径，非圆形件时则内径 d 指外接圆，而外径 D 指内切圆）。单整外径时[图 10-1(b)]则在外径留精整量，若内外径要求精度在 IT6~7 级时，可采用外箍内[图 10-1(c)]及内胀外[图 10-1(d)]的方法。在外箍内法中，外径留精整量，内径则无，只靠精整外径时材料向内挤压而得其精度，此外箍内之精整法多适用于厚度小于 3 mm 者；而内胀外法亦类似，只在内径留精整量，靠内孔精整压力达成外缘尺寸之精度。图 10-1(e) 为外箍内胀法，由于内外径均精整，尺寸精度可达 IT6~7 级。而全精整时除了内外径之精整亦将高度压短 1%~2%，如图 10-1(f) 所示，此法可达精度 IT5~6 级[1]。

在动作方面，以精整轴承之内外径但长度不精整为例，在图 10-2(a) 之中心线左侧所示为精整前零件及模具之相对位置，右侧则为精整后之位置，当上冲（与芯棒为同一体，而芯棒部分之直径比轴承烧结后之内径稍小）下移时，因其芯棒部分与轴承之间仍有间隙，所以将穿过轴承，直到上冲与芯棒相接处之平面与轴承接触时轴承才被压下而进入模穴，此时零件受到中模之挤压而使得轴承包住芯棒，并使其长度及密度稍为增加，当上冲继续下移时，会将轴承推出模穴，此时由于轴承之弹性膨胀，使之不再包紧芯棒。当上冲（与芯棒同体）上移时，已膨胀之轴承被模穴口挡住，不会随之上升而掉落在中模下方之容器内，此方式只需一简单之冲床即可。

图 10-2(b) 则为同时精整内外径及长度时之动作，在此图中芯棒建立在下冲，而芯棒之直径亦小于轴承之内径，轴承是由上冲压下，穿过芯棒，因芯棒

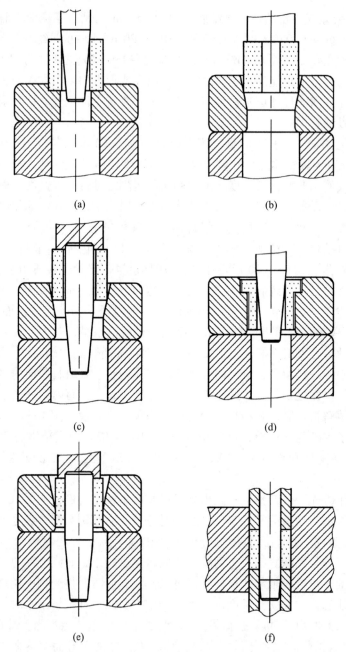

图 10-1　精整方法。(a) 单整内孔；(b) 单整外径；(c) 外箍内；
(d) 内胀外；(e) 外箍内胀；(f) 全精整

下端之外径渐大，轴承将逐渐定位，到了最后之位置时，上下冲同时加压使长度达到所需之尺寸，同时内外径亦被精整。此种零件之脱模乃由下冲顶出而得，所以此形式之精整机比图 10-2(a)者需多出脱模之机构。此动作主要是借加压长度达到所需之尺寸，有时称为精压或压印(coining)。

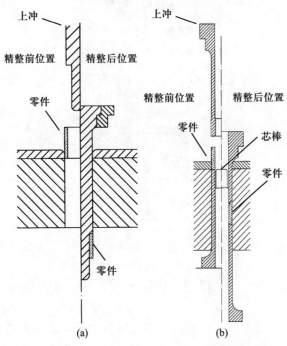

图 10-2 （a）精整轴承之内外径但长度不精整时最简单之精整动作；
（b）精整轴承之内外径及长度时最简单之精整动作[2]

图 10-3 之设计亦同时精整内外径及长度，其芯棒与图 10-2(a)类似，亦设在上冲，但与图 10-2(a)不同的是其芯棒与上冲分离，有各自之控制机构，而顶出方式则与图 10-2(b)类似，由下冲顶出。此设计之动作次序为上冲与芯棒同步下压，将轴承压入模穴中，由于芯棒可将轴承定位，故极易将轴承压入模穴，且因芯棒与上冲同步，所以芯棒与轴承间不会有切削之情形发生而是轴承受到塑性变形后包住芯棒，精整后，上冲仍压住轴承，使芯棒先上抽，然后下冲再将轴承顶出。此方式之精度较图 10-2(b)为佳。

精整虽然能改进零件尺寸之精密度，但并非所有零件均可精整，此工艺仍有些限制，例如：① 烧结后硬度超过 85 HRB 者并不适合；② 精整时应避免同时精整大量之表面，应尽可能地采用分段式或连续式之方式，以减少对精整机器之冲击；③ 应尽量先精整外径再整内径，以防先整内径时造成内孔外胀而破裂；④ 零件之长度最好少于精整机冲程之 20%。

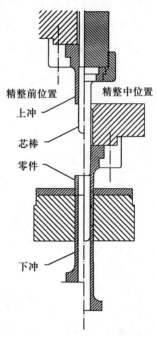

精整前位置　　精整中位置

上冲

芯棒

零件

下冲

图 10-3　同时精整内外径及长度时模具之较佳设计[2]

　　基于上述精整之原则，在模具入口处应有一导入之圆弧或推拔角（taper），一般采用圆弧时，若材料撞击到模具之 S 点时（如图 10-4 所示），在该点之导入角 α 最好不要超过 15°，当此 α 角为 15° 时，此圆弧之半径 R 约为精整量 ΔX 之 30 倍，若 α 角小于 15° 则此 R 值应大于精整量之 30 倍，此关系可经由下列公式计算而得：

$$\sin \alpha = \frac{H}{R} \tag{10-1}$$

$$\Delta X = R - R\cos \alpha \tag{10-2}$$

$$\therefore R = \frac{\Delta X}{1 - \cos \alpha} \tag{10-3}$$

将式（10-3）代入式（10-1），得

$$H = \frac{\Delta X \sin \alpha}{1 - \cos \alpha} \tag{10-4}$$

当 $\alpha = 15°$ 时，

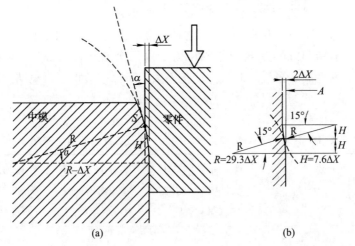

图 10-4 （a）精整时模具入口处圆弧之半径之设计；（b）需要较长之导入口时，
模穴入口之半径 A 可再增加 $2\Delta X$[2]

$$H = 7.59\Delta X \qquad (10-5)$$
$$R = 29.35\Delta X \qquad (10-6)$$

若在模穴需要较长之导入口以便置放较长之轴承形零件时，可采用如图 10-4(b) 之设计，其模穴入口之半径 A 可增加 $2\Delta X$ 之距离，而其弧度之半径与前述之 R 相同。

10-3　再压再烧结

一般传统粉末冶金（指干压成形、烧结工艺）成品只能达到约90%之密度，以铁系而言，即 7.1 g/cm^3 左右。为了提高零件之密度及机械性质，可采用再压再烧结（repressing and resintering），又称双压双烧结（double pressing double sintering，DPDS），亦即可先以 $4 \sim 6$ tf/cm^2 之压力（约 $400 \sim 600$ MPa）压出生坯，然后将生坯在一般之烧结炉先进行预烧结，以烧除润滑剂并将因为压结而加工硬化之粉末予以退火，由于烧结温度在 $750 \sim 850$ ℃ 之间，并不高，石墨及合金元素粉之均质化仍未完成，产品之强度及硬度均仍低，所以能再压结一次使密度再提高。

一般此二次加压之压力为 $4 \sim 8$ tf/cm^2（约 $400 \sim 800$ MPa），并需添加如聚四氟乙烯（polytetrafluoroethylene）之润滑油，或以振动研磨之方式将二硫化钼被覆在工件上。而所压高度之变化量（$\Delta h / h_0$）应为径向变化量（$\Delta d / d_0$）的两倍以上，才有实质上的再压效果。二次加压后之工件需在 1120 ℃ 或更高温度作第二次之烧结，烧结后可达 95% 或约 7.47 g/cm³ 之密度。

表 10-2 为 Fe-2Ni-0.8Mo-0.5C 之预合金钢粉经一次加压，然后在 843 ℃ 之分解氨中预烧结 30 min 后再以不同压力予以二次加压后之密度[3]。由于再加压后坯体之密度高，再烧结时尺寸变化不大，所以一般再压再烧结法所得产品之公差相当小，此乃其另外之优点。

表 10-2 Fe-2Ni-0.8Mo-0.5C 之一次及二次加压后之密度[3]

第一次成形之压力/MPa	生坯密度/(g/cm³)	二次加压之压力为 414 MPa 时之密度/(g/cm³)	二次加压之压力为 620 MPa 时之密度/(g/cm³)	二次加压之压力为 827 MPa 时之密度/(g/cm³)
414	6.79	7.08	7.30	7.45
620	7.11	7.25	7.40	7.54
827	7.24	7.36	7.47	7.54

10-4 热处理

铁系粉末冶金零件之热处理(heat treatment)大致上与一般之熔制品相同，有淬火、渗碳、氮化、碳氮共渗、固溶及析出等，但较大之差异在于粉末冶金零件有孔，热处理所用之气氛能通过这些孔隙使心部亦达到与表面一样之性质。例如渗碳处理时，传统熔制品只有表面硬化而心部仍具有很好之韧性，但粉末冶金零件却因有孔隙而不同。若烧结密度在 95% 以上(如金属粉末注射成形产品)，此时工件之孔隙多为封闭孔，各孔隙已不互通，热处理时气氛无法沿孔隙进入内部，因此其热处理大致上与铸锻件相同；但若工件烧结密度在 95% 以下(如干压成形产品)时，热处理气氛将沿孔隙进入内部，使表面与心部整体均硬化，因此其显微组织及机械性质将与高密度粉末冶金工件不同。所以是否应调整热处理条件，如降低温度、缩短时间等，均视产品本身之密度及在应用上是否只重视硬度、耐磨耗性，或是亦需兼具优良之韧性而定。

10-4-1 全硬化

当工件中含有碳时，可利用淬火再回火之热处理方式，使产生马氏体以提高其硬度及强度，此方法常称为全硬化(full hardening, through hardening)处理。其主要之步骤为：① 奥氏体化；② 淬火；③ 回火。奥氏体化之温度视碳含量而定，如图 10-5 所示，当碳含量在 0.2% 时，保温温度应在 900 ℃左右，当碳含量在 0.6% 时其保温温度应在 850 ℃左右，亦即在 A₃ 线上方约 50 ℃左右。淬火液一般都以 50 ℃左右之油为主，此乃因使用水或盐水淬火时，冷却速率过快，热应力过大，工件容易淬裂，且粉末冶金工件有孔隙，水或盐水易残留在孔隙中而产生锈蚀之问题。经淬火过之工件其显微组织大多含有马氏体、贝氏体、珠光体，视冷却速率及合金成分而定。

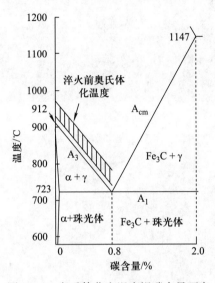

图 10-5 奥氏体化之温度视碳含量而定

兹以 Fe-0.45C-1.5Cu-1.75Ni-0.5Mo(FD-0205) 为例，图 10-6 为此干压成形材料在 850 ℃保温 30 min 后分别以 10 ℃/s 及 0.5 ℃/s 之速率冷至室温时之金相[4]。当以 10 ℃/s 之速率冷却时，组织中含有马氏体、贝氏体、珠光体及富镍奥氏体；当以 0.5 ℃/s 之速率冷却时，除了上述组织外另有铁素体。这些金相都非常不均匀，此乃因烧结温度仅 1120 ℃，烧结时间仅 30 min，所用铁粉又粗（平均粒径约 80 μm）之关系。由这些金相图可建立此合金之 CCT 冷却曲线图，如图 10-7(a) 所示，当冷却速率较快时马氏体之量将增加，而铁素体之量将减少，而珠光体及贝氏体之变化则较小，如图 10-7(b) 所示[4]。

再以密度较高之粉末注射成形 Fe-2Ni 零件为例，图 10-8 显示烧结后 Fe-2Ni 之金相以珠光体为主，淬火后则以马氏体为主，由于粉末注射成形工艺所用铁粉粒径小（平均粒径约 5 μm），烧结温度高且烧结时间长，所以镍之均质化效果佳，其显微组织较均匀。

淬火后之马氏体相硬且脆，此脆性问题可借在 180~250 ℃之间的回火来

图 10-6　Fe-0.45C-1.5Cu-1.75Ni-0.5Mo(FD-0205)以 10 ℃/s(a)及 0.5 ℃/s(b)
由 850 ℃冷却至室温后之金相。M 为马氏体，P 为珠光体，B 为贝氏体，Ni-rich A
为富镍奥氏体，F 为铁素体(Höganäs 公司提供)[4]

改善，借由提供足够的时间，让过饱和的碳能扩散而形成微细的铁碳化合物，
此能消除淬火时所产生的内应力，并降低马氏体的脆性。淬火的另一个常见问
题是外观缺陷，由于马氏体为体心正方结构，其比体积(specific volume)较奥
氏体、铁素体大，亦即密度较低，所以淬火时工件的体积会膨胀，尺寸会变
大，再加上淬火时常产生热应力，所以大工件或形状复杂的工件常产生变形、
龟裂等缺陷，此热处理问题有赖治具之设计及经验才可缓解。

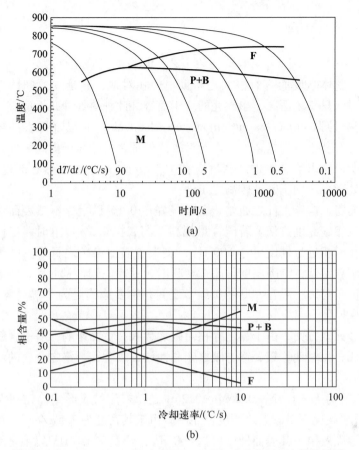

(a)

(b)

图 10-7 Fe-0.45C-1.5Cu-1.75Ni-0.5Mo 之(a)CCT 冷却曲线图，
(b)相含量与冷却速率之关系[4]

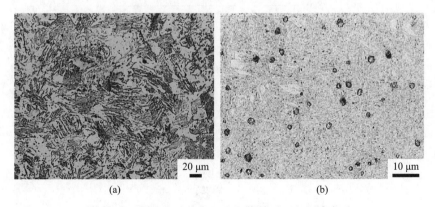

(a)   (b)

图 10-8 Fe-2Ni 之金相。(a) 烧结后；(b) 淬火后

10-4-2　传统渗碳

在10-4-1节中所讨论的全硬化工艺，其目的是将工件表、里一起硬化，对于工件之整体强度而言有极大之帮助，但相对地，其延性及韧性将大幅降低。所以对于只需表面硬、耐磨耗的应用而言，此种热处理并不适宜，应改采表面渗碳热处理(surface carburization, case hardening)，以维持心部之韧性及延性，此也有利于工件之整形。由于渗碳热处理之目的在于提高工件表面之硬度而已，所以粉末冶金工件之密度应在 7.3 g/cm^3 以上，不然心部也将硬化，因此渗碳处理多应用于密度较高之工件。

一般而言，渗碳工件之原始碳含量最好在0.1%以上，不然表面渗碳之硬度将偏低且渗碳深度过浅。若碳含量偏高，例如在0.3%以上时，工件心部又将与全硬化时相近，硬度可达500 HV，丧失了表面渗碳之目的。由于渗碳工件之原始碳含量低，渗碳温度常超过900 ℃，就相同碳含量而言，渗碳温度也比淬火温度稍高，一般在900~1050 ℃之间，主要原因是为了提高渗碳速率，增加渗碳层厚度。

在合金元素方面，由于镍之存在对碳之渗入有负面影响，所以含镍工件之渗碳深度浅；相对地，钼、铬与碳之亲和性佳，故含钼、铬之合金的渗碳效果较好。

图10-9 为 Fe-1.5Ni-0.25Mo-0.26C 之粉末注射成形试片在 920 ℃于碳势为0.8%之状况下渗碳后之硬度分布图，由于其密度为7.5 g/cm^3，可达到面硬心软之渗碳效果，其表面硬度可达660 HV，硬度在550 HV以上之渗碳层的厚度约200 μm，而心部硬度为350 HV。

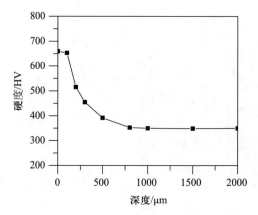

图10-9　Fe-1.5Ni-0.25Mo-0.26C 试片渗碳后之硬度分布图

有的渗碳层曲线并非如图 10-9 所示，其硬度最高点不在表面，而是在表面层之下，发生此现象是因表面碳含量过高，造成残留奥氏体偏多。虽然过多的碳会导致 M_s 温度下降（见第二章）、马氏体变少、硬度下降，但能改善脆性。此外，这些残留奥氏体有时反而在功能上有些帮助，例如当表面承受压力或处于磨耗状态时，这些奥氏体可变形，因此承受压力之工件或相互磨耗之工件可以顺着此渗碳层表面的高低起伏而配合得更好，能增加承受压力的面积，进而降低应力或增加疲劳强度。一般而言，残留奥氏体的量只要在15%以下均没问题，在有些轴承实例中，只要硬度在 59 HRC 以上，其奥氏体含量甚至高达 40% 时，仍然可达成功能上之要求。

渗碳处理是以吸热型气氛为主（见 9-3-7 节），其中含有约 20% 之 CO 及 40% 之 H_2，剩余的主要为 N_2 及少量之 CO_2 及 H_2O。由于此气氛之渗碳反应速率慢，需要之流量大，所以需加入约 2% 之甲烷（CH_4），此甲烷除了能产生 $[C]$ 外也能与 CO_2 及 H_2O 反应产生 CO 及 H_2，由于 CO_2 与 H_2O 会造成脱碳，所以其含量减少后渗碳效果可改进，因此通常以丙烷（C_3H_8）所产生之实际吸热型渗碳气氛中，除了原有的 CO 及 H_2 外还有甲烷，借由 CO、CH_4 及 H_2 产生下列之反应：

$$2CO \rightleftharpoons [C] + CO_2 \tag{10-7}$$

$$CH_4 \rightleftharpoons [C] + 2H_2 \tag{10-8}$$

及

$$CO + H_2 \rightleftharpoons [C] + H_2O \tag{10-9}$$

由于这些反应所产生之 $[C]$ 的活性相当高，可渗入工件之表面，然后向内部扩散。此渗碳之深度 X 随温度之上升及时间 t 之拉长而增加，如下式所示：

$$X = \sqrt{Dt} \tag{10-10}$$

式中：D 为碳之扩散系数（见第二章）。由式（10-10）可知，若要缩短工艺的渗碳时间或加深工件的渗碳深度，则必须提高 D，因此渗碳温度可拉高至 950~1050 ℃之间，但若材料之晶粒成长现象严重时，渗碳温度仍不可过高，以免晶粒过大而影响工件的机械性质。

理想的渗碳组织是工件内部为亚共析钢使具韧性，而外层则为共析钢。若表面层为过共析钢时，因在晶界会形成脆性之网状渗碳体，在淬火或加工时易龟裂。

渗碳后之深度乃以维氏硬度（Vickers hardness, HV）量测，一般所施荷重为 100~1000 gf，MPIF 建议之荷重为 100 gf。由于施力小，压痕小，所以此种方法又称显微维氏硬度(micro Vickers hardness，MHV)或称微观维氏硬度。用低荷重时(如 100 gf)所得之 HV 值将比用 500 gf 时稍高，所以一般报告 HV 硬度时均需注明所用荷重。此外，用低荷重测硬度时较不受密度或孔隙之影响[图 10-10(a)]，相对地，当荷重高、施力大，在 1~120 kgf 之巨观范围内测试时，因金字塔形或锥形之金刚石头会穿入或挤压孔隙，使得压痕变大[图 10-10(b)]，而显示出来之硬度将偏软，且密度越低时此偏软之现象将越明显，如图 10-10(c)所示。

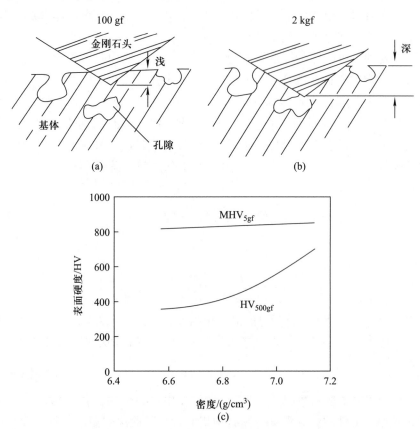

图 10-10 荷重及位置影响工件 HV 硬度读取值之示意图。(a) 100 gf 荷重；
(b) 2 kgf 荷重；(c) 不同荷重所测得之表面硬度与密度之关系

若要决定渗碳深度时可用维氏硬度机由表面开始测起，直至 513 HV(= 50 HRC，见附录一)或 550 HV 之硬度为止，此厚度即为渗碳层深度。但在决定此深度时仍必须小心，由于粉末冶金零件仍有孔隙，且合金元素之分布及显微组织不如铸、锻件均匀，所以同一深度处之硬度不一定相同，此时应舍弃最低者(可能量测该值时金刚石头下方正好有孔隙),然后取其平均值作为该深度硬度之代表值。

如上所述,渗碳乃一扩散工艺(见第二章),所以渗碳层之深度与渗碳时间之平方根成正比,且随温度之升高而增加,例如在 925 ℃时的渗碳速率即比在 870 ℃时快约 40%。此渗碳层之深度与工件中之密度亦有关,密度低时由于渗碳气氛可沿着孔隙深入坯体,所以在使用低荷重正确地量测 HV 硬度时,低密度坯体内部之微硬度值反而较高密度者大,如图 10-11 所示。但不论渗碳条件为何,淬火前常将工件先冷却至 850 ℃左右,以减少高温淬火所产生的淬裂、变形等缺陷。

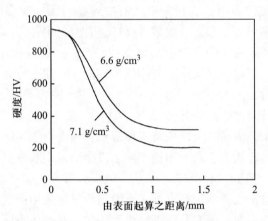

图 10-11　密度较高之坯体在渗碳处理后其内部之硬度反较低密度坯体者低

10-4-3　真空渗碳

传统的渗碳热处理在渗碳的均匀度及深度上仍有改善的空间,近年来新的真空渗碳(vacuum carburization)技术已逐渐成熟,真空渗碳又称低压渗碳(low pressure carburization),其优点是:

(1)作业环境佳。

(2)较环保,气氛及能源的使用较节省,二氧化碳排放量低。

(3)省时。

(4)渗碳均匀度佳。

(5)渗碳深度深。

(6)由于气氛不具含氧之分子,所以不会在工件表面产生晶界氧化(intergranular oxidization)现象,可提高工件的疲劳强度。

(7)尺寸稳定性佳,变形量少。

（8）渗碳并淬火后工件表面仍可呈金属色。

（9）深的盲孔或细的穿孔均可渗碳。

由于真空渗碳具有上述的优点，所以即使设备昂贵，此工艺也已慢慢地为业者所接受。真空渗碳的步骤乃先在氮气气氛下加热，而非如传统渗碳是在渗碳气氛下，所以工件不致因厚薄不均及温度不一的因素而在加热过程即已造成渗碳深度不均的现象。

渗碳时之压力多在 0.005~0.05 atm 之间，压力高的话渗碳深且较均匀，但易积碳。当温度到达设定值（850~1050 ℃）后，开始引入渗碳气体并持续渗碳一段时间，在碳含量尚未达到生成碳化物前即停止渗碳气体进入，让渗入之碳开始扩散，使工件表面碳含量降低。有些设备只需一次渗碳、一次扩散即可，而有些设备则用多个渗碳、扩散之循环，有时也可在最后一次之扩散结束后再行渗碳以调整表面之碳含量至 0.65%~0.85%之间，从而提高表面硬度。

在保温渗碳、扩散步骤结束后可用气淬或油淬，使工件表面形成马氏体而变硬。使用气淬时，压力一般为 8~20 atm，所用气体为氮气或氩气，也有少数使用氦气者，其冷却速率依序为氦气、氮气、氩气。这些气体在炉内循环，经由涡轮高速吹出，借由对流现象将工件降温，而变热之气体吹过铜管组，作热交换后再经由涡轮吹出。若采用油淬则工件会降入主腔体下方之油槽。

此真空渗碳工艺虽然有上述之优点，但长久以来一直不易为工业界所接受，其原因除了设备投资费用高以外，主要是因早期采用甲烷或丙烷，容易产生炭黑，一旦工件表面有炭黑，渗碳层将不均匀，在炉体方面，加热体表面沉积了炭黑的话易造成短路，若炉膛表面有炭黑，也易造成各批次工件之渗碳品质不稳定，这些问题一直到 20 世纪 90 年代才大致解决。采用的策略是控制低压压力及渗碳气体的流量，而非如传统渗碳利用氧探测器来控制碳势，并采用含不饱和键的乙炔（acetylene）或乙烯（ethylene），例如乙炔之碳与碳间的键结是三键，属不饱和烃，在高温下易裂解成[C]与 H_2，如下式所示：

$$C_2H_2 \longrightarrow 2[C] + H_2 \tag{10-11}$$

由于乙炔在高温下不会有聚合反应生成焦油而造成的困扰，且此反应可借金属工件作为触媒而加速，所以适合作为渗碳介质。由于乙炔裂解需借助金属工件之表面，所以形状复杂之工件，如粉末注射成形零件，或是具有长孔或盲孔之工件均很适合施以低压真空渗碳处理，每个工件表面之渗碳深度均相当一致。

由于乙炔之裂解较传统渗碳常用之丙烷快，且较不易生成焦油，而实验结果也显示以乙炔低压渗碳之渗碳层较丙烷深，更比传统渗碳方法之效率高，所以目前以乙炔为原料作真空渗碳之热处理工艺已逐渐普遍。

图 10-12(a)即显示一双腔体真空渗碳炉之构造，工件在右边之腔体以石

墨加热棒加热并以乙炔渗碳后，原密闭之炉门打开，将工件取出移至左边腔体，将工件直接浸入油中淬火，或是采用气体淬火。图 10-12(b) 则为一单腔体真空渗碳炉，工件在腔体中以石墨加热棒加热并以乙炔渗碳后，即可直接以 1~12 atm 之惰性气体淬火。

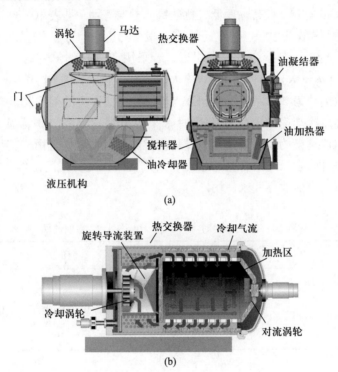

图 10-12　(a)双腔体和(b)单腔体真空渗碳炉之构造(BMI 公司提供)

使用惰性气体作为淬火介质之优点是没有油烟或废油处理等环境污染问题，淬火后的工件表面洁净，不需以溶剂清洗，因此也省去了处理溶剂的费用。另一优点是工件之冷却速率较油淬慢，变形量较少，因此有时可省去淬火后的机械加工或整形。但气体淬火的主要缺点是其冷却速率低于油或水，故硬度较低。

气体淬火时工件之冷却速率与气体及工件表面间的传热系数(heat transfer coefficient)α 成正比，而传热系数可由下式估算之[5]：

$$\alpha = CV^{0.7}\rho^{0.7}d^{-0.3}\mu^{-0.39}C_p^{0.31}k^{0.69} \qquad (10\text{-}12)$$

式中：C 为常数，与炉体形状、设计有关；V 为气体速度；ρ 为气体密度；d 为工件约略直径；μ 为气体黏度；C_p 为气体比热；k 为气体热导率(thermal conductivity）。

　　由上式可知当设备及气体决定之后，工艺参数只剩下气体之速度 V 及密度 ρ，气体之流速越快、气体密度越高（亦即气体压力越大时），工件之冷却速率越快。在气体之选择方面，由于小且轻的气体分子能快速移动且能移动较长之距离后才互相撞击，且其黏度低、比热高、热导率大（见表10-3），所以氢气及氦气之传热效果比氮气及氩气佳。例如 10 bar 的氦气其传热系数约 500 W/（m² · K），与盐浴之效率相近；若采用 20 bar 的氦气时，其传热系数约 1000 W/（m² · K），与静置之油淬火的效率相近；而采用 40 bar 的氢气时，其传热系数则约为 2000 W/（m² · K），与搅拌之油淬火的效率相近。在工业界中，当气体之冷却速率必须非常快时常采用价昂之氦气，但因成本之关系，He-20Ar 也已逐渐为业者所使用，其价格比纯氦气便宜，且由于其热导率及气体密度之综合因素，此混合气体之传热系数反而比纯氦气高出约8%。氢气则因安全考虑，目前业界并未使用。

表 10-3　在室温时 Ar、N₂、He 及 H₂ 之物理性质

	Ar	N₂	He	H₂
热导率/[W/（m · K）]	0.016	0.024	0.142	0.168
黏度/P	0.000222	0.000175	0.000194	0.000088
比热/[kJ/（kg · K）]	0.52	1.04	5.19	14.32

10-4-4　氮化

　　氮化（nitriding）之原理是使铁或钢中的合金元素与氮反应生成坚硬之氮化物，但由于氮分子惰性高，氮化反应不易发生，因此一般多采用氨，将之裂解，使其产生下列之反应：

$$2NH_3 \longrightarrow 2N + 6H \longrightarrow N_2 + 3H_2 \tag{10-13}$$

此氨气分解时所产生之原子态 N 之活性较高，但即使如此，纯铁及碳钢仍不易硬化，必须含有 Al、Cr、Mo、V、Mn、Ni 等元素，其硬化效果才会显著，且氮化时间仍需数十小时。一般的氮化温度在 500～550 ℃ 之间，由于温度低，且不需要淬火，所以工件之尺寸稳定性相当好。此外，对有些钢材而言，施以氮化处理也不会影响传统热处理后工件之机械性质，因为这些钢材淬火后乃于 530～580 ℃ 之间（即氮化温度加上 30 ℃）回火，因此可再行氮化处理，以得到

心部机械性质佳而表面具高硬度、高耐磨耗性之工件。一般氮化后不需再行回火，若有必要，也只需在 150~175 ℃之间进行低温回火。

另一种更有效的氮化方法为等离子氮化（plasma nitriding）。等离子氮化是在真空中进行，先在含氢之局部真空下以等离子撞击工件表面，将钝化层移除，然后再升温至 580 ℃左右，于以氮为主的氮氢混合气氛中借由直流高压电将氮电离，然后高速冲撞工件表面，此时工件为阴极，使氮原子被工件表面吸收，并形成铁/氮化合物，但此表层下方仍有氮之扩散层，内含细小的氮化物提供弥散强化效果。有时也可将含碳之气体通入，以产生碳氮共渗层。等离子氮化温度不高，且不需要淬火就可以得到高表面硬度，所以工件变形量小，尺寸较渗碳热处理稳定。

10-4-5　碳氮共渗

碳氮共渗（carbonitriding）乃在渗碳气氛中加入约 10%之氨气，此氨气在铁之催化下可分解出初生态之氮而渗入钢中，由于氮可提高硬化能，因此碳氮共渗时所需冷却速率比纯渗碳时低，所以工件较不易变形，其硬度也比纯渗碳佳且较稳定，但一般硬化深度较浅。此热处理不适于含镍之钢种，此乃因含镍时原就容易产生残留奥氏体（retained austenite），若加入同为奥氏体稳定性元素（austenite stabilizer）之氮时，更易形成残留奥氏体，反而对机械性质有害。由于氮是一个有效的奥氏体化元素，所以碳氮共渗时的奥氏体化温度可以比渗碳时低，此外，氨分解之温度越高时，其氮分子越多而初生态之氮越少，所以一般在 790~870 ℃之间，且渗碳时间也较短，也因此硬化层厚度的控制较准，尺寸稳定性较佳。

10-5　析出硬化

传统粉末冶金材料中需要借析出硬化热处理来改进其机械性质者非常少，在美国钢铁协会（American Institute of Steels and Irons，AISI）标准中之 630 不锈钢即为析出硬化型不锈钢，但因其硬度高，压缩性差，所以不适用于干压烧结工艺。但在金属粉末注射成形工艺中压缩性并非重要因素，所以此 630 不锈钢在注射成形领域相当普遍。

630 不锈钢俗称 17-4PH 不锈钢[Fe-17Cr-4Cu-4Ni-0.3（Nb+Ta）]，此乃因其含有 17% Cr 及 4% Cu 之故，而 PH 则代表析出硬化（precipitation hardening）。此材料并非借前述之淬火及回火来改善机械性质，而是借固溶+析出两个热处理工艺而得到其优化之硬度和强度，兹分别说明如下。

10-5-1　固溶处理

固溶处理(solutioning)之目的是要将铜固溶入基体中，使其过饱和。其方法是将材料加热至奥氏体区，保温一段时间后淬火，为后续之析出处理作准备。固溶处理温度多在 1025~1055 ℃ 之间，保温时间为 0.5~2 h，视产品大小而定，而淬火方式有气体淬火、油淬火及水淬火，如图 10-13 中第一阶段所示。此急冷处理能使铜固溶在奥氏体中而不析出，所得到的组织为马氏体+δ 铁素体和少量的残留奥氏体，但其硬度仅 25~30 HRC，比固溶处理前软，也因为如此，工件可在固溶后作校正、加工、整形等处理。

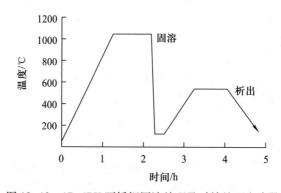

图 10-13　17-4PH 不锈钢固溶处理及时效处理之步骤

10-5-2　时效处理

固溶处理后的工件，必须经过时效处理(aging)才能达到高强度、高硬度。例如将 17-4PH 工件升温至 482 ℃(900 ℉)并保温 1 h，如图 10-13 中之第二阶段所示，此时过饱和之铜将析出在晶粒内及晶界上，其粒径为纳米级，可阻碍位错之移动，故可提高工件之硬度至 33 HRC 以上，抗拉强度在 1100 MPa 以上，但延伸率将降至 6% 左右。由于此析出处理能将工件硬化，故称之为析出硬化。表 10-4 比较了烧结后、固溶后及析出后 17-4PH 工件之机械性质。

此析出硬化处理可依所要机械性质之不同而调整其工艺参数，一般之固溶温度为 1038 ℃，而固溶时间依工件厚薄而异，但因大多数注射成形工件均不大，所以一般 1 h 已足够。在析出温度方面，以 482~552 ℃ 之间为主，时间为 1~4 h，表 10-5 为一般 17-4PH 不锈钢常用析出硬化处理之工艺条件，其中以 H900(900 ℉，亦即 482 ℃)最为普遍。

表 10-4　MPIF 之注射成形标准中 17-4PH 工件烧结后、固溶后及析出后之机械性质[a]

机械性质	烧结后	固溶后[b]	析出后
硬度/HRC	27	22	35
抗拉强度/MPa	900	800	1190
屈服强度/MPa	730	630	1090
延伸率/%	6	11	6

[a]热处理条件为 H900。[b]非 MPIF 值。

表 10-5　17-4PH 析出硬化处理条件

热处理条件	固溶温度	析出温度	保温时间	冷却方式
A(固溶)	1038 ℃		0.5~2 h	气淬、油淬
H900(析出)		900 ℉/482 ℃	1 h	空冷
H925(析出)		925 ℉/496 ℃	4 h	空冷
H1025(析出)		1025 ℉/552 ℃	4 h	空冷
H1075(析出)		1075 ℉/579 ℃	4 h	空冷
H1100(析出)		1100 ℉/593 ℃	4 h	空冷
H1150(析出)		1150 ℉/621 ℃	4 h	空冷

10-6　渗铜

若要提高干压烧结铁基零件之密度至 7.2 g/cm³ 以上，且机械性质亦需加强时，渗铜(copper infiltration)乃常见之方法，其基本原理为将铜熔解后，利用烧结体内孔隙之毛细力把铜液吸入坯体，此方法可将密度提高至 7.5 g/cm³ 左右。在 MPIF 标准中，渗铜件以 FX 系列表示，例如 FX-0808 即表示内有 8%之渗铜量而碳含量为 0.8%。

由于孔隙乃应力集中处，而此渗铜法正可将铜填入孔隙，所以能提高工件之机械性质，且由于渗铜处理时铜可于非常短之时间内分布在坯体中，并扩散入周围之铁基体而产生固溶强化，所以也是提高强度的原因之一。此外由于孔隙多已被填满，能减少刀具碰到孔洞时之跳动，故亦可改进工件之加工性。

渗铜法可采用下列两种工艺：

(1) 在铁系生坯成形后即在其上方摆置铜片，然后一起送进烧结炉，此工艺之成本低。

(2)在铁系坯体烧结后才在其上摆置铜片,然后再进一次烧结炉。此工艺之成本较高,但工件之机械性质比方法(1)好。此乃因第一次烧结时,铁粉之间已生成骨架且已有部分合金化,另一优点为使用此法时由于坯体已具强度,所以可采用自动化之方法将烧结体排置好,然后将铜片置于坯体上而不必担心生坯坯体因自动化机具之夹持及搬运而造成破损之问题。

一般熔渗铜片之成分除了铜之外常加入一些铁、锰或锌,如 Cu-2Fe-0.5Mn。添加铁之原因乃为了避免铜熔解时将零件中之铁溶入,造成凹陷等缺陷,故先加入铁使其预饱和。另外添加锰或锌之目的在于锰、锌乃活性高之元素,能吸附熔渗环境中之氧而生成氧化物,此可改善铜对铁之润湿性,使铜能顺利地进入铁系零件中之孔隙,此外亦有助于熔渗片氧化物残渣之清除。

此渗铜工艺所使用之渗铜片可利用原铁坯之模具压结而成,只是厚度较薄,其质量必须依据铁坯之孔隙度而定。但渗铜片亦可用其他模具成形,例如将压成圆盘状之渗铜片放置于具复杂形状之铁坯之上,当铜片熔解后仍可渗入铁坯内部之各个角落。一般而言,渗铜结束后会留有一些深褐色残渣,此残渣很容易剥落,但若残留物为铜则可能是因孔隙度计算错误,或是铁坯之密度太高。例如生坯密度在 6.9 g/cm³ 以上时,由于部分孔隙已封闭,不与外界相通,所以熔融之铜无法进入,会造成铜残留之现象,此时必须精确计算连通孔之量。

另外常见之渗铜应用乃钼/铜、钨/银、钨/铜等复合材料,这些材料多用于大电流开关内之电接触点,或是电子构装件中之散热体(heat sink)。这些复合材料必须具有高导热性及低热膨胀系数,且需良好之耐磨耗性,所以常选用高熔点金属如钨、钼先制作钨或钼之骨架作底材,然后在氢气或真空中熔渗入铜、银等高导热、导电性材料,或是将骨架直接浸入铜、银熔液中,此部分之熔渗将在第十六章中作详细之介绍。

10-7 树脂含浸

粉末冶金零件在气动工具或冷气机方面之应用非常广泛,这些产品常位于高压气之环境中,所以其特殊要求是零件中不可有与外界相通之孔洞,以防漏气,然而一般之粉末冶金零件均有孔隙,如图 10-14(a)所示,此孔隙可借前述之渗铜法予以填满,但其成本较高,所以可改用树脂含浸(resin impregnation)之方法。含浸后孔隙将被树脂填满使得工件具有气密性,如图 10-14(b)所示。

树脂含浸之工艺有三种:

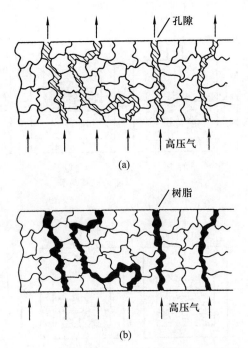

图 10-14 （a）坯体两边之气体因有孔隙而互通故不具气密性；
（b）经树脂封孔后，坯体具气密性

（1）如图 10-15（a）所示，将零件浸入含树脂之槽中，抽真空 10~15 min，以将孔隙中之空气抽出，然后灌入 1 atm 或更高压力之空气，使树脂进入孔隙，然后将含浸完毕之坯体先以离心方式将表面多余之树脂甩干，再于约 97 ℃之空气中硬化即可得到成品，此俗称湿式法。

（2）类似前法，但在尚未引入树脂前即将零件置入槽中并抽真空 10~15 min，然后才引入树脂，其余步骤皆同，此俗称干式法，且为工业界中较常用之方法。

（3）如图 10-15（b）所示，依（1）法含浸，但使用厌氧型之聚酯树脂，在含浸完后需以含清洁剂之水将表面残留之树脂清除，再置入触媒槽中，此触媒将使得位于工件表面之树脂硬化，此时内部之厌氧型树脂因已与外界之氧气隔绝，故在大气中也仍将逐渐硬化，此过程一般需 2~3 h[6]，图 10-16 为此树脂含浸之设备。

树脂含浸工艺除了可将粉末冶金零件予以封孔使具气密性之外，其另一优点为含浸后之零件较易电镀，此乃因未经含浸处理的话，电镀液易残留在孔隙中造成腐蚀，此残留之电镀液在数天后也可能因干燥脱水而长出结晶，俗称

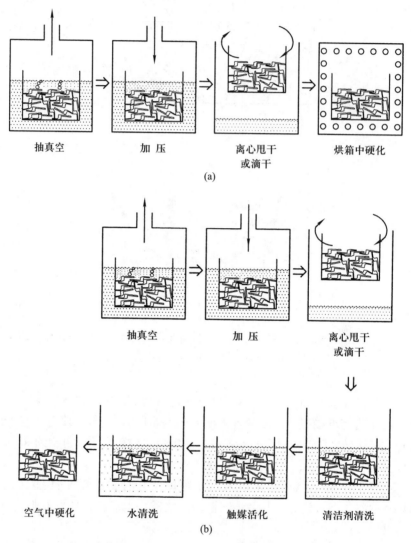

图 10-15　树脂含浸之湿式法。（a）使用加温硬化型树脂；（b）使用厌氧型树脂

"长白毛"，因而影响外观。

　　树脂含浸工艺最适合用于密度在 80%~90% 之工件，对铁系而言亦即在 6.2~7.0 g/cm³ 之间，若密度太低，有些树脂会在含浸过程中流出，若密度太高，则因孔隙小且量少，树脂不易进入。此外由于工件表面清净度会影响树脂之润湿性及含浸之效率，故一般之树脂含浸处理最好在烧结后马上进行。若工件需振动研磨、喷砂或机械加工时亦可先作树脂含浸处理，不然孔隙表面易在

图 10-16　树脂含浸之设备(台湾汉高公司/Loctite 提供)

加工时被金属填入而影响树脂之进入。树脂含浸亦可改善加工性，此乃因刀具碰到孔隙时将造成振动，而封孔后刀具之动作将变为平顺之故。尽管树脂含浸有上述优点，但其最大缺点为树脂在高温环境下将软化、溶解或裂解，因此不像渗铜法可应用于高温环境中。

10-8　接合

　　一般之焊接方法亦可使用于粉末冶金工件，由于工件中含有气孔，所以有时会造成焊接不良之现象。当粉末冶金零件要电焊在传统钢材上时，零件不可含硫，以免与钢材中之锰作用形成硫化锰，导致焊料之润湿性变差，而含铜、硅及碳、氮、氧太多时亦不易焊接，所以一般应使用纯度较高之雾化粉，且烧结气氛也以使用氢气及真空最佳，避免使用含氮气氛。此外，经过蒸汽处理、渗铜处理或淬火处理之工件因含有氧化物、过量之铜或油，均较不宜焊接。对于烧结硬化型合金，因在焊接处易生成马氏体，故需施以回火处理以提高韧性，或将材料先预热至 250~300 ℃，以减少马氏体之量。

　　除了电焊之外，硬焊(brazing)也常用于接合(joining)粉末冶金零件，此可在烧结时同时进行，也可在烧结后另外进行。此工艺之困难度在于当孔隙太多时，部分焊料将被吸入导致焊接面焊料不足，所以生坯之密度最好在 6.7 g/cm^3 以上，且坯体要有倒角以将熔融之焊料引入焊接面，如图 10-17 所示。常用之硬焊料与渗铜料类似，其成分以铜为主，另含 Mn、Fe 及 Ni、Si、B 等。

由于 Mn 易与 S 形成 MnS 而使润湿性变差，所以如同前述之电焊，坯体最好不要含 S 或 MnS。

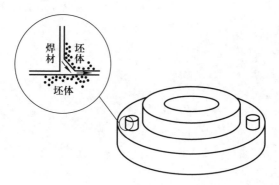

图 10-17 以硬焊接合而成之工件

另外一种接合方式乃将粉末冶金零件组合在一起后才烧结，例如一柱状体嵌入一管件中，或如图 10-18 之两个低合金钢工件，通过材料之调整，可使内部之工件产生膨胀（如含铜时），而外部之工件产生收缩（如含镍时），再加上两零件之接触面产生烧结现象，所以在烧结后可达到紧配之效果。除了借合金设计以达到内胀外缩之效果之外，亦可由粉末粒度及成形压力来达成。例如外圈零件使用细粉及低成形压力，而内圈用粗粉及高成形压力，此时因外圈收缩量比内圈大，故也可达到紧配效果[7]。

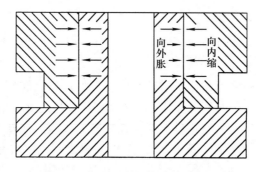

图 10-18 以烧结紧配接合而成之工件

10-9 机械加工

虽然粉末冶金工艺之优点为能制作出具复杂形状之工件，但由于传统粉末冶金之成形方式只是上下加压，对于横向孔、清角(undercut)或特殊、复杂之形状如螺牙等仍不易一次成形，此外，有些尺寸因成本问题、品质问题或精密度问题，仍必须借机械加工(machining)才能完成。

对于密度高的粉末注射成形零件而言，其加工特性与一般铸、锻件相似，但传统干压成形零件之加工则比铸、锻件困难，此乃因粉末冶金工件大多含有孔隙，图 10-19 显示当刀具之锋刃碰到孔隙之前缘时由于无负荷，该部分将暂时地向前弹出，但当此锋刃碰到孔隙之另一侧时则又承受了撞击力，所以对刀刃造成了疲劳型负荷，使得刀刃容易崩角或变钝；又由于粉末冶金工件含有孔隙，热传导性差，且显微组织并不均匀，软、硬质相均存在，所以切削之动作不太连续，导致刀具寿命短，切削面粗糙，加工成本上升。此外，机械加工常使得孔隙被切削面附近之金属挤入或被切削油填入，或研磨时被研磨材料及研磨屑填满，这些都对必须具有孔洞之产品如自润轴承造成不利之影响，且对于需电镀、油含浸及树脂含浸之工件将增加其清洗之困难度，所以在加工粉末冶金工件时，尽量不要使用切削油，若需冷却可先尝试喷气式之空冷方式。

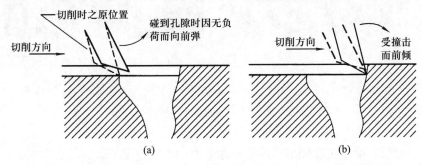

图 10-19 切削粉末冶金工件时刀具遇到孔隙易振动。(a) 刀具离开孔隙前缘时向前弹之状况；(b) 刀具碰到孔隙后缘时向前倾之状况

当加工无法避免时，在工艺上应尽量采用低切削量及高效率之刀具如碳化钨或金刚石刀具。一般车削之速度为 55~90 m/min，若不必担心孔隙被塑性变形之材料填入，可加大至 150 m/min。而钻孔之速度依刀具而不同，使用碳化钨时可高达 60 m/min，而使用高速钢时约在 20 m/min。

为了解决上述粉末冶金零件不易加工之问题，也可在 800~950 ℃ 预烧结后先加工，然后再作最后之烧结，或在烧结后施以退火处理然后再行加工，或在冷却区降低冷却速率使长成较粗大之珠光体以改善加工性。但一般最常用之方法乃在材料中添加硫化锰(MnS)粉，其添加量以 0.5% 最适当，过多时其加工性之改进已不明显，但却会影响工件之机械性质，如强度、韧性、焊接性等[8]。添加硫化锰对于不易加工之不锈钢亦有不错之效果，图 10-20(a)为不含 MnS 之 316L 不锈钢在氢气中烧结 1 h 后予以钻孔时，孔之底部在扫描电子显微镜下之外观，而图 10-20(b)为添加 0.5% MnS 后之外观，此图之纹路间的距离显示添加 MnS 后之切屑较短且较不易卷曲，使排屑容易，有助于 316L 之钻孔等机械加工[9]。但加入 MnS 后将稍为影响不锈钢之抗蚀性。此外，渗铜(见 10-6 节)或树脂含浸(见 10-7 节)因为可将孔隙填满，避免了刀具之振动，亦能大幅提高加工性。若不作上述之各种处理时，对于以传统 1120 ℃、30 min 之条件烧结的工件而言，其加工性会因密度之增加、碳含量之降低而改善，若原料中加入铜、镍等元素时，则其加工性将变差。

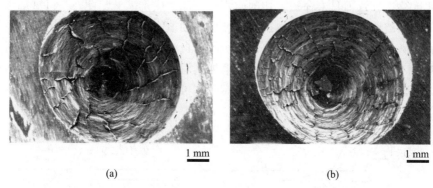

图 10-20　(a)不加 MnS 之 316L 不锈钢经钻孔后，孔底部在扫描电子
显微镜下之外观；(b)添加 0.5% MnS 后之外观[9]

　　一般粉末冶金工件烧结后的冷却速率慢，所以硬度不高，可直接加工，不需如铸、锻件常要先行退火或正常化，但对于析出硬化型材料如 17-4PH 不锈钢而言，其烧结后硬度可能太高，此时可施以固溶处理，将硬度降低 3 ~ 5 HRC，再行加工。

10-10　振动研磨

　　在干压成形过程中，由于上冲、下冲、芯棒与中模间有间隙，使得粉末进入后易造成毛边(burr, flash)，如图 10-21(a)所示。对于注射成形工艺而言，公、母模间或顶针、滑块与模具间也常产生毛边，如图 10-21(b)所示。此毛边若不处理而仍附着在坯体上，当客户使用此零件时易与配合件产生干涉现象，所以在生坯阶段可借修坯或是在烧结后借振动研磨(tumbling)或喷砂(sand blasting)处理将之去除。

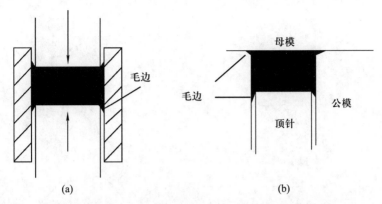

图 10-21 （a）干压成形之上冲、下冲与中模间有间隙，使得粉末进入后易在生坯
上造成毛边；（b）注射成形之公、母模间或顶针与模具间有间隙，坯体常产生毛边

最常见之振动研磨设备为三次元振动研磨机，如图 10-22(a)所示，此法乃将工件与陶瓷研磨件（球体、长柱体、菱形体等）混合后置入振动机之槽中予以振动，此方法可去除毛边，并将表面粗糙度降低，提高外观之品质。在此工艺中有时可添加亮光剂，使坯体表面能排斥研磨时所产生之细粉，使细粉不致因被撞击而镶在工件表面造成表面偏黑之现象。对高密度工件如注射成形产品而言，经此振动研磨处理后之表面粗糙度，可由 $R_a = 1 \sim 2$ μm 改善至 $R_a <$ 1 μm。

另一设备为如图 10-22(b)之倾斜式滚筒，此设备乃同时靠重力及离心力使坯体与坯体之间或是坯体与陶瓷研磨件之间互相撞击、摩擦，可减少毛边并使表面光泽度提高。当工件形状细长或细小时必须使用较细之研磨材料，甚至细至使用粉末，例如切削力强之碳化硅粉及抛光效果佳之氧化铝粉等。由于细磨料之动量不大，所以必须使用高转速或加上行星式或 8 字形之转动方式，此类研磨方式多使用密闭式滚筒，如图 10-22(c)所示，此种振动研磨方式之切削能力强且工件之变形量小。

另一种研磨形状复杂工件之设备为磁针研磨机，如图 10-22(d)所示。将加工硬化后带有磁性的不锈钢磁针，如 304，与工件置入槽中，利用磁场使磁针及工件旋转，利用磁针撞击工件表面，此工艺的优点为尖角、内孔、夹缝、螺牙等处均可被研磨到，且工艺时间短，5 ~ 20 min 即可，此方法采用干式或湿式均可。

振动研磨除了能去除毛边、改善外观外，亦有助于提升不锈钢之抗腐蚀性，此乃因不锈钢烧结后其表面仍有少量孔隙，而振动研磨能将部分孔隙封住且亦可使表面平滑，减少了曲面应力造成之腐蚀[9]。

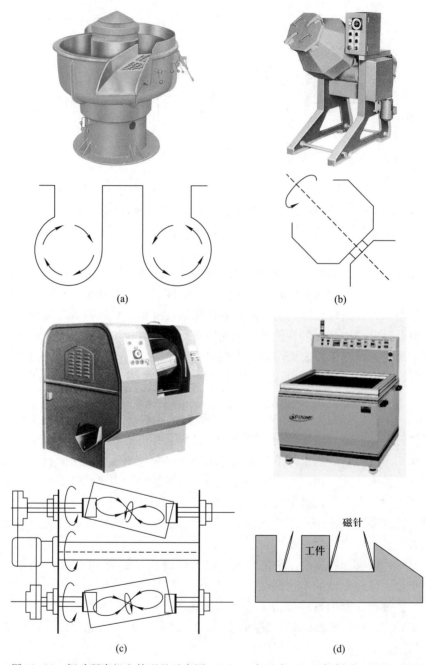

图 10-22　振动研磨机之外观及示意图。(a) 三次元式；(b) 倾斜式；(c) 8 字形
　　　离心式(广田企业社提供)；(d) 磁针研磨机(豪昱电子公司提供)

10-11 喷砂

上述之振动研磨有两个缺点:① 振动研磨时,若切削力不足,工件之毛边将无法完全去除,此时毛边仅产生塑性变形,有时会折入坯体中,如图 10-23 所示,使得表面不平整,且与配合件之间会产生互相干涉之情形;② 振动研磨常需采用水及研磨剂,易造成工件生锈之问题。若欲克服此两个缺点,可采用喷砂(sand blasting)。此法乃将工件置入密闭室内,将金刚砂(碳化硅)、氧化铝或玻璃砂(氧化硅)以高压空气喷向工件,将毛边去除,但此类工件之表面将不如振动研磨工件般光滑。不过有必要时仍可先喷砂再振动研磨,以得到无毛边且表面光滑之工件。

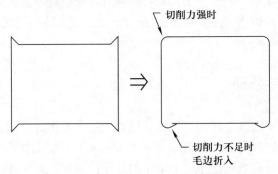

图 10-23　振动研磨后毛边折入之现象

10-12 电镀

粉末注射成形工件之密度为 95%~99%,其残留孔洞多为封闭孔,其电镀(plating)品质与一般铸、锻件相似,但是传统粉末冶金零件因有孔隙,在电镀时易造成电镀液残留在孔隙中,并在干燥后长出结晶,所以传统粉末冶金工件常需先作树脂含浸或渗铜处理将孔隙填满,以提高电镀品质。电镀最常见的是镀镍,若采用有电电镀方法的话,电解液多为硫酸镍,若为无电电镀,利用氧化还原原理将镍镀在工件表面的话,则电镀液多为磷酸镍,所得到的为 Ni-P 镀层,其组织是镍及镍磷化合物(如 Ni_3P)的混合物,其硬度比有电电镀高。

10-13　磷酸盐皮膜处理

一般用于磷酸盐皮膜处理(phosphate treatment)的溶液含有磷酸、磷酸锌(或磷酸铁、磷酸锰)及具有氧化作用之促进剂如硝酸盐，当铁浸入此溶液时会与磷酸起下列之反应[10]:

$$Fe + 2H_3PO_4 \longrightarrow Fe(H_2PO_4)_2 + H_2 \uparrow \qquad (10\text{-}14)$$

此反应影响了溶液中之酸碱度，导致原来溶解于溶液中的磷酸盐析出在铁工件上。上述之反应速率相当慢，此乃因金属表面产生极化现象，此时溶液中之硝酸盐促进剂可使表面之氢氧化，消除极化现象。以此方法所得之磷酸盐能紧密地附着在零件表面，有助于工件之抗腐蚀性及耐磨耗性。此外有些工件如枪支零件等常要求表面为黑色，以减少反光，此时施以磷酸盐处理即可达到此要求。

10-14　蒸汽处理

烧结后的粉末冶金工件仍易生锈，施以上述之镀镍或磷酸盐处理即可解决此问题，另一种选择是蒸汽处理(steam treatment)，将工件于高温与水蒸气反应，使其表面生成蓝黑色之氧化铁(Fe_3O_4，magnetite)，此氧化铁能防锈，也可增加烧结体之硬度，但将降低延性，如图10-24所示[11]。此外，蒸汽处理亦有填塞孔隙防止生锈、增加气密性等效果。但因为氧化铁之厚度仍无法完全填塞孔隙，顶多只能将互通孔道之最狭窄处封住，如图10-25所示，故其气密性较树脂含浸法差。此外，如同磷酸盐处理，蒸汽处理也可减少反光。由于蒸汽处理成本低且效果不错，所以也常被称为穷人的热处理(poor man's heat treatment)。

图10-26显示蒸汽处理炉升、降温曲线之范例，首先将工件洗去油污后置入炉中，以氮气将炉内空气赶出，将工件升温至100 ℃以上后引入水蒸气，再于500~571 ℃之间保温2~12 h(视Fe_3O_4之厚度要求而定)，蒸汽处理后将工件冷却至300 ℃以下，通入氮气，将炉内之水蒸气及氢气带出后开炉取件。由图10-27之Fe-O-H平衡图可知纯铁与水蒸气在500~571 ℃之间将反应生成蓝黑色之Fe_3O_4以及氢气，如下式所示:

$$3Fe + 4H_2O \Longleftrightarrow Fe_3O_4 + 4H_2 \qquad (10\text{-}15)$$

若温度超过571 ℃时，视气氛中H_2/H_2O之比例将生成灰黑色之FeO(Wüstite)

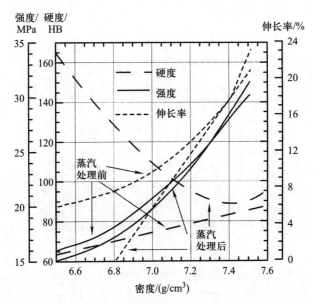

图 10-24 蒸汽处理可提高烧结体之硬度、强度，但将降低其延性[11]

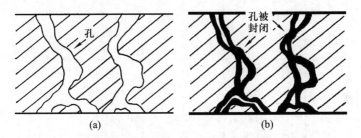

图 10-25 蒸汽处理时孔隙表面反应生成氧化铁而将部分孔道封闭。
(a)蒸汽处理前；(b)蒸汽处理后

或 Fe_3O_4，如下式所示：

$$Fe + H_2O \rightleftharpoons FeO + H_2 \tag{10-16}$$

$$3FeO + H_2O \rightleftharpoons Fe_3O_4 + H_2 \tag{10-17}$$

由于式(10-17)之反应速率非常快，有时 FeO 会将表面之孔隙封住，使内部孔隙之反应迟缓下来，因此采用高温蒸汽处理时，在短时间内零件因蒸汽处理所增加之质量多，但长时间下来，有时反而比在 571 ℃ 以下蒸汽处理者来得少[12]。

由于反应式(10-16)、(10-17)会产生氢气，故一般需在排气口加装瓦斯

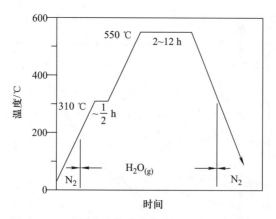

图 10-26 以批次炉作蒸汽处理时之升、降温曲线

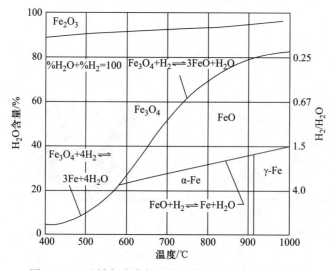

图 10-27 纯铁与水蒸气及氧化铁间之热力学平衡关系

火苗将氢气燃烧掉，若无火苗，则在开炉时需待工件温度降低且注意附近不可有火源，通风需良好，不然易引起意外。

当工艺控制不佳时，蒸汽处理后之工件常发生缺陷，例如在升温过程中有空气或残留之水滴时，将产生下列反应：

$$2Fe + 6H_2O \Longrightarrow 2Fe(OH)_3 + 3H_2 \qquad (10-18)$$

$$2Fe(OH)_3 \Longrightarrow Fe_2O_3 + 3H_2O \qquad (10-19)$$

由此反应可知将产生 Fe_2O_3(hematite)红锈[13]。另一造成红斑之原因为蒸汽处理时间过长,当蒸汽处理层越厚时,水汽越不易穿入蒸汽处理层,所以与内部之铁反应之速率越低,而反应所产生之 H_2 也就越少,此将使得 H_2/H_2O 之比例偏低,而落在图 10-27 中之 Fe_2O_3 区,亦即表面之 Fe_3O_4 将慢慢变成红色之 Fe_2O_3。此外油污未清洗干净时亦将妨碍蒸汽处理之进行而造成颜色不均或斑点之产生。为了改善这些现象,近年来已有连续蒸汽处理炉之作法,此方式之产能较高,且气氛较易控制、产品品质较稳定。

10-15 渗油

一般之轴在运转时,为了降低摩擦力必须添加润滑油,但由于有些轴及轴承(bearing)位于组装件内部,如照相机、手机、硬盘等,不便定期补充润滑油,所以多采用含油之粉末冶金轴承。当轴转动时,其功能即如同泵,在轴与轴承间某些部分造成真空现象,再加上油受热膨胀,所以可将油从孔隙带出。而在轴与轴承间之另一些区间则又产生加压现象,将油打回孔隙,如此循环并在轴与轴承间形成一连续之油膜,而达到润滑之功效。当轴停止运转时,温度下降,因毛细力之现象,油将回流至轴承之孔隙中。一般渗油(oil impregnation)之步骤与树脂含浸类似,将粉末冶金轴承置于网篮中,将整个网篮浸入 50 ℃之油槽,抽真空,将孔隙内之空气抽出,待油进入孔隙后再通入空气,借大气压力将油进一步压入孔中,填满油之轴承再经沥干即可取出。

10-16 超声波洗净

烧结后之工件常需经机械加工、喷砂、振动研磨、热处理、精整等步骤,这些工件之表面常黏附油脂、细砂、加工液等,因此必须清除,常用之方法为将工件置入超声波洗净机中将这些外物洗净。

超声波洗净(ultrasonic cleaning)之基本原理乃利用超声波对清洗液振动使液体产生一松一紧之连续波,当液体在松波时因分子间之张力不足造成微小之真空,这些小真空球逐渐成长,然后在紧波时向内爆炸而消失,由于此爆炸产生局部之热及高压(可达 70 MPa),使得附着于工件上之杂质可被洗净。

由于微小真空可在液体之任一地方产生,所以此清洗法不会有死角清不干净之顾虑。一般较常用之洗净液有三氯乙烷、三氯乙烯、二氯甲烷、庚烷、己烷、溴丙烷等,由于环保意识之提高,前三者已列为毒性物质必须管制,而后者或因是易燃性物质或因含卤族元素,故目前用户已逐年减少,而逐渐改用水溶性清洁剂。

参考文献

［1］　叶聪麟、陈增尧，"烧结体二次加工技术"，粉末冶金会刊，1993，18 卷 2 期，108-120 页。

［2］　*Höganäs Handbook for Sintered Components*，Handbook 2，Höganäs AB，2013，pp. 122-132.

［3］　L. F. Pease III，"Consultants' Corner"，Int. J. Powder Metall.，1998，Vol. 34，No. 5，pp. 23-24.

［4］　*Höganäs Handbook for Sintered Components*，Handbook 3，Höganäs AB，2013，pp. 75-76.

［5］　V. Heuer，"Gas Quenching"，*Steel Heat Treating Fundamentals and Processes*，J. Dossett and G. E. Totten（eds.），*A. S. M. Handbook*，Vol. 4A，ASM Int.，2013，pp. 221-231.

［6］　H. T. S. Fulda，"Impregnation of Powder Metal Components with Anaerobic Sealants"，Powder Metallurgy in Defense Technology，MPIF，Princeton，NJ，1978，Vol. 4，pp. 19-30.

［7］　K. Okimoto，K. Izumi，K. Iwamoto，T. Kuroda，S. Toyota，S. Hosakawa，and Y. Kato，"Fabrication of Stainless Steel-Permalloy Composites by Sinter Joining"，Int. J. Powder Metall.，2001，Vol. 37，No. 8，pp. 55-62.

［8］　H. Sanderow，J. R. Spirko，and R. Corrente，"Machinability of P/M Materials as Determined by Drilling Tests"，Int. J. Powder Metall.，1998，Vol. 34，No. 3，pp. 37-46.

［9］　邱崇训、黄坤祥，"硫化锰对 316L 不锈钢之切削性及抗腐蚀性之影响"，粉末冶金会刊，1992，17 卷 3 期，195-201 页。

［10］　T. S. N. Sankara Naraganan，"Surface Pretreatment by Phosphate Conversion Coatings-A Review"，Rev. Adv. Mater. Sci.，2005，Vol. 9，pp. 130-177.

［11］　F. Sarnes，R. Sarnes，and V. Sarnes，"'Contiblu'-A New Process for Continuous Steam Treatment"，Proc. PM World Congress，1998，Vol. 2，pp. 454-461.

［12］　P. Beiss，"Steam Treatment of Sintered Parts"，Powder Metall.，1991，Vol. 34，No. 3，pp. 173-177.

［13］　任元鼎，"粉末冶金零件之蒸汽处理"，粉末冶金会刊，1991，12 月，16 卷 4 期，2-7 页。

作业

1. 有一批经过蒸汽处理之铁系产品必须被还原，若此还原炉只能加温至 500 ℃且使用之气氛为分解氨，则此分解氨所能容许之最高之露点应为多少?

2. 一粉末冶金汽车零件必须施以电镀处理,若欲保证电镀之品质,有何前处理方法可改善之?

3. 一批齿轮零件之成分为 FX-0808,其最终密度为 7.5 g/cm^3,请详细描述制造此齿轮之工艺步骤以及生坯之密度应为多少。

4. 渗铜处理及树脂含浸处理均能改善铁系粉末冶金零件之切削性及电镀品质,其原因为何? 优缺点各为何?

5. 一生坯密度为 7.3 g/cm^3 之铁系零件能靠渗铜处理方式将密度提高至 7.6 g/cm^3 吗? 为什么?

6. 一纯铁零件放入 600 ℃、20%H_2O+80%H_2 之炉中 1 h,拿出来时此零件表面会如同蒸汽处理般变成黑色吗? 为什么?

7. 你要制作一渗铜件,以达到高密度,但为了节省成本,所使用之铜含量应越低越好。而每件成品之总质量为 100 g。① 你所选择之生坯密度为何? ② 每个零件中之铜含量为多少?

8. 粉末冶金工件常有不易切削之缺点,可采取哪些后处理工艺加以改善?

9. 粉末冶金零件在 890 ℃ 渗碳并经淬火、回火后常太脆,而一般之锻件在热处理后却有很好之韧性,原因何在?

10. 一铁系零件以网带式炉在 1120 ℃、30 min、吸热型气氛之条件下烧结,网带之速度为 5 cm/min,此时零件为金属之灰色,若将网带速度加快为 10 cm/min,此时零件变为蓝色,原因何在?

11. 将一褪色之铜管置入蒸汽处理炉中,当蒸汽处理结束后与处理完之其他铁系零件一并取出,此时之铜管是否氧化得更严重抑或变亮?

12. 密度各为 6.7 g/cm^3 及 7.2 g/cm^3 之试片经 850 ℃ 之渗碳并淬火于 50 ℃ 之油中,将此试片切开做成金相试片,为什么密度低者其内部之显微硬度反而高? 而以 HRC 测试时则相反?

13. 将工件于 600 ℃ 施以蒸汽处理达 10 h 以上时,表面之色泽不若 2 h 者黑,甚而有红斑出现,但其气密性则较蒸汽处理 2 h 者好,原因可能为何? 此时若将蒸汽处理 10 h 后具红斑之工件施以喷砂,将表面之 Fe_3O_4 去除后,再施以 2 h 蒸汽处理即可得到气密性佳且色泽佳之工件,原因为何?

14. 做硬化能试验(Jominy test)时,含 15%孔隙之粉末冶金棒与锻造棒哪一个较易硬化? 为什么?

15. 蒸汽处理时水蒸气的流量大小对工件品质的影响为何?

16. 学生甲在 560 ℃ 而学生乙在 800 ℃ 均成功地将细 Fe_2O_3 还原成纯铁粉。此两个还原工艺在 Fe_2O_3、Fe_3O_4、FeO 及 Fe 的演变机制上是否不同?

17. 一铁系零件质量为 42 g，尺寸为 10 mm×20 mm×30 mm，以真密度计量测时所得密度为 7.5 g/cm³。今以密度为 1.1 g/cm³ 之树脂施以树脂含浸处理，请问处理后零件之密度为何？

18. 如前题，若改施以渗铜处理时，渗铜片之质量应为多少？

第十一章

特殊粉末冶金工艺

11-1 前言

传统之粉末冶金工艺简单地说就是一种以成形机将粉末压成生坯，然后将生坯烧结以提高其密度、强度或其他机械及物理性质的技术。以此工艺所得到产品之密度多在95%以下，且其形状并不复杂。在工件大小方面，因现有成形机多在 1600 tf 以下，所能成形面积在 200 cm^2 以内，所以太大之工件也不适合干压成形。若要改善这些缺点可改用其他之粉末冶金工艺，例如冷等静压可制得具三维空间形状之大型坯体；热等静压可制得 100% 密度之成品；粉末轧制可得到低成本之多层材料平板；金属粉末注射成形可制作出具复杂外形且密度在 95% 以上之产品；而粉末锻造除了高密度之特点外也可节省材料；喷覆成形则充分利用喷雾制粉之优点，直接将熔液喷成近净形(near net shape)之产品；增材制造可制造少量多样之形状复杂甚至中空之物件。这些特殊工艺充分发挥了粉末冶金之特点，有的是为了得到微细之显微组织，有的是为了节省成本，有的则是为了一次做出复杂之外形。兹将目前工业界所使用之特殊粉末冶金工艺作进一步之介绍如下。

11-2　冷等静压

冷等静压（cold isostatic pressing，CIP）顾名思义乃在常温下以等静压方式成形之工艺。图 11-1 为其流程，一般先以加工方式制出与成品形状相同之公模，在外以橡胶或乳胶（latex）包覆铸成一母模，在此橡胶模内填入粉末后加盖并以胶带封口，然后置入一铝或钢所做之外壳以撑托其外形，减少变形量，将此组合置入一盛满切削油或其他溶液之压力舱内，在封舱后施压，借液压将模内粉末压结成近实形之产品。

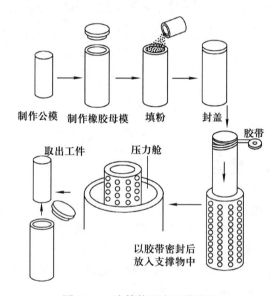

图 11-1　冷等静压之工艺流程

冷等静压可分为湿式（wet bag）及干式（dry bag）成形法两种，在图 11-2（a）所示之湿式法中，模子是浸在液体中，所承受之压力是来自四方均匀之压力，所以生坯密度较均匀，但生产速率慢，不易自动化。在图 11-2（b）及（c）之干式冷等静压法中，模子之下方固定于设备上，仅周围［图 11-2（b）］或周围及上方［图 11-2（c）］受到液体的包围，所以其受压并非真正之等静压，但因方便填料，且容易取出工件，故生产效率较高。为了更进一步提高效率，工业界甚至常准备多个成形模，一旦等静压完成即把成形模取出置于旁处，取出坯体，与此同时则将另一填完粉之成形模置入等静压机中成形，如图 11-2（d）所示。

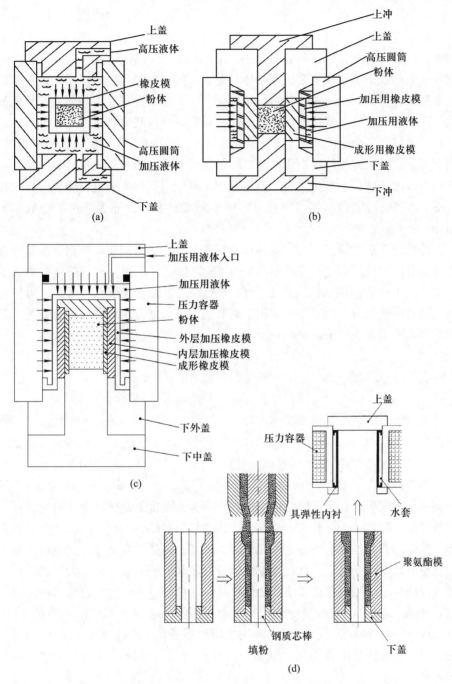

图 11-2 （a）湿式冷等静压之示意图；（b）、（c）干式冷等静压之
示意图；（d）连续式干式冷等静压流程图

在传统加压成形法中，由于粉末与模壁间有摩擦力，在顶出生坯时，有时会有鱼鳞纹之微细裂纹产生，特别是当粉末间结合力差，或是坯体脱模膨胀量过大之时候。此外，因模具容易耗损，必须采用工具钢或硬质合金，成本高，这些均是传统干压成形法之缺点。相对地，一般冷等静压模具使用天然橡胶或聚氨酯橡胶（polyurethane rubber），成本低，又由于工件尺寸可相当大，只要能放入压力舱即可，不似传统加压成形法其机器吨数与截面积成正比，大面积之工件不易找到适合之大吨数机器。例如一般之大型高温金属锭，如钨、钼等，因熔点高，无法铸成铸锭，所以常以冷等静压方式将粉末压成直径 20~30 cm、高约 1 m 之坯体，然后将之烧结至高密度，再予以挤制、锻打，辊轧成棒、板片等。此外，冷等静压法可制作具三维空间之产品，此亦无法由干压成形法制作。

冷等静压法之缺点为无法得到尺寸精密之产品，必须在烧结后靠加工才能达到，且最大成形压力只有约 600 MPa，所以仍有其限制。冷等静压法也普遍应用于民生产业，例如以高压处理食材时，细菌及酵母等不再活跃，可使食材、饮料更能保鲜，此方法也应用于将有壳类海鲜之壳与肉轻易分离，此工艺统称为高压消毒法（high pressure processing, HPP）[1]。

11-3　热等静压

由传统干压成形及粉末注射成形工艺所得到的烧结产品并未全致密化，但以热等静压（hot isostatic pressing, HIP）工艺[2] 则可得到无孔隙的粉末冶金工件，其原理是将工件置于高温且高压的环境中，将工件内的密闭孔致密化。

热等静压在 1955 年由 Battel 实验室为了扩散接合（diffusion bonding）核燃料而开发出来后，目前已广泛应用在粉末冶金及陶瓷烧结体之全致密化，可消除其残留孔隙。另一个粉末冶金方面的应用是直接将粉末置入抽真空之容器内，然后热等静压成钢坯、溅镀靶材等。此外，铸造件在高温由液体状态凝固至室温时常产生缩孔，此缩孔常成为低应力破裂或疲劳破坏之原因，此铸件经热等静压后可消除缩孔而以倍数之幅度提高工件的疲劳寿命。近年来由于绿色观念的崛起，一个较新的应用是昂贵的钛合金、超合金等的再生（rejuvenation），这些合金经一段时间之使用后难免会产生蠕变孔隙或疲劳裂纹，以往的作法是废弃不用，但如今已开始使用热等静压将这些缺陷予以封闭、愈合，而愈合之接口并非机械式之接合而是真正的冶金式接合（metallurgical bond）。应用在硬质合金上时，更可保证产品均有 100% 之密度，可避免在放电加工、线切割、研磨后，因表面突然出现砂孔而需将整个模具废弃。目前在业界之应用主要是以工具钢、靶材及碳化钨之制作为主。

由第八章可知若要粉末冶金工件中的孔隙不与外界相通，烧结工件之密度应在92%以上，亦即进入烧结之第三期，若要更确定绝大部分孔隙皆为封闭孔，则烧结密度最好在95%以上。例如粉末注射成形工件即属此种高密度产品，其相对密度为95%~99%。由于这些孔隙不与外界相通，均为封闭孔，故可直接以热等静压将这些孔隙压实。若工件密度低于95%，残留孔洞中除了封闭孔外仍有些连通孔（包括表面之孔洞），此时高压气体可进入连通孔，导致连通孔之内外压力相同，无压力差，所以孔隙无法消除，但其余之封闭孔仍可借压力差致密化。

11-3-1　热等静压原理

上述粉末之所以能致密化，是因在高温及高压时产生塑性变形及烧结，其机构有下列几种[3]：

（1）起始阶段的塑性变形。

（2）扩散。

（3）超塑性成形（superplastic deformation）。

（4）体扩散型蠕变（volume diffusion creep）。

（5）晶界扩散型蠕变（grain boundary diffusion creep）。

（6）位错滑移（dislocation glide）。

图11-3乃镍粉装入金属罐中经抽真空并封罐后在热等静压时之致密化机构。在低温如200 ℃时若应力不大，则此时坯体之密度几乎不变；但若粉体受

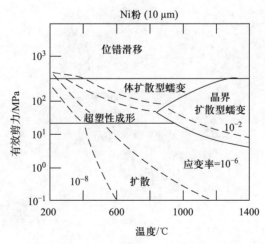

图11-3　镍之粉末坯体在热等静压时其致密化之各种机构[3]

力超过其屈服强度时，则粉末可直接产生塑性变形，特别是在开始施加压力时，由于粉末的接触几乎都是点接触，接触点之压力非常高，塑性变形极易发生，但由于接触点也马上变成接触面，应力迅速降低，塑性变形也随即停止。当温度升高至 700 ℃时，若压力不大则仍可因扩散而稍微致密化；当压力及应变速率提高至某一程度时将产生超塑性，压力再大时则进入体扩散型蠕变。当温度升高至 1000 ℃时，若压力不大则处于扩散区，此区之致密化机构与第八章之烧结机构相似；当压力再提高时则进入晶界扩散型蠕变区，然后是体扩散型蠕变区，最后才达到直接变形之位错滑移区。

在这几个机构中最主要的乃是体扩散型蠕变及晶界扩散型蠕变，前者又称为 Nabarro-Herring 蠕变，在此机构中空孔由张力区移向压力区，亦即原子经由体扩散由压力区进入张力区；而晶界扩散型蠕变机构中原子移动之起始点及终点亦相同，只是扩散路径为晶界扩散，此机构又称 Coble 蠕变。而位错滑移区中因应力大，所以并非以扩散方式进行致密化，而是借位错之快速滑移而达到高密度。

11-3-2　热等静压机

图 11-4 为热等静压系统之配置图，热等静压机有三个主要系统，一为压力舱主体，一为压力舱内部的加热系统，最后一个为加压系统。早期的压力舱主体乃由锻造钢所制，工件放入后，将上盖以螺牙方式锁在主体上，加压气体

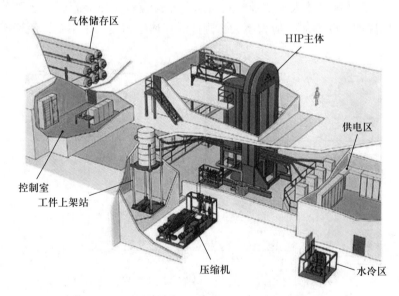

图 11-4　热等静压系统之配置图（Avure 公司提供）

即经由此上盖进入压力舱。后来为了增加压力的上限，其外框的锻造钢单体改由多层锻造钢板组合而成，或是钢板外再以钢环或钢线箍住，如图11-5所示，此可避免因缺陷而产生之裂纹无止境地传播，能增加主体之可靠度及安全性，此外，由于舱体已有预压应力，所以压力舱内的气压可提高。一般而言，即使在操作温度下，压力舱主体仍能维持在压应力的状态，避免了拉应力，所以压力舱主体的寿命可以延长。

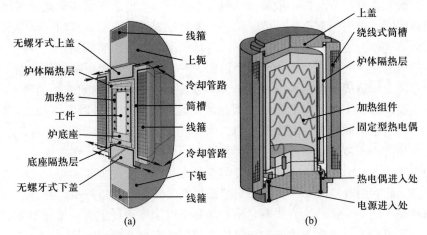

图 11-5　（a）热等静压主体之构造；（b）加热体之构造（Avure 公司提供）

在加热系统方面，一般加热体为 Fe-Cr-Al 合金、钼/钨或石墨，可达之最高温度各约为 1350 ℃、1600 ℃ 及 2200 ℃。加热体一般分为数区，分开控制，以减少高温高压时气体之对流现象所造成之上热下冷情形，压力舱内侧有绝热层，由多层金属片组成，其间亦可充填陶瓷或石墨纤维。

在气体方面，一般多用氩气或氮气，这些气体经压缩机加压至 100~300 MPa 才送入压力容器内，若使用率高，可将用过之气体回收，以节省成本。

11-3-3　热等静压粉末及工艺

在所使用之粉末方面，其粒径不可太细亦不可太粗，太细时虽然其烧结驱动力高，但因粉末间之摩擦力太大，使得罐内粉末之充填密度太低，且细粉表面积大，吸附气体杂质多。相对地，若粉末颗粒太粗时虽然其充填密度高但因粉末间之孔隙太大，且粉末间之接触点较少，使得晶界减少，无法充分利用晶界扩散型蠕变致密化机构提高密度，所以在金属粉之粒度选择上以 D_{50} 在 40~90 μm 之间的粉末较适合。此外为了增加粉末充填密度，粉末形状以近球形者较佳，振实密度应在真密度的 60% 以上。

　　当直接以粉末制作形状简单之工件时，其步骤乃先将粉末倒入壁厚 2 ~ 3 mm 之圆柱罐、长方罐或异形罐中，加热至 300~500 ℃，然后将内部抽成真空以除气，再于真空下将开口夹扁，然后电焊封住，此称封罐（encapsulation），将此已密封之金属罐置入加热舱内后加温，并以氩气或氮气加压，此高温、高压工艺结束后将容器以车削等机械加工方法或化学方法去除，即可得到内部已完全致密化之产品。

　　在封装罐材料方面，一般有低碳钢及不锈钢，主要之限制在于此封装罐材料在高温时不可与粉末产生反应。除了一般之钢材外，亦有人在制作低熔点金属时以玻璃作为容器，热等静压后只需将玻璃敲碎即可得到成品。

　　热等静压时坯体之致密化有两个原因，一个是粉末本身所造成的收缩，另一个是压力所造成的塑性变形，二者发生次序的先后会影响到成品的变形量、密度之高低以及工艺时间的长短，因此所用之温度及压力可以有不同之搭配。图 11-6(a) 中乃同时升高温度及压力，当温度及压力到达设定值时即保温、保压，当热等静压步骤结束后，将温度及压力同时降低。此种操作方式所需时间最短。图 11-6(b) 与图 11-6(a) 之差异主要在于将工件先加压，经一段时间后才升温，此有助升温效率，且用于封装罐材料时其变形量将较少，此方法所需时间较长。图 11-6(c) 之方式则是将工件先予以加压至设定值后才升温，借气体之膨胀再增压，此种方式能先造成塑性变形并产生些微致密化，又由于在升温时能产生再结晶，可增加晶界数量而帮助 Coble 蠕变之进行，所以此工艺的

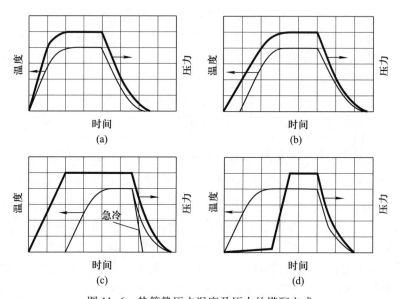

图 11-6　热等静压之温度及压力的搭配方式

保温温度可稍降或是保温时间可稍减。此程序对使用玻璃作为封装罐材料者并不适宜,玻璃会在升温时即碎裂,此时应改用图 11-6(d)之方式,先加温至设定温度后再施压。表 11-1 为各种金属、陶瓷材料热等静压时常用之温度及压力范围,而时间则多为 2~4 h。

表 11-1　各种金属、陶瓷材料热等静压时常用之温度及压力

材料	熔点/℃	温度/℃	压力/MPa
铝及铝合金	660(纯铝)	500	100
铜及铜合金	1083(纯铜)	800~950	100
铍及铍合金	1278(纯铍)	900	100
超合金	1453(纯镍)	1100~1280	100~140
IN 718, RENE 80		1185	100
钢	1535(纯铁)	950~1160	100
Fe-Ni, 4140 合金钢		1065	100
不锈钢 304L, 316L, 17-4PH		1150	100
医疗用合金钢 F75		1220	100
钛	1668(纯钛)	900~950	100
CP Ti		900	
Ti-6Al-4V		950	100
氧化铝	2050	1500	100
碳化钨(WC-Co)	2867	1350	100
钨	3410	1700	100
钼	2610	1350	100

热等静压产品之密度虽可达 100%,但其机械性质却不一定与一般铸、锻件相等,此乃因原始粉末之表面常有一层氧化物,此氧化物不见得能完全被还原,所以常存在于晶界而造成沿晶破坏。若产品对机械性质之要求特别严格时,一般需将产品再施以挤、锻、轧制等热机处理(thermomechanical treatment),利用加工时之剪力将氧化层打碎,使得粉与粉之间重新产生新的冶金接合(metallurgical bond),此时其强度及延性才可大幅改善。

热等静压虽有上述各种优点,但其设备昂贵,所以如何降低使用厂商的成本一直是一项挑战,目前提高产能的趋势有二:① 放大舱体:在同一时间内

可制作更多或更大之工件，至 2014 年止，最大之热等静压机的工件置放区已达直径 2 m、高度 4.2 m，预期下一代的热等静压机工作区甚至可达 3 m 直径、5 m 高度。② 缩短工艺时间：由于热等静压之工艺中升温占了颇长的时间，所以有时采用模组之方式，将加热系统与底座结合，先在热等静压主体外预热，预热结束后将加热系统与底座送入主体，加上顶盖后即可加压，而此时另一模组已在预热。此外，可采用气淬之方式，加快冷却速率，节省冷却时间，如图 11-6(c) 中之急冷曲线所示。

11-4　拟热等静压

　　与热等静压相近但成本较低之工艺有烧结热等静压(sinter HIP)或称过压烧结、液态热等静压(liquid HIP, LHIP)及 Ceracon 工艺，这些均属拟热等静压(pseudo HIP)工艺。烧结热等静压工艺乃将工件以传统之方式升温至烧结温度，然后在保温时施压，所采用之压力较低，在 0.1~30 MPa 之间。此工艺多用于硬质合金之液态烧结件，由于粉末间有少许液体存在，降低了摩擦力，所以要达到完全致密化所需之压力不必太高，且此压力随液体量之增加而减小。此工艺之烧结及等静压乃在同一烧结炉中完成，所以其成本较低。

　　液态热等静压与传统热等静压之差异在于以盐取代气体作为加压介质，将容器及其内之盐加热至盐的熔点以上后，将已预热之工件浸入盐浴，然后将容器置入压机，于上端封盖后以加压柱挤入舱体内使熔融之盐对工件施压，如图 11-7 所示，由于熔融盐是液体，故称液态热等静压，简称 LHIP。

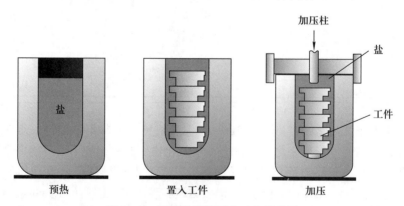

图 11-7　液态热等静压之工艺示意图

　　Ceracon 工艺之成形方式介于热压与热等静压之间，如图 11-8 所示，其第一个步骤乃将陶瓷粉末介质倒入模穴中加热，然后将生坯埋入其中，再加热加压，利用陶瓷粉末传达热及压力将坯体致密化。由于陶瓷粉末具有相当之流动性，所以外界之压力可借此介质均匀地施压于工件上，当工件致密化后，将介质与工件一并取出，再予以分离，分离后之介质仍可回收、循环使用。由于此工艺利用陶瓷粉末将坯体致密化，所以称为 Ceracon（ceramic consolidation）工艺。

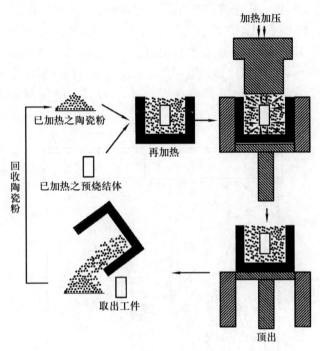

图 11-8　Ceracon 工艺之示意图

在此工艺中介质粉末之选择相当重要，最理想之形状为球形，使具较好之流动性，此外，导热效果要佳，以免工件与介质之温度不一。但若将此法应用于反应烧结之材料时，应避免反应热被介质吸走导致反应材料之温度降低，液体减少，密度下降，此时应改用导热差之介质如氧化铝粉等。此外，工件与模具之间隙亦即介质之厚度亦相当重要，太大则压力不易传至工件，若太小则失去等静压之功能。

Ceracon 工艺之主要优点为不需要外模，可直接使用生坯，但由于并非真正之等静压，故属拟热等静压，产品密度之均匀性比热等静压稍差，且密度也无法达到 100%。

11-5　热压

热压(hot pressing)与干压成形之主要差别在于前者必须将模具及粉末加温，如图 11-9 所示。一般使用之模具材料有石墨，氧化铝，含钛、锆之 TZM 钼合金及热作工具钢。由于此成形方式为上下加压，并非等静压，所以产品之密度无法达到 100%，且均匀度不若热等静压，但比起干压成形而言，已有相当大之改善。热压产品之密度主要由温度及压力来决定，热压时间之影响不大，一般在 60 min 之内即已达到饱和点，即使延长时间其密度之增加也有限。

热压工艺在业界之应用主要在于金刚石刀具、摩擦材料及溅镀靶材

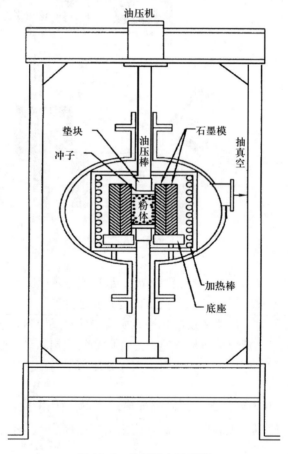

图 11-9　热压机之示意图

（sputtering target）之制作。金刚石刀具之一工艺乃将金刚石颗粒与金属粉末如青铜或钴粉混合后填入石墨模中，然后予以通电，利用模具本身及粉末之电阻加热，当粉末到达设定之温度时，同时以上、下冲施压，此方法可缩短烧结时间至数分钟，使金刚石不致石墨化。

目前制作光盘片时均需使用各种不同之溅镀靶，将靶材被覆在盘片上，这些薄膜依功能可分为反射层、记录层及介电层等，前者之靶材多借真空熔炼之方式制作，而后二者则常借热压方式制作。对于介电层而言，一般乃将 ZnS 及 SiO_2 粉末混合后热压成形，而记录层则是以预合金粉（内含 $AgInTe_2$ 及 Sb 两相）热压而成。又如铬靶不易以熔铸方式制作，也不易以常压烧结法达到高密度，故热压及热等静压成为目前工业界制作铬靶较普遍之方法。由于热压模具材料之高温强度仍不高，所以一般热压成形所采用之压力多在 50 MPa 以下。

近年来受到瞩目的火花等离子烧结（spark plasma sintering, SPS）也称为电场辅助烧结（field assisted sintering, FAST）或放电烧结（electric-discharge sintering），此工艺也是热压之一种。与传统热压最大之不同是加热方式，此工艺将数千甚至数万安培之直流电以间歇的方式通过坯体，而非以传统之通电加热，所以升温速率可高达 600 ℃/min。由于此高升温速率以及高压，零件之致密化速率非常快，通常所需的保温时间仅数分钟而已，所需温度也比传统热压的低，产品中的晶粒也因此较细。

早期的 SPS 研究认为，其快速致密化是由于粉末间产生火花、等离子等现象，但如今几乎已确定其加热是靠粉末间之接触点因电阻大而产生焦耳热（Joule heat），烧结过程中并无等离子，也无火花，但 SPS 之名称仍继续沿用，此应该是为了名称较响亮、较易商业化之故。

以上之热压、热等静压或拟热等静压等工艺均可配合反应烧结，使材料在反应烧结过程中产生液体时，利用外界施加之压力将工件致密化，此称为反应热压（reactive hot pressing, RHP）或反应热等静压（reactive hot isostatic pressing, RHIP）。

11-6　粉末锻造

前述之热压及热等静压均属应变率较慢之粉末成形法，而粉末锻造（powder forging）则属快应变率之成形方式，目前常见之粉末锻造法有数种，有的是先将密度为 75%～85% 之生坯烧结后于常温冷锻，有的是在烧结后重新加热至 1100 ℃ 才施以热锻，而有的则是在烧结炉之热区中将生坯直接夹出热锻。重新加热法耗能源，但生产速度快，而直接热锻法省能源，但其速度则受到粉末成形机及烧结炉生产速率之限制。锻造完之坯体一般需对重要之尺寸再予以机械加工，然后施以热处理。

　　粉末锻造之精度较传统锻造法佳，且不似传统锻造法有相当多的毛边及废料，以制作汽车引擎之连杆（connecting rod）为例，在传统锻造过程中，前两个步骤乃将一圆棒锻打成雏形，经切毛边后才于第三个步骤打出最后之形状，此法之孔及边需有些微之推拔角以利材料脱模，此将使得连杆两端之孔的直径不够精确，必须以后续加工来完成，所以一般而言传统锻造法之精密度较粉末锻造差[4]。

　　粉末锻造所用之粉末多为预合金钢粉，且其氧含量必须低，以提高成品之强度及韧性。虽然预合金钢粉对一般传统之干压成形工艺有压缩性差、烧结密度偏低等缺点，但对粉末锻造而言却由于此工艺多属热锻且采用闭合模（closed die），所以预合金钢粉相当适合。

　　粉末锻造在消除孔隙之过程可大致分为变形及致密化两个阶段，在锻造开始时，由于坯体与模具间仍有间隙，其正压力与径向或侧向压力不同，造成剪力，此剪力可将大部分之孔隙消除直到约97%之密度，此为变形阶段。此后由于采用闭合式模具，坯体已为模穴包住，其剪力渐小，等静压之力量逐渐增加使得孔径渐小，密度再稍为增加，但均不足以将剩余之孔隙完全消除，一般粉末锻造之密度最高可到99.6%。

　　由于粉末锻造法的材料使用率高、能消除孔隙并提高机械性质且产品精度好、加工量少，所以目前已大量应用于汽车引擎中的连杆。

11-7　喷覆成形

　　喷覆成形（spray forming）的构想早在1910年就由瑞士的Schoop尝试过，当时是以熔融的金属液滴打在一基材上以形成一薄层。其后陆续有其他研制板材、圆筒材之报道。但真正引起世人注意的主要是在20世纪70年代由英国之Singer教授和三位研究生R. G. Brooks，A. G. Leatham及G. Coombs所作之研究，后来这些研究生成立了Osprey公司，所以如今也有人称此种成形法为Osprey喷覆成形法[5]。

　　此成形方法可分为喷雾及沉积两大部分，在喷雾部分其原理及设备与一般气雾化粉类似，但喷出之金属液滴在尚未凝固成粉时即已碰撞到基材，在基材上凝固并逐渐变厚。若适当地移动或转动基材，并设计基材之形状，则可做出板材或柱状之近实形材料。有些设备则将喷嘴改装成具有扫描（scanning）之功能以使新材料能均匀地沉积在基材上。而有些工艺则在喷嘴附近加装一喷洒固体陶瓷粉之装置，使陶瓷粉与金属液滴同时打在基材上而形成金属基复合材料[6,7]，如图 11-10 所示。

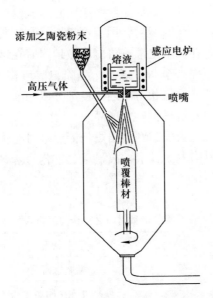

图 11-10　制作金属基复合材料之喷覆成形法示意图

　　自喷覆成形被开发出来至今已有多项量产化之产品，例如具有不互溶成分之溅镀靶材及无缝不锈钢管。瑞典 Sandvik 公司已生产外径 400 mm、肉厚 25~50 mm、长 8 m 之钢管，该公司也以此法制作用于焚化炉抗腐蚀性高之 Scanicro65 管件，而日本之 Sumitomo 公司则以此法制作轧辊代替以往用离心铸造或是锻造之轧辊。

　　喷覆成形之工艺参数以及硬体之设计参数相当多，在硬体方面之参数与气雾化相似，计有：

（1）喷嘴之设计。

（2）喷雾之角度。

（3）气体之种类。

（4）熔液与熔点之温度差（superheat）。

（5）金属流量。

（6）气体流量。

（7）喷嘴与基材之距离。

（8）喷嘴之动作。

（9）基材之动作。

　　若适当调整这些参数，可使液体在撞击基材前有适当之粒度分布，且液滴呈半熔融状态(mushy)，当这些液滴打在基材上时，在一开始之短时间内将因冷却速率过快而形成薄片并堆积成层状组织，且这些薄层之间有些孔隙，所以并非良好的成品，但经一段时间后，因温度逐渐升高，其表面将逐渐产生液体而呈半熔融状，此时打在其上之液滴将能有效地附着在基材上，且其中之液体能充填孔隙，故密度可提高至98%以上。当喷覆成形材料之厚度达到目标时，需将表面及底部较粗糙或具层状组织之不良部分以切削或其他加工法去除，才可得到具优良显微组织及机械性质之成品。

　　一般而言，若液滴已为固态则喷出之粉撞上基材时将弹开，若基材表面全为液态，则液滴亦不易附着于其上，故最佳之组合乃基材表面及液滴均呈半熔融态，如表 11-2 所示。

表 11-2　金属液滴撞击基材时之动作与基材表面状态之关系

基材状态	粉末状态		
	固态	半熔融态	液态
液态	低黏度无法附着	低黏度无法附着	低黏度无法附着
半熔融态	粉末跳开	**良好**	附着
固态	粉末跳开	粉末黏着	层状组织

　　喷覆成形具有一些特殊之优点，如：① 显微组织细密，此乃因粉末液滴冷却速率快，所以半熔融状态中之固体部分其组织中二次树枝状结晶之间距只有约 2 μm，而沉积后之材料也因冷却速率仍相当快，约 100~1000 K/s，所以其晶粒也只有 20~100 μm，比起一般铸造材料好很多，其机械性质也相当好；② 由于粉末液滴附着在基材后之温度仍高，偏析非常少，马上又被后面之粉末附着，所以无一般雾化粉因表面偏析所造成之颗粒型晶界(prior particle boundary)；③ 高密度，可达98%以上；④ 可一次即制成近实形成品，成本低；⑤ 可制作复合材料。

　　虽然喷覆成形法有上述之优点，但它亦有一些待改进之处，例如制作双层材料(bimetallic)时界面之接合强度仍不佳；钢材之表面粗糙度大，经轧制以后仍不理想；成形材料中易含有由熔桶掉出之陶瓷颗粒；以及底部材料多孔且呈层状，必须切除等。

11-8 粉末轧制

11-8-1 工艺

轧制在传统之机械冶金工艺中扮演了相当重要的角色，对于粉末冶金而言，它也占有一席之地，此粉末轧制(powder rolling)工艺乃先将粉末通过轧辊碾成板片状，然后将之直接通过烧结炉烧结即可得到成品，是一种相当经济的工艺。有时为了达到更高之密度，可在烧结后再热轧一次，然后才冷却，如图11-11(a)所示。

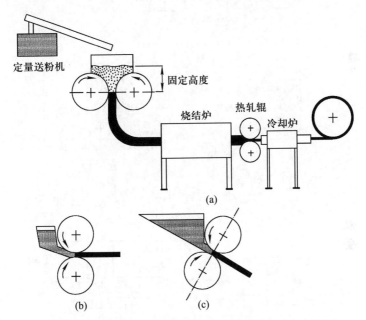

图 11-11　轧辊之形式。(a) 横式；(b) 直式；(c) 倾斜式

此工艺所用之轧辊通常为横式[图 11-11(a)]及直式[图 11-11(b)]两种，图 11-11(a)之好处为粉末充填容易，但所轧出之平板必须转90°呈水平方向后才方便进炉，且因粉末轧制板片之生坯强度不高，转弯时容易产生微裂纹。相对地，直式轧辊之进料不易，但方便进炉。为了采取二者之优点，亦有采用折中之倾斜式者，如图 11-11(c)所示。

由粉末轧制而得之板片常有厚度、密度不均，边缘不整齐之现象，此多与填料有关。为了改善这些问题，可利用输送带之方式将定量之粉送入漏斗中，使粉末高度保持一定，以维持粉末底部之压力[图 11-11(a)]；亦有人在轧辊之上方装置可调式挡板，调整粉末沿着轧辊轴向之高度，以维持轧制平板在此方向密度之均匀度，如图 11-12(a) 所示。而在板缘之整齐性方面，可在轧辊之设计上作些调整，如图 11-12(b) 及图 11-12(c) 所示，使轧制出来之板片不致过于弯曲。

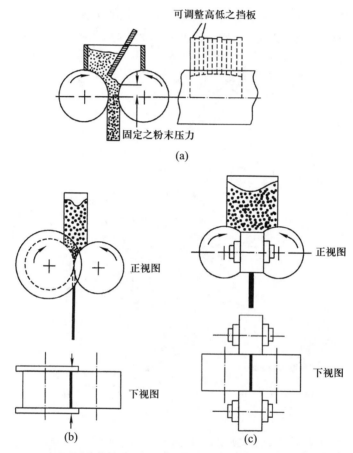

图 11-12 三种不同之进料装置。(a) 具可调式挡板以调整粉末在宽度方向之高度；
(b) 有缘之轧辊；(c) 在宽度亦有辊轮以阻止粉末侧移

11-8-2 基本原理

粉末轧制之原理与传统之轧制类似，兹先以传统板材之轧制为例说明之。在图 11-13 中板材由左向右进行，于 A 点接触到轧辊，当摩擦力够大，亦即 θ 角小时，板材将被夹入而前进，若 θ 角过大或轧制比例太高时，板材于水平方向之拉力有可能与阻力相抵消，此时板材将不再右移，亦即

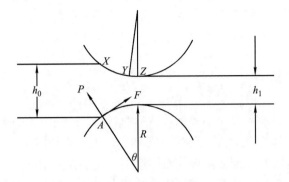

图 11-13 轧制时材料于轧辊附近之示意图

$$P\sin\theta = F\cos\theta \qquad (11-1)$$

式中：P 为正压力；F 为摩擦力。所以

$$F/P = \tan\theta \qquad (11-2)$$

但是摩擦力 F 为正压力 P 与摩擦系数 μ 之乘积，所以此关系可写成

$$F/P = \mu = \tan\theta \qquad (11-3)$$

所以只要知道板材与轧辊之摩擦系数，θ 值即可求出，反之亦同。此 θ 值亦可由实验得知，例如在图 11-13 中，将厚度为 h_0 之板材送入半径为 R 之两轧辊间，并逐渐缩小轧辊间之缝隙，直至板片不再被夹入为止，此时若该缝隙之距离为 h_1，则

$$(h_0 - h_1)/2 = R(1 - \cos\theta) \qquad (11-4)$$

由此式即可计算出 θ 及 μ 值。

当 $\tan\theta$ 值小于 μ 时，材料将被带入轧辊，但其表面速度并不相等，在接触点 X 附近材料之速度小于轧辊之切线速度亦即有滑移(slipping)之现象，而在出口之 Z 点其速度则大于轧辊，而在 X 及 Z 点间之圆弧上将有一点 Y，在该处材料与轧辊之速度相同且该处之应力也最大。

当材料改为粉末时，其轧制原理与传统板材稍有不同，其原因在于：① 粉末无法承受张应力，所以无法被拉入轧辊，只能靠重力填粉或是靠压力进入；② 工艺中材料之密度、强度及摩擦系数 μ 值随时在变化。所以若要做出好的粉末轧制产品，最好使用形状稍微不规则之粉末，使能轻易进入轧辊，且具有足够之摩擦力以利成形。

粉末轧制所得成品之密度仍不高，必须再经冷轧或热轧才可得到 100% 之密度，但仍属相当经济之工艺。此外，若将进料装置稍作更改，也可用于制作双金属片或三明治型之多层板材，也适于制作多孔性板片。

11-9　松装烧结

一些特殊之过滤器可用不锈钢或黄铜粉制成，这些粉末必须具有狭窄之粒度分布，使烧结体之孔隙大小均在一范围内，以将流体中特定大小之杂质颗粒滤掉。其工艺为将粉末倒入陶瓷或石墨模中，先予以振动，以提高其充填密度及完整性，然后将粉末连同模子送入烧结炉中烧结，此方法一般称为松装烧结（loose powder sintering），可制作形状简单之过滤器如圆筒形、圆柱形、板片形等。若是板材，则在烧结后仍可予以轧制以调整孔隙之大小，也可再切割成不同形状或加工成圆筒形再予以焊接。这些金属过滤器之好处是可在使用后将阻塞在内之有机物烧掉即可再行使用。

11-10　金属粉末注射成形

金属粉末注射成形或称金属注射成形（metal injection molding，MIM）之技术源自 20 世纪 30 年代之陶瓷粉末注射成形（ceramic injection molding，CIM），由于金属与陶瓷注射成形之技术相似，所以近年来又常通称为粉末注射成形（powder injection molding，PIM）[8]。此 MIM 技术于 20 世纪 70 年代逐渐商业化，由美国之 Parmatech 公司开始量产，经过 40 年的发展如今已成为粉末冶金产业中重要之一环，每年以大约 15% 之成长率稳定成长，至 2017 年时全世界之产值大约已达 23 亿美元。也由于 MIM 已逐渐成熟，所以本节将针对 MIM 作较详细之介绍。

11-10-1　基本技术

图 11-14 显示 MIM 之基本工艺，此工艺使用微细之金属粉末，其粒径在 25 μm 以下，将此粉末与黏结剂以高剪力之混炼机予以混合，可得到具拟塑性（pseudoplasticity）之注射料（feedstock），将此混合物以注射成形机注射生坯，再将生坯中之黏结剂予以去除，此时可得到不含塑胶黏结剂之纯金属粉坯体，将此坯体烧结后可得到密度在 95% 以上且具复杂形状之注射成形产品［见图 1-1(c)］。以下为此工艺各步骤之详细说明[8-10]。

（1）粉末之选择。

一般金属注射成形用粉末之粒径在 1~20 μm 之间，选择细粉是因为此工

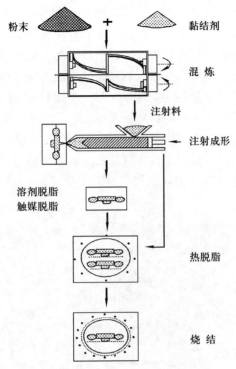

图 11-14　金属粉末注射成形之工艺

艺之生坯中所含粉末仅在 55~70 vol% 之间，所以为了得到高密度之最终产品，必须使用具有高烧结驱动力之细粉。此外，细粉烧结出来之产品其表面粗糙度较细致，R_a 一般在 0.3~1.5 μm 之间，如表 11-3 所示。除了粒径之要求外，所用粉末之形状亦相当重要。当形状为球形时，因粉末间之摩擦力较低，与黏结剂混合后之材料的黏度也低，易于注射成形。但是从坯体是否容易变形之角度来看，由球形粉所制得坯体之强度较弱，容易变形，而形状不规则之粉末因粉末间有机械锁合之效果，强度较高，在后续之脱脂工艺中较不易变形，所以以实用之观点而言，最理想之粉末特性应介于此二者之间。但在工业界中，仍常视产品是否容易注射、是否容易变形及密度之要求而作最后之决定。

表 11-3　MIM 产品之表面粗糙度

原始粉末	表面粗糙度 R_a/μm
气雾化 17-4PH 不锈钢粉	1.10
水雾化 17-4PH 不锈钢粉	1.29
羰基铁粉	0.35

　　一般之球形粉多为气雾化粉，而不规则形状之粉则多为水雾化粉。最近则有厂商采用气雾化与水雾化并用之方式，亦有厂商将水雾化粉作钝化处理，以机械之方式将不规则粉之棱角处理成较圆滑之钝角，这些新的喷粉方式及后加工之目的不外乎是为了使黏结剂混合后具有良好之流动性以便注射，同时在脱脂时亦仍具有良好之抗变形能力。图 11-15(a) 及 11-15(b) 显示 MIM 用之球形气雾化粉及不规则之水雾化粉。

　　除了雾化粉之外，用于 MIM 之铁粉绝大多数为 2~8 μm 之羰基铁粉，此粉之外观虽为球形，但因表面常有小颗粒之卫星球形粉附着，故其特性有别于气雾化粉，此粉具相当好之生坯强度，且注射时之流动性亦佳。图11-15(c)为羰基铁粉之外观。

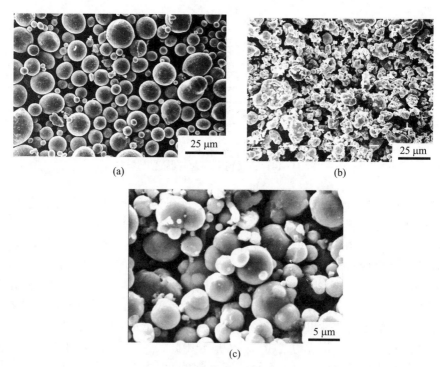

图 11-15　MIM 用之粉末。(a) 球形气雾化 316L 不锈钢粉；(b) 不规则形状之水雾化 316L 不锈钢粉；(c) 球形之羰基铁粉

　　(2) 黏结剂之选择。

　　黏结剂之功能在于提供载具以降低金属粉末间之摩擦力，使之具有流动性，但在坯体成形后其阶段性任务已完成，必须予以去除。由于在去除黏结剂之过程中坯体可能塌陷、变形或破裂，所以脱脂必须是渐进式的，为了达到此渐进

式之脱脂行为，大部分之黏结剂都含三至四种成分，而每一成分之脱脂温度均不同，且功能也不同。一般之成分中均含有主黏结剂或称骨架黏结剂(backbone binder)，其功能为结合粉末，这些主黏结剂多为高分子塑胶如聚乙烯(polyethylene，PE)、聚丙烯(polypropylene，PP)、聚甲醛(polyoxymethylene，POM)等。另一成分为充填黏结剂(filler)，其主要之功能在于使混合料具有低黏度，使之容易注射，最常使用者为石蜡(paraffin wax，$C_{22}H_{46} \sim C_{27}H_{56}$)。另一成分乃是为了加强黏结剂与粉末间之结合力，例如硬脂酸，其脂基与粉末表面能形成键结而改善坯体之强度[11]。此外有时可添加微量之塑化剂(plasticizer)或界面剂(surfactant)，例如酞酸二丁酯(dibutyl phthalate，DBP)、酞酸二乙酯(diethyl phthalate，DEP)等以降低混合料之黏度，这些微量之添加剂有时亦可降低坯料与模具间之黏着力，使脱模容易。

目前业界最常使用之黏结剂系统分为两种，第一种以聚乙烯、聚丙烯等作为骨架黏结剂，其量约30 wt%，余为石蜡充填剂及少量之界面活性剂及润滑剂，由于石蜡比例最高，俗称蜡基或蜡系。第二种以聚甲醛为主体，约占90 wt%，余为聚乙烯、聚丙烯或乙烯/醋酸乙烯酯共聚物(ethylene vinyl acetate，EVA)，由于聚甲醛比例最高，所以俗称塑基或塑系。二者之注射及脱脂行为相当不同，将在后面各节陆续说明。

黏结剂确定后，其注射及脱脂工艺及参数即大致确定，由于黏结剂中含有不同之高分子，所以混合后之材料将具有多个软化点，图11-16为以聚丙烯、石蜡及硬脂酸为主之黏结剂的差热曲线(differential scanning calorimetry，DSC)，

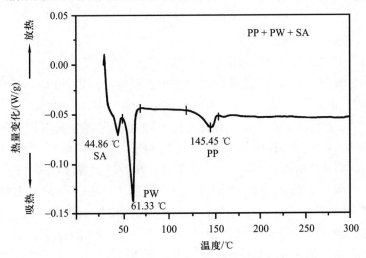

图11-16 聚丙烯(PP)、石蜡(PW)、硬脂酸(SA)三者混合
而成之黏结剂之差热曲线[12]

此曲线显示混合料中各成分并未完全互溶，仍具有各个成分之软化点，但这些软化点与纯高分子时之软化点不同且均稍低，此乃因各高分子间相互作用所产生之现象[12]。对于塑基黏结剂而言，由于聚甲醛之软化点高，所以注射时料管及模具温度也必须比蜡基者高。

图 11-17 则为此黏结剂在氮气中的热重(thermogravimetric analysis，TGA)曲线[12]，由此图可知此混合料之分解属分段式的，相对地，若黏结剂为单一之聚丙烯，则坯体将很容易在某一窄小之温度范围内因聚丙烯之急速分解、软化而产生塌陷、起泡、破裂等缺陷，所以大多数之业者均使用多成分黏结剂。

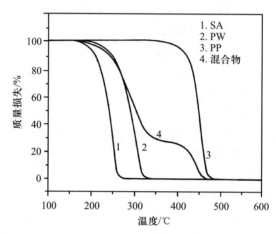

图 11-17　聚丙烯(PP)、石蜡(PW)、硬脂酸(SA)及此
三者混合物之热重曲线[12]

（3）混炼(kneading)。

金属粉末注射成形所用原料中含有 55~70 vol%之金属粉，要将之与塑胶黏结剂均匀混合并不容易，必须使用高剪力之混炼机，如图 11-18 所示，其搅拌形态有行星式双叶形(double planetary mixer)[图 11-18(a)]、Σ 形[图 11-18(b)]、鱼尾形、Z 形等，一般之搅拌过程乃先将金属粉末置入槽中预热，然后加入黏结剂之各成分予以搅拌，待粉末与黏结剂均匀混合后取出即得注射喂料，简称注射料(feedstock)。若要进一步改进混炼之效果，则可采用辊筒形[shear roller，图 11-18(c)]、多桨叶形[图 11-18(d)]或双螺杆形[twin screw，图 11-18(e)]混炼机，利用其更高之剪力使粉末与黏结剂之混合更为均匀，这些高剪力混炼机均有降低黏度之效果，因此可稍为再提高金属粉末之含量。混炼完之注射料需先打碎，或如同制面条般使用挤出、造粒装置将挤出料切断成米粒大小之颗粒才可送入注射机使用。

由于 MIM 用之黏结剂含有多种成分，混炼时需注意混炼之温度，应先添

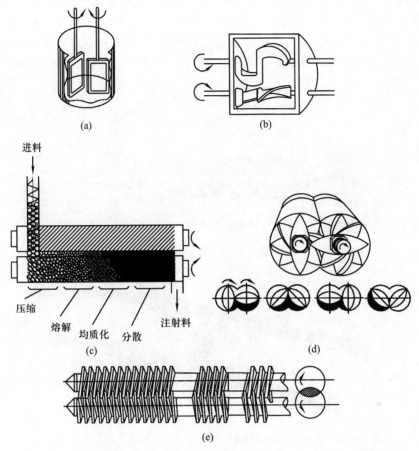

图 11-18　混炼机之种类。(a) 行星式双叶形；(b) Σ形；(c) 辊筒形；
(d) 多桨叶形及桨叶挤压材料之步骤；(e) 双螺杆形

加高熔点之黏结剂，然后才加入低熔点者，以避免低熔点黏结剂之逸失并影响
注射料之流动性。

（4）注射。

图 11-19 为注射成形机之构造示意图，材料由漏斗进入料管，此料管外周
有电热圈可将注射料加热使具塑性。成形时，模具闭合后螺杆向前推进但不旋
转，将注射料经由射嘴（nozzle）、竖浇道（sprue）、流道（runner）、浇口（gate）
而挤入模穴（图 11-20），此即充填阶段，此时由于模温较低，注射料在模中冷
却时将产生些微之收缩，故在此冷却阶段仍需施以压力，将微量之注射料继续
填入以补偿收缩之量，此俗称保压。在保压末期模穴前端之浇口已先凝固，料
管中之材料无法再进入模穴，而模穴内之材料则仍继续冷却，此时，螺杆开始一

边旋转一边向后退至定位，此为计量阶段。此时可将落入料管之注射料再度混炼塑化，并靠螺旋之作用将之向前推送至料管前端。当坯体在模具内冷却定形后，将模具分开，以顶针将坯体顶出。此整个注射过程之压力变化如图 11-21 所示。

由于金属注射成形之注射料含金属粉末，注射机之料管、射嘴、螺杆及模

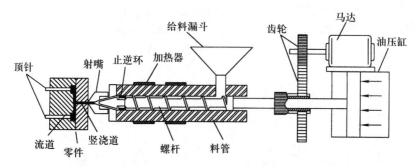

图 11-19　注射成形机之构造示意图

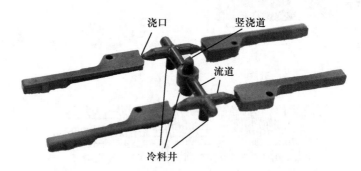

图 11-20　成形时注射料经由射嘴、竖浇道、流道、浇口而进入模穴

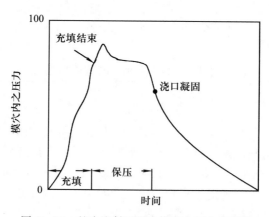

图 11-21　整个注射过程中模穴内压力之变化

具之磨耗较严重，所以料管一般用粉末工具钢或双金属，而模具则以工具钢为主。

（5）模具设计。

MIM 之模具设计基本上与塑胶注射类似，所以在此不再赘述，但由于金属注射成形材料之黏度远较塑胶为高，所以仍有些微之不同，例如对于浇口而言，其开口应较大以免材料通过浇口时因瓶颈现象使速度变快，产生粉末与黏结剂分离（powder-binder separation）或产生喷流（jetting）之现象，而浇口之位置也应尽可能地使材料由厚处先充填，否则易产生空孔、融合线（weldline）、凹陷（sink）等缺陷。除了以上之考虑外，浇口之位置亦常需特别设计，使得浇口切除后之痕迹平整，不致影响外观，也不致影响工件之组配。

在顶出方面，可考虑使用顶针或是全面顶出之方式。而使用顶针时，顶出之痕迹可经由适当之调整使之凸出或凹入工件之表面。而全面顶出时则无顶出之痕迹。

黏结剂的种类对模具也有影响，塑基黏结剂所需注射温度较蜡基者高，模温也较高，所以设计及制作模具时要考虑到热膨胀量之变化，例如塑基材料所用模温约 110 ℃ 而蜡基约 40 ℃，所以模具组合时较易有干涉或过松现象，此问题对含有滑块等复杂模具更为严重，所以使用塑基材料时，模具制作所要求之标准应更高。

（6）脱脂。

脱脂之目的在于将黏结剂移除且不能使坯体产生缺陷，其方式可分为热脱脂、溶剂脱脂、真空脱脂及触媒脱脂（或称酸脱脂）等[13]。最早之方法为热脱脂法，将坯体置于加热炉后，所通入之气体可为空气、惰性气体或还原性气体，加热之速度需相当缓慢，以免黏结剂分解或挥发之速率太高，使得坯体产生冒泡、脱皮、变形等缺陷。目前热脱脂法多采用空气，成本低廉且设备便宜，而脱脂时因金属粉末氧化可使得粉体间产生良好之结合，增加坯体之强度，此亦可减少搬运及清理生坯毛边时之破损。但空气脱脂之缺点为脱脂时间长，且因粉末被氧化，必须在烧结时使用还原气氛将氧化物还原，也由于试片中氧含量高，碳将与氧反应而造成脱碳。此虽是 20 世纪 70 年代开发之方法，但至今仍为部分厂商所采用，且为了改进上述空气脱脂之缺点，有些厂商已改用真空脱脂。

在 20 世纪 80 年代，鉴于热脱脂法之脱脂时间太长，不便于大量生产，溶剂脱脂法乃因应而生，此方法乃将坯体置入己烷、庚烷、三氯乙烯、溴丙烷等溶剂中，利用石蜡及硬脂酸等成分能溶解于溶剂中之原理，将这些黏结剂先行脱除，使得坯体中产生一些互相连通之孔道，如图 11-22（a）及 11-22（b）所示。溶剂脱脂后之坯体需再作热脱脂之处理，使未能溶入溶剂之黏结剂如聚乙烯、聚丙烯等主黏结剂裂解烧除。溶剂脱脂温度多在 40~80 ℃ 之间，但最好在黏结剂软化点之下，才不至于造成坯体之变形。当溶剂脱脂结束后再施以后续之热脱脂时，因坯体内已有孔道，如图 11-22(c) 及 11-22(d) 所示，所以主黏结剂分解后产生之气体能很快逸出，较不易产生起泡、变形等缺陷[12]。

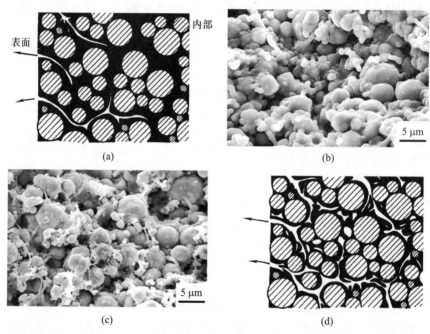

图 11-22　溶剂脱脂之机构。（a）可溶性黏结剂由外向内逐渐溶出并留下孔道；（b）溶剂脱脂 30 min 后坯体破断面之外观显示已有细孔；（c）坯体在溶剂脱脂结束后其内部之结构；（d）热脱脂时所分解出之气体可沿着这些通道逸出[12]

　　溶剂脱脂技术虽改善了粉末注射成形技术中工艺时间太长之瓶颈问题，但脱脂速率仍低于 1 mm/h，且还有溶剂之环保问题，而工件仍必须在溶剂脱脂后再转置入烧结炉中，此对于劳力缺乏之地区而言，其成本不低。所以塑系黏结剂系统及触媒脱脂技术在 20 世纪 90 年代初期被开发出来，其脱脂速率在 1~2 mm/h 之间。此方法以聚甲醛作为主黏结剂，再加上少量之聚烯烃如聚乙烯或聚丙烯。脱脂时工件需加热至 120~135 ℃，并通入 98% 之硝酸气体，由于硝酸气体对聚甲醛分解为甲醛(formaldehyde)之反应有触媒之作用，使得此反应相当迅速，而且由于操作之温度低于聚甲醛 165 ℃ 之熔点，所以此反应属于固态直接变为气态之反应，几乎无液态之存在，所以工件不易变形，由于这些优点使得此方法渐渐普遍。但此方法所用材料之黏度较高，因此射压高，对薄件而言成形较困难。

（7）烧结。

粉末注射成形工件之烧结与传统加压成形零件之烧结雷同，较大之差异在于注射件之生坯密度低，而成品之密度却必须在95%以上，所以烧结时之线收缩率在10%~20%之间，由于收缩量大，所以尺寸控制不易。表11-4为一般MIM工件之公差。

表11-4　一般MIM工件之公差（$C_p=1$时，C_p之定义见18-15节）

尺寸/mm	公差/mm
≤1.2	±0.025(±2.0%)
1.2~2.5	±0.038(±1.5%)
2.5~6.3	±0.051(±0.8%)
6.3~12.5	±0.064(±0.5%)
12.5~25	±0.076(±0.3%)
25~50	±0.152(±0.3%)
50~75	±0.229(±0.3%)

11-10-2　机械及物理性质

一般而言，MIM产品较传统粉末冶金产品之性质优良，目前已广为应用之材料有Fe-2Ni，Fe-8Ni，4600系列低合金钢，316L及17-4PH不锈钢，另外亦有少量之Fe-50Ni合金及304L、420、440不锈钢，M2、D2、SKD11工具钢等，常用材料之成分及机械性质[14]将分别在第十二章（低合金钢）、第十三章（不锈钢）及第十四章（软磁）中介绍。

11-10-3　金属粉末注射成形之优缺点

MIM工艺由开发成功至今已40年，而其市场仍稳定地成长，可见此技术有其竞争力及优点，但也有其缺点，兹分述如下。

优点：

（1）复杂形状之零件能一次成形，省去了二次加工之成本。

（2）表面粗糙度佳，能应用于重视外观之表件、手机零件、装饰品等。

（3）机械性质比传统粉末冶金产品佳。

（4）密度高，易于电镀。

（5）只需要一套模具之费用，适合大量生产。

缺点：

（1）注射成形所用粉末的成本约为干压成形之 10 倍。

（2）制造业及使用者对此工艺之了解不多，甚至未曾听过此工艺，故设计产品时常未将粉末注射成形工艺之特点考虑进去。

（3）仍无法制作大件产品，此乃因大件产品之脱脂时间太长，材料成本高，且收缩量太大，尺寸不易控制，所以一般以乒乓球大小为分野。

与其他工艺相较之下，每种制造方法均有其优缺点。以精密铸造法而言，此法可制作复杂度高之产品，但薄件、精度高、具尖角、齿形之零件则不易生产，而且由于一件产品需要一个蜡模，所以量大时之模具成本将比金属粉末注射成形模具费用高。对于压铸法而言，其成本低，但铝、锌之强度差。传统之机械加工法虽然能制造出形状复杂且精密度高之产品，但材料使用率低，人工费用高，以致成本偏高。

表 11-5 及图 11-23 为各种机械制造方法之比较，由此可看出金属粉末注射成形最适合于制作形状复杂、数量大、表面精度高之产品，如图 11-24 所示。

表 11-5　金属粉末注射成形与其他机械制造方法之比较

	金属粉末注射成形	传统粉末冶金	精密铸造	锻造	压铸	机械加工
形状复杂度	高	中	高	低	高	高
表面粗糙度	佳 1 $\mu m\ R_a$	中	中 5 $\mu m\ R_a$	佳	中	佳
机械强度	高	中	高	高	低	高
材料选择度	少	中	中	中	少	多
量产可行性	高	高	中	中	高	低
价格	中	低	中	中	低	高
公差控制	中（±0.5%）	佳	中	中	中	佳
厚度						
最薄	0.5 mm	1 mm	2 mm	1 mm	0.5 mm	0.5 mm
最厚	12 mm	—	—	—	—	—
密度	94%~99%	<95%	100%	100%	100%	100%

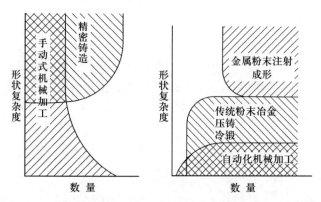

图 11-23　各种机械制造方法之特性及其竞争力最强之区域

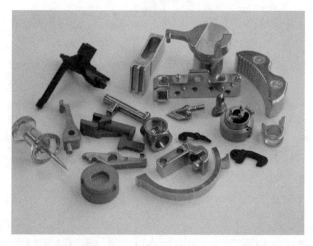

图 11-24　形状复杂之金属粉末注射成形零件(台耀科技公司提供)

11-11　增材制造

俗称的 3D 打印(3-D printing),最近已由 ASTM F2792-10 标准正名为
additive manufacturing,简称 AM(增材制造),此名称正好与 PM 相呼应。此工
艺早在 20 世纪 80 年代即已被开发出来,所用材料为塑胶,到了 90 年代才成
功开发出金属粉末之增材制造,此又称 MAM(metal additive manufacturing),其
基本概念是将一个工件切成很多个剖面,每次烧结只完成一个平面,经多次烧
结后才完成整体外形。增材制造工艺目前以激光束熔融(laser beam melting)、

激光束烧结(laser beam sintering)及电子束熔融(electron beam melting)为大宗。此工艺如图11-25所示，增材制造的第一个步骤是将粉末平铺于一平板上，然后激光或电子束在所需的坐标上施予能量熔融、烧结，在完成一个平面之熔融、烧结后，于此平面之上再铺一层粉末，然后依程序设定再于需要之地方施予能量熔融、烧结，如此重复下去直到工件的最上面一层完成为止。

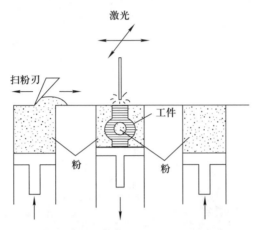

图 11-25　金属粉末增材制造之示意图

在铺粉方面，增材制造所用粉末必须很容易平铺在底板上，当图11-25之扫粉刃扫过时，整个铺粉面需均匀地分布一层粉末，不可有些点没有粉末。由于腔体内有惰性气体(激光束烧结)且有扫粉机来回运动，再加上有激光高温，所以腔体内的气体并非完全静止不动，因此粉末不可太细，不然有些粉末将如灰尘般飞扬起来，此外，粉末太细时，粉末间的接触点变多，摩擦力变大，流动性将变差，造成铺粉不均匀。粉之规格可参考 ASTM-F3049 的标准。

在烧结方面，由第八章可知粉末越细越容易烧结至高密度，表面也越细致，且烧结前之密度应越高越好，所以粉末在不影响流动性的情况下应尽可能地细，在这些考虑下，一般粉末之粒径中值 D_{50} 在 $10\sim45\ \mu m$ 之间，同时最好是球形粉，使具高流动性及高松装密度。若使用电子束作为热源时，粒径中值可大些，在 $40\sim100\ \mu m$ 之间。美国标准协会目前正在制订的 ASTM-F3049 即为针对增材制造用粉末所定之标准。

在烧结性质方面，除了烧结密度要高以外，杂质应越低越好，由于烧结时间极短，粉末表面或内部之氧化物或氮化物无法被还原成金属，且氧、氮在粉末熔成液体时易逸出而形成气孔，此外，腔体内之氩气也会形成一些孔洞[15]。所以综合上述几项考虑，增材制造所用粉末必须具有下列特点：

（1）流动性佳。

（2）松装密度高。

（3）易烧结至高密度。

（4）氧、氮含量低。

（5）粒径分布不可太细或太粗。

由以上所述之工艺描述可知，增材制造技术需要较长的扫描烧结时间，机器腔体小，工作面积也小，所以较适合用于生产多样少量甚至个位数之产品，其优点有：

（1）不需模具即可小量生产工件。

（2）可制作形状复杂且带有内孔之产品，例如内有冷却水道的注射模具，如图 11-26 所示。

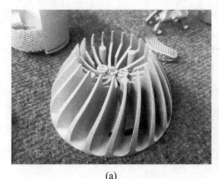 

(a)   (b)

图 11-26 （a）形状复杂之增材制造产品；（b）增材制造的
注射模具之剖面显示内有冷却水道

（3）适合制作原型工件（prototype），可节省制作模具的时间，在一两天之内即做出成品，可马上与配合件作组合测试，此可加快开发的速度。

（4）工件密度可达 99%。

（5）不需机械加工，可节省材料，对于昂贵之材料特别有利。

既然增材制造技术非常适合用于生产多样少量之产品，此即表示大量生产有其挑战，目前有待克服之题目有：

（1）原料及设备仍昂贵。

（2）采用多台设备量产时，机台间之差异性需克服，每个机台需要足够之感测器用以监测工艺中的变化。

（3）合金种类偏少，标准也有待建立。

（4）表面粗糙度仍不理想，也影响到疲劳等机械性质。

（5）由粉末造成的氮、氧气孔或由氩气气氛所造成的孔洞仍有改进之空间。

参考文献

[1] http：//www. youtube. com/watch? v=GZL6jQjWu-M

[2] 水泉光惠、西原正夫，*等方加压技术*，日刊工业新闻社，1988。

[3] R. L. Coble, "Hot Consolidation of Rapidly Solidified Powders：Sintering, Hot Pressing (HP) and Hot Isostatic Pressing(HIP) in Relation to the Superalloys", Powder Metall. Int., 1978, Vol. 10, No. 3, pp. 128-130.

[4] D. R. Bankovic and D. A. Yeager, "Powder Forging Makes a Better Conn Rod", Adv. Mat. & Proc., 1994, Vol. 146, No. 2, pp. 26-30.

[5] A. G. Leatham and A. Lawley, "The Osprey Process：Principles and Applications", Int. J. Powder Metall., 1993, Vol. 29, No. 4, pp. 321-329.

[6] 曹纪元，"喷覆成形技术及其产品近况简介"，工业材料杂志，2002，6月，186期，158-174页。

[7] A. Lawley and D. Apelian, "Spray Forming of Metal Matrix Composites", Powder Metall., 1994, Vol. 37, No. 2, pp. 123-128.

[8] 黄坤祥，*金属粉末射出成形(MIM)*，台湾粉体及粉末冶金协会，2013。

[9] R. M. German, *Powder Injection Molding-Design and Applications*, Innovative Material Solutions Inc., State College, PA, 2003.

[10] R. M. German and A. Bose, *Injection Molding of Metals and Ceramics*, MPIF, Princeton, NJ, 1997.

[11] T-Y Chan and S. T. Lin, "Effects of Stearic Acid on the Injection Molding of Alumina", J. Am. Ceram. Soc., 1995, Vol. 78, No. 10, pp. 2746-2752.

[12] K. S. Hwang and Y. M. Hsieh, "Comparative Study of Pore Structure Evolution During Solvent and Thermal Debinding of Powder Injection Molded Parts", Met. and Mat. Trans., 1996, Vol. 27A, pp. 245-253.

[13] K. S. Hwang, "Fundamentals of Debinding Processes in Powder Injection Molding", Reviews in Particulate Materials, 1996, Vol. 4, pp. 71-103.

[14] *Materials Standards for Metal Injection Molded Parts*, MPIF, Princeton, NJ, 2007.

[15] W. E. Frazier, "Metal Additive Manufacturing：A Review", J. Materials Engineering and Performance, 2014, Vol. 23, pp. 1917-1928.

作业

1. 热压之致密化机构有哪些？请加以说明。

2. 一铁系合金齿轮之密度不得低于 7.2 g/cm³，举出三种能达到此规格之粉末冶金工艺，并予以说明之。若需大于 7.4 g/cm³ 时又如何？

3. 50 μm、100 μm 及 200 μm 之不锈钢粉中，你将选择哪一种作为热等静压工艺之原料？原因何在？

4. 金属粉末注射成形时在铁粉、工艺及设备之选择上应注意，请回答下列之陈述是否正确？原因为何？

   ① 单一成分之黏结剂比多成分之黏结剂佳。

   ② 20 μm 之铁粉比 5 μm 之铁粉能得到较高之烧结密度。

   ③ Σ 形混炼机之剪力比行星式双叶形混炼机大。

   ④ 球状粉比不规则状粉佳。

   ⑤ 溶剂脱脂方式之工艺时间比热脱脂短。

5. 有一批粉末冶金超合金零件经烧结及热等静压后密度已达 100%，但其延展性差，结果发现原粉末表面所形成之晶界上有氧化物，应如何改进？

6. 比较两个密度相同的零件时发现其晶粒大小不同，只知一为传统成形、烧结方法所制作，另一为热压法所制作，哪一种方法所得之晶粒较小？为什么？

7. 精密铸造、压铸与粉末注射成形是三个常常互相竞争之工艺，其优缺点各为何？

8. 选择适当之粉末以供热等静压使用时，你将在下列条件中选择何者？

   ① 粉末形状：不规则或球形？

   ② 粉末大小：1 μm 或 100 μm？

   ③ 粉末粒度分布：对数正态（log-normal）分布或是单一粒度之分布？

9. 选择一种制作 10 cm 外径、8 cm 内径、50 cm 长之管件之粉末冶金方法并作简单之描述。

10. 为什么 MIM 可以做出具尖角之工件而干压成形法则不行？

11. 温压成形及粉末锻造两工艺之优缺点为何？何者具有较大之市场潜力？

12. 举出最适当之粉末冶金工艺以制作图 11-27 之三种工件。

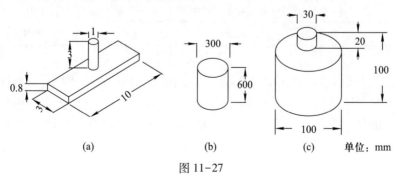

(a)　　　　(b)　　　　(c)　　单位：mm

图 11-27

13. 针对第 12 题图 11-27(c)之零件及下列之规格，选择一最适当之工艺，然后在各材料及工艺参数中选择最佳者。

　　　　材料：Fe-1Mo-1Cu-1Ni

　　　　公差：±0.05 mm

　　　　烧结密度：6.8 g/cm³ 以上

　　　① 工艺：金属注射成形？传统压结、烧结？热等静压？喷覆成形？Ceracon？或其他？

　　　② 3 μm、20 μm 还是 80 μm 之粉？

　　　③ 不规则水雾化粉？球状气雾化粉？海绵状还原粉？或球状 REP 粉？

　　　④ 用真空炉？网带式炉？步进梁式炉？推式炉？

　　　⑤ 用真空？氮气？氢气？氩气？吸热型？放热型？或分解氨？

　　　⑥ 需要机械加工吗？

　　　⑦ 烧结 30 min、60 min 还是 120 min？

14. 下列各工艺何者能做出最致密化之零件？由高密度至低密度依序排列之。

　　　　热等静压，热压，温压成形，Ceracon 工艺，粉末锻造

15. 一铁系零件密度为 7.5 g/cm³，另一个为 6.5 g/cm³，将此两个零件直接放入热等静压炉处理，结果前者变为 7.86 g/cm³，后者变为 6.6 g/cm³，原因何在？

16. 你拟做一个 φ200 mm×500 mm 之圆柱形铁粉烧结体，密度约为 6.9 g/cm³。你应用何种成形、烧结工艺？

17. 你正在以热等静压将非晶质镍粉致密化至 100%，请问此时之致密化机构可能为何？

18. TiAl 合金粉烧结 2 h 及 4 h 后将之热等静压，所得密度如表 11-6 所示。为何烧结 4 h 后再热等静压之密度可大幅改善？

表 11-6

	2 h, 1410 ℃	2 h, 1410 ℃+HIP	4 h, 1410 ℃	4 h, 1410 ℃+HIP
孔隙度	5.8%	4.0%	3.8%	0.4%

19. 铬之溅镀靶可以将铬粉以热等静压方法制作，也可将铬粉以冷等静压成形后在氢气中烧结，假设二者之烧结密度相同，问此二者之优缺点各为何？

20. 你拟制作一工件，尺寸为 2 mm×100 mm×500 mm，密度为 75%，你应该用何工艺？

第十二章
铁系材料

12-1　前言

粉末冶金产品乃以铁系为主，因此特别于此章中作较详细之说明。铁系材料主要可分为结构用合金钢及不锈钢两大系列，而软磁、高速钢、工具钢、超合金等亦各占有一席之地。粉末冶金结构用合金钢与一般熔制品一样，常添加镍、铬、钼、锰，但对微量铜、磷等元素之限制并不严格，此乃因粉末冶金产品几乎都是净形（net shape），不需再经过辊轧、锻造等塑性变形，所以也不会有铜、磷造成热脆性（hot shortness）之问题。以下为粉末冶金工件中常见各合金元素之功能。

12-2　合金元素之功能

图 12-1 及图 12-2 分别是各种合金元素对抗拉强度及硬化能（hardenability）的影响，由图 12-1 可知 Si、Ti、Mn、Al 为非常有效的强化元素，但很不幸地，由图 9-6 的 Ellingham 氧化还原图中可看出此四个合金元素都是容易氧化者，在烧结时若氧分压稍高、水汽稍多、温度偏低，均易造成这些元素的氧化而丧失当初添加

这些元素的目的。也因为这些理由，目前干压成形及注射成形产品中最常添加的合金元素为 Mo、Ni、Cr、Cu。若由图 12-2 硬化能乘数（multiplying factor）之角度来看，Mn 是最佳的，但如前所述，Mn 易氧化，蒸气压也高（表 9-7），烧结时容易逸出，也易污染烧结炉，这些皆减损了其效果。而 P 虽然也有高硬化能乘数，但易偏析在晶界，造成延性之降低。Si 的问题也在于易氧化且对延性不利，所以添加的合金元素仍以 Mo、Ni、Cr、Cu 为较佳的选择。兹将常用元素对铁之烧结行为及机械性质之影响作进一步的说明。

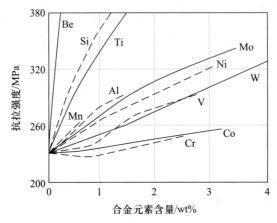

图 12-1　各合金元素对铁之抗拉强度的影响

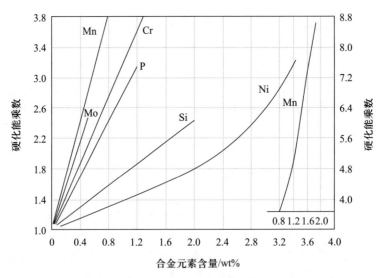

图 12-2　各合金元素对铁之硬化能的影响

12-2-1　镍

镍对铁而言是奥氏体相的稳定元素，如图 12-3 所示[1]。添加镍可利用固溶强化的原理增加铁的强度与韧性，并降低钢之延性脆性转换温度（ductile to brittle transition temperature，DBTT）。此外，由于其硬化能相当高，热处理后之强度、硬度及冲击值均可提高，故对于需热处理之零件而言是很好的合金元素。但镍含量太高时在热处理后易残留奥氏体，此残留奥氏体将降低零件之强度。

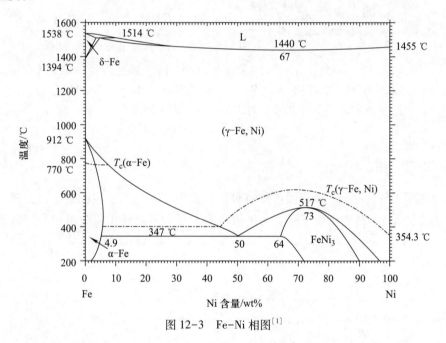

图 12-3　Fe-Ni 相图[1]

铁粉中加入镍粉时其烧结行为将有所改变，此乃因镍能很快地借表面扩散及晶界扩散进入铁粉之表面及晶界，此使得铁粉之晶粒成长速率变慢，并使晶界在升温阶段产生 α→γ 相变时不致脱离孔隙而形成异常晶粒成长，此导致工件中大多数之孔隙皆可与晶界相连，故空孔可通过速率较快之晶界扩散机构而消除。此外，镍可提高铁之体扩散及晶界扩散系数，造成铁系零件烧结时之收缩。但镍与铁由于彼此相互扩散系数的差异相当大，所以也有 Kirkendall 效应之负面影响。若镍粉之颗粒较大时，因铁进入镍较快，在镍周围常出现一些孔隙。图 12-4(a)即显示羰基铁粉添加了 8 wt%之 15 μm 镍粉后升温至 900 ℃时，粗镍粉的周围已出现大孔，这些孔隙在 1200 ℃烧结 3 h 后，仍无法完全消除，如图 12-4（b）所示[2]。若欲改善铁之机械性质且避免此孔隙之发生，应使用较细之镍粉。

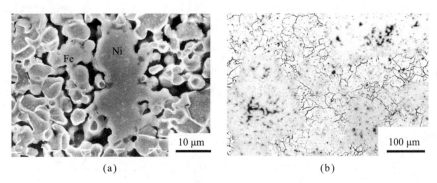

图 12-4 （a）Fe-8Ni 注射成形试片升温至 900 ℃时之金相显示，由于铁进入镍之速度较镍进入铁之速度快，加上应力之效应使得镍粉周围产生 Kirkendall 孔隙；（b）在 1200 ℃烧结 3 h 后孔隙仍未消除[2]

12-2-2 铬

由图 12-5 之 Fe-Cr 相图可知铬对铁而言属于 α 相的稳定元素，但少量之铬仍会使 α→γ 转变温度下降。在机械性质方面，铬之硬化能效果相当好，亦

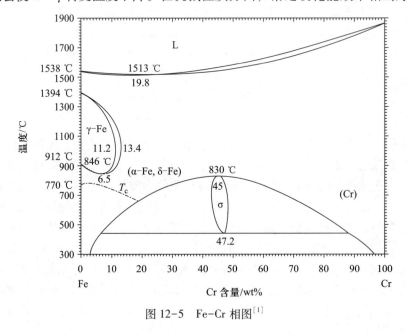

图 12-5 Fe-Cr 相图[1]

即在某一相同冷却速率下，使得工件心部也能产生马氏体而硬化之能力，或称淬透性。表 12-1 显示加入 0.85％之镍、铜、锰、铬及钼时其硬化能试验之临界直径(ideal diameter, ideal critical diameter, D_I)，在理想状况下之 D_I 数据显示铬及锰之硬化效果最佳，钼次之[3]。

铬之添加可使铁有固溶强化之效果，铬亦可与碳或氮结合生成碳化铬、氮化铬，这些化合物可提高铁之强度及硬度，但添加铬及锰容易使得粉末之氧含量增加，图 12-6 显示于水雾化铁粉中添加镍、钼、铜时，其氧含量并未增加，但当铬、锰之含量超过 0.3 wt％时氧含量即急速上升，此乃因铬、锰易在雾化及退火过程中生成氧化物之关系[3]。所以在考虑硬化能时应将每个元素的氧化效应纳入考虑并计算真正固溶入铁之实际浓度，此修正过之 D_I 值，亦即硬化能之效果，以钼最好，锰、铬次之，如表 12-1 所示。

表 12-1　不同合金元素之氧化程度对水雾化粉硬化能之影响[3]

合金含量	理想状况下之 D_I^a/mm	真正固溶之合金含量	修正过之 D_I/mm
0.85％Ni	7.9	0.85％Ni	7.9
0.85％Cu	8.2	0.85％Cu	8.2
0.85％Mn	23.1	0.62％Mn	18.5
0.85％Cr	24.0	0.52％Cr	12.8
0.85％Mo	21.4	0.85％Mo	21.4

a D_I 为理想淬火直径，亦即钢棒淬火后其心部仍可得到 50％马氏体时之最大直径。

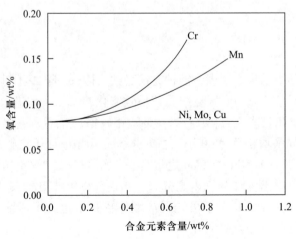

图 12-6　添加合金元素对水雾化铁粉氧含量之影响[3]

由于铬之氧化现象不但在雾化时会产生，在烧结过程中亦相当严重，所以制粉业者及粉末冶金零件业者一直到 1998 年左右才能精确地控制气氛以避免铬之氧化，此后，含铬之水雾化铁粉才开始大量进入市场，其优势是用较便宜之铬取代价格较高之镍、铜、钼，且其抗拉强度、延性、韧性、冲击值、疲劳强度及淬透性均较添加镍、铜有效[4]。此外，添加铬可以使热处理之 CCT 曲线向右移，且出现双曲线之变化，这个现象的出现是因各合金元素的硬化能出现相乘的效果，这些因素使得加铬后的机械性质大幅提高。在缺点方面，铬除了有上述易氧化之困扰外，对粉末之压缩性亦有负面之影响，图 12-7 显示铬、铜、锰、镍固溶入铁之后，均能强化铁素体使得铁粉之压缩性变差，只有钼之影响不大[3]。

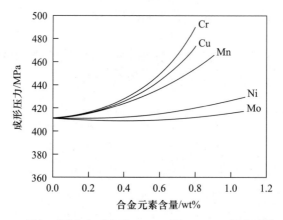

图 12-7　添加不同合金元素及 0.5% 石墨、0.75% 硬脂酸锌后之水雾化铁粉加压至密度为 6.8 g/cm³ 时所需之压力[3]

12-2-3　钼

钼乃体心立方结构之金属，能扩充铁之铁素体（α-Fe）区（图 12-8）[1]，使得铁在添加钼后能在 α-Fe 区烧结而较易致密化，又由于钼进入 α-Fe 之扩散系数比铜、镍高出许多，且由图 12-6 可知钼较铬、锰不易氧化，故钼能迅速均质化[3]。例如平均粒径为 60 μm 之铁粉添加 10 μm 以下之镍粉、铜粉及钼粉配成 Fe-1.75Ni-1.5Cu-0.5Mo 之混合粉，经 1120 ℃烧结 30 min 后，以 X 射线作线扫描可看出各合金元素之分布，由图 12-9 可知 Ni 之均质化程度最差，Mo 则最均匀，而 Cu 由于可先形成液体再扩散进入 Fe（见 12-2-5 节），所以其均质化速率也相当快[5]。

在机械性质方面，钼除了能造成固溶强化外，亦可以使 CCT 图中的转变

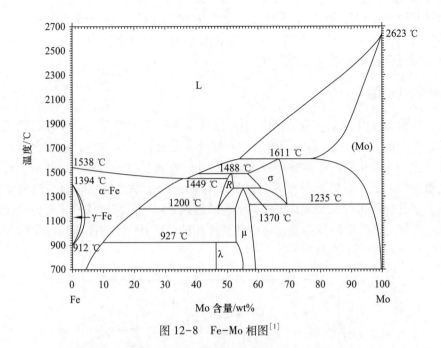

图 12-8 Fe-Mo 相图[1]

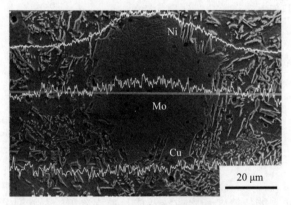

图 12-9 针对 Fe-1.75Ni-1.5Cu-0.5Mo 之线扫描显示
镍之均质化速率最慢(及国俊摄)[5]

曲线往右移，因此在显微结构上可以有贝氏体组织的出现，使得材料之强度得以提高。又如表 12-1 所示，钼有相当高之硬化能，热处理后之机械性质可大幅提高。此外，钼亦可与碳结合生成 Mo_2C，此碳化物常在回火时生成，有二次硬化之功能。

　　添加钼除了有上述优点外，由图 12-7 可知钼溶入铁粉后对压缩性之影响微乎其微，所以添加钼可采用预合金之方式。此种预合金型之水雾化粉自1995年量产以来，已广为粉末冶金业者所采用。相对地，铜、镍之添加则多仍采用混合粉或扩散接合粉之方式。

12-2-4　锰

在图 12-10 的 Fe-Mn 相图[1] 中可以看出锰对于铁而言也是 γ 相的稳定元素，可降低 α→γ 相变点之温度。与其他合金元素较不同的是，锰不会与碳生成碳化物而强化铁，但锰却可溶入渗碳体中。在机械性质方面，锰是一个硬化能很高的元素，对热处理后的机械性质有很大的帮助。烧结时随着时间的增加，锰的均质化程度变佳，工件微结构的组成可以由纯粹的铁素体变为贝氏体或马氏体，其伴随硬度的变化也由铁素体相的 200 HV 以下提高到贝氏体和马氏体的 500 HV、800 HV。

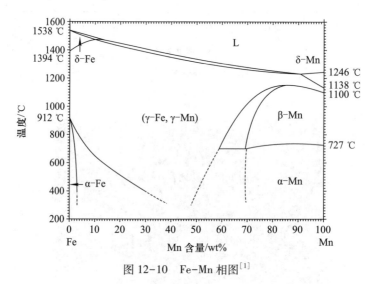

图 12-10　Fe-Mn 相图[1]

由于锰的加入能使第二相之成核及成长速率降低，故可使得热处理之 CCT 曲线往右移，将开始转变的时间延后，并且转变的时间会延长，其他如钼、镍、铬等合金元素也有相同的功效。锰虽有上述各种好处且能帮助渗氮，但因极易氧化也易挥发，所以若以元素粉末之方式添加入铁粉，在烧结时将形成氧化物或挥发掉而无法固溶入铁中，所以只有以预合金之方式溶入才易发挥其效果，但也因此将有损其压缩性，如图 12-7 所示。

12-2-5　铜

　　铜对铁而言是奥氏体相的稳定元素，可使奥氏体相的范围扩大，并降低 α→γ 相变点的温度，如图 12-11 所示[1]。钢铁材料中添加铜主要是利用其固溶强化的原理，以增加铁的强度与韧性，其固溶强化效果甚至比镍高出约 20%。另外铜也有部分的析出硬化效果，此乃由于铁在 1200 ℃ 左右能溶入超过 10% 之铜，但在室温中的溶解度却少于 1%，所以急速冷却 Fe-Cu 零件时，将在铁基体内产生过饱和之铜，此铜在 500 ℃ 左右作时效处理（aging）时能产生析出硬化之效果[6]。所以添加铜之合金钢在淬火、回火时，其硬度及强度并不会因回火温度之提高而急速下降[7]。由于铜之强化效果佳且价格低，已成传统粉末冶金材料中最常用之合金元素，但在注射成形工艺中仍不常见。兹将添加铜时应注意之事项及正确的使用方法详述如下。

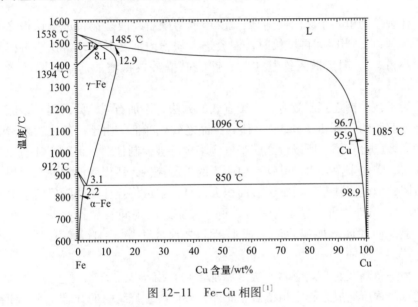

图 12-11　Fe-Cu 相图[1]

　　由于铜之熔点为 1083 ℃，故在一般铁系材料之烧结温度（1120 ℃）下为液相，此可使铜快速进入铁粉间之接触面及铁粉间的孔隙，如图 12-12（a）所示，但铜粉会在原来之位置留下孔洞。当铜被覆住铁粉后即开始扩散入铁粉内部，如图 12-12（b）所示，当铜液足够多且时间再增长时，铜液将进入铁粉内部之晶界而将每颗铁粉分为数个颗粒，然后再扩散入各晶粒内，如图 12-12（c）所示。

　　虽然铜可造成液相烧结，加速铜之均质化，但加入铜粉会造成坯体之膨

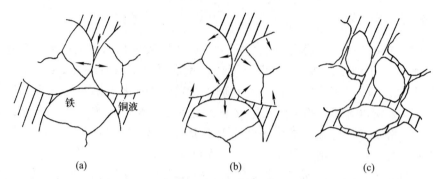

(a)   (b)   (c)

图 12-12　铜在烧结时因形成液态，铜迅速进入铁粉间之接触面及孔隙，将铁粉撑开(a)，然后再扩散入铁粉内部(b)，当铜液足够多且时间再增长时，铜液将进入铁粉内部之晶界而将每颗铁粉分为数个颗粒，然后再扩散入各晶粒内(c)

胀，此现象乃由几个原因所造成：① 当铜熔融后，液态铜将进入铁粉之间将铁粉撑开；② 当时间再增长时，铜会进入铁粉内部之晶界，将铁粉再撑开成数颗小粉；③ 铜扩散入铁基体时，铁之晶格常数将增加，但此因素之比例很小。

为了减少铜之膨胀效应，一个有效的方法是添加石墨，此乃因石墨能降低铜液之双面角(dihedral angle)，使其穿晶之效果降低。由于一般之粉末冶金工件中大多已含石墨，所以铜之膨胀效应多少已被控制住[8]。但对于注射成形工件而言，碳的来源多由羰基铁粉内所含的碳所提供，所以降低铜的双面角之效果有限，但是因羰基铁粉细，表面积大，且注射成形坯体经脱脂后留下的孔隙为 30~40 vol%，可充分吸入溶解之铜，故穿入粉末间及晶界者少，膨胀量很小，但即使如此，加铜后注射成形产品之尺寸仍比不加铜者稍大，密度也稍低[9]。

另一个降低膨胀效应的方法是添加镍粉，由于镍在烧结时会使尺寸收缩，因此可与铜所造成之膨胀相抵消。此外，亦可放缓烧结时的升温速率，使铜在尚未到达其熔点时，即已扩散入铁基体内，此方法至少可以免去铜液化时造成的膨胀效应。不过由于铁扩散入铜之速率大于铜进入铁之速率，此造成了 Kirkendall 孔隙之效应，再加上铜扩散入铁后也造成铁晶格常数的增加，这些因素仍会使得含铜产品之尺寸稍大，密度稍低。

上述几种合金元素均是传统粉末冶金工件最常用的元素，其对硬化能、扩散速率(均质化难易度之主要因素)、氧化性、压缩性及业界使用的普遍性之影响可由表 12-2 看出，而硬化能乘数之高低则可由图 12-2 得知，依序为 Mn>Mo>Cr>Ni。在扩散速率方面，表 12-3 列出这几个元素于 1250 ℃ 及1300 ℃时在铁中之扩散系数，由高至低依序为 Mo>Cr>Mn>Cu>Ni。在氧化还原性方面，所添加的合金元素是否容易被氧化可由 Ellingham 图判断，最难被氧化的为 Cu，然后是 Ni、Mo、Cr、Mn。综合这些特性之考虑后，以实际应用于干压成形的广度来看，以 Cu 最为普遍，其次是 Ni、Mo、Cr，而 Mn 则较少。对于注射成形而言，则以 Ni 最为普遍，其次是 Mo、Cr，而 Mn 及 Cu 则较少。

表 12-2 对传统粉末冶金工艺而言，合金元素对工件的硬化能、扩散速率（均质化程度）、氧化性、压缩性及使用普遍性之影响

硬化能 （由高至低）	扩散速率 （由快至慢）	氧化性 （由难至易）	压缩性 （由优至劣）	普遍性 （由广至稀）
Mn	Mo	Cu	Mo	Cu
Mo	Cr	Ni	Ni	Ni
Cr	Mn	Mo	Mn	Mo
Ni	Cu	Cr	Cu	Cr
Cu	Ni	Mn	Cr	Mn

表 12-3 常用合金元素于 1250 ℃及 1300 ℃时在铁中之扩散系数

合金 元素	D_0/ （cm²/s）	Q/ （kJ/mol）	D_{1250}/ （cm²/s）	D_{1300}/ （cm²/s）	参考 文献
C	0.234	147.8	1.99×10^{-6}	2.89×10^{-6}	[10]
Mo	18.1	257.3	2.71×10^{-8}	5.17×10^{-8}	[11]
Cr	10.8	291.6	1.08×10^{-9}	2.24×10^{-9}	[12]
Mn	0.16	261.7	1.69×10^{-10}	3.26×10^{-10}	[10]
Cu	4.16	305	1.44×10^{-10}	3.09×10^{-10}	[10]
Ni	3.0	314	5.10×10^{-11}	1.12×10^{-10}	[10]

12-2-6 硅

由图 8-26 之 Fe-Si 相图可以看出硅是 α 相的稳定元素，超过 2.1% 时，工件在烧结过程中都在 α 相内进行，能使体积大量收缩、密度提高。在机械性质方面，硅的强化机构和锰、镍相同，它们都以固溶强化的方式强化机械性质较差的铁素体相。而硅又另有稳定渗碳体使不易分解之功效，因此含硅之钢材可在高温回火而得到理想之韧性。

虽然硅有上述好处，且喷粉时能帮助除氧并改善钢液及铁水的流动性，但硅仍容易在粉末表面甚至在粉末内部形成氧化硅，特别是采用水雾化的方式制粉时更易发生，如图 12-13 即显示水雾化 17-4PH 不锈钢粉的内部有氧化硅（箭头处）析出，所以硅添加量一般多在 0.8% 以下。此外，烧结时气氛中的氧分压及露点均要低，不然即使原始粉末中并无氧化硅，烧结后却易在基体内生成颗粒状氧化硅，导致机械性质的降低，例如图 12-14 为一拉伸试棒经拉断后的破断面，以 SEM 检视可看到韧窝内有不少氧化硅颗粒[13]。

图 12-13　氧化硅（箭头处）析出于水雾化 17-4PH 不锈钢粉的内部（张哲玮摄）

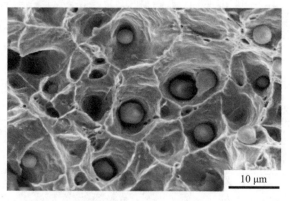

图 12-14　17-4PH 不锈钢破断面显示烧结后有氧化硅颗粒析出（张哲玮摄）[13]

12-2-7　磷

磷在传统钢铁中常因偏析而使工件变脆，不利轧制、锻造等后加工，但对大多数不需塑性加工之粉末冶金工件而言，磷却有些好处，例如磷能与铁在1048 ℃产生液相（图12-15）[1]，帮助致密化，并产生孔隙圆化之现象，能改善工件之韧性及疲劳强度。加入磷亦可造成晶粒粗化之现象，可改善铁之软磁性质（见14-2-1-2节）。磷也可强化铁之机械性质，能大幅提高铁之硬化能乘数（见图12-2），但若同时含有碳时，其延性将大幅降低，不宜用来制作结构件。

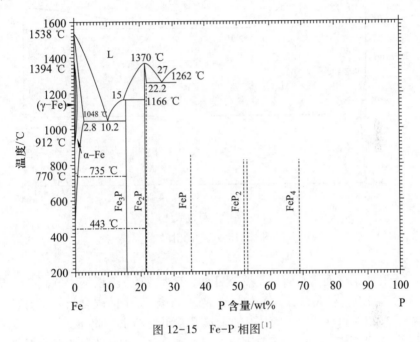

图 12-15　Fe-P 相图[1]

12-2-8　碳

对铁而言，碳是强化效果最佳之合金元素，且由于碳是间隙型原子，扩散入铁基体之速率相当快（见表12-3），所以其均质化情形比其他所有合金元素都好。因碳属于 γ 相之稳定元素（图12-16）[1]，可形成奥氏体，故烧结后的工件经淬火及回火后可得到硬、韧之回火马氏体，适合用于结构件。一般对于压成形工件而言最常添加之量在 0.6%~0.8% 之间，而添加方式以使用石墨粉最多。石墨粉又分为天然及合成两种，前者偏片状，灰分（ash）多，后者则偏颗粒状。对注射成形工件而言则最常添加之量在 0.3%~0.6% 之间，而添加方式又以使用含碳之羰基铁粉为最佳，由于羰基铁粉中的碳多在 0.6%~0.8%，且碳会与粉末中的氧化物及气氛中的微量水汽及氧气反应造成脱碳，所以热脱脂、烧结的气氛及烧结温度需妥善控制才能得到所要的碳含量。若碳含量要更高时，则仍可添加石墨粉，以得到所需之最终碳含量。

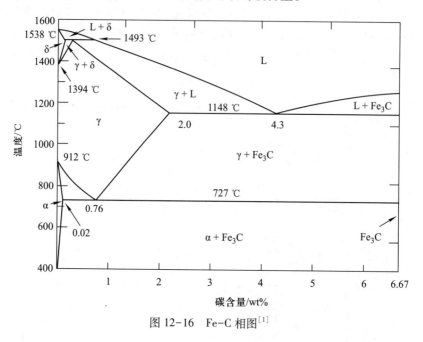

图 12-16　Fe-C 相图[1]

对于有些工件而言，碳是不受欢迎的，例如 316L 不锈钢中的碳含量超过0.03%时其抗腐蚀性将变差。又如纯铁或 Fe-Si 软磁中的碳含量越多时其磁性质越差，所以对这些应用而言，应选择碳含量低之粉末。此外，若工艺参数控制不当，润滑剂或黏结剂的脱脂不完全时，碳含量不但不降低反而会升高，此时应调整脱脂温度及时间，确定润滑剂或黏结剂有足够之时间完全脱除。

当铁粉添加了上述各合金元素后，其机械性质、物理性质可大幅改善，在以下几节中将陆续介绍目前常用之结构用合金钢、工具钢、高速钢之成分及机械、物理性质，而同属铁系之不锈钢、超合金及软磁材料则将在第十三、十四章中另作说明。

12-3　混合粉/预合金粉之烧结

由于使用预合金粉有压缩性差、成形不易、烧结密度稍低、原料成本高之缺点，所以粉末冶金零件多以混合粉作为原料，但由于一般的烧结温度仅1120 ℃，且烧结时间约 30 min，故所添加之合金元素不易均质化，烧结后的显微组织及成分不均匀。一般而言，基础粉心部之合金元素含量较低，而表层则因受到合金元素粉的表面扩散而较高，此使得粉末与粉末之间颈部的合金成分也高，例如图 12-17(a) 为 Fe-1.75Ni-1.5Cu-0.5Mo-0.4C 的混合粉经 1120 ℃ 烧结 40 min 后之金相，以 X 射线分析显示孔洞周围的镍含量均比内部高，如图 12-17(b) 所示[5]，此对于机械强度最弱之颈部或孔洞有了补强的效果。但一般而言，在相同之烧结密度下，混合粉之机械性质仍比预合金粉差，此可由提高烧结温度、拉长烧结时间、改用微细粉末等方法改善。

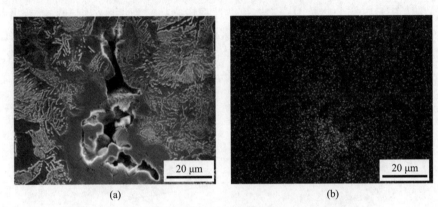

(a)　　　　　　　　　　　　　　(b)

图 12-17　(a) Fe-1.75Ni-1.5Cu-0.5Mo-0.4C 烧结体之金相；
(b) 以 X 射线分析所得之镍分布图(戈国俊摄)[5]

混合粉在烧结时，各成分元素将互相扩散，假设添加之元素粉为球形并均匀地散布于铁基体中，此时合金元素扩散入铁中而达到均质化(homogenization)程度 P 的时间 t_P 可以由下式作一简单之预估[14]：

$$t_P = \frac{a^2}{4\pi D}\left[\frac{\pi}{6}\frac{C_0}{C_a}\frac{P}{(1-P)}\right]^{\frac{2}{3}} \qquad (12\text{-}1)$$

式中：$P = C_{min}/C_{max}$ 为均质化的程度；a 为添加粉末(如元素粉)之直径；D 为扩散系数；C_0 为此元素在添加粉中之原始浓度(一般用纯元素粉，所以为 100%)；C_a 为此元素在基础粉中之平均浓度。

此均质化之时间乃在理想状态下所得，事实上与工艺及材料均有关，例如当坯体之成形压力大、密度高时，因粉末间之接触面积增加，且粉末内部结晶格子不稳定，所以可加速均质化之进行。当使用扩散接合式合金粉时，由于在制作粉末时即已有扩散之步骤，其均质化时间将较混合元素粉稍短。若采用液相烧结时，此均质化之速率将更快，例如在 Fe-Cu 系中由于铜熔解后可借毛细力先急速分布于坯体中，迅速增加铜-铁间之接触面积，而这些进入孔隙及被覆铁粉表面之铜可再借固态扩散之方式进入基体与铁均质化，因此其均质化之时间较固态烧结者短。

　　以上所述为单一添加元素在基础粉中之均质化行为，若基础粉中原已有第三种元素存在时，此均质化行为将有所改变。例如由于镍进入铁较慢，常造成富镍区之存在，此现象在坯体中有碳时更为严重。以 Fe-Ni-C 注射成形合金为例，一般的羰基铁粉中常含有 0.6%~0.8% 之碳，在烧结过程中升温至 850 ℃时，碳已均匀分布在铁基体中，但镍仅能借表面扩散先被覆在铁粉表面而已，不易进入铁粉内部，此乃因镍之体扩散速率慢之故。当温度继续升高，镍开始进入基体时，因镍含量的提高会使得碳的化学能提高[15]，如图 12-18 所示，使得碳变得不稳定，此碳-镍互相排斥的现象导致镍不易扩散入含碳的铁基体内，因而也容易在铁粉周围形成富镍区。

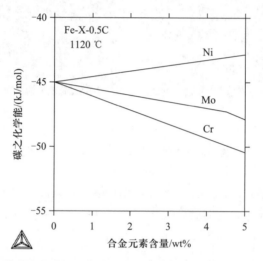

图 12-18　镍进入含碳之基体时会使得碳的化学能提高，变得较不稳定，
但若含铬、钼则相反，均有助碳的稳定[15]

　　兹以 FD-0405（Fe-4.0Ni-0.5Mo-1.5Cu-0.5C）扩散接合粉末（见 5-4-1节）为例，此材料在 1120 ℃烧结 30 min 后即含有富镍区，图 12-19 显示在原来铁粉之表面形成一圈含有 3%~5%Ni 之富镍区（Ni-rich areas 1），以电子背散射衍射法（electron backscatter diffraction，EBSD）鉴定为 bcc 相。此外，位于铁粉之间的位置（亦即原始镍粉的位置）另有镍含量高达 11%~23% 之区域（Ni-rich areas 2），以及镍含量为 4%~8% 之区域（M），以 EBSD 鉴定分别为 fcc 相及马氏体相[15,16]。相对地，铁粉中心的镍含量小于 0.1%，而形成珠光体。这些富镍区及珠光体之存在表示镍并未均质化，可惜了添加昂贵之镍的初衷。

　　此均质化不良之情形可借合金设计予以改良，例如由图 12-18 可知添加

图 12-19　镍不易扩散入含碳的铁基体内，因而容易在铁粉周围形成一圈富镍之铁素体（Ni-rich areas 1），并在铁粉间生成富镍之奥氏体及马氏体（Ni-rich areas 2 及 M）[15,16]

铬、钼于 Fe-C 合金时，碳的化学能可降低，此有助碳、镍的均质化。图 12-20(a)即显示 FD-0405 于 1200 ℃烧结 1 h 后，铁粉内部（照片中央）的碳含量高但镍含量低，而外部（照片左右两侧）则碳低镍高，经添加 0.5%铬后，碳及镍之分布已较均匀，如图 12-20(b)所示。此外，添加铜也可改善镍在 Fe-Ni-C 中之均质化，借由液相烧结及毛细力使镍能快速分布到粉末表面，镍之添加又可降低铜之润湿角，所以液体穿入晶界之程度又更显著。

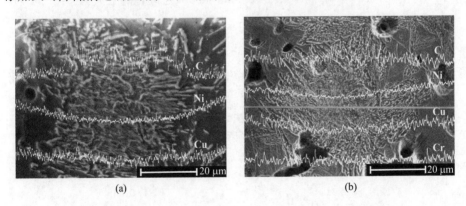

图 12-20　(a) 于 1200 ℃烧结 1 h 之 FD-0405，其铁粉内部碳高镍低，外部则碳低镍高；(b) 添加 0.5%铬后，碳及镍之分布已较均匀[16]

12-4　结构用合金钢

干压成形结构件常用的合金大致上分为下列几种：

（1）混合粉（mixed powder）型。MPIF 标准中的 F 系列为 Fe-C 混合粉，FC 系列为 Fe-Cu 混合粉，FN 系列为 Fe-Ni 混合粉，例如 FN-0205 即表示含有 2%Ni 及 0.5%之 C，而 FC-0508 则含有 5%Cu 及 0.8%C。

（2）预合金（prealloyed）型。MPIF 以 FL 系列称之，例如 FL-5305 中的 53xx 表示合金型号，其中含有 3%Cr 及 0.5%Mo，而 05 表示含 0.5%之 C。

（3）混杂（hybrid low-alloy）型。此系列乃以预合金粉为主，但仍添加一些元素粉，故称混杂型，例如 MPIF 标准中的 FLN-4205 中的 N 代表 Ni，42xx 表示合金型号，其 Ni 含量为 1.3%~2.5%，但规定至少 1%以上需以镍粉的方式添加。

（4）烧结硬化（sinter-hardened）型。MPIF 标准之 FL、FLC、FLN、FLNC 系列中有部分合金属此系列，其中之 FL 表示预合金粉，此型合金成分含有具高硬化能乘数之 Mn、Mo、Cr、Ni 等元素，不过将这些合金元素以元素粉之方式添加时，由于一般工业界所用烧结温度仅 1120 ℃，烧结时间仅 30 min，故均质化效果不佳，烧结硬化效果差。因此此类型多使用合金元素均已均质化之预合金粉，且碳含量要高，多为 0.8%，使具有高硬化能。

要评估一种合金是否具有高硬化能，除了参考图 12-2 以外，也可由表 12-4 各合金元素之硬化能乘数（代表工件心部能被硬化之能力）f_x 相乘而得[17,18]，例如，Fe-0.4C-4Ni-3Cr-0.5Mo-0.6Si 之硬化能乘数为

$$f_{x(total)} = 0.4^{0.5} \times (1 + 0.52 \times 4) \times (1 + 2.33 \times 3) \times$$
$$(1 + 3.14 \times 0.5) \times (1 + 0.64 \times 0.6) = 55.4$$

但如前所述，Fe-Mn、Fe-Ni、Fe-Cu、Fe-Cr 预合金粉之压缩性不佳，而

表 12-4　各合金元素之硬化能乘数[17, 18]

元素	硬化能乘数
C	$C^{0.5}$
Si	1+0.64Si
Mn	1+4.1Mn
Cr	1+2.33Cr
Mo	1+3.14Mo
Ni	1+0.52Ni
Cu	1+0.27Cu

Fe-Mo 预合金粉则尚可，故烧结硬化粉常采用 Fe-Mo 预合金粉再加入其他合金用元素粉，使其淬透性及烧结硬化性能提高。MPIF 标准中之 FLC2-4808 即采用 Fe-Mo-Ni-Mn 预合金粉，再添加 2% 的铜元素粉，故为一混杂型烧结硬化粉。

使用烧结硬化粉时最好配合使用加速冷却设备（见 9-7-6 节），在冷却速率大于 45 ℃/min 之情况下，马氏体或贝氏体才易产生。

（5）扩散接合（diffusion-alloyed）型。MPIF 标准中以 FD 系列称之，D 代表 diffusion bonding 之意，如 FD-0205，较复杂的有 FLDN 或 FLDNC 系列，其中之 L 表示以预合金粉为主粉，N 表示 Ni，C 表示 Cu，例如 FLDN4C2-4905，即为以含钼之预合金为主粉，再用扩散接合之方式将 4%Ni 及 2%Cu 结合在 4900 型的主粉上，且含 0.5% 之碳。

表 12-5 为 MPIF 标准中常见之干压、烧结合金钢之成分，而表 12-6 则为这些合金钢之机械性质，完整资料可参照参考文献[19]。对于注射成形结构用合金钢而言，表 12-7 及表 12-8 分别为目前最常见之成分及机械性质，相关之完整资料及说明可参照参考文献[20，21]。

表 12-5 常用粉末冶金合金钢之成分[19]

MPIF 材料型号	主要化学成分				
	C	Ni	Mo	Cu/Cr	Mn
F-0000	0.0~0.3	—	—	—	—
FC-0508	0.6~0.9	—	—	4.0~6.0Cu	—
FN-0205	0.3~0.6	1.0~3.0	—	0.0~2.5Cu	—
FL-4605（预合金型）	0.4~0.7	1.70~2.00	0.45~0.60		0.05~0.30
FL-5305（预合金型且为烧结硬化型）	0.4~0.6	—	0.40~0.60	2.7~3.3Cr	0.05~0.30
FLN-4205（混杂型）	0.4~0.7	1.3~2.5	0.49~0.85		0.20~0.40
FLN4-4405（混杂型）	0.4~0.7	3.0~5.0	0.65~0.95	—	0.05~0.30
FLC2-4808（烧结硬化型）	0.6~0.9	1.20~1.60	1.10~1.40	1.0~3.0Cu	0.30~0.50
FD-0205（扩散接合型）	0.3~0.6	1.55~1.95	0.40~0.60	1.3~1.7Cu	0.05~0.30
FLDN4C2-4905（扩散接合型）	0.3~0.6	3.60~4.40	1.3~1.7	1.6~2.4Cu	0.05~0.30

表 12-6　常用粉末冶金合金钢之机械性质[19]

MPIF 材料型号	密度/(g/cm³)	抗拉强度/MPa	延性/%	杨氏模量/GPa	冲击值/J	弯曲强度/MPa	巨观硬度	显微硬度转换值/HRC
F-0000-15	6.70	170	2	120	8	340	60HRF	—
FC-0508-60	6.80	570	<1	130	6	1000	80HRB	—
FN-0205-25	6.90	340	2	135	16	690	59HRB	
FN-0205-105HT	6.90	830	<1	135	6	1110	29HRC	55
FL-4605-40	6.95	400	1	140	15	830	65HRB	—
-140HT	7.20	1070	<1	155	16	1590	39HRC	60
FL-5305-90	6.90	860	<1	135	14	1450	20HRC	
FL-5305-135HT	7.00	1000	<1	140	14	1830	35HRC	55
FLN-4205-45	6.80	460	1	130	11	860	70HRB	—
-140HT	7.05	1030	<1	145	12	1590	36HRC	60
FLN4-4405(HTS)-200HT	7.30	1520	1	160	31	2620	37HRC	55
FLC2-4808-110HT	7.00	830	<1	140	19	1590	35HRC	55
FD-0205-95HT	6.75	720	<1	125	7	1100	28HRC	55
-160HT	7.40	1170	<1	170	15	1650	45HRC	55
FLDN4C2-4905-70	7.15	860	1	150	24	1620	95HRB	—

注：HT 为热处理；HTS 为高温烧结。

表 12-7　常用注射成形结构用合金钢之成分[20]

材料型号		Fe	Ni	Mo	C	Cr	Si	Mn	其他
MIM-4605*	min.	余	1.5	0.2	0.4	—	0.0	—	0.0
	max.	余	2.5	0.5	0.6	—	1.0	—	1.0
MIM-4140	min.	余	—	0.2	0.3	0.8	0.0	0.0	0.0
	max.	余	—	0.3	0.5	1.2	0.6	1.0	1.0

* 之前之代号为 4650。

表 12-8　常用注射成形结构用合金钢之机械性质[20]

材料型号	密度/ (g/cm³)	抗拉强度/ MPa	屈服强度/ MPa	延性/ %	冲击值/ J	巨观 硬度	参考文献
Fe-2Ni-0.5C 只经烧结	7.4	450	215	20	—	75HRB	21
Fe-7Ni-0.5C 经热处理	7.5	1460	1420	1	—	46HRC	21
MIM-4605 只经烧结	7.5	440	205	15	70	62HRB	20
MIM-4605 经热处理	7.5	1655	1480	2	55	48HRC	20
MIM-4140 经热处理	7.5	1650	1240	5	75	46HRC	20

在传统粉末冶金材料的合金元素中，由于铜较便宜且可借液相烧结而加速均质化，所以铜为最普遍的添加物，其次为镍，但镍含量最多仅 4%，此乃因干压烧结工艺使用粗粉，所以镍虽已能借表面扩散而被覆住铁粉，但在一般烧结条件下，镍之体扩散速率低，仍无法扩散深入铁粉内部，因此即使再增加镍含量也无太大功效。相对地，注射成形系列使用细粉，所以其镍含量可高达8.5%(如 MIM-2700)而仍可发挥其效应。另外由表 12-7 也可看出目前已订出之注射成形低合金钢的标准成分仅四种，主要是因为金属注射成形仍是相当新的技术，不过由于新合金的发展相当快速，所以新的标准已在陆续增加中。

12-5　软磁材料

软磁材料可概分为两大类，即铁氧体(ferrite)及金属软磁材料；前者具有高阻抗值的优点，故通常使用于高频或中高频的磁性回路中，但其缺点是磁感应强度值(B)较低，平均不到铁系金属软磁材料的一半。铁系金属磁性材料的阻抗值很低，故在交流频率下使用时，会有严重涡流损耗(eddy current loss)，因此只能被应用于直流或中低频的磁性回路之中。目前最普遍的烧结金属软磁材料计有：纯铁、铁磷合金(Fe-P)、铁硅合金(Fe-Si)、铁镍合金(Fe-Ni)、铁钴合金(Fe-Co)、铁锡合金(Fe-Sn)、铁素体系不锈钢等，这些材料之工艺及特性将在第十四章中作详细之介绍。

12-6 工具钢及高速钢

第一种真正的高速钢为以钨为主要合金元素的 T 系列高速钢，此新材料乃在 1904 年由 Crucible Steel Company 所研发出来，到了 20 世纪 50 年代时出现了由 Mo 取代 W 的 M 系列新高速钢种，也就是时至今日仍相当普及的 M2 高速钢。另一种高合金钢其成分与高速钢类似，因常用于模具、治具、刀具而称为工具钢，此两个钢种经由热处理可达到 62~70 HRC 的高硬度，其硬化性能主要来自：① 马氏体基体；② MC、M_6C 以及 $M_{23}C_6$ 等高硬度碳化物；③ 二次硬化所得之析出碳化物。表 12-9 为常用合金元素在周期表中之位置及其碳化物的种类[22]。这些碳化物的硬度比较如表 12-10 所示[23]，其中 MC 为所有碳化物中硬度最高的一种。常见粉末冶金工具钢及高速钢之成分可参考表 12-11 及附录五[24]。

表 12-9　钢中的碳化物[22]

IV	V	VI	VII		VIII	
TiC	VC	Cr_3C_2	Mn_7C_3	Fe_3C	Co_3C	Ni_3C
	$V_4C_3(V_2C)$	Cr_7C_3	Mn_3C	Fe_7C_3	Co_2C	
		$Cr_{23}C_6$	$Mn_{23}C_6$			
ZrC	NbC，Nb_2C	MoC，Mo_2C				
HfC	TaC，Ta_2C	WC，W_2C				

表 12-10　各种碳化物之硬度[23]

碳化物种类	硬度 $HV_{0.02}$
MC	3000
M_2C	2000
M_6C	1500
$M_{23}C_6$	1200
Fe_3C	820

表 12-11　常见的粉末冶金高速钢及工具钢成分及其 AISI、JIS 之编号[24]

AISI(JIS)编号		C	Fe	Mn	Si	Cr	Mo	W	V	Co	Ni
高速钢 M2(低碳型)	min.	0.78	余	0.15	0.20	3.75	4.50	5.50	1.75	—	<0.3
(SKH51)	max.	0.88	余	0.40	0.45	4.50	5.50	6.75	2.20		
高速钢 M2(高碳型)	min.	0.95	余	0.15	0.20	3.75	4.50	5.50	1.75	—	<0.3
(SKH51)	max.	1.05	余	0.40	0.45	4.50	5.50	6.75	2.20		
高速钢 T15	min.	1.50	余	0.15	0.15	3.75	<1.0	11.75	4.50	4.75	<0.3
(SKH10)	max.	1.60	余	0.40	0.40	5.00	—	13.00	5.25	5.25	
热作钢 H13	min.	0.32	余	0.20	0.80	4.75	1.10	—	0.80	—	<0.3
(SKD61)	max.	0.45	余	0.50	1.20	5.50	1.75	—	1.20		
冷作钢 D2	min.	1.40	余	<0.60	<0.60	11.0	0.70	—	<1.10	—	<0.3
(SKD11)	max.	1.60	余	—	—	13.0	1.20	—	—		

　　传统之工具钢乃以熔炼之方法先做出铸锭，由于熔制过程易产生碳化物之偏析及粗化，铸锭再经锻造、挤制等塑性加工制成成品时，因加工之关系，这些碳化物及不纯物常具有方向性，如图 12-21(a) 所示，因此机械性质不理想。相对地，干压烧结或注射成形工艺所得到的产品，再经热等静压或轧制致密化后，由于其偏析常止于一颗粉末之内，不会产生熔制品之严重偏析现象及方向性[图 12-21(b)]，所以在韧性、切削性及耐磨耗性的表现上都较熔铸法所得

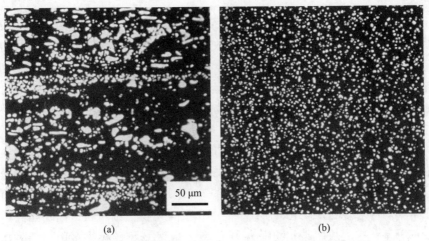

50 μm

(a)　　　　　　　　　　　　　(b)

图 12-21　由传统铸锻工艺(a)及粉末冶金工艺(b)所得
T15 高速钢之显微组织(合楷精密公司提供)

的高速钢或工具钢来得好。

粉末冶金工具钢之工艺可分为两大类：一种为尺寸大之钢锭、块材、棒材、板材等，另一种为干压或注射成形之小工件。制作前者之步骤为选用气雾化粉，将之封罐，然后以热等静压方式制成圆锭或长方锭，然后再以轧制或锻造等方式制成板材、锻件等。而制作小工件时则以传统干压或注射成形方式制成生坯，经脱脂、烧结后即可得到成品。

工具钢预合金粉的粉末工艺分为气雾化及水雾化两种，气雾化粉多使用氮气，但也有用氩气者。气雾化粉外形呈球状，所以其振实密度较水雾化粉为高，大约可达到真密度的 65%，然而也因其为球形，使得粉末间之摩擦力偏低，造成气雾化粉的生坯强度太低，因此不适合用于传统的压坯成形，但可用于热等静压及注射成形工艺。

水雾化粉由于冷却速率较快，其外形呈不规则状，使得压坯成形时能得到较高的生坯强度，但也因粉末本身产生硬化效果，造成成形时需使用较大的成形压力，而模具本身的耗损也较为严重。此外，经由水雾化所得到的高速钢粉，因外形不规则，表面积大，其氧含量较高，也将影响到高速钢的碳含量及烧结性质。因此水雾化粉必须再于真空或氢气气氛下作退火处理以降低其硬度（由 600~700 HV 降至 250~300 HV）及氧含量（由 3000 ppm 降至 1000 ppm）。但即使如此，高速钢仍会产生 $2C+O_2 \rightarrow 2CO$ 的反应，这将造成烧结后的碳含量不如预期，因此常必须外加石墨粉。此外，碳亦可有效地降低烧结温度、节省能源，但加入过多的碳会造成残留奥氏体含量的增加，而破坏原应有的机械性质。

目前应用相当广之 M2 高速钢的烧结多使用真空炉，并采用超固相线液相烧结法（见 8-7 节）使高速钢能迅速地致密化，但由于 M2 高速钢的成分使得其烧结温度范围（或称烧结窗 sintering window）非常狭窄，亦即要同时达到下列要求相当困难：① 密度要高，例如在 96% 以上；② 不可变形；③ 晶粒不可粗化；④ 不可于晶界生成连续性的碳化物。所以烧结 M2 高速钢时若温度低、液相量少则密度偏低，温度过高、液相过多时虽容易达到高密度但变形量大，且若为了高密度而使用高温及长时间烧结时，又容易造成晶粒粗化之现象且在晶界处易产生连续性之网状碳化物，如图 12-22（a）所示（于 1255 ℃ 真空烧结 1 h），使得机械性质变差。相对地，图 12-22（b）（于 1240 ℃ 真空烧结 1 h）则为正常 M2 高速钢之显微组织，其中的 MC 型碳化物呈细球状，而在晶界上以及少部分基体中之块状碳化物则为 M_6C 型，此 M_6C 型碳化物多由烧结时之液相凝固而成。此最适当之烧结温度与粉末之成分及特性有关，如碳含量、氧含量及粉末粒径等。因此粉末品质之稳定性、烧结温度的准确度，以及烧结炉的

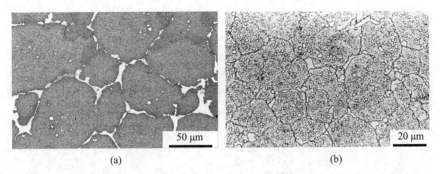

(a)　　　　　　　　　　　　　　　　　(b)

图 12-22　烧结温度只多出 15 ℃时，M2 高速钢的晶粒成长约一倍且晶界处生成连续
　　　　　性之网状碳化物。(a) 1255 ℃，1h(庄凯翔摄)；(b) 1240 ℃，1 h(李秉兴摄)

均温性，均将左右烧结后产品的显微组织及机械性质的好坏。

　　对于 M2 高速钢而言，其烧结窗仅约 15 ℃，此可由图 12-23(a)中之(L+γ
+M$_6$C)及(L+γ+M$_6$C+MC)相之扁平程度看出，当温度或碳含量小幅度变化时
其液相量将大幅改变，亦即图 12-23(b)中液相的相分率线相当陡直，造成液
相量对烧结温度非常敏感，此表示所用真空炉之温度均匀性要相当好。

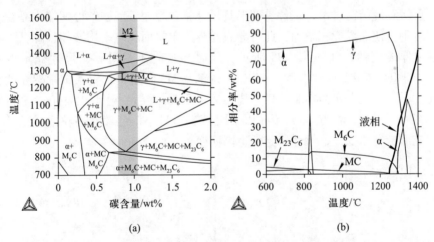

(a)　　　　　　　　　　　　　　　　　(b)

图 12-23　(a) M2 高速钢之拟相图；(b) M2 高速钢的液相量对
　　　　　烧结温度相当敏感(庄凯翔绘制)

　　除了 M2 高速钢不易烧结外，以超固相线液相烧结且固相线为扁平状者均有
类似的烧结窗问题，较常见的有 SKD11 工具钢(图 12-24)及 440C 不锈钢(图
8-16)，此两种工具钢均以铬为主要合金元素，高温区之相图类似，其(L+γ+
M$_7$C$_3$)区域之扁平度均比 M2 高速钢[图 12-23(a)]更甚，所以其烧结窗更窄。

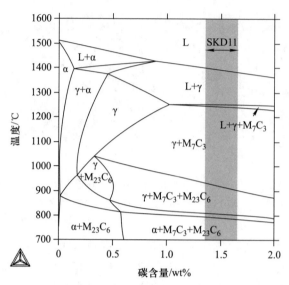

图 12-24　SKD11 工具钢之拟相图显示其 L+γ+M₇C₃ 非常扁平，

因此烧结窗非常窄（庄凯翔绘制）

　　要缓解烧结窗过窄、工件易变形且尺寸稳定性差等问题，可朝细化晶粒之方向着手，使晶界面积增加，此可导致晶界上单位面积之平均液相量降低，液相层之厚度变薄，如图 12-25 所示，此时晶粒将不易滑移，尺寸稳定性较佳[25]。例如将 SKD11 工具钢、440C 不锈钢及 M2 高速钢长板条试片架在两根圆棒上，如同三点弯曲实验一样，烧结后量测其晶粒大小及试片中心点之下垂量，图 12-26 显示晶粒在 50 μm 以下时其变形量小，但随着晶粒之成长，工件之变形量突然变大，尺寸稳定性也因而变差。

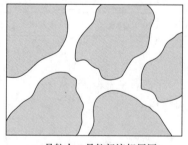

晶粒大，晶粒间液相层厚

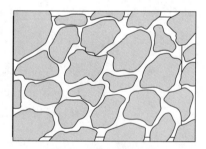

晶粒小，晶粒间液相层薄

图 12-25　晶粒细化后，晶界上单位面积之平均液相量降低，

液相层之厚度变薄，有助尺寸稳定性之改善

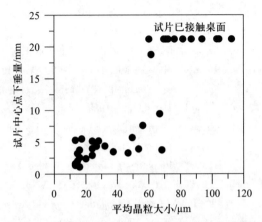

图 12-26　SKD11 工具钢、440C 不锈钢及 M2 高速钢之晶粒
在 50 μm 以上时其变形量大，工件之尺寸稳定性差

　　烧结后的工具钢及高速钢需施以淬火、回火处理才能发挥其优点，其淬火
工艺与一般合金钢相似，但回火需二至三次才能得到最佳之韧性。淬火后的组
织大部分为马氏体，剩下的为奥氏体及碳化物，在第一次于 500 ℃ 左右回火
时，马氏体将析出 ε 碳化物，其韧化过程与碳钢相同，而残留奥氏体中的 W、
V、Cr、Mo 等会与碳结合成碳化物，与此同时，奥氏体基体中之碳含量因而
降低，此造成 M_s 温度之上升，也因此在冷却时又生成第二次之马氏体，因此
工件再次硬化，为了解决此二次马氏体之脆性，工件需施以第二次甚至第三次
之回火。

参考文献

[1]　H. Baker（ed.）, *ASM Handbook*, Vol. 3, *Alloy Phase Diagrams*, ASM Int., Materials
Park, Ohio, USA, 1992.

[2]　K. S. Hwang and M. Y. Shiau, "Effects of Nickel on the Sintering Behavior of Fe – Ni
Compacts Made from Composite and Elemental Powders", Met. and Mat. Trans., 1996, Vol.
27B, pp. 203–211.

[3]　M. Gagne and Y. Trudel, "Enhancing the Properties of Prealloyed PM Materials", Metal
Powder Report, 1992, Vol. 47, No. 2, pp. 36–41.

[4]　T. Haberberger, F. G. Hanejko, M. L. Marucci, and P. King, "Properties and Applications
of High Density Sinter-Hardening Materials", Presented at 2003 Int. Conf. on Powder
Metallurgy & Particulate Materials.

[5]　K. S. Hwang, C. H. Hsieh, and G. J. Shu, "Comparison of Mechanical Properties of Fe–

1. 75Ni-0. 5Mo-1. 5Cu-0. 4C Steels Made from PIM and Press and Sinter Processes", Powder Metall., 2002, Vol. 45, No. 2, pp. 160-166.

[6]　F. V. Lenel and K. S. Hwang, "The Mechanical Properties of High Density Iron-Copper Alloys from a Composite Powder", Powder Metall. Int., 1980, Vol. 12, No. 2, pp. 88-90.

[7]　M. Khaleghi and R. Haynes, "Heat Treatment of Sintered Steels Made from a Partially Prealloyed Iron Powder", Powder Metall. Int., 1988, Vol. 20, No. 1, pp. 9-12.

[8]　K. Tabeshfar and G. A. Chadwick, "Dimensional Changes During Liquid Phase Sintering of Fe-Cu Compacts", Powder Metall., 1984, Vol. 27, No. 1, pp. 19-24.

[9]　C. T. Huang and K. S. Hwang, "Properties of Injection Molded Fe-Cu Parts Made from Composite and Elemental Powders", Powder Metall., 1996, Vol. 39, No. 2, pp. 119-123.

[10]　E. A. Brandes and G. B. Brook (eds.), *Smithells Metals Reference Book*, 7th ed., Butterworth-Heinemann, Oxford, UK, 1992, pp. 13-19~13-20.

[11]　C. P. Heijwegen and G. D. Rieck, "Diffusion in the Mo-Ni, Mo-Fe and Mo-Co Systems", Acta Metallurgica, 1974, Vol. 22, pp. 1269-1281.

[12]　R. C. Weast and M. J. Astle (eds.), *CRC Handbook of Chemistry and Physics*, 61st ed., CRC Press Inc., Boca Raton, Florida, 1980—1981, p. F-65.

[13]　Che-Wei Chang, Po-Han Chen, and Kuen-Shyang Hwang, "Enhanced Mechanical Properties of Injection Molded 17-4PH Stainless Steel through Reduction of Silica Particles by Graphite Additions", Materials Transactions, JIM, 2010, Vol. 51, No. 12, pp. 2243-2250.

[14]　G. Bockstiegel, "Tidsbehov för diffusionsutjämning av inhomogent fördelade legeringsämnen i en grundmetall", Internal Höganäs Report R 18/71 (1971). / *Höganäs Handbook for Sintered Components*, Höganäs AB, 1997, Vol. 2, pp. 6-12~6-13.

[15]　M. W. Wu, K. S. Hwang, and H. S. Huang, "In-Situ Observations on the Fracture Mechanism of Diffusion Alloyed Ni-Containing PM Steels and a Proposed Method for Tensile Strength Improvement", Met. and Mat. Trans. A, 2007, Vol. 38A, pp. 1598-1607.

[16]　M. W. Wu, K. S. Hwang, H. S. Huang, and K. S. Narasimhan, "Improvements in Microstructure Homogenization and Mechanical Properties of Diffusion Alloyed Steel Compact by the Addition of Cr-containing Powders", Met. and Mat. Trans. A, 2006, Vol. 37A, pp. 2559-2568.

[17]　T. Kasuya and N. Yurioka, "Carbon Equivalent and Multiplying Factor for Hardenability of Steel", Welding Research Supplement, 1993, June , pp. 263-s~268-s.

[18]　J. H. Hollomon and L. D. Jaffe, "The Hardenability Concept", Trans. AIME, 1946, Vol. 167, pp. 601-616.

[19]　*Materials Standards for PM Structural Parts*, MPIF Standard 35-SP, 2018 ed., MPIF, Princeton, NJ.

[20]　*Materials Standards for Metal Injection Molded Parts*, MPIF Standard 35-MIM, 2018 ed., MPIF, Princeton, NJ.

［21］ R. M. German and A. Bose, *Injection Molding of Metals and Ceramics*, MPIF, Princeton, NJ, 1997, P294.

［22］ H. J. Goldschmidt, "The Structure of Carbides in Alloy Steels", Parts Ⅰ & Ⅱ, JISI, 1952, Vol. 170, pp. 189–204.

［23］ G. Hoyle, *High Speed Steel*, Butterworth & Co. Ltd., Cambridge, England, 1988, p. 127.

［24］ A. M. Bayer and L. R. Walton, "Wrought Tool steels", ASM Int. Handbook Committee, *Metals Handbook*, 10th ed., Vol. 1, *Properties and Selection: Irons, Steels, and High-Performance Alloys*, ASM Int., Materials Park, Ohio, 1990, pp. 757–779.

［25］ J. Liu, A. Lal, and R. M. German, "Densification and Shape Retention in Supersolidus Liquid Phase Sintering", Acta Materialia, 1999, Vol. 47, No. 18, pp. 4615–4626.

作业

1. 图 12-27 中显示 Fe-3Cu 在热膨胀仪中烧结时其尺寸之变化，其升温速率为 20 ℃/min，烧结温度为 1200 ℃，时间为 0.5 h，解释各温度区间试片尺寸发生变化之原因。

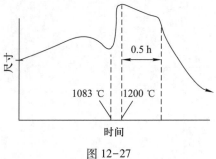

图 12-27

2. 一零件之密度要求为 7.0 g/cm³，其成分为 Fe-2Cu-1Ni-0.6C，制造商选择使用预合金粉，但却无法达到密度之要求，问题可能出在哪里？如何改进？

3. 有一批 Fe-3Si 之软磁组件之磁性不佳，进一步之金相检查显示晶界上有 SiO₂ 颗粒，使得晶粒相当微细，你有何建议以改善此材料之磁性？

4. FC-0800 及 FC-0808(8%Cu, 0.8%C) 两种材料之粉末冶金零件在热膨胀仪中烧结时，其尺寸变化之曲线可能有何主要不同之处？

5. FC-0508 及 FC-0505 两种材料所压制之齿轮在相同烧结条件下所得到之外径尺寸，前者较大还是较小？为什么？

6. Fe-Cu 粉末冶金工件在烧结后常膨胀，若要尽量维持不胀不缩，有何方法可以改善？

7. 以扩散合金粉制作之 Fe-0.5Mo-1.75Ni-1.5Cu-0.5C 粉末冶金零件其疲劳强度反而比预合金粉所做者佳(如表 12-12),原因何在?

表 12-12

材料	密度/(g/cm^3)	抗拉强度/MPa	疲劳强度/MPa	疲劳比例
扩散合金粉	7.1	610	225	0.37
预合金粉	7.1	560	180	0.32

8. M2 高速钢之晶界上之析出物可能是 V、W、Mo、Cr 中哪一个的碳化物?

9. 为什么 Fe-4Ni 在 α→γ 相变时不会有异常晶粒成长之现象,而纯铁则会?

第十三章
不锈钢

13-1　前言

　　不锈钢之所以不锈是因为其中含有10%以上的铬，此铬能在工件表面生成厚仅1~5 nm但致密且连续的氧化铬层。若此具有保护性的钝化层(passive film)受到外界环境的影响而局部破损，则表面将产生针孔、麻脸等缺陷。

　　一般的不锈钢可分为奥氏体系(300系列)、马氏体系、铁素体系及析出硬化型四种，对干压成形工件而言，最常用的是奥氏体系的304、316、303，以及不含镍的400系列不锈钢，例如需要硬度、强度及抗腐蚀性的410(马氏体系)或需兼顾磁性及抗腐蚀性的430L(铁素体系)。对注射成形工件而言，最常用的则是奥氏体系的316L以及能兼顾机械性质及抗腐蚀性的17-4PH(亦即AISI 630或JIS-SUS 630)不锈钢。除了不锈钢外，镍基及钴基的合金其抗腐蚀性也不错，以下为相关材料之详细说明。

13-2　不锈钢成分之主要元素

　　影响不锈钢之抗腐蚀性及机械性质的最主要合金元素为铬，然后为镍、钼、铜,此外碳、氧、氮也扮演了重要的角色,兹分述如下。

(1) 铬为铁素体相的稳定元素,以此角度来看,铬的添加对抗腐蚀性是不好的,但铬能在材料表面产生致密的氧化铬薄层,提供了不锈钢良好的抗腐蚀性。铬也有固溶强化的功能,所以能提升材料的强度及硬度,但铬容易与材料中之碳和气氛中的氮、氧生成碳化铬、氮化铬或氧化铬,这些化合物虽然有助于提高材料整体之硬度与强度,但其周围区域的铬含量将因此而降低,形成铬空乏区,此使得这些区域的抗腐蚀性下降,所以烧结工艺及材料的选择相当重要,其详细原因将于后续几节中详述。

(2) 镍属于奥氏体相的稳定元素,且镍本身即是抗腐蚀性很好的元素,所以不锈钢中常添加镍,特别是铬含量高的奥氏体系不锈钢其镍含量也要高,如此才能维持其奥氏体组织。在机械性质方面,镍因易生成奥氏体而能提高材料的延性、韧性,并降低硬度,所以有利于工件的整形和加工。不锈钢中的镍含量多在2%~12%之间,不过当镍形成离子而进入人体时,有可能为表皮所吸收,并成为过敏之抗原体,对有些人会产生皮肤肿胀或红、痒之过敏反应,所以近年来不含镍之奥氏体不锈钢已开始打开一些市场[1]。

(3) 添加钼的主要功效在于改进点蚀(pitting)及裂纹腐蚀(crevice corrosion),而点蚀及裂纹腐蚀正好是含有孔隙的粉末冶金不锈钢的腐蚀主因。钼的添加也可稍微抑制碳化铬的产生,对碳含量稍微超过0.03%的不锈钢帮助颇大,所以在316L不锈钢中即含有约2%之钼。

钼为铁素体相之稳定元素,高温烧结时能提高bcc相的百分比,使铁原子的扩散速率加快,有助于提高烧结密度,但烧结后温度降至室温时316L工件仍全为奥氏体。

(4) 铜也是一个稳定奥氏体相的元素,因此有助于提高不锈钢之抗腐蚀性。铜除了有固溶强化之功能外,还能改进不锈钢之切削性,如业界常用之303LSC中即含有2%之铜,使其易于切削。此外,铜也能提供析出硬化之效果,17-4PH不锈钢中即含有约4%的铜,此铜经过固溶、析出后,淬火态中过饱和的铜会以纳米级的ε-Cu形式析出,产生析出硬化之效果。有些析出硬化型不锈钢中也会添加一些铝和钛,借由时效处理产生析出物以提升工件之硬度及强度。

(5) 铌(niobium, columbium)为bcc相之稳定元素,最常见于17-4PH不锈钢中,铌可以将材料中之碳及氮吸附而生成化合物,且铌与碳之结合力高于铬,因此能阻止碳化铬生成,从而改善17-4PH不锈钢之抗腐蚀性。铌之碳化物及氮化物常析出在晶粒中及晶界上,如图13-1所示,这些化合物有阻止晶粒成长之功能,能提高强度及硬度,且可使焊接工件之焊接热影响区(heat

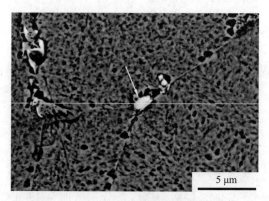

图 13-1　17-4PH 不锈钢中的铌易在晶界上生成
碳化铌(箭头所指处)(张哲玮摄)

affected zone)内的晶粒不致粗大而破坏其机械性质。

(6)锰也是奥氏体相的稳定元素,当锰固溶在铁基体内时,有固溶强化之效应,对含碳的钢材能提高其硬化能,使工件在热处理后能大幅提高其硬度及强度。但锰容易在粉末表面形成氧化物而阻碍烧结。

(7)硅加入雾化工艺中的铁水时能脱氧,使粉末的氧含量降低,也能降低铁合金熔液之表面张力,使雾化粉末之形状较不规则。硅亦为 bcc 相之稳定元素,一般添加量在 0.5%~0.8%之间。

(8)除了以上的各种合金元素外,间隙型原子的碳、氮、氧也扮演了重要的角色。当不锈钢粉以水雾化法制成时,粉末本身的氧含量即比铸锻件高很多,若烧结时气氛中的氧含量或水汽含量过高,所得工件的氧含量将更高,导致在晶界上生成氧化铬(Cr_2O_3)。氮属于 fcc 相的稳定元素,所以无镍不锈钢中常添加锰及氮,使成为奥氏体系不锈钢。氮对改善点蚀及裂纹腐蚀之效果比钼更佳,下式即为抗点蚀指数(pitting resistance equivalent number,PREN)之经验式:

$$PREN = \%Cr + 3.3 \times \%Mo + 16 \times \%N(固溶在基体之部分) \quad (13-1)$$

若烧结时使用含氮之气氛,则氮易与工件中的铬反应生成氮化铬(Cr_2N),导致抗腐蚀性变差。此外,粉末本身即有少量的碳,而原料中亦含有润滑剂或黏结剂,当脱脂不完全时,工件中容易残留过多的碳,因而生成碳化铬。由于碳含量对抗腐蚀性有决定性的影响,有些不锈钢要求其碳含量必须在 0.03%以下,这些不锈钢之型号后面常加一"L"字,表示为低碳不锈钢。

13-3 不锈钢之成分与组织之关系

不锈钢之所以分为奥氏体系、马氏体系、铁素体系等乃因其有不同之显微组织及合金成分，例如图 13-2 为 Fe-Cr 之相图，图中最左侧之区域为 γ 相，此 γ 相之范围会受到碳及氮之影响，当碳及氮含量增加时 Fe-Cr 相图中之 γ 区有变大之趋势，且 γ+δ 范围也变大并向右移。例如含 0.004%C 及 0.002%N 之不锈钢在 1200 ℃时其 γ 相与 γ+δ 双相区界线上之铬含量约为 9.1%，而 δ 相与 γ+δ 双相区界线上之铬含量约为 10.9%［图 13-2（a）］，但当碳含量增加至 0.02%且氮增加至 0.2%时，此两个铬含量分别增加至 13.4%及 30%［图 13-2（b）］，此时若工件在 γ 相或 γ+δ 之双相区，则急冷后将有可能生成马氏体相，若铬含量高于 30%则在 1200 ℃之温度急冷后将以铁素体为主。

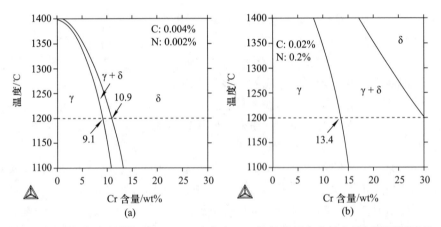

图 13-2 碳、氮含量增加时，Fe-Cr 合金之 γ+δ 相的范围变大且右移（吴明伟绘制）

当碳、氮之含量极低时，马氏体系不锈钢可能转变成铁素体系，例如 410 不锈钢中含 12.5%Cr 及 0.10%C 时，烧结并热处理后为马氏体相，工件之强度、硬度高。但铬含量也是 12.5%之 410L，其碳、氮含量均小于 0.03%，冷却后只生成铁素体相。当铬含量较高时就更易生成铁素体相，例如含有 17%之 430、434 不锈钢，只要其碳含量低于 0.12%，在冷却后即只生成铁素体相，所以 410L、430、434 均属铁素体系不锈钢。

不锈钢之 γ 圈的大小以及烧结体之显微组织，甚至尺寸之稳定性（与马氏体量有关）均会受到碳、氮含量之影响，所以对不锈钢而言是最需控制的合金元素。因此如何使零件脱脂完全、如何选择气氛以及如何控制气氛中之碳势等，均是工艺中相当重要的步骤。

　　以上之例子是以 Fe-Cr 为主，但不锈钢除了铬以外常含有镍、钼等元素，使得不锈钢的组织与合金元素的种类及含量间的关系更为复杂，此时可由 Schaeffler 图约略判断组织为何[2]。此 Schaeffler 图之纵轴为镍当量，横轴为铬当量，其镍当量为

$$\mathrm{Ni_{eq}}(\%) = \%\mathrm{Ni} + 30(\%\mathrm{C}) + 0.5(\%\mathrm{Mn}) \qquad (13\text{-}2)$$

而铬当量为

$$\mathrm{Cr_{eq}}(\%) = \%\mathrm{Cr} + \%\mathrm{Mo} + 1.5(\%\mathrm{Si}) + 0.5(\%\mathrm{Nb}) \qquad (13\text{-}3)$$

　　由图 13-3 之镍、铬当量可预测不锈钢从 1050 ℃ 急速冷却至室温时所得到之组织。一般而言，为了拥有奥氏体相及良好之抗腐蚀性，必须含有高当量之铬及钼，但当铬当量高时，由此图可知材料将含有部分之铁素体。由此图也可看出若要维持奥氏体之组织且不能含镍时，则应增加锰及碳之含量，但碳含量又不应增加，以防碳化铬的生成，此时可增加氮含量，因为氮也是有效的奥氏体化元素，其镍当量与碳相近，此时其镍当量之公式可调整如下：

$$\mathrm{Ni_{eq}}(\%) = \%\mathrm{Ni} + 30(\%(\mathrm{N+C})) + 0.5(\%\mathrm{Mn}) \qquad (13\text{-}4)$$

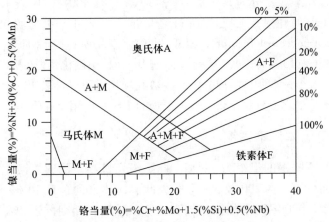

图 13-3　在 1050 ℃ 时不锈钢之镍、铬当量图（Schaeffler 图）[2]

　　近年来，市面上有些不含镍（Ni<0.1wt%）的不锈钢即是以氮及锰增加其镍当量，其中的 PANACEA 已为牙科及医疗市场接受多年，但需在氮气气氛下烧结并急冷，而 Fe-Cr-Mn 系列则较新，其强度高、刚性低，这些材料的成分如表 13-1 所示。

表 13-1　不含镍的高抗腐蚀性不锈钢之成分　　（单位：wt%）

	Fe	C	Mn	Si	Cr	Ni	Mo	其他
Fe-25Cr-2Mo，Ni-Free	余	<0.02	<1.0	1.0~2.0	24.5~27.0	—	1.5~2.5	—
Fe-17Cr-11Mn-3Mo	余	<0.3	11.8~12.5	<1.0	16~18	<0.1	3~4	—
PANACEA[a]	余	<0.2	10~12	<1.0	16.5~17.5	<0.1	3~3.5	(0.75~0.90)N
ASTM F2229	余	<0.08	21.0~24.0	<0.75	19.0~23.0	<0.05	0.5~1.5	(0.85~1.1)N <0.25Cu

　　[a] PANACEA(Protection Against Ni Allergy, Corrosion, Erosion, and Abrasion)由瑞士联邦理工学院所开发，为商品名。

13-4　不锈钢之种类

　　以上不同系列不锈钢的成分列于下列各表，表 13-2 为 MPIF 针对干压成形工件所订之标准[3]，分为 300 系列（表 13-2a）及 400 系列（表 13-2b）。表 13-3 为 MPIF 针对注射成形工件所订之标准[4]。表 13-4 为美国钢铁协会（American Iron and Steel Institute，AISI）针对熔制品所订之标准[5]，亦细分为 200、300 系列（表 13-4a），400 系列（表 13-4b）及析出硬化系列（表 13-4c）三种。需提及的是，各个标准所订的成分中有少数几项稍有不同。表 13-5 为几种常见之非标准型不锈钢之成分。兹将一般不锈钢的组织、应用及性质详述如下。

13-4-1　奥氏体系不锈钢

　　奥氏体系不锈钢的组织为 fcc 相，此组织乃借高量的镍、锰、氮等 fcc 相的稳定元素而得，包括 200 及 300 系列，此奥氏体系列含有 16%~30% 之铬及 1%~22% 之镍。300 系列中的镍相当高，所以较贵，锰则低于 2%。对干压成形工件而言，最常用的奥氏体系为 304 不锈钢，对注射成形工件而言，最常用的奥氏体系则是 316L 不锈钢，其镍含量达 12%，且含约 2% 之 Mo，故成本比 304 不锈钢高，但因注射成形工艺长，材料成本占工件整体成本之比例低，所以就注射成形产品而言，316L 的性价比反而比 304 高。

　　200 系列不锈钢中含有 4%~15.5% 之锰及小于 7% 之镍，较便宜之锅碗瓢盆不锈钢厨具常属此类。由于 300 系列不锈钢抗腐蚀性佳且无磁性，所以民间多以磁铁当作工具，以不锈钢是否具磁性来判别是否为 300 系列及品质的好坏，但此简易方法对 200 系列之奥氏体系不锈钢是无效的。

表 13-2a　MPIF 针对常用干压成形 300 奥氏体系列不锈钢所订之成分标准[3]　　（单位：wt%）

型号	Fe	C	Mn	Si	Cr	Ni	Mo	S	P	N
SS-303L	余	≤0.03	≤2.0	≤1.0	17~19	8~13	—	0.15~0.30	≤0.2	≤0.03
SS-304N1, N2	余	≤0.08	≤2.0	≤1.0	18~20	8~12	—	≤0.03	≤0.04	0.2~0.6
SS-304H, L	余	≤0.03	≤2.0	≤1.0	18~20	8~12	—	≤0.03	≤0.04	≤0.03
SS-316H, L	余	≤0.03	≤2.0	≤1.0	16~18	10~14	2~3	≤0.03	≤0.04	≤0.03

注：其他元素总计不得超过 2.0%。

表 13-2b　MPIF 针对常用干压成形马氏体和铁素体 400 系列不锈钢所订之成分标准[3]　　（单位：wt%）

型号	Fe	C	Mn	Si	Cr	Mo	S	P	N
SS-410[a]	余	0.05~0.25	≤1.0	≤1.0	11.5~13.5	—	≤0.03	≤0.04	≤0.6
SS-410L[b]	余	≤0.03	≤1.0	≤1.0	11.5~13.5	—	≤0.03	≤0.04	≤0.03
SS-430L[b]	余	≤0.03	≤1.0	≤1.0	16~18	—	≤0.03	≤0.04	≤0.03
SS-434L[b]	余	≤0.03	≤1.0	≤1.0	16~18	0.75~1.25	≤0.03	≤0.04	≤0.03

注：其他元素总计不得超过 2.0%。
[a] 马氏体系；[b] 铁素体系。

表 13-3　MPIF 针对注射成形不锈钢所订之标准[4]

（单位：wt%）

型号	Fe	C	Mn	Si	Cr	Ni	Mo	其他
MIM-316L	余	≤0.03	≤2.0	≤1.0	16~18	10~14	2~3	—
MIM-440	余	0.9~1.25	≤1.0	≤1.0	16~18	≤0.6	≤0.75	≤3.5 Nb
MIM-17-4PH	余	≤0.07	≤1.0	≤1.0	15.5~17.5	3~5	—	3~5Cu, 0.15~0.45(Nb+Ta)

表 13-4a　AISI 标准中常见 200 及 300 系列奥氏体系不锈钢之型号及成分[5]

（单位：wt%）

型号	Fe	C	Mn	Si	Cr	Ni	Mo	S	P	N
201	余	≤0.15	5.5~7.5	≤1.0	16~18	3.5~5.5	—	≤0.03	≤0.06	≤0.25
205	余	0.12~0.25	14.0~15.5	≤1.0	16.5~18.0	1.0~1.75	—	≤0.03	≤0.06	0.32~0.40
303	余	≤0.15	≤2.0	≤1.0	17~19	8~10	≤0.6ᵃ	≥0.15	≤0.2	—
304	余	≤0.08	≤2.0	≤1.0	18~20	8.0~10.5	—	≤0.03	≤0.045	—
304L	余	≤0.03	≤2.0	≤1.0	18~20	8~12	—	≤0.03	≤0.045	—
304LN	余	≤0.03	≤2.0	≤1.0	18~20	8~12	—	≤0.03	≤0.045	0.10~0.16
310	余	≤0.25	≤2.0	≤1.5	24~26	19~22	—	≤0.03	≤0.045	—
310S	余	≤0.08	≤2.0	≤1.5	24~26	19~22	—	≤0.03	≤0.045	—
314	余	≤0.25	≤2.0	1.5~3.0	23~26	19~22	—	≤0.03	≤0.045	—
316	余	≤0.08	≤2.0	≤1.0	16~18	10~14	2~3	≤0.03	≤0.045	—
316L	余	≤0.03	≤2.0	≤1.0	16~18	10~14	2~3	≤0.03	≤0.045	—
316LN	余	≤0.03	≤2.0	≤1.0	16~18	10~14	2~3	≤0.03	≤0.045	0.10~0.16
316H	余	0.04~0.10	≤2.0	≤1.0	16~18	10~14	2~3	≤0.03	≤0.045	—

a 非必需的。

表 13-4b　AISI 标准中常见 400 系列马氏体系及铁素体系不锈钢之型号及成分[5]　（单位：wt%）

型号	Fe	C	Mn	Si	Cr	Ni	Mo	S	P	其他
409[a]	余	≤0.08	≤1.0	≤1.0	10.50~11.75	≤0.5	—	≤0.045	≤0.045	Ti, min：6×%C, max：0.75%
410[b]	余	≤0.15	≤1.0	≤1.0	11.5~13.5	—	—	≤0.03	≤0.04	
420[b]	余	≥0.15	≤1.0	≤1.0	12~14	—	—	≤0.03	≤0.04	
430[a]	余	≤0.12	≤1.0	≤1.0	16~18	—	—	≤0.03	≤0.04	
434[a]	余	≤0.12	≤1.0	≤1.0	16~18	—	0.75~1.25	≤0.03	≤0.04	
440A[b]	余	0.60~0.75	≤1.0	≤1.0	16~18	—	≤0.75	≤0.03	≤0.04	
440B[b]	余	0.75~0.95	≤1.0	≤1.0	16~18	—	≤0.75	≤0.03	≤0.04	
440C[b]	余	0.95~1.20	≤1.0	≤1.0	16~18	—	≤0.75	≤0.03	≤0.04	

[a]铁素体系。 [b]马氏体系。

表 13-4c　AISI 标准中常见析出硬化型不锈钢之型号及成分[5]　（单位：wt%）

型号	C	Mn	Si	Cr	Ni	Mo	P	S	其他
马氏体系									
PH13-8Mo(632)	≤0.05	≤0.2	≤0.10	12.25~13.25	7.5~8.5	2.0~2.5	≤0.01	≤0.008	0.90~1.35Al, ≤0.01N
15-5PH	≤0.07	≤1.00	≤1.00	14.0~15.5	3.5~5.5	—	≤0.04	≤0.03	2.5~4.5Cu; 0.15~0.45Nb
17-4PH	≤0.07	≤1.00	≤1.00	15.5~17.5	3.0~5.0	—	≤0.04	≤0.03	3.0~5.0Cu; 0.15~0.45Nb
半奥氏体系									
PH15-7Mo(632)	≤0.09	≤1.00	≤1.00	14.0~16.0	6.50~7.75	2.0~3.0	≤0.04	≤0.03	0.75~1.50Al
17-7PH(631)	≤0.09	≤1.00	≤1.00	16.0~18.0	6.50~7.75	—	≤0.04	≤0.04	0.75~1.50Al

表 13-5　常见非标准型不锈钢之成分

（单位：wt%）

型号	Fe	C	Mn	Si	Cr	Ni	Mo	S	P	N	其他
420J2	余	0.26~0.40	<1.0	<1.0	12~14	<0.6	—	≤0.03	≤0.04	—	—
HK30 (ASTM A608)	余	0.25~0.35	<1.5	0.5~2.0	23~27	19~22	≤0.5	≤0.04	≤0.04	—	—
Nitronic50[a]	余	<0.06	4~6	<1.0	20.5~23.5	11.5~13.5	1.5~3	≤0.01	≤0.04	0.2~0.4	0.1~0.3Nb
Nitronic60[a]	余	<0.1	7~9	3.5~4.5	16~18	8~9	—	≤0.03	≤0.04	0.08~0.18	0.1~0.3V

a Nitronic 为 AK Steel 公司商品名。

奥氏体系不锈钢基体全为低碳之奥氏体，所以无法借着热处理来提高其强度和硬度，但其抗腐蚀性及塑性加工性佳。图 13-4 即为 316L 不锈钢之金相，基体全为奥氏体，也可观察到典型之孪晶。

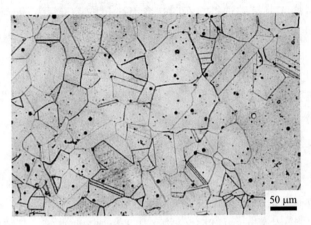

图 13-4　在真空中烧结的注射成形 316L 不锈钢之金相（范维汀摄）

13-4-2　铁素体系不锈钢

铁素体系不锈钢多为 400 系列的钢种，其铬含量在 10.5%~30% 之间，所以抗腐蚀性佳，但因无太多其他合金元素，其显微组织为单一的铁素体相，所以有磁性且无法借热处理予以硬化。也由于铁素体对碳之溶解度很低，且碳在 bcc 结构的铁素体中的扩散速率很快，所以要避免碳化铬之生成以提高抗腐蚀性，铁素体系不锈钢之碳含量最好应低于 0.1%。一般最常用的烧结气氛是氢气及真空，应避免使用含氮之气氛，不然氮固溶入基体后易生成奥氏体并在冷却后生成马氏体，导致机械性质不同于铁素体系不锈钢之规格。

AISI 标准中之 430 及 434 为常见之铁素体系不锈钢，而粉末冶金铁素体系不锈钢中以 410L、430L、434L 较常见，因其高温抗氧化性佳，故常用于汽车排气管之法兰（flange）及防锁死（ABS）刹车系统中的探测器套环。此外，由于其具磁性且抗腐蚀性佳，当使用之环境恶劣，容易造成磁性材料的腐蚀，却又不能借电镀等表面处理来防蚀时，即可使用这些不锈钢，其成分如表 13-2b 及表 13-3 所示。除了磁性之应用外，有些较便宜之厨具乃以 430 或 430L 不锈钢制作，此铁素体系不锈钢具磁性，可用磁铁与奥氏体系不锈钢厨具作一简单之区别。

13-4-3　马氏体系不锈钢

马氏体系不锈钢也是 4 字头的不锈钢，主要的合金元素为铬和碳，另外可含少量的镍以增强其抗腐蚀性，有时也含有少量的钨、钒、铌、硅等能提高硬度的元素，但其量需平衡，才能维持其体心正方(body-centered tetragonal，bct)的马氏体组织。一般而言，铬含量在 10.5%~18.0%之间，碳含量比铁素体系不锈钢高，可达 1.2%，所以能借热处理提高其硬度和强度。粉末冶金业中，较常见的钢种为 420 及 440C，其成分如表 13-3 及 13-4b 所示，而其主要用途为刀具及耐磨耗的工件。

13-4-4　析出硬化型不锈钢

析出硬化型不锈钢(precipitation hardening stainless steel，简称 PH 不锈钢)也称时效硬化型不锈钢(age hardening stainless steel)，含有铜、铝、钛等析出硬化元素，析出后能产生铜或金属间化合物，如 TiNi 或 Ni_3Al 等。其抗腐蚀特性虽不如 13-4-1 节所述之 300 系列奥氏体系不锈钢，但比 200 及 400 系列不锈钢佳；其强度、硬度虽稍逊于马氏体系不锈钢，但比奥氏体系及铁素体系佳。由于综合了良好的机械性质与抗腐蚀特性，所以被广泛应用于医疗、汽车与航天工业中。

析出硬化型不锈钢依金相组织又可分为两大类：

(1) 马氏体系析出硬化型不锈钢。此材料借由固溶、淬火能使奥氏体相的基体变成马氏体相，接着于析出阶段再从马氏体基体中析出第二相，使产生弥散强化之效果。此系列是最普遍的析出硬化型不锈钢，其中又以 17-4PH 不锈钢的应用最广，此不锈钢含有 17%的铬，使其具有良好的抗腐蚀性，另外含有 4%的铜，此材料经由固溶、淬火、时效热处理后(见 10-5 节)，富铜相将会在马氏体相中析出，产生析出硬化的效果，使产品具有高强度及良好的延性，且在高温下(至 365 ℃)仍有优异的机械性质。

17-4PH 不锈钢在真空或氢气中烧结后为双相结构，具有条状的铁素体相散布在马氏体基体中，如图 13-5(a)所示，此组织会造成不锈钢的弱化，但有助于延性、韧性之维持。当 17-4PH 不锈钢在分解氨中烧结时，由于氮可固溶于基体中而氮又是 fcc 相的稳定元素，所以图 13-5(b)之金相中看不见 bcc 相之铁素体。其他常见之马氏体系不锈钢有 15-5PH 和 PH13-8Mo，其铬含量比 17-4PH 稍低，而镍含量则稍高，因此也没有铁素体相析出。

(2) 半奥氏体系(semiaustenitic)析出硬化型不锈钢。例如 17-7PH 和 PH15-7Mo，这些材料在固溶状态时由奥氏体相和 δ 铁素体相(5%~20%)所组成，其马氏体转变完成温度(M_f)远低于室温，所以冷却后的组织仍以奥氏体

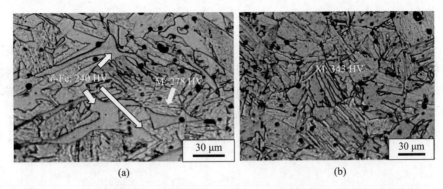

图 13-5　马氏体系 17-4PH 不锈钢在真空中(a)及分解氨中(b)烧结后的金相

为主，易加工，加工完后再升温至 750 ℃左右，以析出铬碳化物，此反应可降低基体中的碳含量及铬含量，使 M_f 点提高至室温左右，当此材料急速降温后即可生成马氏体而强化。

13-5　不锈钢之物理及机械性质

13-5-1　磁性质

铁素体系及马氏体系不锈钢，亦即 400 系列者，具有铁磁性，相对地，奥氏体系则不具铁磁性，不过有些 300 系列的粉末却可能仍带有些微的磁性，这是因为有些细粉在雾化时冷却速率快，使得少量在高温时的铁素体相被保留下来。在烧结过程中若有杂质如氮、氧与铬反应，导致基体中的合金成分偏离 Schaeffler 图中的奥氏体区时，也会造成磁性的产生。一般常用的铁素体系不锈钢软磁材料有 410L、430L 及 434L，这些不锈钢兼具了良好的软磁性质及抗腐蚀性。表 13-6 列出了干压成形 434L 及注射成形 430L 不锈钢的磁性质标准[4, 6]。

表 13-6　干压成形 434L 及注射成形 430L 不锈钢的磁性质标准

成形方式	密度/ (g/cm³)	H_c/ (A/m)(Oe)	B_r/ T	B_{1200}/ T	B_{1990}/ T	μ_{max}	参考文献
干压成形 434L	7.10	120(1.5)	0.56	0.94		1700	[6]
注射成形 430L[a]	7.55	140(1.8)	0.55		1.15	1500	[4]

[a] MPIF 之标准。

13-5-2　拉伸性质

不锈钢之机械性质与铬、碳及氮含量有关，当氮含量增加时其硬度、强度均将提升，而延性将下降。强度较佳者为马氏体系之不锈钢，例如不锈钢含 0.1%C 时，其急冷后之工件可达 35 HRC 之硬度（由 HV 硬度转换而来），而含 0.25%C 时更可达 50 HRC 之硬度。若韧性不足，可在 300~350 ℃ 间保温 3 h 以改善之，但其抗腐蚀性也将变差。表 13-7 为一般注射成形不锈钢之机械性质。

表 13-7　MPIF 所订注射成形不锈钢之机械性质[4]

不锈钢 型号	密度/ （g/cm³）	抗拉强度/ MPa	屈服强度/ MPa	延伸率/ %	冲击值/ J	巨观 硬度
MIM-316L	7.6	520	175	50.0	190	67 HRB
MIM-420 （热处理后）ᵃ	7.4	1380	1200	<1.0	40	44 HRC
MIM-430L	7.55	410	240	25.0	150	65 HRB
MIM-17-4PH （烧结后）	7.5	900	730	6.0	140	27 HRC
MIM-17-4PH （热处理后）ᵇ	7.5	1190	1090	6.0	140	35 HRC

ᵃ 奥氏体化淬火后于 204 ℃ 回火至少 1 h。ᵇ 482 ℃ 析出。

13-5-3　475 ℃脆性

当不锈钢工件在 400~565 ℃ 间保温过久，或经过此区之速率太慢时，工件中之铬易生成析出物，此使得工件之硬度上升，但延性及抗腐蚀性变差，此现象在铬含量高时更为明显，俗称 475 ℃ 脆性或高温脆性。所以含铬达 18% 之不锈钢冷却时需快速通过此区域。以 400 系列为例，此脆性应不致发生于铬含量较低之 409 及 410，但铬含量达 16%~18% 之 430 及 434 则必须急冷。

13-5-4　σ 相脆性

此 σ 相为 Fe-Cr 化合物（见图 12-5），当铬含量多于 13% 且在 870~540 ℃ 之间徐冷时常发生。若已生成，则可升温至 900 ℃ 将之溶解入基体中再急冷。

将此现象与前述之475 ℃脆性问题一并考虑时，可知在870～400 ℃间之冷却速率应加快以防止此两种脆性现象发生。

13-5-5 延性脆性转换温度

对铁素体系不锈钢而言，当温度越低时其延性越差，其延性脆性转换温度（DBTT）有时即在室温附近，使得工件在室温下承受应力时无法塑性变形，因而不适合作为结构零件。当工件厚度增加时，由于会对塑性变形造成更多的限制，所以延性变得更低，亦即转换温度变得更高。所以若要维持铁素体系不锈钢于室温之韧性，其碳、氮含量要非常低，对于含18%铬之不锈钢而言，其碳、氮之总含量应在0.035%以下。

13-6 不锈钢之抗腐蚀性

不锈钢之所以能抗锈蚀主要是因为在材料的表面能生成一薄薄的氧化铬层，若要达到此目的且使此氧化铬层成为连续性的被覆层，则不锈钢中的铬必须在10%以上。但是即使不锈钢中的铬含量已足，不锈钢之抗腐蚀性仍会因① 孔洞的存在亦即密度偏低，② 析出物的产生或敏化（sensitization）现象及③ 电偶腐蚀（galvanic corrosion）的产生而变差。

当工件有孔洞时，类似裂纹腐蚀（crevice corrosion）的现象将发生，孔洞内的氧耗尽后不易补充，腐蚀液的酸化越来越严重，此使得粉末冶金不锈钢工件之抗腐蚀性随着烧结密度的增高以及孔径的变大而改进，其原因是孔洞的表面积相当大，当孔洞数目减少且孔径变大时，工件整体的表面积也减少，与酸等腐蚀液反应的面积自然减少。另一个原因是置于酸液环境中的孔洞其活性较高，且孔径越小越明显，相较于工件之外露表面较不易被钝化。

敏化现象是因不锈钢中含有过多之碳或氮，这些碳、氮易与铬结合，并在晶界处析出碳化铬（$Cr_{23}C_6$）及氮化铬（Cr_2N）。以碳化铬为例，碳在高温时容易固溶入基体中，但是随着温度下降，碳逐渐饱和，并在820～530 ℃之间析出。由于碳原子很小，容易在铁基体中迅速扩散，所以即使在此温度区间仍能扩散至晶界处与铬结合成碳化铬。相对地，铬原子较大，扩散速率慢，所以当碳化铬生成后，其周围地区的铬浓度远低于平均值，而外围的铬又来不及补充，因此在碳化铬周围容易形成铬含量低于10%之铬贫乏区（chromium depletion zone）[7]。

当铬之化合物形成后与不锈钢会形成电偶腐蚀，此现象是当两种不同金属同时与电解质（如水汽）接触时，会形成原电池，导致自发性化学反应而产生电流，并造成腐蚀。

13-7 粉末冶金不锈钢工艺

如上所述，不锈钢烧结体之显微组织、尺寸稳定性及机械性质均会受到碳、氮含量之影响，所以如何使零件脱脂完全？应选择何种烧结气氛？这些均是工艺中相当重要的问题。

13-7-1 烧结气氛对抗腐蚀性之影响

图 13-6 是 316L 不锈钢以不同气氛烧结后的极化曲线，以在氢气、氩气及真空下烧结者最佳，而在分解氨或是氮气中烧结者之效果较差[8]，其原因如下。

不锈钢原料中所含之润滑剂或黏结剂在 400~600 ℃ 之间应完全烧除，若脱脂不完全将导致碳残留在试片内与铬结合，所以用来烧结不锈钢之连续式烧结炉的脱脂区最好要比一般铁系合金钢烧结炉的稍长些，而采用真空炉时其脱脂阶段的升温速率、保温温度与保温时间均要谨慎设定。

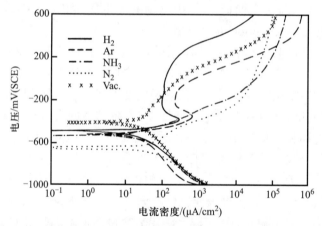

图 13-6 极化曲线显示 316L 不锈钢在氢气、真空及氩气中烧结时
其抗腐蚀性较佳，而在分解氨和氮气中烧结者较差[8]

当使用氢气气氛时，因氢属还原气氛，而碳与氢可反应生成碳氢化合物逸出，故其脱脂效率较高，碳含量可降低至 0.01% 以下，此外，氢亦可还原氧化物，减少氧化铬之生成，故以氢气烧结时其腐蚀速率慢且钝态区最大。

在含氮气氛方面，由于分解氨气氛的成本低，2 L 的氨气可得到 3 L 的氢气及 1 L 的氮气，所以不少业者使用连续炉时采用此气氛，但使用分解氨时，工件容易吸取氮，并在工件中生成氮化铬（Cr_2N），图 13-7(a)即为工件表面生成氮化铬后之外观。图 13-7(b)及 13-7(c)是工件之剖面经抛光、浸蚀后之金相，金相中条纹状之析出物即为 Cr_2N。分解氨由于含有氢气，所以烧结后 316L 之碳含量并不高，但由于氮的作用，使得其抗腐蚀性仍不理想。

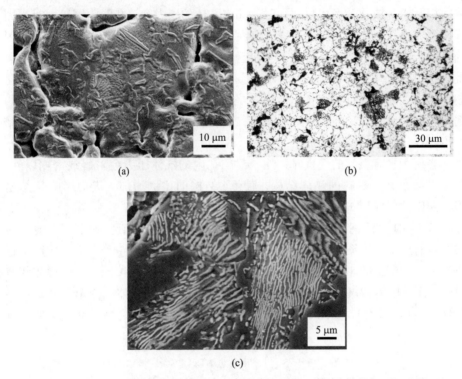

图 13-7　(a) 316L 不锈钢在含氮气氛中烧结所生成之 Cr_2N 在扫描电子显微镜下之外观；(b)含 Cr_2N 之工件其剖面之金相组织；(c) 将(b)放大后之显微组织[8]

尽管如此，当工件中的氮乃以固溶状态存在而不形成氮化铬的话，对不锈钢的抗腐蚀性而言并不会造成太大之影响，甚而可以因固溶强化现象而提高工件的硬度及强度，所以虽然在高温下不锈钢会固溶大量的氮，但只要能防止氮在冷却时析出氮化铬即可[9,10]。氮化铬多在 925~700 ℃之间产生，此时析出物周围之缺铬现象仍不严重，此乃因铬在此温度下之扩散速率仍快，可以由基体补充至析出物之周围，但冷却至约 700 ℃以下时，铬之化合物仍持续在晶界及基体中生成，而铬因扩散速率已减缓，使得析出物周围产生铬匮乏区，造成此区易被腐蚀，产生敏化现象。若敏化已发生，一个补救的办法是将工件升温至 800 ℃ 以上并保温，使铬能扩散入匮乏区，且降温时其速率应越快越好，应在每分钟 40 ℃ 以上，以防 475 ℃ 脆性之发生。

13-7-2　烧结气氛对密度之影响

不锈钢在氮气、氩气、氢气气氛下烧结时，气体会在烧结过程中进入孔洞内，当孔由开放孔转变成封闭孔时，孔内气体的压力会让孔洞收缩较困难，因而阻碍完全致密化。其影响程度以惰性之氩气最为明显，氮气次之，而氢气因为其分子最小、扩散速率最快，容易逸出，所以孔内有残留气体之问题不大，此外，由于氢气是很好的还原性气氛，在低温即能有效还原粉末表面的氧化物，能提前启动烧结致密化，所以其烧结密度相当高。在真空环境下烧结时，粉末表面的氧化物仍能被有效地还原，且孔洞中无残留气体之问题，所以烧结密度与在氢气中烧结时相近。

当使用含有氮气的气氛时，除了封闭孔内的气体压力会阻碍致密化以外，氮气也会影响到材料的晶体结构，使 fcc 结构的比例增加，进而影响烧结密度，兹以注射成形 17-4PH 不锈钢为例详述如下。

17-4PH 不锈钢在含氮气氛中烧结时，其组织会与在真空或氢气中烧结时之组织有所不同。图 13-8 为利用 Thermo-Calc 热力学软件模拟 17-4PH 不锈钢在氢气中烧结时于不同温度下各个相之比例，在 1320 ℃ 时，δ 铁素体相有 61%，而奥氏体相仅 39%，但在分解氨下烧结时，δ 铁素体相降至 38%，而奥氏体相增加至 62%，如图 13-9 所示。此乃因氮为 fcc 相之稳定元素，所以气

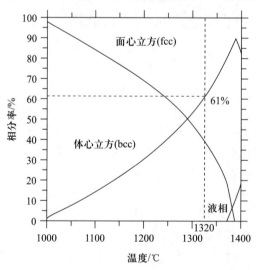

图 13-8　利用 Thermo-Calc 模拟 17-4PH 不锈钢在氢气中烧结时各个相之比例

氛中含氮时，其奥氏体相变多。从扩散的角度来看，铁原子在 fcc 相中的扩散速率比在 bcc 相中慢，所以烧结过程中若奥氏体相变多，工件将比较难致密化，以至于在分解氨等含氮气氛中烧结后的材料其孔洞较多，密度较低。若要提高烧结密度的话，可将 1320 ℃ 的烧结温度再提高，如图 13-9 中的 1350 ℃，其第一个效果是使铁原子的扩散速率增加，而第二个效果是将 bcc 相的含量由 38% 提高至 56%，借着铁在 bcc 相的高扩散速率加速烧结。

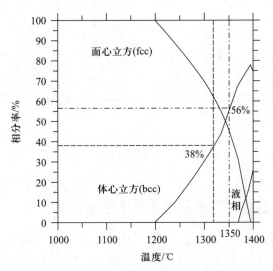

图 13-9　利用 Thermo-Calc 模拟 17-4PH 不锈钢在分解氨下烧结时各个相之比例

虽然在含氮气氛中烧结有上述的密度低、抗腐蚀性差的缺点，但也有一些好处，例如材料的硬度与强度将提高，不过必须将氮原子以固溶状态均匀分布在材料内部，所以烧结后工件的冷却速率必须够快，以避免 Cr_2N 的析出。

13-7-3　烧结气氛之露点对抗腐蚀性之影响

当烧结气氛之露点高时，气氛中之水汽会与不锈钢中之铬反应生成槟榔绿颜色之氧化铬，此氧化铬层很厚但组织不致密，不具抗腐蚀性。图 13-10 显示在不同温度及不同露点下铬氧化与否之界限。在高温如 1350 ℃ 烧结时，气氛中之露点若能在 -10 ℃ 以下时，则仍为还原性，此时铬仍不会氧化，但在冷却时虽然气氛之成分不变，但因温度降低使得气氛变为氧化性（见 9-5 节）而逐渐生成不致密的氧化铬，所以并非仅靠烧结温度即可判断产品是否将具良好之抗腐蚀性。一般而言，在氢气气氛下露点最好为 -40 ℃ 以下，若以分解氨烧结时，因氢含量只有 75%，还原性较低，所以露点最好在 -45 ℃ 以下。真空烧结时，为防止铬之氧化，理论上其真空压力应是越低越好，但因铬之蒸气压大，在高真空时易挥发，所以常需将氩气注入烧结炉中并将真空度维持在 1 ~ 50 Torr。

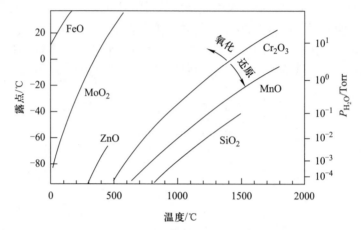

图 13-10 烧结气氛中露点与各氧化物生成与否之关系（叏国俊绘制）

13-7-4 烧结温度对密度及尺寸稳定性之影响

烧结温度上升时，扩散系数呈指数型增加，因此密度也将增加，此亦有助于工件的尺寸稳定性，由图 13-11 可知若烧结炉之均温性为 ±5 ℃，当温度高时工件密度的变异性（$\Delta\rho_s$）比温度低时的变异性小，此也表示工件的尺寸稳定性（ΔL）较佳。提高烧结温度除了能增加扩散速率外，不锈钢的组织也可能产

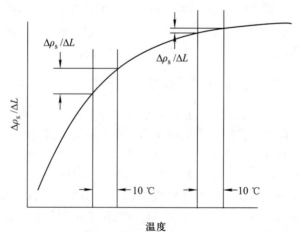

图 13-11 若烧结炉之均温性为 ±5 ℃，温度高时工件的
密度变异性比温度低时小

生变化并影响烧结速率,以 17-4PH 为例,由图 13-8 及 13-9 可知升高烧结温度时其 bcc 相的比例将逐渐增加,此亦有助于扩散速率的增加及工件的致密化。

以上所述烧结温度高时工件尺寸稳定性佳的现象在固相烧结时相当普遍,但此正向关系在液相烧结时却不一定成立,因为温度高时液相量亦增加,此易导致工件变形甚至塌陷,一般而言,液相量最好控制在 5~15 vol% 之间,所以液相量对烧结温度的敏感性相当重要。举例而言,一不锈钢之烧结温度控制在 ±5 ℃ 时其液相量正好在 5~15 vol% 之间,但另一不锈钢只要其均温性在 ±1 ℃ 时其液相量即可由 5 vol% 变化至 15 vol%,此表示后者的液相量对烧结温度的敏感度过高。

440C 不锈钢即是具有高敏感度的材料之一,其相图[图 13-12(a)]中的液相线及固相线均相当扁平,再加上此材料是以超固相线液相烧结法制作的,所以其尺寸稳定性不易控制(见 8-7 节)。以超固相线液相烧结法制作粉末冶金工件之挑战在于:① 晶粒不可过粗,因此常需借微细之析出物抑制晶粒之成长;② 液相量对烧结温度的敏感性要越低越好(相关理论见 12-6 节)。由图 13-12(a) 及 13-12(b) 可知温度在 1279 ℃ 以上时,M_7C_3 碳化物将消失,晶粒将急速成长,所以烧结温度之上限为 1279 ℃。又如前所述,液相量最好在 5~15 vol% 之间,亦即在 1277~1296 ℃ 之间,如图 13-12(b) 所示。所以综合此两个考虑,其交集为 1277~1279 ℃,烧结窗仅 2 ℃,此推测与实际烧结数据相近。而在此温度区间液相量对温度也非常敏感,约 2.3 vol%/℃[(9.6 vol%−5 vol%)/2 ℃]。

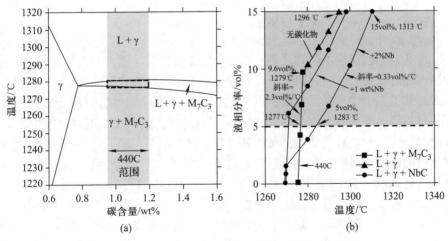

图 13-12 (a) 440C 不锈钢相图中的固相线及液相线
相当扁平;(b) 液相量与温度之关系

针对 440C 不锈钢烧结窗过窄的问题，目前粉末制造商解决之办法是添加铌，其所生成的碳化铌在超固相线烧结时均存在，所以液相烧结时晶粒急速成长之现象可被抑制，图 13-12(b) 即显示添加 1% 及 2%Nb 后，NbC 将生成，且不会溶入液相中，此扩大了 L+γ+NbC 之范围，也大幅降低了液相量对温度之敏感性，仅约 0.33 vol%/℃，所以加了 2%Nb 后其烧结窗可拓宽为 30 ℃ 左右（1283～1313 ℃），而 440C+1.5Nb 工件之晶粒也仅约 54 μm，如图 13-13 所示，小于未添加 Nb 时之 98 μm。

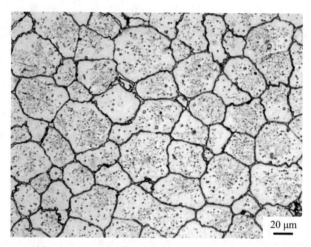

20 μm

图 13-13　添加 1.5%Nb 后的 440C 不锈钢在超固相线
液相烧结时，其所生成的 NbC 能抑制晶粒成长

13-7-5　不锈钢工件之后处理

前几节中已强调不锈钢之烧结应注意气氛之种类、露点及冷却速率等，此外也需注意铁粉之污染，最好应将铁粉与不锈钢粉之工作区间隔开，以免在成形及后续工艺中铁粉黏附在不锈钢工件上，造成局部腐蚀之困扰。但是尽管以上各点均已确实执行，由于粉末冶金不锈钢仍有孔隙，加上不锈钢粉中之碳、氧含量仍比一般之铸锻件高，所以其抗腐蚀性仍稍逊一筹。但若将烧结后之不锈钢再施以振动研磨、抛光、钝化等表面处理，其抗腐蚀性可进一步改善。其他的后处理则包括了热处理、机械加工等，兹分述如下。

（1）振动研磨、抛光及钝化处理。粉末冶金工件经振动研磨后由于表面之孔隙被周围之材料挤入，减少了表面孔隙率，且振动研磨及抛光均能使表面粗糙度降低，这些均有助于提升产品的抗腐蚀性。此外亦有业者将烧结后之不锈钢浸入 50～60 ℃ 之 20% 硝酸中约 30 min，亦即俗称之钝化（passivation）处理，使在不锈钢表面产生氧化铬之薄层。

图 13-14 显示在氢气中烧结后相对密度仅约 86% 的 316L 不锈钢施以三次元振动研磨、氧化铝粉抛光及钝化三种方式处理后之极化曲线，由这些曲线可知此三种处理均能提高抗腐蚀性，而其中又以钝化处理的钝态区最大，效果最佳，其原因在于钝化时硝酸能帮助铬吸附氧而形成稳定之氧化膜。

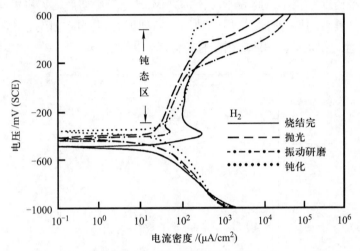

图 13-14 烧结后之 316L 不锈钢以三次元振动研磨、氧化铝粉抛光及钝化三种方式处理后之极化曲线[8]

以上之实例采用低密度工件之目的是为了说明钝化之效果，但实际上因孔隙中之残硝酸不易清除，所以钝化处理对于密度在 6.5~7.0 g/cm³ 之传统粉末冶金结构件并不适合，此处理适用于高密度注射成形工件。至于抛光处理后之工件，由于其表面之平坦度比未处理者好，可减少表面之曲率所造成之应力差，故其腐蚀速率也较慢。至于振动研磨后之工件，其钝态区不若未处理者大，但其腐蚀速率则较慢[8]。

（2）热处理。17-4PH 的强化现象主要是借铜之析出，其固溶及析出硬化处理方法已于第十章详细介绍（见 10-5 节）。马氏体系不锈钢的热处理方法则与一般全硬化处理（见 10-4-1 节）类似，以 440C 不锈钢为例，所用淬火条件为先在 1010~1065 ℃作奥氏体化处理约 1 h，然后淬火于油中，再于 160~350 ℃回火约 2 h，当所需硬度要高时，奥氏体化及回火温度均应偏低，若要高韧性则应选择较高之温度，使残留奥氏体的量稍微多一些。

（3）机械加工。不锈钢由于其韧性高、高温强度好、加工硬化程度高的特性，加上工件有孔隙，且切屑易冷焊在刀具上，此使得其切削性相当差，一般可以添加约 0.5% 之 MnS 以改善之。图 13-15 为在氢气中烧结之 316L 与 316L +0.5%MnS 两种材料切削性之比较，结果显示添加硫化锰后可降低钻孔时之扭力。第十章中的图 10-20 为在氢气气氛下烧结之试片以 0.24 mm/r 之进刀率钻孔后，在扫描电子显微镜下所观察到之切削孔，由此图可看出未添加 MnS 者之切屑间隔大且粗糙度亦较大，表示切削不易，而添加 MnS 之试片其切屑间隔较小，粗糙度亦较小，此表示所添加之 MnS 能降低切屑与刀具的接触面积和黏性，且具有润滑与打断切屑之功用，切削面之粗糙度也因此下降[11]。除了 MnS 之外，添加 2%~4% 之铜亦有类似之效果。

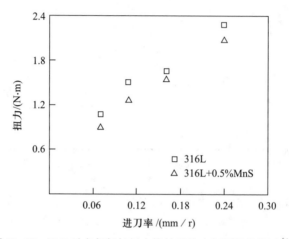

图 13-15　MnS 对在氢气气氛中烧结试片之切削性的影响[11]

13-8　镍基超合金

抗腐蚀性佳的材料除了铁基的不锈钢外，镍基合金也不错，其中又以镍基超合金最普遍，此材料之高温抗氧化性佳、耐腐蚀、高温强度好、抗蠕变能力佳，所以大部分应用在航天、汽车及化工业，其成分如表 13-8 所示[12]。大多数超合金之强化并非靠马氏体，所以一般只含 0.02%~0.2%C 以产生 MC 碳化物，其主要强化机制乃靠具 fcc 结构的 γ 基体之固溶强化、$Ni_3(Al, Ti)$ γ' 相、Ni_3Nb γ'' 相等，为了提供这些强化因子，镍基超合金含有大量的固溶元素如 Co、Fe、Cr、Mo、W 固溶于 γ 基体中，另含可形成金属间化合物的 Al、Ti、Nb、Ta 以及形成碳化物或硼化物的 C、B、Zr、Hf 等。

表 13-8 目前主要镍基粉末超合金之成分[12]　　　（单位：wt%）

合金型号	Ni	Cr	Al	Co	Mo	Ti	W	Nb	Fe	C	Zr
Inconel 713C	72	13	6.0	—	4.5	0.8	—	2.3	—	0.14	0.1
Inconel 718	52.5	19.0	0.5	—	3.0	0.9	—	5.1	18.5	0.04	
Inconel 625	61.0	21.5	0.2	—	9.0	0.2	—	3.6	2.5	0.05	
Hastelloy X	47.0	22	—	1.5	9.0	—	0.6	—	18.5	0.1	
Nimonic 90	59.0	19.5	1.5	16.5	—	2.5				0.07	
Udimet U720	55	18	2.5	15	3	5	1.25				
Rene 95	61	14	3.5	8.0	3.5	2.5	3.5	3.5		0.15	
Waspaloy	58	19.5	1.3	13.5	4.3	3.0				0.08	

目前粉末超合金之主要工艺为将 40~90 μm 之气雾化粉先热等静压，以达到 100% 之密度，但由于原粉表面含有薄层之氧化物，所以热等静压后原粉间之晶界并非非常干净，在金相中仍可看出原来之晶界（prior particle boundary, ppb），此常造成机械性质之下降，所以一般多需再经过等温锻造（isothermal forging）或挤制，借高剪力破坏此晶界，将原粉末表面之氧化层打破，以形成新鲜之接合面。此外，此步骤亦有助于再结晶以形成 5~6 μm 之细晶粒。以目前粉末冶金超合金之机械性质来看，应仍有改善之空间，其主要问题乃在于如何减少非金属之杂质，使其不易成为疲劳破坏之起始点。此外，合金之设计、热处理及热等静压冷却速率之改进，均很可能将粉末冶金超合金之使用温度从 800 ℃ 再向上提高。

13-9　钴基合金

除了不锈钢及镍超合金外，钴基合金的抗腐蚀性也很好，常见之材料有钴基超合金及 F75 合金，其成分见表 13-9。

表 13-9 常见钴基合金之成分　　　（单位：wt%）

合金型号	Co	Cr	Mo	Ni	W	Fe	Mn	C	Si
Stellite 6	余	27	—	2.5	5	2.5	1	1	1
Stellite 21	余	28	5.5	2	—	2		0.3	
Ultimet	余	26	5	9	2	3	0.8	0.06	—
ASTM F75	余	27~30	5~7	<0.5	<0.2	<0.75	<1	<0.35	<1.0

此型合金常借碳化物而强化，所以碳含量之控制很重要，且含量要高，在 0.25%~1.0%，W、Mo 则提供了固溶强化，而 Cr 则提供了高温抗腐蚀性。最早之钴基超合金乃 20 世纪初所开发出来之 Stellite®，目前较普遍的为 Ultimet，这些合金之优点是熔点高，所以高温强度好，热疲劳性佳，此外，其焊接性比镍基超合金佳，所以常用于飞机引擎叶片、化工厂之泵等。当由粉末冶金方式制作时其碳化物晶粒细且均匀，所以机械性质比铸锻件佳。

近年来 ASTM F75 钴-铬-钼合金由于其生物兼容性佳，强度高，无磁性，抗腐蚀性好，所以常用于髋关节及植牙材料。在工艺方面以注射成形为例，烧结多在氢气、氮氢混合气或真空中，温度在 1350 ℃ 左右，一般可达 95% 以上之密度（理论密度为 8.28 g/cm³），若需达到更高的密度，可施以热等静压处理，条件大致为 100 MPa，1200 ℃，4 h，处理后之密度可高于 99%。由于碳化物、氧化物及氮化物均容易析出在晶界或晶粒内而影响机械性质，一般需再作均质化处理，在 1230 ℃ 保温约 2 h 后急冷之。

参考文献

［1］ K. Yang and Y. Ren, "Nickel-free Austenitic Stainless Steels for Medical Applications", Science and Technology of Advanced Materials, 2010, Vol. 11, 014105, pp. 1–13.

［2］ A. L. Schaeffler, "Constitution Diagram for Stainless Steel Weld Metal", Metal Progress, 1949, Vol. 56, pp. 680–680B.

［3］ *Materials Standards for PM Structural Parts*, MPIF Standard 35-SP, 2018 ed., MPIF, Princeton, NJ.

［4］ *Materials Standards for Metal Injection Molded Parts*, MPIF Standard 35-MIM, 2018 ed., MPIF, Princeton, NJ.

［5］ S. D. Washko and G. Aggen, "Wrought Stainless Steels", ASM Int. Handbook Committee, *Metals Handbook*, 10th ed., Vol. 1, *Properties and Selection: Irons, Steels, and High-Performance Alloys*, ASM Int., Materials Park, Ohio, USA, 1990, pp. 841–907.

［6］ J. A. Bas and J. Puig, "High Density Sintered Magnetic Materials in Automotive Applications", Metal Powder Report, 1988, Vol. 43, No. 11, pp. 732–736.

［7］ E. L. Hall and C. L. Briant, "Chromium Depletion in the Vincinity of Carbides Sensitized Austenitic Stainless Steels", Metall. Trans. A, 1984, Vol. 15A, pp. 793–811.

［8］ 邱崇训、黄坤祥，"烧结气氛、后处理及 MnS 对 316L 不锈钢抗腐蚀性之影响"，粉末冶金会刊，1995，20 卷 1 期，23-30 页。

［9］ M. A. Pao and E. Klar, "Corrosion Phenomena in Regular and Tin-modified P/M Stainless Steels", Progress in Powder Metall., MPIF, 1984, pp. 431–444.

［10］ G. Lei, R. M. German, and H. S. Nayar, "Influence of Sintering Variables on the

Corrosion Resistance of 316L Stainless Steel", Powder Metall. Int., 1983, Vol. 15, No. 2, pp. 70–76.

[11] 邱崇训、黄坤祥,"硫化锰对 316L 不锈钢之切削性及抗腐蚀性之影响",粉末冶金会刊,1992,19 卷 3 期,195–201 页。

[12] N. S. Stoloff, "Wrought and P/M Superalloys", ASM Int. Handbook Committee, *Metals Handbook*, 10th ed., Vol. 1, *Properties and Selection: Irons, Steels, and High-Performance Alloys*, ASM Int., Materials Park, Ohio, USA, 1990, pp 950–980.

作业

1. 在下列各工艺参数中选定适当之数字或条件,以制作具良好品质之 316L 不锈钢零件。
   ① 平均粒度?
   ② 润滑剂?
   ③ 润滑剂之混合时间?
   ④ 成形压力?
   ⑤ 烧结气氛?
   ⑥ 烧结温度?
   ⑦ 烧结时间?
   ⑧ 气氛之露点?
   ⑨ 冷却时通过 800 ℃时之冷却速率?

2. 若 316L 欲达到良好之抗腐蚀性,在工艺方面有哪些参数需注意?

3. 有一 316L 不锈钢之抗腐蚀性不佳,其工艺如下:

   粉末成分:含 0.05% C 及 0.5%O

   生坯密度:7.0 g/cm^3

   露点:-50 ℃

   冷却速率:10 ℃/min

   气氛:分解氨

   预烧:550 ℃,15 min

   盛盘:石墨板

   请问上述各参数中有何者可能是造成抗腐蚀性不佳之原因?

4. 计算 Cr 在 1000 ℃及分解氨之状态下,其气氛之露点应在多少以下才能防止氧化铬之生成?

5. 对抗腐蚀性而言,为何铁素体系不锈钢对碳含量的顾虑更甚于奥氏体系?

6. 以高真空烧结 17-4PH 不锈钢时,为何其抗腐蚀性及机械性质将变差?

第十四章
金属磁性材料

14-1 前言

　　一般材料根据磁结构可分为铁磁性(ferromagnetic)、反铁磁性(antiferromagnetic)、亚 铁 磁 性 (ferrimagnetic)、顺 磁 性(paramagnetic)与抗磁性(diamagnetic)五种。这些磁性是由材料内部的磁矩是否形成长程而有序的磁结构(磁畴)、磁矩间的作用力为同向或反向及其大小,以及材料内部磁矩与外加磁场间的作用情形而确定。而磁矩形成的主因为原子外层轨道上有未成对电子。以铁为例,其电子结构为$[\text{Ar}]3d^6 4s^2$,d 轨道上有 4 个未成对电子,这些电子的净自旋不为零,其磁矩大,在外加磁场时,大磁矩不易受热扰动影响,最终顺着外加磁场方向排列,呈现铁磁性的行为。

　　将磁性材料置于磁场中时,其磁场强度(H)与磁感应强度(B)之关系常如图 14-1 之曲线所示,此即为磁滞回线(hysteresis loop)或称 B-H 曲线。当 H 由零开始增加时,磁畴的方向逐渐与磁场同向,其对应之 B 值随之增加,至一程度后便趋于饱和(此时之值为B_s)并开始成为一直线。若工件之 B 值到达 B_s 后将之自磁场中移开,或是将磁场消除,亦即使 $H=0$,此时该工件仍有残留磁感应强度(剩磁)B_r(residual induction)存在。若欲除去此残留磁感应强度，必须施以反向之磁场，此所需施加之反向磁场称为矫顽力 H_c（coercivity），H_c 小者表示此材料易去磁。在图 14-1 的 B-H 曲线之第一象限中，Oa 线段之斜率 μ_i 称为材料之初始磁导率（initial permeability），而线段 Ob 之斜率 μ_m 称为最大磁导率（maximum permeability），磁导率大者，表示此材料容易被磁化。一般对磁性材料之评估，就是由其 B_s、B_r、H_c、μ_m 及最大磁能积$(BH)_{max}$ 作比较。

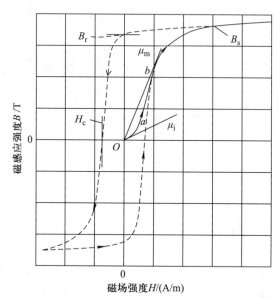

图 14-1　磁滞回线显示了磁场强度 H 与磁感应强度 B 之关系

磁性材料大致上可分为软磁（soft magnet）及硬磁（hard magnet）两种，软磁材料之磁滞回线窄小，亦即以小磁场（<1600 A/m 或 <20 Oe，单位换算见文前）即可感应出高磁感应强度，并具有高磁导率、低磁能损失，如图 14-2（a）所示。此类材料常用于变压器、马达等大型机械，或音响、精密机械等小型零组件。依照各种不同之用途，有些材料重视直流特性，有些则重视交流特性，但基本上均可以磁滞回线之特性规范之。最常见之软磁材料可分为金属软磁材料及铁氧体（ferrite）。

硬磁材料之特性是其磁能积高，如图 14-2（b）所示，且即使外加磁场已解除为零，这些材料仍可保持高磁化状态，矫顽力 H_c 高，常在 10000 A/m（125 Oe）以上，所以亦称永久磁石（permanent magnet），它可概分为金属磁石、铁氧体及稀土磁石（rare earth magnet）三种，而稀土类磁石又分为钐钴及钕铁硼两个主要系列。

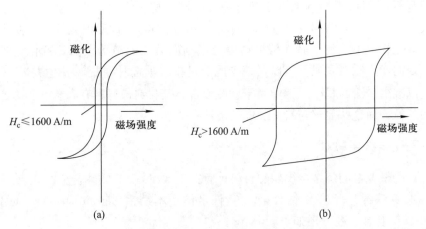

图 14-2　软磁材料(a)及硬磁材料(b)之磁滞回线

以下仅就金属软磁材料及硬磁材料分作说明。

14-2　软磁材料

软磁材料在直流电场中使用时，由电阻所产生之损失是唯一之能量损失，但是当材料置于交流磁场中时，其磁感应强度会随着 H 之变化而有时间上的延迟，此时间之延迟将造成能量的损失，特别是在高频时此损失将更为严重。此能量损失之原因可分为磁滞损耗(hysteresis loss)及涡流损耗(eddy current loss)，总称为铁损(iron loss，core loss)。磁滞损耗之量相当于磁滞回线所围绕之面积与频率相乘之积；涡流损耗乃因磁场变化时会产生涡电流(I_e)，此涡电流乘上材料本身之电阻即为涡流损耗($I_e^2 \cdot R$)，所以软磁材料在交流频率中使用时，减少铁损最有效的方法就是选择阻抗(ρ)大的材料或是使用由薄片所叠成之磁芯。

基于以上之考虑，软磁材料可概分为两大类，即金属软磁材料及铁氧体，对于粉末冶金金属软磁材料而言，由于其阻抗值很低，故在交流频率下使用时，会有严重涡流损耗，因此只能被应用于直流或中低频的磁性回路之中。对于铁氧体型之软磁材料而言，因其具有高阻抗值的优点，可减少涡流损耗，故通常被使用于高频或中高频的磁性回路中，但其缺点是磁感应强度(B)较低，平均不到铁系金属软磁材料的一半。

综上所述，软磁材料需具备以下之条件：① 高饱和磁感应强度 B_s 值；② 小 H_c 值；③ 大 μ 值；④ 高阻抗 ρ 值。其中 B_s 与材料之致密程度有关，密

度越高 B_s 值越大。矫顽力 H_c、磁导率 μ 等则与材料之成分及显微组织有很大的关系,此乃因磁畴间有磁壁(magnetic domain wall),此磁壁之移动会受到孔隙、氧化物、不纯物、晶界析出物等之牵制而无法依磁场瞬间之变化适时移动,因而产生磁滞现象,所以要减少此能量损失就需尽量提高 μ 值并减少 H_c 值,以减少磁滞面积[1]。因此对于软磁而言,其材料最好具有高密度、高纯度及粗晶粒,而这些要求与粉末及烧结条件有关。

14-2-1 铁系软磁

目前最普遍的烧结金属软磁材料计有:① 纯铁,② 铁磷合金,③ 铁硅合金,④ 铁镍合金,⑤ 铁钴合金,⑥ 铁素体系不锈钢(ferritic stainless steel),及⑦ 铁锡合金,兹分述如下。

14-2-1-1 Fe

纯铁乃目前使用最广、亦是最简单的金属软磁材料,当使用纯度高、压缩性好的铁粉时,以一般的干压、烧结工艺可将其密度烧结至95%~98%的理论密度,综合而言,其磁性表现可称之为中等。

对有些应用于高频的软磁而言,铁粉不需烧结即足以应付所需之磁性质,但为防其涡流损耗太高,这些铁粉之表面都有一层绝缘物,如环氧树脂或亚克力,此铁粉成形后只需作低温硬化(curing),提高坯体强度即可成为不错的软磁,此类软磁常称之为软磁复合材料(soft magnetic composite,SMC)[2]。有的铁粉甚至先在表面作磷酸盐处理,使产生绝缘之氧化物,然后再作树脂处理,使铁粉间之绝缘性更佳。这些铁粉也常应用于电感。

14-2-1-2 Fe-P

早在20世纪50年代就有研究指出在纯铁中添加磷会改善铁之磁性,但由于在铸造过程中磷会偏析到晶界上,使得材料在热加工时产生热裂(hot shortness)的现象,所以无法量产,但粉末冶金工艺不需进行热加工,所以很适合用于制作铁磷合金。

铁磷合金在矫顽力及磁导率方面的表现较纯铁佳,此外,阻抗值也较纯铁来得高,添加0.45%P可使其阻抗值提升约一倍。磷之添加常以Fe-P金属间化合物如 Fe_3P 之方式加入,传统干压烧结工件所添加之磷含量为0.45%、0.6%及0.8%。由图12-15的Fe-P相图[3]中我们可知Fe与 Fe_3P 在1048℃会起共晶反应而生成液相,此液相能加速致密化,但假如在1200℃维持一段时间,此液相很快地耗尽而成为暂态液相烧结。以Fe-0.45P为例,烧结后期将位于 $\alpha+\gamma$ 区而只留下磷含量较高的铁素体相(α 相)及磷含量较低的奥氏体相(γ 相),如图14-3之相图所示。由于铁在 α 相中的自扩散系数约为在 γ 相中的 100 倍, 再加上 Fe-P 能发生暂态液相烧结, 此使得烧结后 Fe-P 材料内之孔洞变圆、晶粒变大, 且密度也变高。此外, 因磷原子在 α 相中的扩散亦非常快, 故均质化的程度很好。

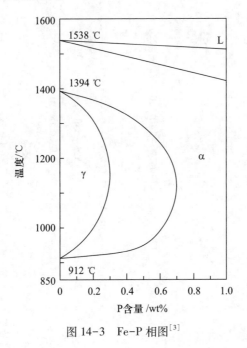

图 14-3 Fe-P 相图[3]

在纯铁中添加磷除了可改善显微组织、促进直流磁特性外, 另一优点是其防止磁性老化(magnetic aging)的功效; 此乃由于纯铁中之碳化物或氮化物会随着时间之增长而在晶界析出, 故其磁性也会随着时间之增长而变差, 但在纯铁中添加磷后, 由于磷有抑制这些化合物在晶界析出的效果, 故 Fe-P 之磁性质, 特别是 μ_m 及 H_c 特别稳定[4]。

由于 Fe-P 系烧结材料为液相烧结, 故烧结后之尺寸变化比纯铁严重, 因此, 虽然添加的磷越多其磁性质越好, 但烧结后往往需要再作校正甚或切削加工, 然后再磁性退火以消除应力, 这些后处理均限制了高磷含量之 Fe-P 软磁之普及化。

14-2-1-3 Fe-Si

在铁中添加硅可使得铁有较小之矫顽力(H_c)及较大的磁导率(μ)(见表 14-1 和表 14-2)[5,6]。此外, 添加 Si 可使材料阻抗增加, 减少其在交流磁场中使用时之铁损值, 故铁硅材料可被使用于中频(~1200 Hz)的范围。

熔制之 Fe-Si 材料由于其本身硬、脆的特性, 使得加工非常困难, 所以一

表 14-1　各种铁系干压、烧结软磁材料之物理及机械性质[5]

特性	Fe	Fe	Fe-P	Fe-P	Fe-Si	Fe-Si	Fe-Ni	Fe-Ni	Fe-Ni	Fe-Co	434L
组成	100%Fe	100%Fe	0.45%P	0.8%P	3%Si	3%Si	38%Ni	50%Ni	80%Ni	48%Co	17%Cr, 1%Mo
密度/(g/cm³)	7.3~7.5	7.5~7.7	7.5~7.7	7.2~7.4	7.25~7.40	7.5~7.6	7.9~8.1	7.9~8.1	8.4~8.5	7.9~8.1	7.00~7.20
晶粒大小(#)	4~6	2~3	2~3	1~3	3~4	2~3	2~3	3~4	2~3	1~2	—
电阻系数/(μΩ/cm)	12~14	20	20	24~26	45~55	40	75	45	55	35	—
热膨胀系数/(10^{-6}/K)	—	13	13	—	—	12	2	10	13.5	9.5	—
硬度/HRF	70~80	60	115	75~85	70~80	170	130~140	120~140	120~175	220	48~57
延伸率/%	12~16	>30	20	1~3	12~17	15~20	>25	>25	>25	2	12~17
屈服强度/MPa	180~220	220	320	230~270	260~300	270~280	425~450	425~450	310~320	380~400	210~245
抗拉强度/MPa	250~300	250	500	300~350	380~420	400~420	525~550	525~550	580~630	425~450	300~350
H_c/Oe	1.4~1.7	1.0	0.5~0.6	0.5~0.8	0.7~1.0	0.5~0.6	0.3	0.12~0.15	0.03	1.6~1.8	1.5
B_r/kG	11~13	14	13.5	11~13	11.0~12.5	12~13	2.5	8~9	4	10~12	5.6
$B_{15\,Oe}$/kG	13.0~14.5	15	15	14.5~16	13.5~14.5	14	12.5	14	8	19	9.4
$B_{100\,Oe}$/kG	14.5~16.5	17	17	16.5~18	15.5~16.5	16	14	15	8	21	12.4
μ	3500~5500	6000	11000	7000~9000	7500~9500	9000~10000	6000	30000	75000	3800~4000	1700
铁损/(W/kg)	22~24	23	15	11~13	7~9	7	—	10	5.8	9.3	—

表 14-2 常用注射成形软磁材料之磁性质及机械性质[6]

材料型号	μ_{max}	H_c / (A/m)	B_r / T	B_{1990}[b] / T	B_{39800}[b] / T	密度 / (g/cm^3)	抗拉强度 / MPa	屈服强度 / MPa	延伸率 / %	硬度 / HRB
Fe[a]	3000	180	1.40	1.60	—	7.50	270	105	35	70 HRF
Fe-0.45%P[a]	10500	48	1.44	1.71	—	7.67	—	—	—	65
MIM-2200	2300	120	0.80	1.45	2.00	7.65	290	125	40	45
MIM-Fe-3%Si-grade 1	8500	56	1.20	1.45	1.95	7.62	530	390	24.0	80
MIM-Fe-50%Ni-grade 1	47500	10	1.00	1.40	1.50	7.75	455	160	30.0	50
MIM-Fe-50%Co	5200	120	1.40	2.00	2.20	7.75	205	140	<1.0	80
MIM-430L	1500	140	0.55	1.15	1.58	7.55	415	240	25.0	65

[a] 作者实验室数据，非 MPIF 标准。 [b] 1990 A/m = 25 Oe，39800 A/m = 500 Oe。

般仅为片材亦即硅钢片，而利用粉末冶金方法则可以很经济、有效地制造形状复杂之零件。Fe-Si 粉可为预合金粉或混合粉，所添加之硅一般少于 5%，当使用雾化法制造预合金粉末时，其成分均匀，但此类粉末由于硬度高，成形所需之压力太大，故少见于干压成形工艺，一般多是在纯铁粉中加入硅粉或高硅含量之 Fe-Si 合金粉，尽管如此，此种粉末之压结成形仍相当困难，模具之磨耗较严重。但对于粉末注射成形工艺而言，则不需担心压缩性的问题，所以预合金粉仍是常用的原料。

由于 Fe-Si 粉之压缩性差，干压后的生坯密度不高，为了达到较高之烧结密度，需施以高温长时间的烧结，又由于硅易氧化，所以 Fe-Si 材料之烧结多在真空或高纯度氢气中进行，温度在 1200~1350 ℃之间。也因此使得 Fe-Si 烧结后之收缩量相当大，即如同上述之 Fe-P 软磁，其尺寸公差不易控制。为了确保尺寸之精度，有时需再予以切削加工，然后施以磁性退火。由于这些工艺上之困难使得 Fe-Si 合金之制造成本相对较高。

14-2-1-4　Fe-Ni

Fe-Ni 合金之 B 值较 Fe、Fe-P 或 Fe-Si 低，但其高磁导率及低矫顽力在软磁材料中可说是最佳的（见表 14-1 和表 14-2）。由于这个原因，铁镍材料很适合用来作微量的激磁，一般应用于变压器、继电器、电抗器（reactor）、磁场增幅器等电子用途上。不过由于铸造的 Fe-Ni 合金很难予以加工，因此，Fe-Ni 合金之主要加工型态为辊轧成片状后再予以冲压成形，与 Fe-Si 相同。近年来由于注射成形及干压技术之进步及其经济特性，使得 Fe-Ni 合金之用途已日益增加。粉末冶金制之 Fe-Ni 合金中的 Ni 含量与熔铸合金一样，可分为 36% 系（35%~40%，PD），45% 系（40%~50%，PB），50% 系（45%~55%，PE），78% 系（70%~80%，PC），Permalloy（80%Ni）及 Mo Permalloy（79%~81%Ni，2%~5%Mo）等，其中 Fe-80Ni 之 μ 值最高可达 75000，H_c 值最低可达 0.03 Oe（约 2 A/m），但其 B_s 值也是最低的，也因此镍含量一般以 45%~50% 较普遍。

在应用方面，Fe-Ni 系列的磁铁适合用于磁场小者，例如以电池供电之阀件，此乃因其 μ 值大。例如 Fe-50Ni 在 $H=300$ A/m 时之 B 值为 1.22 T，小于 Fe-0.45P 之 1.41 T，但在 $H=30$ A/m 时其 B 值为 0.82 T，远大于 Fe-0.45P 之 0.12 T[7]。又如需要快速动作的电磁阀中的磁性组件，也常需使用 Fe-50Ni，利用其高 μ 值，使阀能迅速开关。

Fe-Ni 软磁的原料以雾化合金粉及铁镍混合粉最为普遍，烧结是在 1250~1350 ℃间实施，烧结气氛以纯氢气、分解氨或真空居多。与 Fe-P、Fe-Si 稍微不同的是，烧结温度与时间会对 Fe-Ni 之再结晶及其后之晶粒成长过程中孪晶（twin）的出现有很大的影响。如同 Fe-P 及 Fe-Si，Fe-Ni 材料之磁性除了极易受到残留应力之影响外，其尺寸稳定性亦不佳，常需予以加工，而校正或切削加工后，仍需施以磁性退火。

在 Fe-Ni 系材料中添加 Si，可使得由水雾化法所制粉末中的氧含量显著减少，因而可改善 Fe-Ni 材料之磁性，如图 14-4 所示为 Fe-45Ni 材料添加不同含量之 Si 后，以 700 MPa 成形并于 1200 ℃烧结 2 h 后其磁性质变化的情形[8]。不过添加 2%以上的 Si 时，会提高粉末之硬度，增加了成形之困难度。综合这些因素，一般硅之添加量以 1%左右最适当。

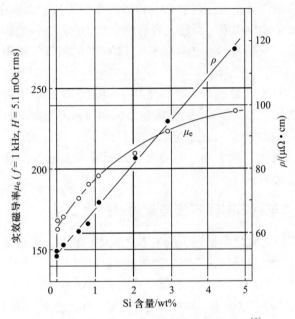

图 14-4 Fe-45Ni 添加 Si 后磁性质之变化[7]

14-2-1-5 Fe-Co

Fe-Co 软磁之优点在于其高 B_s 值，例如 Fe-35Co，其 B_s 值可大于 2.4 T，是常用软磁材料中最高的，但一般最常见的是 Fe-50Co，又称 Permendur，此材料之阻抗、矫顽力亦不突出，但其磁导率比 Fe-35Co 高，且 B 值可达 2.4 T。由于磁力与 B 值之平方成正比，所以适合用于需要高磁力或是空间受限、只能使用小零件的应用。此外，其居里温度也很高，约 980 ℃，相对地，纯铁则在 770 ℃左右，所以常被用于特殊之小型机构、散热困难之组件或高温环境中。Fe-Co 系列一般在 1350 ℃之氢气气氛中烧结。由于 Fe-50Co 材料相当脆，甚至有"易裂合金（crackalloy）"之恶名，导致加工困难、整形不易，因而提高了制造成本，所以一般会添加 1%~2% V 以改善其塑性变形能力及加工性。

14-2-1-6　Fe-Cr

比起前面所介绍的各种软磁材料，不锈钢系列软磁的磁性质可说是最差的，但由于其在腐蚀环境下仍可使用，故有人以粉末冶金方式来生产此类材料的软磁零件。本系列所用之不锈钢均为铁素体系，含有 12%～18% 之铬，烧结多在氢气或真空中，温度在 1200～1300 ℃。

14-2-1-7　Fe-Sn

在 Fe 中添加 Sn，不但会提高材料的阻抗，使得铁损值变小，同时也扩大铁素体区域，帮助烧结，由这两点来看，锡的作用类似于在铁中添加磷或硅，但相对于磷易发生偏析现象，而硅又容易产生氧化作用，锡的添加对此种问题之影响就小得多。一般 Fe-Sn 之烧结多在 1260 ℃ 的氢气气氛中，所添加之锡多在 3%～10% 之间。

表 14-1 及表 14-2 分别为以上各常用干压及注射成形所制金属软磁材料之物理及机械性质[5,6]，相关之完整资料及说明可参照参考文献[5，6]除了这些二元系列之软磁材料外，工业界亦有不少三元系列材料，如 Fe-Si-P、Fe-P-Sn 等，其某些性质较二元者佳，但亦有较二元系列差之处，故一般仍需依应用而选择适当之材料。

14-2-2　工艺与材料对铁系烧结软磁磁性之影响

铁系烧结软磁之磁性会受到所选粉末之纯度、粒径、形状及所选工艺参数之影响，兹先针对材料及其显微组织说明如下。

(1) 粉末之纯度。C、S、O、N 等杂质原子侵入结晶格子中时会造成晶格之扭曲，并造成磁畴转向之困难，对材料之磁导率(μ)及矫顽力(H_c)造成不良之影响。因此，应尽量使用高纯度原料粉，且烧结时应将黏结剂完全烧除，以降低碳含量，并选择适当之烧结气氛，如纯氢气或高真空，以减少上述杂质之影响。

(2) 合金组成。适当地添加合金元素(例如 P、Si、Ni 等元素)，可使材料之磁性质，如 B_s、μ、H_c、ρ 等获得改善，这些元素的添加可使用元素粉末、化合物粉末或母合金粉末。

(3) 材料密度。随着材料密度之增加，B、μ 值将增加，而 H_c、ρ 值则减少。此外，气孔之形状越圆、尺寸越小也越佳。图 14-5 即显示以不同压力成形之 Fe-0.45P 于 1150 ℃ 在氢气及分解氨中烧结 1 h 后之磁性质[9]，在低密度区域由于气孔多，会妨碍磁壁之移动，故材料之磁性质很差。随着密度的增加，气孔减少，B、μ_m 值逐渐增加，H_c 值则逐渐降低，使整体磁性质变佳。若要提高密度，可采用下列方法：① 使用纯度高、压缩性佳之铁粉；② 使用高温烧结；③ 添加磷、硼等可促进烧结之元素；④ 再压缩(repressing)、再烧结；⑤ 温压或温模成形。

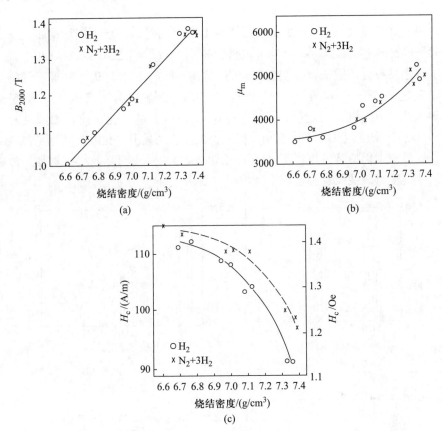

图 14-5 不同生坯密度之 Fe-0.45P 于 1150 ℃在氢气及分解氨中烧结 1 h 后
之(a) B_{2000}，(b) μ_m，及(c) H_c 值[9]

（4）晶粒大小。晶粒越大时，晶界越少，阻止磁壁移动的阻力越小，软磁之磁性质越佳，所以需降低间隙型原子如 C、N、O 等之含量，也应避免析出物之产生，以减少烧结时晶界移动之阻碍。

（5）内部应力。整形、校正或切削加工等后处理所造成之应力会使得 μ_m 值及 H_c 值变差，例如 Fe-0.45P 软磁之 H_c 值为 112 A/m 时，校正后增加为 272 A/m，而 μ_m 值则由 3990 变为 1070，但经退火等热处理将应力消除后即可回复其原有之磁性质[10]。

（6）内部气孔。对于一些结构敏感磁性质如 μ、H_c 而言，内部组织中之气孔量越少越佳，且形状越圆、尺寸越小也越佳。这些都受原料粉之粒度、烧结温度、液相是否产生等所影响。

　　综上所述，烧结体之显微组织及材料成分对软磁的磁性质影响很大，而这些因素又与工艺有关，兹说明如下。

　　(1) 烧结温度。图 14-6 显示当烧结温度增加时，添加不同润滑剂之 Fe-0.45P 材料的 B_{2000}、H_c 及 μ_m 均有改善，特别是较敏感之 H_c 及 μ_m。此主要是因工件之晶粒大幅成长，孔洞变得较圆 (见图 14-7)[9]，且碳、氮等不纯物之量降低之故[11]。若将图 14-6 中 Fe-0.45P 之烧结温度再提高，使超过 1250 ℃ 时，B_{2000} 几乎为定值，但 μ_m 及 H_c 则仍可继续变化。此乃因温度超过 1250 ℃ 后，密度就几乎不再增加，但 C、O 含量之减少、孔隙之球化及晶粒之成长等现象则仍持续进行。不过由于太高的温度将使得材料收缩率增加，故需在尺寸精度、磁性质及制造成本间取得一妥协。

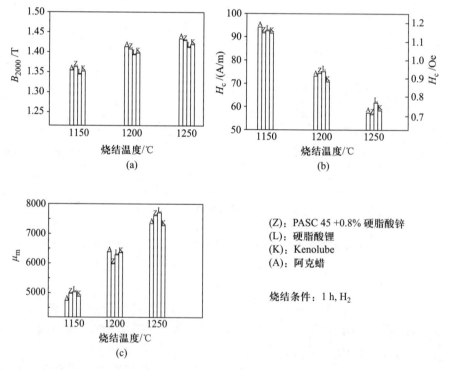

图 14-6　烧结温度及润滑剂对 Fe-0.45P 之 B_{2000}、H_c 及 μ_m 之影响[11]

　　(2) 烧结时间。延长烧结时间时 Fe-0.45P 之 B 值变化较小，例如其 B_{2000} 之值在 1200 ℃ 烧结 1 h 后为 1.36 T，而经过 5 h 的烧结后，只提升到 1.40 T；但 μ 及 H_c 值则仍可持续改善，其矫顽力 H_c 值由 90 A/m 降为 74 A/m，而最大磁导率 μ_m 值则由 5000 提高到 6100。

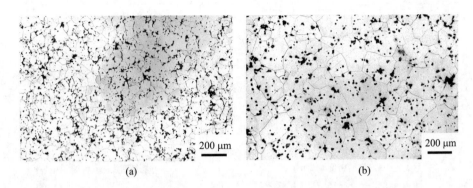

图 14-7　Fe-0.45P 在 1150 ℃(a) 和 1250 ℃(b)烧结后之金相[9]

（3）润滑剂。在比较硬脂酸锌、硬脂酸锂、阿克蜡（EBS，Acrawax）及 Kenolube 四种润滑剂对 Fe-0.45P 材料磁性质之影响方面，虽然除了阿克蜡之外之润滑剂均有微量残留物，但不论是改变烧结温度或烧结时间，这四种润滑剂对材料的磁性质都没有明显的优劣之分[9,10]。

（4）烧结气氛。由于碳、氮会对材料之磁性质造成恶劣的影响，所以含氮气氛较不理想，图 14-5 为 Fe-0.45P 在分解氨及氢气中烧结后磁性质之比较，在此两种烧结气氛中氢气之效果较佳，此乃因分解氨将使 Fe-0.45P 中之氮含量提高之故。有时为了除去材料中的碳，会在脱脂区之气氛中加入微量水汽，但若烧结区中之水汽也高时将对材料造成不利之影响，特别是 H_c 及 μ_m[9]。图 14-8 显示对于低密度之 Fe-0.45P 而言，其磁性质在蒸汽处理后均大幅降低[9]，此主要是因孔隙多且互相连通，水蒸气可进入坯体内部与铁产生氧化反应，但当密度提高至 7.35 g/cm³ 时，其磁性质已不受蒸汽处理之影响，所以若 Fe、Fe-P、Fe-Si 等铁系磁性材料必须作蒸汽处理以防锈或提高硬度、强度时，其密度必须在 92%（7.23 g/cm³）以上，亦即坯体内部之孔隙均已为封闭孔时。

14-3　硬磁材料

硬磁材料是指当外加之磁场消失后仍能保持相当大之残留磁性之磁体，此类磁体之代表性材料由以往至今分别为：马氏体→铝镍钴（Alnico）→铁氧体（ferrite）→钐钴（SmCo）→钕铁硼（Nd-Fe-B），这些材料之最大磁能积 $(BH)_{max}$ 如图 14-9 所示随年代之增加而急速上升，所以工件所占之体积越来越小，也因此能广泛地进入各种轻薄短小之民生用品。硬磁材料的特点如下：

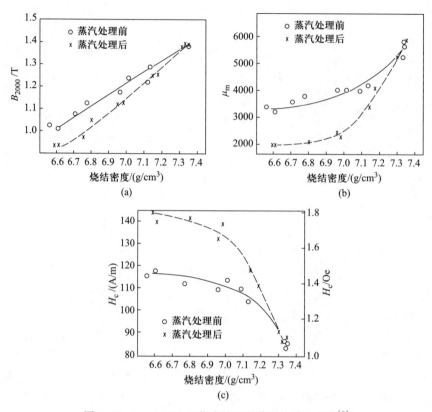

图 14-8　Fe-0.45P 经蒸汽处理后其磁性质之变化[9]

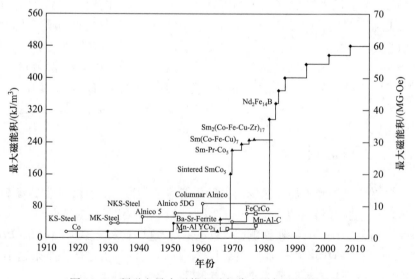

图 14-9　硬磁之最大磁能积随年代之增加而迅速上升

（1）矫顽力（H_c）高，一般为 100~1000 Oe，Nd-Fe-B 则可至约 12000 Oe。

（2）具有高饱和磁感应强度 B_s 及残留磁感应强度 B_r。

（3）最大磁能积 $(BH)_{max}$ 相当高，Nd-Fe-B 之 $(BH)_{max}$ 理论上可达 64 MG·Oe。

若以材料来分，硬磁可分为：

（1）金属磁石，如碳钢、铝镍钴等。

（2）稀土磁石，如钕铁硼、钐钴等。

（3）铁氧体磁石，如钡系、锶系铁氧体。

（4）复合磁石。

兹将最常见之铝镍钴及稀土磁石作进一步之说明如下。

14-3-1　铝镍钴

铝镍钴磁石之工艺有铸造法及粉末冶金法两种，在粉末冶金法中粉末之来源有三种：① 将铸造好之 Al-Ni 或 Al-Ni-Co 合金打碎成粉；② 采用各元素粉，将之混合；③ 一部分采用铸造合金粉，如 Fe-Al 粉，而另一部分采用元素粉。为了防止铝在工艺中氧化，其中又以第三种方式最多，此工艺如图 14-10 所示，首先将 Fe-Al 合金粉、镍粉及钴粉等过筛取得 −200 目之部分，将之与润滑剂混合，然后在 300~1000 MPa 下成形。生坯先在 1200~1300 ℃ 之氢气或真空中烧结，然后再于 1200~1300 ℃ 之氢气或氮氢混合气中作固溶均质化处理，处理后以 1~5 ℃/s 之冷却速率于磁场中冷却，接着于 500~800 ℃

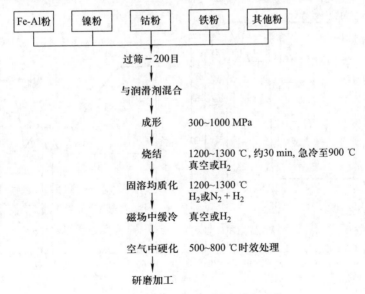

图 14-10　铝镍钴磁石之粉末冶金工艺

之空气中作硬化处理，最后再予以加工。表 14-3 为相当普遍之异方性 Alnico
5 磁石以铸造及粉末冶金两种工艺制作时所得磁性之比较[12]。

表 14-3　以粉末冶金及铸造两种方式所制得异方性 Alnico 5
（美国之 Alnico 以 1~9 分类）磁石磁性之比较[12]

工艺	成分/%					磁性能			密度/
	Al	Ni	Co	Cu	Fe	B_r/G	H_c/Oe	$(BH)_{max}/(MG \cdot Oe)$	(g/cm^3)
粉末冶金	8	14	24	3	余	10400	600	3.60	7.0
铸造	8	14	24	3	余	12500	620	5.25	7.3

14-3-2　稀土磁石

　　稀土磁石主要包括 Co_5Sm、$Co_{17}Sm_2$ 及 Nd-Fe-B 三种系列。此三种磁石之
磁性均非常强，其中以 Co_5Sm 之 H_c 最强，而 Nd-Fe-B 之 B_r 及磁能积值最大。

14-3-2-1　SmCo 系列

　　Sm-Co 之相图如图 14-11 所示[13]，对于 Co_5Sm 而言，Sm 之含量应在

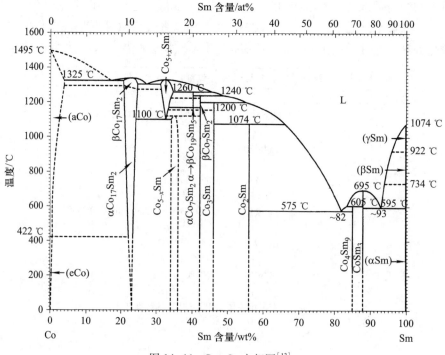

图 14-11　Sm-Co 之相图[13]

33%~36% 之间，而对于 $Co_{17}Sm_2$ 而言，Sm 之含量应在 23%~26% 之间，有时可添加 8%~20% 之 Fe，4%~15% 之 Cu 或 1%~3% 之 Zr 以增加矫顽力及残留磁感应强度。

SmCo 系列磁石之工艺如图 14-12 所示，首先将熔融之合金以粉碎机打碎，再与所添加之元素粉在球磨机或研磨机 (attritor) 中磨成接近单磁畴之 2~5 μm 之粒径，为了避免反应性高之稀土元素氧化，此步骤需在惰性气氛或溶剂中进行。

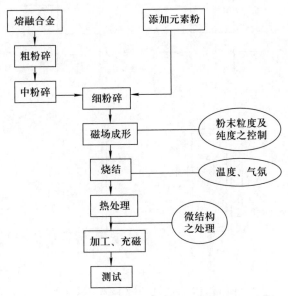

图 14-12　SmCo 磁石之工艺及影响磁性之重要参数

研磨后之粉多在磁场中成形，如图 14-13 所示：(a) 成形方向与磁场 H 平行；(b) 成形方向与 H 垂直；(c) 以脉冲式磁场 H 将粉末排列后再冷等静压。其中之 (a) 法因磁粉排列好后，会被成形压力破坏，故压力不可过高，其成品之磁性也较差，适合成形圆片、圆环等简单之形状，但一般商品中以环状磁石最多，故 (a) 法仍最为普遍。第二种成形法则因磁场排列方式不易成形圆柱体，但其磁能积较高。而第三种方法之磁能积最高，适合做大型工件。一般此类成形磁场之强度多在 15000 Oe 之上。成形后之生坯多采用液相烧结法将坯体致密化，此液相烧结之方式有两种，第一种为将含 Sm 较少之 SmCo 合金与含 Sm 较高之 SmCo 合金混合，由图 14-11 之相图可知含 Sm 较高时之熔点较低，可生成液相。第二种方法乃添加微量之多余 Sm，使烧结时材料之成分位于固相线上方，使产生超固相线液相烧结 (supersolidus liquid phase sintering)。此两种烧结一般多在真空或氩气气氛中进行，采用真空烧结时部分之 Sm 将蒸发，而采用氩气烧结时则成本较高，但亦可采用混合式烧结，亦即低温时采用真空，而高温时采用氩气，或是采用氩分压以避免上述之缺点。

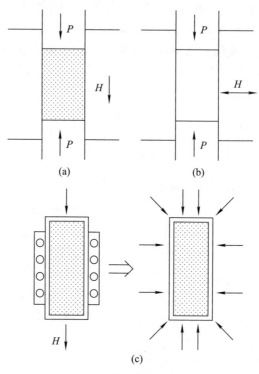

图 14-13　在磁场中成形之三种方式

　　烧结后之坯体必须均质化以将所添加之元素溶入基体，然后将之急速冷却使成过饱和，再予以时效处理，使过饱和元素产生化合物析出于基体中，此析出物能有效地阻挡磁畴之移动，提高矫顽力。热处理完后之磁石不具磁性，需以 15 kOe 以上之磁场予以充磁，若需要较高之自身矫顽力 H_i（intrinsic H_c），则其外加之磁场也必须较大。

14-3-2-2　Nd-Fe-B 系列

　　硬磁中性能最好、应用最广的为 Nd-Fe-B 系列，它是以 $Nd_2Fe_{14}B$（以质量比换算约相当于 26.7Nd-72.3Fe-1.0B）化合物为主要基体（>80%），再加上一些富 Nd 相及富 B 相。其 $(BH)_{max}$ 的理论值可达 64 MG·Oe，有时可添加一些 Al、Co、Dy、Mo、Nb 等元素以提高其矫顽力。

　　Nd-Fe-B 硬磁之工艺与 $SmCo_5$ 相近，其粉末之来源有二，第一种为熔炼法，乃将 Fe-B、Nd 或 Nd-Fe 共晶合金于感应电炉中熔融后利用快速凝固之方式（rapid solidification process，RSP），将熔融之 Nd-Fe-B 液浇在快速旋转之水冷却铜轮上，如此可得到一薄金属带，由于冷却速度快，可避免 α-Fe 的生成，且晶粒较细，有利于磁性。此薄带质脆，将之粉碎即得粉末，俗称 MQ 粉，此 MQ 粉可再经充、放氢处理之氢破碎（hydrogen decrepitation）及涡流磨（jet milling）使得到更细之粉（2~5 μm），以使粉体接近单磁畴之大小，然后才经热压、热锻方式制成成品。此外，亦可将此粉与橡、塑胶混炼后以注射或挤出之方式制成形状复杂之工件。而第二种方法乃将 Nd_2O_3、Fe、Fe-B 粉与 Ca 混合，压成薄片，在 800~1200 ℃还原，其反应式如下：

$$15Nd_2O_3 + 144Fe + \frac{4}{15}Fe_{40}B_{60} + 45Ca \longrightarrow 2Nd_{15}Fe_{77}B_8 + 45CaO \qquad (14-1)$$

此反应物经粉碎、除钙、水洗后即可得到 NdFeB 粉，又称为 RD（reduction-diffusion）粉，此粉较便宜，易于保存，但氧及钙之含量较高，制造技术较困难。

粉碎后之粉必须在磁场中成形，成形方式与 SmCo 系列相同。成形后之坯体在 1000~1200 ℃之真空炉中烧结，利用液相烧结将坯体致密化至 97%以上，所得之烧结体需于 500~900 ℃之间作热处理，消除晶界缺陷，以得到高 H_c 值及高 $(BH)_{max}$ 值。烧结后之坯体常再予以加工、研磨以得到所需之外形，不过以一般之高速钢或硬质合金加工时，刀具磨耗非常快，所以一般需使用金刚石刀具或以线切割的方式加工。此外，由于 Nd-Fe-B 磁石中含有大量的铁，而晶界中又含有大量之钕，故很容易产生腐蚀问题，一般成品多需进行镀镍或电泳涂装等表面处理。也由于其抗氧化性差，所以从熔炼、制粉、成形到烧结的过程均需在保护气氛中进行。

参考文献

[1] T. Maeda, H. Yoyada, N. Igarashi, K. Hirose, K. Mimura, T. Nishioka, and A. Ikegaya, "Development of Super Low Iron-loss P/M Soft Magnetic Material", SEI Tech. Rev., 2005, No. 60, pp. 1-7.

[2] H. Shokrollahi and K. Janghorban, "Soft Magnetic Composite Materials (SMCs)", Materials Processing Technology, 2007, Vol. 189, pp. 1-12.

[3] D. T. Hawkins, *Metals Handbook*, 8th ed., Vol. 8, Metallography, Structures and Phase Diagrams, ASM, Metals Park, Ohio, USA, 1973, p. 304.

[4] K. H. Moyer and J. Ryan, "Extending the Usage of Phosphorus Iron P/M Parts for Magnetic Components", Progress in Powder Metall., 1986, Vol. 42, MPIF, Princeton,

NJ, pp. 435-455.

［5］ J. A. Bas and J. Puig, " High Density Sintered Magnetic Materials in Automotive Applications", Metal Powder Report, 1988, Vol. 43, No. 11, pp. 732-736.

［6］ *Materials Standards for Metal Injection Molded Parts*, MPIF Standard 35-MIM, 2018 ed., MPIF, Princeton, NJ.

［7］ M. J. Dougan, " An Introduction to Powder Metallurgy Soft Magnetic Components: Materials and Applications", Powder Metallurgy Review, 2015, Vol. 4, No. 3, pp. 41-50.

［8］ 加藤哲男、草加胜司、加藤俊宏, "烧结 Fe-Ni 合金の磁気特性について", 电气制钢, 1977, Vol. 48, No. 4, pp. 257-264。

［9］ K. S. Hwang and K. H. Lin, "Effect of Sintering Parameters on the Magnetic Properties of Fe-0.45%P Sintered Materials", Powder Metall., 1992, Vol. 35, No. 4, pp. 292-296.

［10］ L. I. Frayman, D. R. Ryan, and J. B. Ryan, "Modified P/M Soft Magnetic Materials for Automotive Applications", Int. J. Powder Metall., 1998, Vol. 34, No. 7, pp. 31-39.

［11］ 林光鸿、黄坤祥, "润滑剂对 Fe-0.45%P 软磁之工艺与磁性质之影响", 材料科学, 1992, 24 卷 4 期, 211-217 页。

［12］ J. W. Fiepke, "Permanent Magnet Materials", ASM Int. Handbook Committee, *Metals Handbook*, 10th ed., Vol. 2, *Properties and Selection: Nonferrous Alloys and Special-Purpose Materials*, ASM Int., Materials Park, Ohio, USA, 1990, pp. 782-803.

［13］ H. Baker (ed.), *ASM Handbook*, Vol. 3, *Alloy Phase Diagrams*, ASM Int., Materials Park, Ohio, USA, 1992, p. 2·148.

作业

1. 制作 Fe-0.45P 时添加 Fe$_3$P 比添加纯 P 好, 理由何在?
2. 使用于软磁之羰基铁粉必须先经氢气或分解氨退火, 原因何在?
3. 制作 Alnico 硬磁时若使用纯 Al 粉会有哪些缺点?
4. 在软磁之各个特性中哪一个对工艺参数或原料特性最为敏感? 为什么?
5. 制作软磁及硬磁时常用液相烧结, 其优点为何? 缺点为何? 此缺点又要如何克服?
6. Nd-Fe-B 磁石由纳米粉末制作有何困难? 有无必要?

第十五章
铜、钛、铝

15-1　前言

在非铁材料系列中以铜系为最多，而铜系中又以纯铜、青铜（bronze）、黄铜（brass）、锌白铜（nickel silver）之应用最广。青铜之主成分为铜、锡，有时会加入石墨、铅及铁；黄铜为铜、锌合金；而锌白铜则为铜、锌、镍之合金。一般粉末冶金铜系合金之用量约为铁系之1/10，其中纯铜大部分用在散热模组方面，青铜大部分用在自润轴承（self-lubricating bearing）方面。其他较常用的非铁材料则有铝、钛、钼、钨等，铝取其密度低、散热佳，也多数用于与散热及减重有关之领域，由于铝压铸工艺成本低，又能制作三维形状之工件，故粉末冶金工艺在铝方面之应用相当少；钛则取其轻、强度佳、抗蚀性好之优点，多用于航天、医疗及化工结构件；钼及钨因其热膨胀系数小，与半导体用之硅相近，且热导率仍有铜之1/3，故常用于电子相关零件；而钨之另一主要应用为与高密度相关之工件，如配重块及手机中之振动子等。兹将这些非铁金属之特性及粉末冶金工艺分别在第十五章（铜、钛、铝）及第十六章（钼、钨）予以说明。

15-2　纯铜

铜之导热、导电性佳，所以其粉末冶金工件之应用也几乎与此有关，如热导管、蒸汽室均温板、散热片等，图 15-1 即为注射成形之散热鳍片（heat sink）及热导管内之多孔铜结构。以下针对纯铜之机械、物理性质及工艺作一介绍。

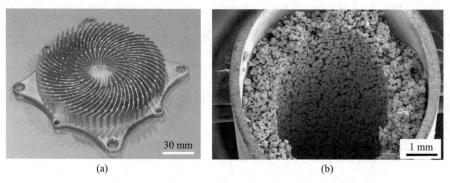

(a) (b)

图 15-1　（a）纯铜 MIM 散热片（艾姆勒车电公司提供）；（b）热导管内之多孔铜结构

15-2-1　铜之物理及机械性质

周期表中各常见元素之热导率由高至低依序为银、铜、金、铝、铍、钨、镁、钼、锌、铁，如表 15-1 所示。由于电子产品常有散热问题，因此常使用纯铜制作散热零件，若这些零件之形状为二维时，可用挤制或干压烧结工艺制作，若形状复杂时则可使用机械加工、铸造或注射成形工艺，由于干压及注射成形拥有净形的优势，所以粉末冶金工艺在散热之应用上有其竞争力。

纯铜的导热性与导电性几乎是完全成正比，所以厂商常以较易量测的导电度来比较工件的导热性。对高纯度之无氧铜（oxygen free copper）而言，其导电度可达 103% IACS［International Annealed Copper Standard for conductivity，在 20 ℃时，100% IACS 所对应之电阻率（resistivity）为 17.242 nΩ · m］，但由于铜粉表面有氧，工艺中亦会有微量其他金属之污染，特别是被 P、Si、Fe 污染时，纯铜之导电性将急速下降（热传导性亦同），电阻率则急速上升，如图 15-2 所示[3,4]。此外，粉末冶金成品之密度一般均不到 100%，所以铜零件之导热性无法达到铸、锻件之标准，若要提高导热性，可从下列几项着手：

表 15-1   周期表中导热较佳及较常用元素之密度、热导率、热膨胀系数、导电度及电阻率[1,2]

元素	密度/ (g/cm³)	热导率/ [W/(m·K)]	热膨胀系数/ [μm/(m·K)]	导电度/ % IACS	电阻率/ (nΩ·m)
银	10.49	429	18.9	105	15.87
铜	8.96	401	16.5	103	16.78
金	19.3	318	14.2	73.4	22.14
铝	2.70	237	23.1	65	28.2
铍	1.85	200	11.3	40	36.0
钨	19.25	173	4.5	32	52.8
镁	1.738	156	24.8	38.6	43.9
钼	10.28	138	4.8	34	53.4
锌	7.14	116	30.2	28.3	59.0
铁	7.87	80.4	11.8	17.6	96.1
镍	8.91	90.9	13.4	24.2	69.3

（1）使用高纯度之粉末，确定氧含量（<0.2%）及其他金属元素之含量非常低。

（2）工艺中尽量缩短与金属件摩擦之时间以防铁之污染，特别是在混合及成形阶段。

（3）在原料之储存方面，需尽量放在湿度低且温差变化小之处，而贮存袋或贮存桶在开封后需将干燥剂放入，不然以台湾湿热的气候，特别是夏天，非常容易发生氧化之现象。

（4）原料应有长时间不氧化之特性，有些厂商在铜粉制造过程中会添加一些高分子添加物使在铜粉表面形成保护膜，有时亦会在包装袋中充填氮气。

表 15-2 为 MPIF 标准中纯铜之热导率及机械性质[5,6]，其热导率可达无氧铜的九成左右，但强度、硬度的规范则相当低，此乃因粉末冶金铜零件的形状复杂，无法像铸、锻件可靠冷加工造成加工硬化而提高其抗拉强度及硬度。若以添加合金元素之方式虽可借固溶强化改善此缺点，但将丧失纯铜导电、导热

性优异之特性。目前较佳的解决方案是采用弥散强化，最典型的例子为使用氧化铝弥散强化铜粉，其工艺将在 15-3 节中介绍。

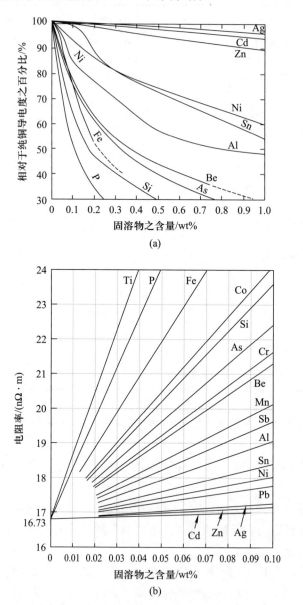

图 15-2　随着合金元素含量的增加，铜的导电度(a)急速下降[3]，
电阻率(b)急速上升[4]

表 15-2　MPIF 标准中干压及注射成形纯铜试片之物理及机械性质[5,6]

代号	铜含量	密度/ （g/cm³）	25 ℃时之 热导率/［W /（m·K）］	抗拉强 度/MPa	屈服强 度/MPa	延伸率/ %	硬度/ HRH
C-0000-5(干压)	>99.8%	8.0	—	160	40	20	25
C-0000-7(干压)	>99.8%	8.3	—	190	60	25	30
MIM-Cu(注射)	>99.8%	8.75	360	207	69	30	—

15-2-2　铜之粉末冶金工艺

铜的粉末冶金工艺大致上有两种，一为制作多孔体的松装烧结工艺，另一种则为制作高密度工件的干压工艺，兹分述如下。

15-2-2-1　松装烧结工艺

铜粉之一大应用是热导管，其制作属于松装烧结（loose powder sintering），在此方法中铜粉不需压结，只需将铜粉倒入治具中，然后连同治具一起进炉烧结。图 15-3 为制作热导管之治具，其芯棒由不锈钢制作，插入无氧铜管中后即形成一间隙，将水雾化铜粉以振动之方式填入此缝隙后，将此整组组合件以直立状态送进批次炉、网带式炉或推式炉中，于氢气或分解氨中烧结。烧结后将芯棒抽出，将下端焊死，然后注入水并抽真空，最后将上端焊死而成一封闭

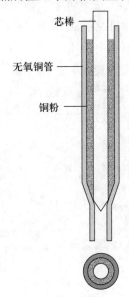

芯棒

无氧铜管

铜粉

图 15-3　热导管之松装烧结组合图

系统之热导管。

要充分发挥热导管之散热效率的话，在铜粉之选择上其氧含量要低、杂质要少，以提高粉末本身之热导率，此也可避免烧结时铜粉产生膨胀导致芯棒无法拔出之现象（见15-2-2-4节）。在粉末形状上需使用不规则的水雾化粉，以产生足够之孔隙供水之输送，此也可减少铜粉之使用量，使成本降低。

在粒径上，当粒径小时所产生孔隙之直径也小，所以其毛细力将较大，如下式所示：

$$\Delta P = -4\gamma\cos\theta/d \tag{15-1}$$

式中：ΔP 为水在孔隙中之毛细压力；γ 为水之表面张力；θ 为水在铜表面之接触角；d 为孔隙直径。此毛细力可将水由冷却端送至加热端，但由于孔径小，阻力大，所以输送速度并不快，亦即其渗透性（permeability）不佳。当所用铜粉较粗时，孔径大，水通过时之阻力小，所以渗透性好，如下式所示，但也因孔径大所以毛细吸力小。

$$K = cd^2\varepsilon^3/(1-\varepsilon)^2 \tag{15-2}$$

式中：K 为渗透率；c 为一与孔洞形状有关之常数；ε 为孔隙率。

由式（15-1）及（15-2）可知除了粉末之形状外，粉末粒径是决定渗透率及毛细力之主要参数，对热导管而言，渗透率及毛细力均要越大越好，但粒径大时虽渗透性好，其毛细力却小，反之亦然，所以应找出一最佳值。在实务上，如何达到最佳散热效率可用水在多孔铜棒中的移动速率来模拟，例如将铜粉烧结棒直立在一浅水盘中，此时水将往上移动，图15-4即为水在三个含有不同孔径之直立铜粉烧结棒中的爬升速率[7]。由此图可看出使用 $D_{50}=128~\mu m$ 的粗粉时，水的爬升速率比使用 $D_{50}=92~\mu m$ 或 $D_{50}=65~\mu m$ 的粉快，也即对热导管

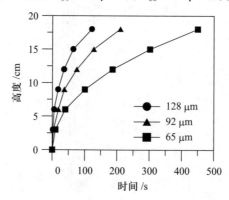

图15-4　使用 D_{50} 分别为 128 μm、92 μm 及 65 μm 的铜粉之吸水速率

而言，粗粉之表现较佳，一般而言，最佳之 D_{50} 在 120 μm 左右。

15-2-2-2 干压工艺

在干压工艺方面，成形时应使用适中的压力，如 200~300 MPa，当压力过大时一些空气将被憋在封闭孔内，烧结时这些空气因温度升高而膨胀，此将使得产品破裂或形成火山口般之缺陷，而产品内之氧含量也将过高。当成形压力太低时则烧结后密度不足，使得导电度也因而过低。此外，选择润滑剂时可使用硬脂酸锂，因为其中之锂原子活性高，可与氧原子结合，使氧不易形成氧化铜或固溶入铜中而影响导电、导热度。

15-2-2-3 烧结工艺

烧结时可在 900~1060 ℃ 中进行，并使用氢气或分解氨，以降低氧含量。由于烧结温度低，一般多以网带式炉烧结，不宜以真空炉烧结，此乃因润滑剂或黏结剂在真空炉中分解后较易有残留碳，这些碳无法固溶入铜粉中，所以将阻隔于铜粉间而妨碍烧结，使得烧结密度稍低。相对地，在含氢气氛中，碳可与氢反应成甲烷而烧除，故烧结后之密度可在 92%~96% 之间，而导电度可达90% IACS，若再经二次加压，可使密度达到 97%，经退火后其导电度可达95% IACS。

15-2-2-4 铜粉与气氛之反应

铜粉本身除了纯度要高以外，其氧含量要越低越好，不然氢将与氧反应生成水汽，此水汽多聚在晶界上，且无通道可逸出，当温度升高至烧结温度时其压力将过大而撑开晶粒，造成坯体的膨胀[8]，图 15-5(a) 为氧含量高达 0.47% 的铜粉放入氢气中在 1050 ℃ 保温 1 h 后之外观，在粉末表面的晶界上可看到明显的裂纹。在图 15-5(b) 的剖面金相中亦可看到晶粒与晶粒不再紧密相连，晶粒间有明显的裂纹。

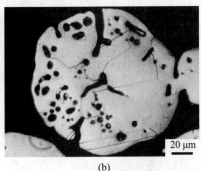

图 15-5　氧含量高达 0.47% 的铜粉放入氢气中在 1050 ℃ 保温 1 h 后之外
观(a)及剖面(b)(林岳儒摄)

要解决铜粉膨胀的问题可用低氧含量之铜粉，图 15-6 为氧含量仅 0.19% 的铜粉以相同步骤加热后之外观，粉末表面并无裂纹。另一种缓解膨胀效应的方法是放慢升温速率，使氧与氢有足够的时间在孔隙仍保持互通状态时即反应完毕，使工件进入烧结第三期，亦即互通孔转为封闭孔时，氧均已耗尽、孔内均无水汽。此外，也可使用不含氢的气氛如真空或氮气，图 15-7 即显示在真空中烧结的铜粉其外观相当完整，此表示无氢气时水汽不会产生，也就无膨胀效应，但如前所述，真空气氛会导致脱脂时残留一些碳而影响烧结。

图 15-6　氧含量仅 0.19% 的铜粉放入氢气中在 1050 ℃保温 1 h 后之外观（林岳儒摄）

图 15-7　氧含量高达 0.47% 的铜粉在真空中以 1050 ℃烧结 1 h 后之外观（林岳儒摄）

15-3　弥散强化铜

由于铜之强度差，虽然可靠冷加工来提高其抗拉强度及硬度，但若经 300 ℃

以上之热工艺，如焊接、退火等，其强度又随即丧失。而以添加合金元素之方式虽可改善此缺点，但却又丧失了纯铜导电、导热性质优异之特性。所以目前常用的方式是以添加氧化物来改善铜之强度，最典型的例子为氧化铝弥散强化铜，其制法为将铝固溶入铜之后喷成铜铝合金粉，将此合金粉置入加热炉内，通入氧化气氛，以内部氧化(internal oxidation)之方法将合金粉内之铝反应成氧化铝，并均匀散布在基体内，然后将此粉置入一铜罐中，经封罐并加热至925℃后以挤制机将之挤成具100%密度之铜棒，最后将表面之铜罐皮层切削去除即可得到成品[9]。以此方法所得之弥散强化铜兼有高导电度、高导热性及高硬度，在650℃以上才会明显软化。

表15-3为铜与三种此类合金之机械及物理性质。此种具弥散强化机构之氧化铝/铜之复合材料常用于焊接用之电极头(因一般之铜电极头在焊接时易因高热而软化成香菇状)、电子组件(制作过程中一般之铜常因硬焊之高温工艺而软化)等。

表 15-3　氧化铝弥散强化铜之性质

特性	Unified Numbering System(UNS)合金代号			
	C10200	C15710	C15720	C15735
氧化铝含量/wt%	0	0.2	0.4	0.7
导电度/% IACS	101	90	89	85
热导率/[W/(m·K)]	391	360	353	339
热膨胀系数/[10^{-6} m/(m·K)](20~300℃)	17.7	19.5	19.6	20
硬度	45 HRF	60 HRB	74 HRB	77 HRB
抗拉强度/MPa(退火状态)	220	325	470	485

15-4　青铜

铜系材料之使用量以青铜最多，在市场方面以自润轴承为大宗。青铜自润轴承之密度在5.6~7.4 g/cm³之间，而含油量在27~9 vol%之间，压环强度(crushing strength，大陆称压溃强度，测试方法见18-11节)则在70~280 MPa之间。表15-4为美国MPIF青铜系材料之成分规格，以及制成自润轴承后之压环强度、含油量及含油后之密度[10]。

表 15-4 MPIF 所订青铜自润轴承之规格[10]

材料	代号	元素	化学成分/wt%		最低值[a]		含油量[g]/	含油后之密度/(g/cm³)[a,b]	
					压环强度				
			min.	max.	10³psi	MPa	vol%	min.	max.
低石墨青铜	CT-1000-K19	Cu	87.2	90.5	19	130	24[e]	6.0	6.4
		Sn	9.50	10.5					
		石墨	0	0.3					
		其他[d]	0	2.0					
	CT-1000-K40	Cu	87.2	90.5	40	280	9	7.2	7.6
		Sn	9.5	10.5					
		石墨	0	0.3					
		其他[d]	0	2.0					
中石墨青铜	CTG-1001-K17	Cu	85.7	90.0	17	120	22[f]	6.0	6.4
		Sn	9.5	10.5					
		石墨	0.5	1.8					
		其他[d]	0	2.0					
	CTG-1001-K34	Cu	85.7	90.0	34	230	7	7.2	7.6
		Sn	9.5	10.5					
		石墨	0.5	1.8					
		其他[d]	0	2.0					
高石墨青铜	CTG-1004-K10	Cu	82.8	88.3	10	70	11[h]	5.8	6.2
		Sn	9.2	10.2					
		石墨	2.5	5.0					
		其他[d]	0	2.0					
	CTG-1004-K15	Cu	82.8	88.3	15	100	[c]	6.2	6.6
		Sn	9.2	10.2					
		石墨	2.5	5.0					
		其他[d]	0	2.0					

[a] 此值为完工后之状况。[b] 含浸油之密度为 0.875 g/cm³。[c] 在含 5 wt%石墨且密度达 6.6 g/cm³ 时之含油量非常少，而含 3 wt%石墨且密度在 6.2~6.6 g/cm³ 时之含油量最少要有 8 vol%。[d] 含铁量最多为 1 wt%。[e] 当含油量最低为 27 vol%时，密度应在 5.8~6.2 g/cm³ 之间，此时之压环强度之最低值为 105 MPa。[f] 当含油量最低为 25 vol%时，密度应在 5.8~6.2 g/cm³ 之间，此时之压环强度之最低值应为 90 MPa。[g] 最低含量随密度上升而下降，显示值是在密度上限。[h] 含 3 wt%石墨时，含油量至少要有 14 vol%。

一般的青铜自润轴承除了铜与锡之外，亦添加了石墨，铜与锡生成合金，提供轴承所需的强度及抗腐蚀性，而石墨及润滑油则提供了润滑功能。由于石墨在铜及锡或青铜内并无固溶度，所以加入石墨时，青铜轴承的强度不但无法提高，反而会降低。表 15-4 中的青铜均含约 10%锡，但以石墨含量分为低、中、高三类，CT-1000-K19 轴承仅含 0%～0.3%的石墨，其密度规格约 6.2 g/cm^3，压环强度需在 130 MPa（19000 psi）以上，故其代号后面加注了 K19。当石墨添加量提高至 0.5%～1.8%，且密度不变时（CTG-1001-K17），其最低压环强度值即降低至 120 MPa（17000 psi）。当石墨含量继续增加至 2.5%～5.0%（CTG-1004-K15）且密度增加到 6.4 g/cm^3 时，其最低强度值仍继续降低至 100 MPa（15000 psi）。

如上所述，石墨量增加至 0.5%～1.8%时，将稍微降低轴承的强度，但因为能提高润滑性及抗磨耗性，所以反而可提高操作时的荷重及转速。当石墨含量继续增加至 3%以上时，因润滑性好，噪音将明显降低。另一个影响轴承之机械及润滑性质的重要因素是密度，例如当 CT-1000-K19 青铜之密度由 6.2 g/cm^3 提高至 7.4 g/cm^3 时（CT-1000-K40），其强度可达 280 MPa（40000 psi），延性也变好，可承受较大的负重，但由于密度提高，其最低含油量的规格也会跟着由 24 vol%降至 9 vol%，所以适用的转速范围却降低了。所以选择轴承时需同时考虑材料的强度、密度（含油量）及石墨含量，并找出其适用之荷重及转速。

由于铜的成本高，业者也提供了以铁为主的轴承，例如 FCTG-3604 中含有约 36%的铜、4%的锡及 0.9%的碳，余为铁，但其中固溶入铁的碳必须低于 0.5%。又如 FDCT-1802 中的铁高达约 80%，而 FC-0200 及 FC-1000 中也仅各含约 2.7%及 10%的铜，F 系列中的铜在 1.5%以下，而 FG 铁-石墨系列则完全无铜。

15-4-1 粉末之选择

兹以制作 Cu-10Sn 青铜轴承为例，其工艺乃先将 Cu 粉及 Sn 粉混合，有时会添加 Pb、Zn、Fe 或石墨粉，然后在约 300 MPa 之压力下成形，烧结温度在 750～850 ℃之间，使之成为均匀的 α 青铜组织，如图 15-8 之相图所示[11]。而烧结气氛可使用分解氨或 N_2-$5H_2$ 混合气。由于锡粉之熔点为 232 ℃，所以在升温时熔融之锡将渗入铜粉间之空隙，并在原位置留下大孔，而流窜至四处之锡在烧结过程中将扩散入铜粉内，形成合金。此种以混合粉方式制作之轴承由于锡粉之分布不易均匀，其压环强度较低，但因使用元素粉所以易成形且成本也低。

另一种作法是使用成本较高之 Cu-Sn 预合金粉（prealloyed powder），其成形压力要稍高些，但烧结成品之强度较佳，而孔隙大小之分布亦较均匀。此外，亦有些厂商将元素粉与预合金粉混合以兼具两者之优点。亦有人使用部分

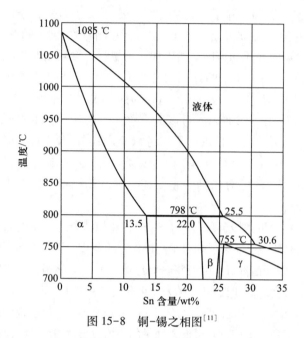

图 15-8　铜-锡之相图[11]

合金化粉，亦即扩散接合粉，此种粉乃将锡扩散接合在铜粉表面，故其成形性仍与混合粉相近，而锡粉亦不易到处飞扬造成环保问题，且由于不易偏析，使得烧结后之尺寸相当稳定。

15-4-2　烧结

青铜轴承之烧结温度在 750~850 ℃ 之间，属于液态烧结，其尺寸变化较大，若欲控制产品之尺寸，可借由升温速率、烧结温度、烧结气氛、粉末粒径、粉末为预合金粉抑或混合粉、生坯密度、润滑剂含量及石墨之含量等参数来控制。

兹以升温速率作一说明，图 15-9 为试片在 2 ℃/min 及 20 ℃/min 之升温速率下以热膨胀仪所测尺寸变化量（y 轴）与温度（x 轴）之关系[12]。在高升温速率下，当温度到达 232 ℃ 时，锡将熔解造成一平缓区，而在 798 ℃ 时因铜与锡产生包晶之液相（见图 15-8），尺寸急剧膨胀，随后在 800 ℃ 保温 30 min 时将渐渐收缩。相对地，在 2 ℃/min 之升温速率下，由于有足够的时间使铜、锡形成合金，所以在 232 ℃ 及 798 ℃ 均无明显之尺寸变化，到了 800 ℃ 且保温 30 min 后，其总收缩量较多。

高升温速率常在 798 ℃ 时造成异常膨胀，此使得每个零件之尺寸差异大，再现性不佳，且高升温速率无法将润滑剂完全烧除，会造成压环强度偏低之现

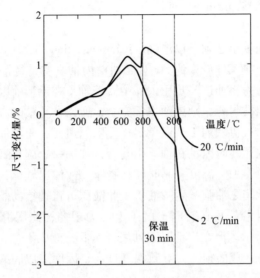

图 15-9 青铜在高升温速率下之尺寸收缩量较低升温速率者小[12]

象。相对地,当升温速率调慢时,虽尺寸稳定性佳,但烧结时间变长,导致成本之增加。除了升温速率之调整外,生坯密度高者其烧结收缩量将减少,此亦是可调整之参数。

在粉末方面,若使用混合粉时,因易产生液相,所以烧结温度多在 800 ℃以下,但使用预合金粉时因多在 800~850 ℃ 之间,属固相烧结,故尺寸较稳定,在机械性质上也因锡已预合金化,故强度、硬度较高。

此外,在不同气氛下烧结时,坯体尺寸之变化量亦相当不同,原则上氢含量高者(如分解氨)比氢含量低者(如 N_2+5H_2)之收缩量大。相同地,若原料粉因处理不当造成氧含量太高时,其烧结收缩量亦将减少(见 15-2-2-4 节),而氧含量低者活性高,烧结时之收缩量大。

原料粉中之锡粉越细时收缩也越多,此乃因细粉有助于合金化,使其效果与上述使用低升温速率之效果类似。

润滑剂及石墨粉会成为锡液流窜及扩散之障碍,亦即造成合金化之不易,使得收缩量降低。当然,除上述因素之外,提高烧结温度、延长烧结时间亦可增加收缩量,反之则减少。

15-4-3 自润轴承

由于自润轴承多安装在旋转装置中,其内径与轴之间的间隙需相当精确,而其外径亦需相当精准地紧配入轴承座(housing)中,所以绝大多数之轴承在烧结后均需予以精整(sizing)，使其内、外径之公差均在 0.01 mm 以下。而精整之方式可参考第 10-2 节。

　　精整后之自润轴承必须予以渗油(oil impregnation)(见 10-15 节)，其步骤与树脂含浸类似，将工件放入约 50 ℃ 之油槽内抽真空，待油进入孔隙后再通入空气，借大气压力将油进一步压入孔中。若轴承在渗油前因精整、加工等步骤使得表面之孔隙被封死，则渗油将不完全，所以在精整时应注意精整量，并尽量避免车削等二次机械加工，以免封住孔隙通道而有碍渗油。

　　此浸入之油在运转时因轴在轴承中旋转，如同一个旋转式真空泵，在某些部分将有真空现象，加上温度升高时油将膨胀，故渗出轴承，此时由于轴之旋转，会使轴与轴承间之油膜产生一液压，此液压可将轴抬高而使整个轴在一层油膜上运转。当机器停止运转时，由于毛细力现象，此润滑油又被吸回孔隙中，如图 15-10 所示。但在启动时因轴之转速低，液压不足，轴与轴承间将产生直接接触，此将造成磨损，并导致温度升高，因而造成润滑油之损失。

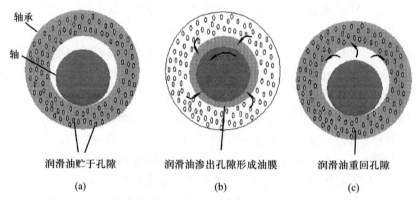

图 15-10　自润轴承中润滑油之润滑机构。(a)轴静止时；(b)轴旋转时；(c)轴停止转动时

　　一般而言，选择轴承之主要参数乃荷重压力(P)与转速(V)，以其乘积 PV 作为标准，此 PV 值依环境之不同而定，例如在①低转速或间歇性启动时，②轴之表面粗糙度太高或太光滑时，③使用散热不易之轴承座及散热环境不佳时，④使用黏度太高之润滑油时，及⑤荷重不均匀或两轴承间对心不良时。在这些情况下其 PV 值均应降低。此外，若选用强度较弱之青铜或铁系轴承时其荷重及转速应低些，若转速及荷重大时则应选用铁-铜-碳系之高强度轴承，如表 15-5 所示[10]。

表 15-5 烧结轴承之荷重压力（P）及转速（V）之建议值[10]

轴转速 V/(m/min)[b]	荷重压力 P/MPa[a]									
	CT-1000[c]	CT-1000 CTG-1001 CTG-1004	F-0000	F-0005	FC-0200	FC-1000	FC-2000	FCTG-3604	FG-0303	FG-0308
静止时	45	60	69	105	84	105	105	60	77	105
慢速及间歇性时	22	28	25	25	25	35	35	28	25	25
7	14	14	12	12	12	18	18	14	12	12
15~30	3.5	3.5	2.8	3.1	3.1	4.8	4.8	2.8	3.1	3.1
30~45	2.2	2.5	1.6	2.1	2.1	2.8	2.8	2.1	2.1	2.1
45~60	1.7	1.9	1.2	1.6	1.6	2.1	2.1	1.4	1.6	1.6
60~150	$P=\dfrac{105}{V}$	$P=\dfrac{105}{V}$	—	—	—	—	—	$P=\dfrac{85}{V}$	—	—
>60	—	—	$P=\dfrac{75}{V}$	$P=\dfrac{105}{V}$	$P=\dfrac{105}{V}$	$P=\dfrac{105}{V}$	$P=\dfrac{105}{V}$	—	$P=\dfrac{105}{V}$	$P=\dfrac{105}{V}$
150~300	—	$P=\dfrac{127}{V}$	—	—	—	—	—	—	—	—

成分		CT-1000[c]	CT-1000 CTG-1001 CTG-1004	F-0000	F-0005	FC-0200	FC-1000	FC-2000	FCTG-3604	FG-0303	FG-0308
Cu	min.	余	余	0	0	1.5	9.0	18.0	34.0	2.0	1.5
	max.			1.5	1.5	3.9	11.0	22.0	38.0	3.0	2.5
Sn	min.	9.5	9.5						3.5		
	max.	10.5	10.5						4.5		
Fe	min.	0		余	余	余	余	余	余	余	余
	max.	0.3									
石墨	min.		0.5								
	max.		1.8								
C（固溶）	min.			0.3	0.3	0	0	0	0.5	0	0.5
	max.			0.6	0.6	0.3	0.3	0.3	1.3	0.5	1.0

a P 乃轴承之长乘上内径之投影面积所承受之荷重压力。b V 为轴切线方向之速度。c 5.8~6.2 g/cm³。

15-4-4　过滤器

由于多孔材料对液体和气体的渗透性(permeability)良好(渗透性之测试请参考18-9节),可制成过滤器(filter),一般多用青铜或不锈钢。青铜系材料的制法为将某一特定粒径之青铜粉置入陶瓷或石墨模穴中,稍作振动使粉末充填均匀,然后在750~850 ℃之间进行松装烧结约30~60min,所使用之气氛可为分解氨或 N_2+5H_2。图15-11为各种青铜过滤器之外观,而表15-6则为不同粒径之青铜粉所制得之过滤器的孔隙度。例如以粒径为250~425 μm间之青铜粉所作出之过滤器,其孔隙度在12~25 μm之间。

图15-11　青铜过滤器之外观(育咏公司提供)

表15-6　不同粒径之青铜粉所制得过滤器之孔隙度

网目数	青铜粉之粒径范围/μm	所能通过之杂质粉末之最大粒径/μm
20~30	600~850	50~250
30~40	425~600	25~50
40~60	250~425	12~25
60~120	125~250	2.5~12

15-5　黄铜及锌白铜

黄铜(brass)常用于需兼具外观色泽及机械性质之工件,例如锁件等。其成分除了铜之外还有10%~30%之锌(见表15-7)[5],有时也加入一些铅以利车削,近年来由于铅有环保问题,所以已逐渐减少铅之添加。除了青铜及黄铜,另一种常见之铜系粉末冶金材料为锌白铜 Cu-Ni-Zn,最常用者为64Cu-

18Ni-18Zn(MPIF-CNZ1818)，其色泽与纯银相似，故俗称洋白(nickel silver)，其机械性质及抗腐蚀性亦佳，多用于装饰品，如镜架零件、小刀、乐器零件(图15-12)等。表15-8为黄铜之机械性质[5]。

表 15-7　常用粉末冶金黄铜之成分[5]

材料型号	化学成分/wt%				
	Cu	Zn	Pb	Sn	Ni
CZ-1000	88.0~91.0	余	—	—	—
CZP-1002	88.0~91.0	余	1.0~2.0	—	—
CZ-2000	77.0~80.0	余	—	—	—
CZP-2002	77.0~80.0	余	1.0~2.0	—	—
CZ-3000	68.5~71.5	余	—	—	—
CZP-3002	68.5~71.5	余	1.0~2.0	—	—
CNZ-1818	62.5~65.5	余	—	—	16.5~19.5
CNZP-1816	62.5~65.5	余	1.0~2.0	—	16.5~19.5

图 15-12　由锌白铜所制注射成形乐器按钮(豪俊公司提供)

黄铜及锌白铜之润滑剂以硬脂酸锂为主，因为硬脂酸锂有除氧之清净(cleansing)功能且烧结成品之强度、密度及延性均较一般之润滑剂佳，但若脱脂不当却容易在烧结后之工件表面留下斑点，所以一般不要超过 0.5%。若润滑性仍不足时可用硬脂酸锌补充之。黄铜之烧结范围在 760~925 ℃之间，锌含

表 15-8　黄铜之机械性质[5]

材料型号	密度/ (g/cm³)	屈服强度/ MPa	抗拉强度/ MPa	延伸率/ %	杨氏模量/ GPa	冲击值/ J	压缩屈服强度/ MPa	弯曲强度/ MPa	巨观硬度/ HRH
CZ-1000	7.6	70	120	9	80	20	80	270	65
	7.9	80	140	10	90	33	80	320	72
	8.1	80	160	12	100	42	80	360	80
CZP-1002	7.9	60	140	10	90	33	70	310	66
CZP-2002	7.6	90	160	9	85	37	80	360	73
	8.0	120	240	18	100	61	100	480	82
CZ-3000	7.6	110	190	14	80	31	120	430	84
	8.0	130	230	17	90	52	130	590	92
CZP-3002	7.6	100	190	14	80	16	80	390	80
	8.0	110	220	16	90	34	100	490	88
CNZ-1818	7.9	140	230	11	95	33	170	500	90
CNZP-1816	7.9	100	180	10	95	30	120	340	86

量多时温度较低，反之则较高。锌白铜因含镍所以烧结温度稍高，在 870~980 ℃ 之间，对锌白铜而言，目前最普遍之成分为 64Cu-18Ni-18Zn，有时加入 1.5%之铅(CNZP-1816)以利车削。黄铜及锌白铜中因含有挥发性极高之锌，在烧结中容易产生脱锌(dezinfication)之现象，故一般多使用预合金粉，而不用混合元素粉。但尽管如此，在烧结时仍需使用石墨或陶瓷盒盛放工件，并加盖钢片，或是放在石墨板上然后盖上不锈钢罩，使锌气氛一旦充满于盒内后，工件中之锌即不易继续挥发。但也不可完全密封，不然润滑剂分解后所产生之气体无法逸出，将使得脱脂不完全，所以必须有些开口。此外，将工件置于石墨盒中或石墨板上，亦可避免液态烧结时部分液体与网带直接接触而结合。假如脱锌严重时，工件表面将因含铜比例过高而无法得到原该有之色泽。

　　在烧结气氛方面以氢气及分解氨最佳，但一般之 N_2-H_2 混合气氛亦可，且因使用硬脂酸锂，露点之要求不高，烧结后由于黄铜之强度只有 100~250 MPa，所以可再用整形、再压之方法将密度再提高。

15-6　钛

由于钛及钛合金的密度小，只有 4.54 g/cm³，高温强度佳，抗腐蚀性好，机械性质也不错，所以常被用于严苛环境中。但钛合金的原料贵，而传统工艺几乎都需要靠机械加工将铸、锻材料加工至最后形状，所以浪费掉的材料相当多。此外，钛及钛合金的切削相当困难，所以粉末冶金工艺是一个能节省材料及加工成本的选项。不过由于钛粉价格至今仍无法大幅下降，而烧结设备也较一般铁系工件复杂且价昂，所以钛合金零件至今仍不普遍。尽管如此，市面上目前已有些钛合金产品，其中较为人知的是应用于汽车引擎中的进/排气阀，此工件乃含硼之钛合金，经由成形、烧结、挤制、锻造、加工、表面处理而成。而以注射成形所制作的医疗、航天工件及装饰品之使用量虽不大但仍能稳定成长。

钛的活性高，所以很容易与碳、氮、氧反应成碳化钛（TiC）、氮化钛（TiN）、氧化钛（TiO_2），此表示钛粉本身的碳、氮、氧含量必须低。一般而言，在各种常用之钛粉工艺中，以气雾化粉之氧含量最低，且其氯含量也较低，而氢化后脱氢（HDH）、Hunter、Kroll、电解法等方法所制之钛粉其氧及氯含量均较高[13]。钛粉之活性强，很容易在表面生成氧化钛层及氮化钛层，此表示粉末间的接触点均为陶瓷层，所以此时之烧结行为如同陶瓷粉之烧结一般，幸好氧在钛中的固溶度很高，在 1000 ℃ 以上时会渐渐融入钛粉内部，使得钛粉间仍能烧结。但尽管如此，钛粉表面仍具高活性，仍会与气氛中的氧、氮、碳反应，特别是当温度超过 1200 ℃ 时，所以钛之烧结应在高纯度氩气或高真空中进行，例如至少在 10^{-4} Torr 以上，使同时能有除气及避免氧化之效果。

在升温时由于有除气现象，真空度将变差，所以在真空度未达设定值（例如 10^{-3} Torr）之前应暂停升温，待真空度达到目标之后再继续升温。一般钛之烧结温度多在 1200~1350 ℃ 之间，时间为 2~4 h，视粉末之粒径而定。烧结炉中的加热器也最好是由钼或钨制成，而不是石墨，不然石墨与气氛中微量的氧或水汽反应成一氧化碳，进而与钛反应成 TiC。由于这些必要的条件，用来烧结钛的烧结炉多采用具有扩散泵的金属式高真空炉，其价格昂贵，再加上钛粉价格高，所以制作粉末冶金钛工件的成本并不低。

由于钛之活性高，所以摆放工件之载盘最好是氧化钇或氧化锆等非常稳定之氧化物，以减少载盘与钛之反应。而工件数量也应尽可能地多，此乃由于杂质来源之数量是固定的，工件多时，每个工件所受到之污染量就相对地少些。此外，为了使气氛中之残留氧不致与工件反应，有时可刻意将一些钛粉置于载盘上与钛合金工件一起进炉，由于粉末之表面积大，所以真空中大部分残留之氧及水汽会被钛粉吸附而达到脱氧(oxygen gettering)之功能，使得工件之清净度提高。

以上述方式烧结时其工件之密度约 95%，因此其机械性质比铸锻件稍差，特别是疲劳强度，但成本较低，所以可用于非航天之产业，或是用于与疲劳无关之零件。由于钛及钛合金对沟槽、孔洞之应力敏感度比不锈钢及铁镍合金高，所以当需要更高之密度时可将烧结后之零件施以热等静压处理，此时由于原烧结工件之密度已达 95%，无互通之孔洞，所以不需作封罐作业，直接热等静压即可。

常用的钛合金多为 α(hcp)+β(bcc)型，借由 α+β 的层状组织及 β 相之延性及韧性，其整体的机械性质相当好。此类型合金又以 Ti-6Al-4V 为代表，常用于航天业、高尔夫球具、生物医学领域如齿科材料方面，这些都是价格较高之产品，所以仍可负担钛合金的高制造成本。此 Ti-6Al-4V 合金中的 V 虽然是一个很好的 β 相稳定元素，能使钛在冷却至室温时不会完全转变成 hcp 结构的 α 相，但钒却不适合用于人体中，所以已逐渐被 Nb 及 Fe 取代，例如 Ti-6Al-7Nb(ASTM F1295-92，ISO 5832-11) 及 Ti-5Al-2.5Fe(ISO-5832-10)。

目前 ASTM 在钛及钛合金方面已有多项标准，如 ASTM F67、F136、F620、F1108、F1472、B348、B817，表 15-9 列出其中 ASTM B348、F67、F1472 及 B817 之规范，其中的 B348 为一般棒材及板材的规格，B817 则为传统粉末冶金干压成形材料之规格，而注射成形也已开始有一些外科手术用植入物的规格，如 F2885(针对 Ti-6Al-4V)(见表 15-9)、F2989(针对纯钛)及 WK35394(针对纯钛)，但最常被用来比较的仍是以 B348-09 最多。由表 15-9 中纯钛的规格可知氧含量扮演了重要的角色，例如在 B348 中当纯钛的氧含量(最大值)由 Grade 1 之 0.18%增加至 Grade 4 之 0.40%时，抗拉强度及屈服强度都增加了一倍多，只是延伸率由 24%降低至 15%，若氧含量继续增加时，延伸率将急速下降至个位数。所以有些钛合金特别限制其碳、氮、氧之含量，如 ASTM B348-09 中 Ti-6Al-4V-ELI(extra low interstitials)中氧含量即不可超过 0.13%，这些例子显示工艺中对氧之吸附应特别注意。

钛合金的工艺大致上可由预合金粉及混合粉来区分，预合金粉的缺点为烧结密度低，由于粉末间的相互扩散行为不若混合粉强，所以烧结温度必须要比混合粉高才能达到高密度。混合粉法乃添加纯铝粉及纯钒粉，或者是添加 10%之 60Al-40V 母合金粉以达到最终之成分，而又以后者最为普遍。对于规格要求较严谨者应用预合金粉作为起始原料，但由于预合金粉中仍偶有空孔、不纯物或粒度分布不佳等未臻理想之状况，且粉末表面亦常有吸附之气体，所以有时需先将粉末作前处理，例如以筛分法再配合离心式分级法将过大或过小之粉

表 15-9 钛与钛合金产品的美国材料材料试验标准（ASTM）规范

规范	材料	相对密度/ %	碳含量 （最大值）/ wt%	氧含量 （最大值）/ wt%	氮含量 （最大值）/ wt%	屈服强度 （最小值）/ MPa	抗拉强度 （最小值）/ MPa	延伸率 （最小值）/ %
B348-09	钛及钛合金棒材及板材							
Ti Grade 1			0.08	0.18	0.03	138	240	24
Ti Grade 2			0.08	0.25	0.03	275	345	20
Ti Grade 3			0.08	0.35	0.05	380	450	18
Ti Grade 4			0.08	0.40	0.05	483	550	15
Ti-6Al-4V Grade 5			0.08	0.20	0.05	828	895	10
Ti-6Al-4V Grade 23（ELI）			0.08	0.13	0.03	759	828	10
F67-06	体内植入型外科手术用 纯钛棒材及板材							
Grade 1			0.08	0.18	0.03	170	240	24
Grade 2			0.08	0.25	0.03	275	345	20
Grade 3			0.08	0.35	0.05	380	450	18
Grade 4			0.08	0.40	0.05	483	550	15
F1472-08	体内植入型外科手术用 Ti-6Al-4V 锻件		0.08	0.20	0.05	860	930	10
B817-08								
Grade 1（由海绵钛制作）	粉末冶金（干压烧结） 钛合金结构件	>94（class A）	0.1	0.3	0.04	696	765	4
Type 1（Ti-6Al-4V）		>99（class B）				745	848	8
Grade 2（由 HDH 钛制作）		>94（class A）	0.1	0.3	0.04	814	903	8
Type 1（Ti-6Al-4V）		>99（class B）				862	958	13
F2885-11	体内植入型外科手术用 MIM Ti-6Al-4V 工件							
Type 1（烧结后再致密化）		>98	0.08	0.20	0.05	830	900	10
Type 2（烧结后）		>96	0.08	0.20	0.05	680	780	10

末以及密度过小者(如含空孔者)去除，或予以除气，或以机械方法将粉末变形使在后续处理时再结晶以得到细晶粒等。

15-7　铝

由于铝合金之密度低，只有 2.7 g/cm^3，但强度不差，表面处理相当容易，而抗腐蚀性亦佳，所以当工件有质量轻之要求且以压铸制造有其困难时，粉末冶金铝合金是一个很好的选择。对于粉末冶金工艺而言，铝又另有其他之优点，例如容易成形，只要 150 MPa 之压力即可达到 90% 之生坯密度，所以相较于铁系合金，其所需成形之吨数低了很多。此外，烧结气氛为纯氮气，成本低且气氛之控制相当简单。图 15-13 即为美国通用汽车公司 4200cc 引擎中所用之 14 个凸轮轴轴承盖(cam cap)。

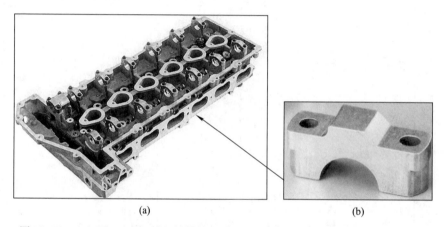

(a)　　　　　　　　　　　　　　　　　(b)

图 15-13　(a)用 14 个铝制凸轮轴轴承盖之汽车引擎；(b)凸轮轴轴承盖之外观(美国粉末冶金学会/Int. J. Powder Metall. 提供)

目前之铝粉多由气雾化制造，由于铝之活性高，所以为了防止铝与空气反应产生爆炸，喷雾系统之设计均相当慎重，且生产时多利用遥控及自动化之方式，经过这些特殊设计及粒径之控制，目前工业界已可使用空气作为喷雾介质。

铝合金粉除了易与气体反应外，也容易吸附气体，故使用时最好先除气(degassing)，此外，其流动性不佳，且不易与添加物均匀混合，故常需采用预混粉，由制粉厂商将各种粉末与有机物黏结在一起，以解决此问题。铝粉的另一缺点是成形时易黏模，故一般需添加较多之润滑剂，而冲子与中模之间隙亦需调整，或将模具表面被覆 TiN 等，而烧结时也必须使用匣钵或陶瓷纸(ceramic paper)以防坯体与网带反应。而在安全方面需注意的事项有：添加粉时应避免粉尘飞扬，机器要接地，防止静电，成形机要保持干净等。

由于铝粉表面均有一层薄薄的氧化铝，所以不易烧结，需靠加入锌、镁、硅、铜等元素以产生液相烧结，例如其中之镁能与粉末表面之氧化铝局部反应成 $MgAl_2O_4$，有些合金元素则能与铝形成共晶，可在 $560 \sim 650\ ℃$ 之间产生液态，将氧化膜打破再予以烧结，以提高烧结密度。

由于铝极易氧化，且即使用氢也无法将之还原，前人之实验甚至证实气氛中含有些微之氢或水汽时会阻碍铝之致密化，但原因仍不清楚[14]，所以烧结铝时气氛多用纯氮气，借液相烧结达到所要之机械或物理性质。由于烧结气氛之露点必须很低，一般多在 $-60\ ℃$ 以下，而流量也必须加大，所以可采用批次式气氛炉，以减少工件进入连续炉时带入之空气。

以上所添加之烧结助剂元素亦具有强化之功能，常见之合金有 6xx 及 2xx 系列，表 15-10 所示为美国之两大铝粉制造商 Alcoa 及 AMPAL 所供应铝粉之成分。一般铝合金经烧结后仍需经固溶强化、析出硬化热处理（种类见表 15-11），使铝之强度、硬度提高，热处理后之机械性质见表 15-12[15,16]。

表 15-10　常用粉末冶金铝粉之成分

编号	铜	镁	硅	铝
601AB[a]	0.25	1.0	0.6	余量
602AB[a]	—	0.6	0.4	余量
201AB[a]	4.4	0.5	0.8	余量
202AB[a]	4.0	—	—	余量
AMB6711[b]	0.25	1.0	0.8	余量
AMB2712[b]	3.8	1.0	0.75	余量

[a] Alcoa 产品。[b] AMPAL 产品。

表 15-11　烧结铝合金的热处理

热处理种类	热处理条件
T1	于氮气中，从烧结温度冷至 $425\ ℃$（601AB，602AB）或 $260\ ℃$（201AB），再于空气中冷至室温
T4	在空气中于 $520\ ℃$（601AB，602AB）或 $505\ ℃$（201AB）加热 30 min 后淬于水中，然后于室温再时效至少 4 天
T6	在空气中于 $520\ ℃$（601AB，602AB）或 $505\ ℃$（201AB）加热 30 min 后淬于水中，然后于 $160\ ℃$ 时效 18 h
T76	$470\ ℃$ 作 60 min 之固溶处理后淬于水中，然后于 $130\ ℃$ 时效 24 h

表 15-12　常用粉末冶金铝合金的标准机械性质[15,16]

预合金粉	成形压力/MPa	生坯密度/(g/cm³)	生坯强度/MPa	烧结密度/(g/cm³)	热处理	抗拉强度/MPa	屈服强度/MPa	延伸率/%	硬度
601AB[a]	96	2.29	3.1	2.45	T1	110	48	6.0	50~60 HRH
					T4	141	96	5.0	80~85 HRH
					T6	183	176	1.0	70~75 HRE
	165	2.42	6.5	2.52	T1	139	88	5.0	60~65 HRH
					T4	172	114	5.0	80~85 HRH
					T6	232	224	2.0	75~80 HRE
	345	2.55	10.4	2.58	T1	145	94	6.0	65~70 HRH
					T4	176	117	6.0	85~90 HRH
					T6	238	230	2.0	80~85 HRE
602AB[a]	165	2.42	6.5	2.55	T1	121	59	9.0	55~60 HRH
					T4	121	62	7.0	65~70 HRH
					T6	179	169	2.0	55~60 HRE
	345	2.55	10.4	2.58	T1	131	62	9.0	55~60 HRH
					T4	134	65	10.0	70~75 HRH
					T6	186	172	3.0	65~70 HRE
201AB[a]	110	2.36	4.2	2.53	T1	169	145	2.0	60~65 HRE
					T4	210	179	3.0	70~75 HRE
					T6	248	248	0.0	80~85 HRE
	180	2.50	8.3	2.58	T1	201	170	3.0	70~75 HRE
					T4	245	205	3.5	75~80 HRE
					T6	323	322	0.5	85~90 HRE
	413	2.64	13.8	2.70	T1	209	181	3.0	70~75 HRE
					T4	262	214	5.0	80~85 HRE
					T6	332	327	2.0	90~95 HRE
6711[b]	100	2.47	—	2.56	[c]	234	—	2.0	103 HRH
2712[b]	100	2.56	—	2.56	[c]	262	—	1.0	107 HRH

[a] Alcoa 产品。[b] AMPAL 产品。[c] 518 ℃保温 30 min 后淬于水中，然后于 177 ℃时效 20 h。

参考文献

[1] P. Robinson, "Properties of Wrought Coppers and Copper Alloys", ASM Int. Handbook Committee, *Metals Handbook*, 10th ed., Vol. 2, *Properties and Selection: Nonferrous Alloys and Special-Purpose Materials*, ASM Int., Materials Park, Ohio, 1990, pp. 265-345, 1099-1178.

[2] Wikipedia, The Free Encyclopedia, http://en.wikipedia.org/wiki/Copper

[3] E. G. West, *Copper and Its Alloys*, Ellis Horwood Ltd., NY, 1982, p. 15.

[4] F. Pawlek and K. Reichel, "The Effect of Impurities on the Electrical Conductivity of Copper", Zeit Metallkunde, 1956, Vol. 47, p. 347.

[5] *Materials Standards for PM Structural Parts*, MPIF Standard 35, 2012 ed., MPIF, Princeton, NJ.

[6] *Materials Standards for Metal Injection Molded Structural Parts*, MPIF Standard 35, 2016 ed., MPIF, Princeton, NJ.

[7] Yueh-Ju Lin and Kuen-Shyang Hwang, "Effects of Particle Size and Particle Size Distribution on Heat Dissipation of Heat Pipes with Sintered Porous Wicks", Met. and Mat. Trans. A, 2009, Vol. 40A, pp. 2071-2078.

[8] Yueh-Ju Lin and Kuen-Shyang Hwang, "Swelling of Copper Powders during Sintering of Heat Pipes in Hydrogen-Containing Atmospheres", Materials Transactions, JIM, 2010, Vol. 51, No. 12, pp. 2251-2258.

[9] A. V. Nadkarni, G. Burnie, and E. Klar, Dispersion Strengthening of Metals by Internal Oxidation, U. S. Patent 3,779,714, 1973.

[10] *Materials Standards for Self-Lubricating Bearings*, MPIF Standard 35, 2010 ed., MPIF, Princeton, NJ.

[11] H. Baker, *ASM Handbook*, Vol. 3, *Alloy Phase Diagrams*, ASM Int., Materials Park, Ohio, USA, 1992, p. 2 · 178.

[12] "Metal Powders", Norddeutsche Affinerie Aktiengesellschaft, Germany, 1986.

[13] I. M. Robertson and G. B. Schaffer, "Review of Densification of Titanium Based Powder Systems in Press and Sinter Processing", Powder Metall., 2010, Vol. 53, No. 2, pp. 146-162.

[14] G. B. Schaffer, B. J. Hall, S. J. Bonner, S. H. Huo, and T. B. Sercombe, "The Effect of the Atmosphere and the Role of Pore Filling on the Sintering of Aluminum", Acta Materialia, 2006, Vol. 54, pp. 131-138.

[15] R. W. Stevenson, "P/M Light Weight Metals", *Metals Handbook*, 9th ed., Vol. 7, *Powder Metal Technology and Applications*, ASM, Metals Park, Ohio, USA, 1984, p. 742.

[16] C. Lall and W. Heath, "P/M Aluminum Structural Parts — Manufacturing and

Metallurgical Fundamentals", Int. J. Powder Metall., 2000, Vol. 36, No. 6, pp. 45~50.

作业

1. 目前常买到之 90Cu-10Sn 青铜粉可分为两种，一种为预合金粉，另一种为混合元素粉，此两种粉在成形方面及尺寸稳定性上各有何优劣点？

2. 一批铜片有待制作，其厚度为 0.5 mm，直径为 5 mm，身为一个粉末冶金工程师，你该如何针对下列因素作选择？
   ① 粉末大小？
   ② 粉末压结前是否需要前处理？
   ③ 成形机之型式？在成形时可能遭遇哪些困难？如何解决？
   ④ 烧结参数如何选定？烧结温度？时间？炉子之型式？气氛？加热组件为何？
   ⑤ 需要烧结后处理吗？

3. 若要制作高品质之钛零件，你将选用哪一类之烧结炉？哪一类之加热体？烧结气氛及条件为何？盛载物为何？

4. 若以真空炉烧结黄铜时可能发生哪些缺点？如何改善？

第十六章
钼、钨

16-1　前言

　　高熔点金属包括钛、锆、铪、钒、铌、钽、铬、钼及钨，这些金属均为过渡元素，属于周期表之第ⅣB、ⅤB、ⅥB族。由于其高熔点特性，要以熔炼之方法制造这些材料非常困难，故常采用粉末冶金工艺，其中又以钼及钨最多。

　　钼及钨除了高熔点之特性外，还具有低热膨胀系数、良好之导热及导电性，且高温强度佳，故在工业上之用途广泛。由于此两种材料为最常用之高温金属，所以于本章中特别针对其基本工艺及特性作详细之介绍。

16-2　钼及钼合金

　　钼(molybdenum)常以纯钼之产品出现，但随着工业界对高温机械性质要求之提高，不同的钼合金亦陆续被开发出来。这些合金大致上可分为下列数类：① 碳化物强化型，也就是利用金属碳化物之生成，提供弥散强化之效果，并提高钼之再结晶温度；② 固溶强化型；③ 碳化物与固溶强化兼具型，此型混合了①、②之强化方法，例如 Mo-W-Hf-C 合金；④ 第二相之弥散强化型，此型乃在工艺中添加或生成氧化物之第二相，以提高再结晶温度并减少晶粒成长之现象。这些合金大多均能以粉末冶金或真空电弧铸造（vacuum arc casting）之方法制造；粉末冶金法所得之产品可直接以一般之热加工法加工，但熔炼法所得之产品因晶粒粗大，且多为柱状晶，质脆，故必须先经挤制、轧制后才能以其他方法加工。目前绝大多数之钼产品均采用粉末冶金工艺，兹将其工艺之各步骤分述如下。

16-2-1 钼粉之制造

目前之钼粉几乎均由氧化钼还原而得，而氧化钼之原材料乃含钼之矿石。钼在地球上多以二硫化钼（MoS_2，molybdenite，辉钼矿）之形态存在，一般之钼粉多由此 MoS_2 提炼出来，除此法之外，钼亦可由铜之提炼过程中以副产物之形态共同产出。MoS_2 之原矿中含 0.05% ~ 0.25% 之钼，此矿石一般多以浮选（floatation）法将辉钼矿之纯度提高至 90% ~ 95% 之钼精矿，精选出之浓缩钼精矿在空气中加热后可生成技术级（technical grade）之三氧化钼（MoO_3），由此方法所得 MoO_3 之纯度仍不够高，必须再纯化，纯化之方法有二钼酸铵（ammonium dimolybdate，ADM）法[1] 及升华法[2]。ADM 法中先将技术级之 MoO_3 放入 75 ℃ 之盐酸和硝酸之混合溶液中以萃取出其中之钾等可溶性不纯物，剩下之 MoO_3 经过滤后置入 10% ~ 20% 之氨水中，温度控制在 40 ~ 80 ℃，以反应成钼酸铵（ammonium molybdate）：

$$MoO_3 + 2NH_3 + H_2O \longrightarrow (NH_4)_2MoO_4 \qquad (16-1)$$

此钼酸铵经过过滤除去 Al_2O_3、SiO_2、Fe_2O_3 等杂质后，再加硫使铜等元素形成硫化铜沉淀物，将之过滤并纯化后之溶液经蒸发即可生成 ADM 二钼酸铵结晶。

$$2(NH_4)_2MoO_4 \longrightarrow (NH_4)_2Mo_2O_7 + 2NH_3 + H_2O \qquad (16-2)$$

此 ADM 结晶可由离心式分离机将之与水分离，经干燥后，送入 420 ~ 470 ℃ 之旋转窑中烘焙即可得到纯 MoO_3。此纯 MoO_3 除了以 ADM 制作外，亦可由四钼酸铵、六钼酸铵、七钼酸铵制作，其制法与二钼酸铵类似。

纯 MoO_3 亦可由升华法制造，由于 MoO_3 在 600 ℃ 以上即很容易开始升华，所以一般将技术级之 MoO_3 置于约 1100 ℃ 之旋转窑中，蒸发出来之纯 MoO_3 可由通入之空气带走，而留下者为金属及氧化物等杂质。以上两法所得之 MoO_3 之纯度可达 99.9%。

纯钼粉乃是将纯 MoO_3 以氢气还原而得，此还原阶段又分为两段，首先乃将 MoO_3 于旋转窑或管状炉于 600 ℃ 左右以氢气还原成褐色之 MoO_2，然后再还原成纯钼粉，由此法所得钼粉之粒度小、表面积大，而粒度分布亦佳，很适合用于粉末冶金工艺。在第一段由 MoO_3 还原为 MoO_2 之过程中，由于此反应乃放热反应，如果温度控制不当，将造成局部高温，使 MoO_3 熔化成块状（MoO_3 之熔点约 800 ℃）。此外，若温度过高，也将使得还原过程中钼之中间氧化物 Mo_4O_{11} 等与 MoO_3 生成共晶而结块，且因产生液相，MoO_3 之挥发速率将加快。由于这些因素，一般此第一段还原之温度多在 600 ℃ 以下，且升温速率不可太快、气氛之流速不可过慢，以便控制粉末之温度，进而才能控制粉末之粒度[3]。

第二段之还原反应乃将 MoO_2 还原成纯钼粉，此属吸热反应，所以不需担心如第一段有局部熔化之现象，但因 MoO_2 之升华点为 1100 ℃，所以此第二段还原之温度多定在 850~1050 ℃ 之间。由此法所制得钼粉之粒径在 2~10 μm，图 16-1 为以 MoO_3 还原而得之纯钼粉之外观。

图 16-1 以 MoO_3 还原而得纯钼粉之外观

16-2-2 钼粉之成形

钼之粉末冶金工艺如图 16-2 所示，对大型工件或圆柱件而言，可将钼粉填入橡胶模内，经封口后以 100~300 MPa 之压力实施冷等静压。若以一般压机成形的话，压力可稍高，在 500 MPa 左右，此压力之大小与粉末之粒径有很大之关系。对于需以自动或半自动压机成形之产品，必须使用流动性较佳之喷雾造粒粉，减少夹粉并降低填粉时间，以增加生坯均匀度及成形机之产能，此外由于造粒粉含有黏结剂，对于降低模具之磨耗有些帮助，所以润滑剂只需 0~0.3%。图 16-3 为喷雾造粒后之钼粉的成形压力与生坯密度之关系图。

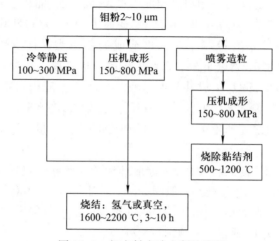

图 16-2　钼之粉末冶金制造流程

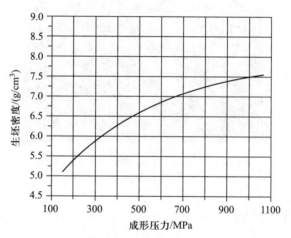

图 16-3　喷雾造粒后之钼粉其成形压力与生坯密度之关系

16-2-3　钼粉之烧结

　　压结后生坯中之润滑剂，及造粒粉中之黏结剂，均必须先予以烧除，一般多使用连续炉，在 500 ~ 1200 ℃ 之氢气或氮氢混合气中将这些有机物分解、挥发掉。为了增进烧除之效果亦可使用高露点之气氛，使有机物中之碳与水汽作用，以提高烧除之效果并减少炭黑(carbon soot)之量。但此水汽之比例不可太高，否则易发生烧结时变形之现象。图 16-4 显示钼之氧化还原平衡点与气氛之露点的关系，由脱脂之温度可找出露点之上限，亦即 H_2/H_2O 之平衡点，而实际所使用气氛中之氢气量不需要多，但必须高出此平衡值所需之氢含量，以确保钼不致氧化。

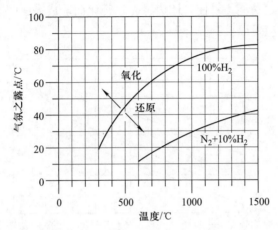

图 16-4　钼在不同温度及气氛下其氧化还原平衡点所对应之露点（汲国俊制）

经脱脂后之坯体多在 1600～2200 ℃ 之间予以烧结，时间维持在 3～10 h，而气氛多为氢气或真空，不可使用分解氨或吸热、放热型气氛，此乃因这些气氛中含有氮，使得钼在 1200 ℃ 左右开始生成氮化钼而阻止了钼之致密化。使用纯氢气可避免此氮化钼之生成，且可将钼之表面氧化层还原，增加钼之表面活性，使烧结密度得以提高。由于大型钼件在烧结后常需再加工，做成板、片、棒、线等 100% 密度之产品，所以其烧结密度多要求在 90% 以上，以避免加工时内部之空孔造成缺陷，一般最好在 95% 以上。由于钼之烧结温度高，烧结炉所使用之加热体多由钨、钼或石墨所制成，而烧结炉则多为批次炉。

对于由细钼粉所压制成形之坯体而言，粉粒间之颈部可在 1200 ℃ 左右开始成长，而大量之收缩在 1600 ℃ 以上发生。图 16-5 显示 4 μm 之钼粉及钨粉在不同温度下之烧结密度与时间之关系[4]。若烧结时间不足，除了密度偏低之外，内部可能仍有氧化物。例如厚度为 3 mm 之钼在 1750 ℃、0.05 Torr 之真空下烧结 5 h 后，其心部仍有 MoO_2，如图 16-6(a) 所示。此乃因钼粉表面之 MoO_3 未完全分解，在高温下与钼反应成 MoO_2 并进而粗化生成 MoO_2 晶粒，但只要烧结时间够，如 10 h，则此氧化物即可消除，如图 16-6(b) 所示[5]。此钼之金相所使用之腐蚀液为修正过之 Murakami 药剂，其成分为 15 g 之 $K_3Fe(CN)_6$、2 g 之 NaOH 及 100 mL 之水。烧结时升温之速率及工件之大小亦会影响烧结密度之均匀性，此乃由于钼多在高温烧结，此时之加热多靠辐射热，所以工件表面之温度较高，若与内部形成温差，则表面可能较早烧结，而形成外表密度高而内部密度低之情形，甚而造成变形及凹面之现象，此现象又以工件越大、钼粉越细时越为明显。而烧结所用氢气气氛之露点偏高时，由于水汽有活化烧结之功能，易使坯体边缘先致密化而造成表面凹陷，故烧结时之升温速率及露点应予以控制。

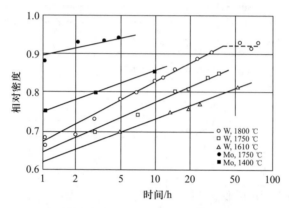

图 16-5　4 μm 之钼粉及钨粉在不同温度下其烧结密度与时间之关系[4]

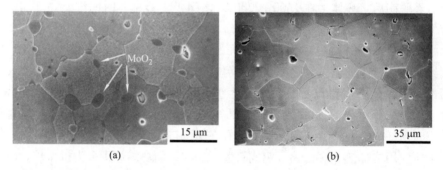

图 16-6　4 μm 之钼粉压成 7.0 g/cm³ 之生坯后在 1750 ℃烧结。（a）5 h 后含 MoO₂；（b）10 h 后无 MoO₂(黄宏胜摄)[5]

由于钼之烧结温度相当高，自 20 世纪 60 年代以来即有活化烧结之研究（见 8-8-2 节），借添加活化剂如镍、钯等可使烧结温度降低，但至今此方法却仍无法商业化，此乃因活化烧结之钼在晶界上产生比 1 μm 还薄之 MoNi 金属间化合物[6]，使得工件毫无延性，无法在烧结后予以加工。

16-2-4　烧结钼之后续加工

大型之钼工件在烧结后仍含 5%～10%之空孔，无法符合一般板、棒、片之要求，故需再经由热挤、热轧等工艺以达到100%之密度。

钼虽为高温金属，但其硬度并不高，仍可加工、成形、电镀。在机械加工方面，车、刨、铣、钻、磨等均无太大困难，但进给量、切削速度应比一般之碳钢或黄铜低，其切削特性与不锈钢较接近。由于钼对刀具之磨耗相当快，故较宜使用碳化钨刀具，但仍需依加工方法之不同而定，例如钼之车削多使用碳化钨刀具，而钻孔及攻牙则应使用高速钢，而铣钼时则碳化钨和高速钢均可。车削液以一般之水溶性油如太古油即可，唯一之例外乃钻孔和攻牙时，应使用含氯或含硫之切削油。钼亦可用放电加工或线切割法制作产品，但比起一般钢材而言，其电功率必须增加，不然容易产生切割线偏移之现象。

由于钼零件在使用时常需与其他材料相接合，为使接合方便或减少氧化，常将金、银、铂、铑、镍及铬等金属镀在钼之表面，这些电镀法目前均已商业化。由于钼之熔点及再结晶温度高，而脆性↔延性转换温度亦高，故相对于碳钢而言其塑性加工如弯曲、深抽较为困难，但若能将之加热至200~350 ℃时，其加工性可改善很多。一般可以用电热板、红外线、灯管甚而乙炔焰在空气中加热，但时间不可太长，以防止钼过度氧化。若加热温度超过350 ℃时，最好在惰性气体或真空中操作。

如同一般之烧结零件，有时钼亦需与相同或不同之金属以焊接或硬焊之方法组配。硬焊后之使用温度一般在1000 ℃以下，此乃因钼在此温度之上会再结晶而使得机械性质变差，此外，硬焊材料本身在高温之机械性质本来就差，而钼也较易在高温与硬焊材料生成金属间化合物，使接合处变脆。常见的硬焊材料为铜或银基，如50Ag-15.5Cu-15.5Zn-16Cd-3Ni（熔点632 ℃）、80Cu-15Ag-5P（熔点640 ℃）、80Au-20Cu（熔点885 ℃）等，而较高温的硬焊材料有60Pd-40Ag（熔点1329 ℃）、60Pd-40Cu（熔点1199 ℃）、91.5Ti-8.5Si（熔点1329 ℃）等。

若使用焊接法接合钼时，需将工件预热以减少热应力造成之脆裂，若在空气中操作时，即使焊弧附近有保护气体之被覆，仍会有空气之污染使得工件相当脆，所以焊接常在充满惰性气氛（如氩气）之手套箱中以氩焊进行（gas tungsten arc welding），电极多为添加氧化钍之钨。此外电子束焊接（electron beam welding）及激光焊接亦是最近常用之方法，其好处为热影响区小，所以脆性问题较不严重。

焊接和硬焊均易使得接合处之机械性质变差，若改用铆接之方式接合则可避免这些缺点，故在设计时应尽可能使用铆接之方式，铆接时工件应加热至200~250 ℃，而铆钉应加热至550~650 ℃。

钼如同一般金属亦可施以热处理，其表面可用渗碳、渗氮及碳氮共渗来提高硬度，一般之处理深度可达 0.2 mm。

16-2-5 钼之物理及机械性质

由于钼之熔点高，其在高温之刚性(stiffness)很好，于 1000 ℃时之杨氏模量仍可达 200 GPa，与碳钢在室温时之值相近。其机械性质如表 16-1 所示，而表 16-2 则为钼之物理性质。

表 16-1 钼之机械性质

性质	一般	辊轧后	应力消除后 (980 ℃, 1 h)	再结晶后 (1177 ℃, 1 h)
杨氏模量/GPa				
21℃	320			
1000℃	200			
泊松比	0.293			
延性↔脆性转换温度/℃	150~270			
抗拉强度/MPa		715	680	477
屈服强度/MPa		552	580	391
硬度/HV		260	230	—
延伸率/%		40	42	42
截面积收缩率/%		61	69	38

表 16-2 钼之物理性质

原子量	95.94
原子序数	42
熔点	2610 ℃
沸点	5560 ℃
密度	10.22 g/cm^3
热导率	0.32 cal/(cm·s·℃)，即 135 W/(m·℃)
热膨胀系数	5.5×10^{-6} m/(m·℃)
比热	0.0657 cal/(g·℃)
熔解热	6.2 kcal/mol (270 J/g)

蒸发热	117.4 kcal/mol（5115 J/g）
导电度	34% IACS
电阻率	52 $n\Omega \cdot m$（5.2 $\mu\Omega \cdot cm$）
原子半径	1.36 Å（体心立方排列时）
晶格常数	3.14 Å
表面张力	2610 ℃时，2.24 N/m
蒸气压	1707 ℃时，3×10^{-7} mmHg
	3227 ℃时，0.65 mmHg

目前常使用之钼合金有 Molybdenum 360，361，363，364，365 及 366，其中之 361 及 364 为粉末冶金制品，而其他为熔制品，这些材料之规格可参考 ASTM B387-10。除此之外，亦有一些钼合金具有优异之机械性质，如表 16-3 所示[7]。

表 16-3　钼及钼合金之性质[7]

材料	成分/wt%	ASTM 代号	再结晶温度/℃	1000 ℃时之抗拉强度/MPa
Mo	99.95Mo	PM361	1100	250
TZM	0.5Ti，0.08Zr，0.03C	PM364	1400	620
MHC	1~1.5 Hf，0.03~0.05 C		1550	780
Mo-W	10~30 W		1100~1200	350
Mo-Re	41~47.5 Re		1300	550
Mo-La	0.5~1.5 La（以 La_2O_3 方式存在）		>1300	

由表 16-3 可知即使钼为高熔点金属，当温度为 1100 ℃时，其抗拉强度已由室温之 715 MPa（表 16-1）降至 250 MPa，当超过再结晶温度后，此强度降得更快，在 1200 ℃时只剩 180 MPa，所以操作温度高时必须使用 TZM、MHC 等合金，近年来添加 La_2O_3 之 Mo-La 合金之强度及抗蠕变能力更大幅提升，为目前 1500 ℃以上时高温机械性质最佳之钼合金。

16-2-6　钼之用途

钼之应用主要是依其物理或机械性质之特殊性而定，在物理性质方面，由于其热膨胀系数低，导热、导电性佳，故常作为电子构装材料、半导体之散热片、与玻璃之接合物等。此外由于其高温强度佳，故可用于高温结构零件（图16-7）。烧结后之钼棒亦常作为玻璃熔炉之电极（glass melting electrode），此乃因钼之高温强度好、导电性佳，横插入玻璃熔炉中时不会下垂，且不易与玻璃起反应，造成玻璃之变色。钼棒经热挤、拉丝后，可作为钨丝加工时之心轴，加工后此心轴可以溶出而剩钨丝。一般之钨丝灯具中，亦有由钼所制之灯丝支撑物等小零件在内，此乃因钼线价格较钨丝便宜，易于加工，且在高温时强度亦佳之故。

钼之另一用途为微波炉内磁控管（magnetron）中之阴极帽，此乃由粉末冶

图 16-7　应用于加热棒、高温结构零件、玻璃熔炉电极及合金用添加块之钼制品
（HCST 公司提供）

金方法所制。在此组件中另有两根钼杆，是由钼线所制成[图 1-1(f)]，此用途主要乃因钼耐热且可由经济之粉末冶金法制作。烧结钼经热轧成片状后，可用于高温真空炉中之绝热片，由于高温真空炉之炉体外壳温度不可太高，所以常在发热体之外围围以层状金属片绝热，而钼之比热小、蒸气压低、不易吸附气体及水分，抽真空之速度快且不易造成污染，所以常被选为高温气氛炉及真空炉之绝热片及结构零件材料。

　　此外高温炉之加热体本身亦可用钼线、钼板、钼棒制成，但只能用于真空或还原性气氛中，其使用之温度可达 1800 ℃。而高温炉中之零件如载台、支撑架等亦可由钼材制成。

　　烧结钼之另一用途为高功率半导体中之散热体(heat sink)，例如二极管中硅芯片之两侧常焊上由粉末冶金或由钼线所加工而成之钼粒(图 16-8)，此乃利用钼与硅之热膨胀系数相近，导热、导电性良好，且比钨便宜之特点。在电晶体及其他较高功率之半导体零件中，亦常需在硅芯片下方硬焊上数厘米直径之钼片，此类大直径之钼片大多由冲压方法所制成。

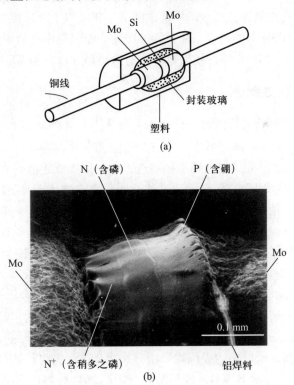

图 16-8　钼粒在半导体零件中常当作散热体。(a)示意图；(b)硅芯片处之 SEM 放大图

由于钼之高温强度好，纯钼及钼合金，如 TZM 合金，常被用于热作模具。钼也常被作为树脂结合之金刚石砂轮之修整材料，而高温热电偶亦可利用钼耐高温之特点以钼管作为外套。

钼粉及其合金亦可经由热喷焊（thermal spraying）之方法被覆在机械零件上以提高其耐磨耗性，一般常用于大马力引擎之活塞环及传动系统中之同步环（synchro-rings）及换挡器。

16-3　钨及钨合金

现代粉末冶金之历史可溯自 1910 年时 W. D. Coolidge 改变了钨灯丝之工艺开始。由于钨之熔点高达 3410 ℃，无法以熔炼之方法制造，所以粉末冶金法也就因此而被开发出来。

一般钨含量高之钨矿先经化学法处理成钨酸铵 [ammonium paratungstate，APT，$5(NH_4)_2O \cdot 12WO_3 \cdot 5H_2O$]，然后制成钨粉，此钨粉经压结后，将坯体直接通电加热或在氢气、真空炉中烧结即可达 90% 以上之密度，烧结体若再经加工则可制成 100% 密度之板、片、棒等产品。而钨粉中亦可添加其他元素粉，制成重合金如 W-Ni-Fe 等，或以熔渗法制出接触点材料如 W-Ag、W-Cu 等。

16-3-1　钨粉之制造

钨粉之主要原料为钨酸钙（scheelite，$CaWO_4$，又称灰重石），以及钨酸铁锰 [wolframite，$(Fe \cdot Mn)WO_4$，又称铁锰重石]。早在 1755 年瑞典人 C. W. Scheele 就已研究如何由钨酸钙制造钨粉，所以此钨酸钙在后来即被称为 scheelite。他并将钨取名为 tungsten，此乃因瑞典文之 tung 代表重，而 sten 代表石头。此外，他也在 1778 年发现了 MoS_2，对于钼之提炼亦有相当大之贡献。在同一时期，西班牙之 Elhujar 及 de Elhujar 则在 1753 年在锡矿中主要成分之一的钨酸铁锰中提炼出钨。由于德国及奥地利等国称钨为 wolfram，所以至今周期表上之钨均使用 W 之简称，但全名则称为 tungsten。

图 16-9 说明了钨粉之制造流程，钨矿之含钨量一般都低于 3%，所以需先利用各种不同矿石其密度、磁性、硬度、脆性不同之特性，在矿石经粉碎后以磁选法、浮选法及沉降法等将不要之矿石除去，而留下灰重石及铁锰重石。由于钨之熔点高，所以钨的提炼均采用湿式冶金法，先将精选过之钨矿石转换成钨酸（tungstic acid，H_2WO_4）或钨酸铵（APT），然后再以多管炉或旋转炉于 650~700 ℃ 焙烧成三氧化钨，最后采用两段式还原法，将 WO_3 还原成钨粉。

两段式还原法中之第一段乃将黄色之 WO_3 盛入 Inconel 盒中，然后送入含

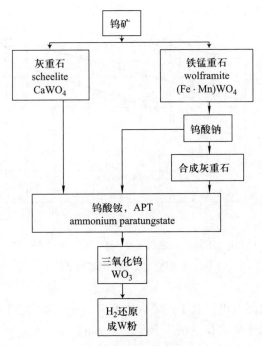

图 16-9　钨粉之制造流程

氢气气氛之还原炉中，在 700 ℃以下先将 WO_3 还原成褐色之 WO_2，当氢气与氧反应生成大量水蒸气时，将减弱还原性，并造成 WO_3 之凝聚，故为了获得微细之钨粉，氢气之流量必须大，而盒子内粉末之深度亦会影响水蒸气逸出之难易。第二段乃在 750~900 ℃之间将 WO_2 还原成 W。

16-3-2　钨粉之成形及烧结

钨粉在成形后其密度多在 75% 以下，必须靠烧结来提高其密度，而烧结之主要工艺参数有温度、时间及粉之粒度。图 16-5 为 4 μm 之钨粉在 1610~1800 ℃之间烧结时其密度与时间之关系，在此烧结条件下，最高密度为 92%，此时若改用 1.7 μm 之钨粉时，在相同之 1800 ℃、50 h 之烧结状况下，其烧结密度可提高至 97.5%，如图 16-10 所示。一般较常用之烧结温度在 1800~2200 ℃之间。

若欲提高烧结温度以提高烧结密度或缩短烧结时间，加热之方法可改用感应加热或使用钨网加热，其温度可至 2400 ℃。也可将预烧结后之坯体采用电阻加热之方法（self-resistance heating）以低电压高电流之方式烧结，其温度可高达 3000 ℃，对直径为 28 mm 之钨棒而言，其烧结只需约 30 min 即可达到

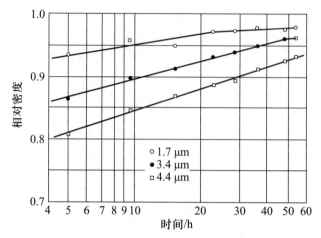

图 16-10　不同粒径之钨粉在 1800 ℃ 于氢气中烧结时，
其烧结密度与烧结时间之关系[4]

90% 之密度，此时间与电源及工件之大小有关，一般常用工件之电阻截面积在 650 mm² 左右，而工件之长度则为 600~900 mm。

　　钨之烧结气氛多采用氢气，而真空较少用，除非在真空烧结前先在 1200 ℃ 左右通以氢气以除去氧化物及有机物等杂质。此 1200 ℃ 预烧结亦有去除吸附气体之功能，此乃因钨粉颗粒小，一般含有 0.1%~0.2% 之吸附气体，若不给予充分之时间让这些气体逸出，则易被陷在烧结体内造成孔洞，使得坯体无法致密。此外烧结时亦应尽量减少碳之出现，例如润滑剂及炉中之石墨零件均为碳之来源，而钨在 1100 ℃ 时即能与碳产生反应，阻止致密化并降低产品之延性。烧结时之升温速率及工件之大小亦会影响烧结密度之均匀性，其原因亦与钼之情形相同。

16-3-3　钨之物理及机械性质

　　纯钨之物理性质如表 16-4 所示。它具有高熔点、低热膨胀系数、低蒸气压及高热导率等特点，而钨之应用也大多基于钨之这些特性。钨之机械性质如表 16-5 所示。钨在常温下之延展性非常差，此乃因其延性↔脆性转换温度在 300 ℃，所以在 300 ℃ 以下时多呈脆性，一般之变形加工如辊轧、挤制、拉丝、旋锻等多在 300~1700 ℃ 之间操作。当变形加工量越大时，钨在常温时之强度和延性越高，而延性↔脆性转换温度则变得越低，对于钨线而言，其加工度非常大，所以转换温度可低至室温以下，故钨丝在常温时可具有延性。

表 16-4 钨之物理性质

熔点	3410 ℃
沸点	5927 ℃
密度	19.26 g/cm³
热导率	0.4 cal/(s·cm·℃)，即 168 W/(m·℃)
热膨胀系数	4.6×10^{-6} m/(m·℃)
比热	25 ℃时，0.032 cal/(g·℃)
熔解热	9.63 kcal/mol
蒸发热	204 kcal/mol
导电度	31.0% IACS
电阻率	53 nΩ·m
原子序数	74
原子量	183.85
原子半径	1.30 Å
晶格常数	3.1585 Å
原子结构	体心立方
表面张力	2.65 N/m

表 16-5 钨之机械性质

杨氏模量	414 GPa（64×10^6 psi）
延性脆性转换温度	300 ℃
再结晶温度	1700 ℃
抗拉强度	25 ℃：689~3445 MPa
	500 ℃：689~2067 MPa
	1000 ℃：344~516 MPa

　　加工度能提高强度和延性之原因有二：① 加工度高时，显微组织中之晶粒多朝加工方向排列成纤维状，当测试方向与加工方向一致时，因垂直于此测试方向之晶界少，使得试片不易因晶界之分开而断裂。又由于狭长形之晶粒在测试（即加工）方向，能具有大量之塑性变形量，所以延性因而增加。② 为钨

对碳、氮及氧原子之固溶量低，故这些原子容易在晶界偏析，造成晶界之弱化，当变形加工量大时，这些原子可析出在位错上而非在晶界上，因而提高了晶界之强度。

尽管塑性变形加工已可将钨之延性↔脆性转换温度降低，但对大多数之钨材料而言，此温度仍高出室温，故在作剪切、冲压、辊轧成形（roll forming）及钣金成形（press brake forming）时，其操作温度仍需高于室温，表 16-6 列出四种不同厚度之钨所需之操作温度。

表 16-6　不同厚度之钨片其剪切、冲压、辊轧成形及钣金成形所需之预热温度

（单位：℃）

加工项目	厚度			
	0.25 mm	0.50 mm	0.75 mm	1.00 mm
剪切	150	225	475	675
冲压	300	325	450	725
辊轧成形	100	200	350	425
钣金成形	200	250	375	575

16-3-4　钨之用途

钨之一个主要用途为灯丝，由于钨熔点高、蒸气压低，而且由于钨丝之加工度高、具延性，所以易制成灯丝。当灯丝通电时其温度可达 2500 ℃，故钨丝会发生再结晶并产生晶粒成长之现象，因而会造成晶粒滑移而产生蠕变，导致某些部分变细，造成电阻变高，使得该处因过热而断裂。后来以添加 ThO$_2$ 颗粒之方法予以改善，但最新之方法则是改用 AKS 钨丝（non-sagging wire），其内含微量之 Al、K 及 Si，这些微量之元素（50~200 ppm）在钨中能固定钨之晶界，提高钨丝之再结晶温度及蠕变阻力，使钨晶粒不易等方向再结晶及成长。此合金发生再结晶时其晶粒为平行于轴心之长条形晶粒，如此一来钨丝在直径方向之晶多，故不易在通电时局部变形而成为高电流密度之热点以致断裂。钨之另一主要用途为高温真空或还原气氛炉之加热体，一般多以钨丝编织成网状。此外钨片亦常当作此类炉子之绝热片，或是 X 射线医疗器材之防辐射片。钨在高温炉中之另一用途为热电偶（见 9-10 节），常用的有 C 及 D 型二种，其成分各为（W-5Re）/（W-26Re）及（W-3Re）/（W-25Re），但必须在真空或还原气氛下操作，或在外面加上一层陶瓷或钼管以隔离外界之气氛。

16-4　重合金

重合金(heavy alloy)或重金属(heavy metal)中之钨含量多在 90%~97% 之间，其余为镍、铜或是镍、铁或是镍、铁、铜，一般之镍、铁或镍、铜之比例为 7：3。含镍、铁之重合金其延性较佳、密度较高，而含镍、铜者稍差，但含铜之优点为其不具磁性且因钨在镍、铜合金中之溶解度较小，所以烧结时较不易变形。由于其密度多在 16.8~18.5 g/cm³ 之间，故称为重合金，常用于穿甲弹之弹心及飞机之控制机构中，如图 16-11 用于直升机旋转翼上之配重块(counterweight)。此外，也常用于医疗及运动器材中，如同步辐射仪、X 射线等设备中之抗辐射屏蔽材，飞镖之心部及高尔夫杆头底部之配重块(图 1-9)等。

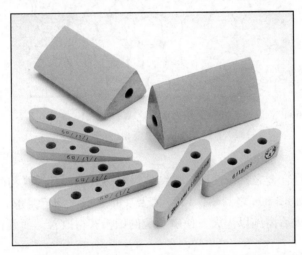

图 16-11　用于直升机旋转翼上之重合金配重块(Kulite 公司提供)

重合金之制法多以 2~8 μm 之钨粉为基础粉，铁及镍则多用羰基铁粉、羰基镍粉，而铜则多用电解铜粉。其成形可用一般之压机或以冷等静压之方式，生坯之密度在 55%~65% 之间。烧结多采用两段式，第一段之烧结在 1000 ℃左右，以去除杂质，如润滑剂及氧化物等，以避免残留之碳造成低密度、低机械性质之产品。而气氛多用纯氢气，但亦可用氮氢混合气、分解氨或真空。第二段之烧结则多在产生液态之温度之上，且气氛之露点要低，例如钨-镍-铜多在 1380~1450 ℃ 之间烧结，且在接近铜之熔点时，升温速率应减慢，以免造成成分不均及孔隙过大之结果。钨-镍-铁系则多在 1400~1600 ℃ 之间烧结，升温速率之要求不若钨-镍-铜严格，而烧结时间多在 30 min 至 2 h 之间，视产品之大小而定。

　　当重合金之钨含量降低时，液相量较高，产品容易变形，特别是钨-镍-铁系，此时可将产品置入氧化铝粉中或是以治具支撑。烧结后之冷却速率亦相当重要，越慢越好，以免心部产生孔隙。图 16-12 为以 500 MPa 之压力成形后之 W-7Ni-3Fe 坯体在氢气中于 1520 ℃烧结 1 h 后之金相图。图中钨粉之间大多有液相存在，此有助于烧结体之延性及韧性。若钨粉与钨粉间之接合面较多，则易在此处产生脆性断裂。

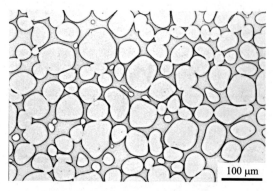

图 16-12　以 500 MPa 之压力成形之 W-7Ni-3Fe 试片在氢气中于
1520 ℃烧结 1 h 后之金相(陈淑贞摄)

　　为了改善重合金之机械性质，烧结体需经热处理，其温度与时间视产品之大小而定。例如 12 mm 之圆棒，1200 ℃及 1 h 之退火即已足够，而 50 mm 者则需 24 h。退火后需施以淬火，使磷及硫的偏析获得改善，而延伸率则可提高至 50%。

　　一般重合金之强度多在 900 MPa 以下，而硬度多在 40 HRC 以下，以 95W-3.5Ni-1.5Fe 为例，当密度为 18 g/cm³ 时，其抗拉强度为 827 MPa，屈服强度为 634 MPa，延伸率为 12%，硬度为 30 HRC，杨氏模量为 365 GPa，这些性质若用于穿甲弹仍嫌不足，一般需再施以旋锻(swaging)或冷锻，经此冷加工后，其抗拉强度可提高至 1300 MPa，而硬度则可提高至 43 HRC。

16-5　钨钼/银铜复合材料

16-5-1　应用

　　此系列材料之主体乃以钨、钼为主，而熔渗材料则以银、铜为主，使用这些渗铜件之主要原因在于：① 基材为钨或钼，其热膨胀系数低，而银、铜则高，借由调整钨、钼、银、铜之量可调整热膨胀系数之高低，当银、铜含量在 20% 以下时此系数与半导体硅芯片之系数不致差距太大；② 热导率高，在周期表中银、铜之热导率最高，而钨、钼热导率也有铁之两倍；③ 钨、钼熔点高，分别为 3410 ℃ 及 2610 ℃，其高温耐磨耗性佳。表 16-7 列出了上述各金属元素及复合材料之相关物理性质[8-13]。

表 16-7　硅、铜、铁、钨、钼及钨/铜、钼/铜等熔渗体之热膨胀系数、热导率及导电度

	密度/ (g/cm³)	热膨胀系数/ [μm/(m·K)]	热导率/ [W/(m·K)]	导电度/ % IACS	参考文献
硅	2.33	2.62	156	—	[8]
铜	8.96	16.5	398	103	[8]
银	10.49	19.6	428	108	[8]
铁	7.86	11.8	80	17.6	[8]
钨	19.25	4.43	167	32	[8-10]
钨-5%铜	18.20	5.2	189		[11]
钨-10%铜	17.27	7.0	210	30	[9, 11]
钨-15%铜	16.42	7.2, 7.9	190, 227	37	[10, 11]
钨-20%铜	15.65	8.3	200, 244	43	[10, 11]
钨-25%铜	14.96	9.0	260	33~48	[9, 11]
钨-30%铜	14.32	9.7	273	36~51	[9, 11]
钨-35%铜	13.73	11.0	290	—	[11]
钨-40%铜	13.19	11.8	307	—	[11]
钨-10%银	17.81	—	—	29~35	[9]
钨-15%银	17.14	—	—	32~41	[9]
钨-20%银	16.53	—	—	35~40	[9]
钨-25%银	15.96	—	—	40~50	[9]
钨-30%银	15.42	—	—	40~50	[9]
钼	10.22	5.53	142	34	[8-10]
钼-5%铜	10.15	5.9	160	—	[11]

续表

	密度/ (g/cm³)	热膨胀系数/ [μm/(m·K)]	热导率/ [W/(m·K)]	导电度/ % IACS	参考 文献
钼-10%铜	10.08	6.5	172	—	[11]
钼-15%铜	10.01	7.0,7.1,6.8	185,160,165	32	[10-12]
钼-20%铜	9.94	7.9, 7.2	202,175	—	[11, 12]
钼-25%铜	9.87	8.4, 7.8	210,185	—	[11, 12]
钼-30%铜	9.81	9.1, 8.2	227,183	47	[11, 13]
钼-35%铜	9.74	9.7	239	—	[11]
钼-40%铜	9.68	10.3, 9.9	252,205	53	[11, 13]
钼-50%铜	9.55	11.5, 10.5	277,234	57	[11, 13]
钼-10%银	10.23	—	—	27~30	[9]
钼-15%银	10.24	—	—	28~31	[9]
钼-20%银	10.26	—	—	28~32	[9]
钼-25%银	10.27	—	—	31~34	[9]
钼-30%银	10.29	—	—	35~45	[9]

基于上述之优点，钨/铜、钨/银、钼/铜、钼/银之熔渗件常用于电子及电机产品中，例如由于硅芯片或砷化镓(GaAs)芯片之热膨胀系数低，若与热膨胀系数高之零件相邻，则升降温时易在界面产生热应力而造成芯片之脆裂，所以选择与芯片热膨胀系数相近之钨、钼、铜、银复合材料相当适合。此外由于这些复合材料之热传导性佳，容易将芯片或电路所产生之热量传出，使操作环境之温度不致升高太多，所以这些材料非常适于当作半导体用之散热体。图16-13 为一电脑中央处理器芯片，其下方即为约一寸见方之 W-15Cu 散热片。

钨/铜、钨/银熔渗件之另一应用为电接触点(electrical contact)，电接触点负责电路的切断与导通，在使用时容易产生下列的问题：

(1) 熔接。在电路接通或切断时，由于电感或电容所储存的能量全部在开关的两接触点释出，因此容易产生电弧放电。此电弧放电会使材料产生高热而局部熔化、变形，甚至熔接在一起。为避免产生熔接现象，所使用的电接触点材料的熔点要越高越好且导电度也要越高越好，以避免因高电阻而产生高热。

(2) 高接触电阻(contact resistance)。接触电阻不同于材料本体的电阻，而是位于两接触面之间，此接触电阻和接触面的粗糙度、温度、环境有关。为避

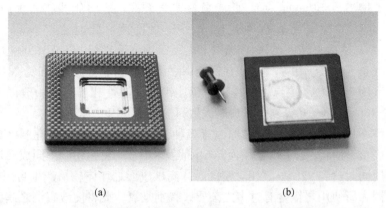

图 16-13 （a）一电脑中央处理器之外观；（b）图(a)的背面，显示其
芯片下方为一片一寸见方之 W-15Cu 散热片

免形成高接触电阻，电接触点材料必须是惰性的，不易氧化、不易引起化学变化且表面需常保光泽，因此高熔点的贵金属是最佳的选择。

（3）消耗、变形、材料转移。电接触点材料开启与闭合之动作不断反复进行后，材料会逐渐磨损、消耗与变形，接触点因为材料与形状的不同，常使得表面凹凸不平，造成材料的单向转移而产生接触不良的现象。为减少这些现象之发生，电接触点材料必须有足够的机械强度、硬度及高熔点，如钨、钼、碳化钨等。

基于以上之考虑，在选择电接触点材料时自然先从下列金属中挑选：

（1）银。银在所有金属中导电性及导热性最好，且不会在表面形成氧化物薄膜。但缺点为易形成硫化物薄膜，熔点低，容易发生冷熔接，在高电弧接触面易造成熔接及冲蚀，且易磨损。

（2）铜。铜的导电度仅次于银，且价格便宜，但铜的表面易形成氧化物，使电阻增加，电阻增加将使氧化现象更严重，结果电阻变得更高，发热更多，最后造成烧毁。铜由于熔点低，也会发生冷熔接现象。

（3）钨。钨的导电度比铂好，熔点也比较高，表面又不会失去光泽，有极强的高温机械强度，对熔接及材料转移的抵抗也很好。但钨作为接触材料时，会产生一层氧化膜，使电阻增加。

基于上述三种主要材料之优缺点，钨/铜或钨/银复合材料即成为最理想之组合，成为大电源开关接触点之最佳选择。

16-5-2 工艺

钨钼/银铜复合材料之工艺相似，以下即为其一般工艺。

(1) 熔渗(infiltration)型。此为最普遍之方式，先将钼或钨粉加压成形，然后于高温在氢气或真空中烧结至所需之密度，此时之坯体称为骨架(skeleton)，然后将纯度在99.95%以上之无氧铜置于骨架上再于1200~1300 ℃之氢气气氛下熔渗。由于钨、钼在铜液中之溶解度均非常低(例如钨在1200 ℃时只溶入约10^{-5}at%之铜)，使得铜对钨、钼之润湿性相当差，一般以渗铜法制作 W-Cu 或 Mo-Cu 等复合材料时大致只能达到98%之密度。

熔渗不易达到100%密度之原因有多种，其一为烧结时有些孔洞已成为封闭孔。表16-8即显示平均粒径为 6.6 μm 及 4.0 μm 之钨粉以不同成形压力及烧结温度同时达到72.5%之相对密度时，高压成形之坯体较易产生封闭孔[14]。另一原因为所使用之铜含有过多之杂质，特别是氧，此将使液态铜之润湿性变差，而钨、钼粉表面氧含量高时亦会造成润湿性之恶化，所以一般在烧结及熔渗时之气氛多采用低露点之氢气。此外亦可使用真空，但由于铜之蒸气压很高，故在真空炉内应通入微量之氩气，以避免铜之挥发，污染炉膛，且造成钨/铜及钼/铜产品中铜之比例偏低的现象。不过一般仍以氢气较佳，此乃因真空渗铜时铜之氧含量仍较高，使得密度及导电度都较使用氢气时差[14]。

表 16-8　以不同粒径粉末及工艺参数制作 W-Cu 时所残留封闭孔之比较[14]

粒径/μm	成形压力/MPa	烧结温度/℃	封闭孔之量/%
6.6	400	1674	0.070
	450	1512	0.420
	500	1360	0.995
4.0	350	1720	0.067
	400	1464	0.317
	420	1200	0.500

以上之工艺在渗铜前已有坚固之骨架，所以坯体之形状及尺寸较易维持，但若铜含量较高(约30%以上)，且尺寸及强度并不是很重要时，亦可直接以生坯渗铜，即如同 Fe-Cu 机械零件一般(见10-6节)。以此方法所得之密度与骨架法相同，但其显微组织[见图1-10(a)、(b)]却大不相同；在骨架法中各钨、钼间多相互连接，而直接以生坯渗铜时，各钨、钼粉多为铜所包围，此可用连续性 C(contiguity)来比较，其定义如下：

$$C_{ss} = \Sigma S_{ss}/(\Sigma S_{ss} + \Sigma S_{sl}) \tag{16-3}$$

式中：C_{ss} 为固体与固体颗粒之连续性；S_{ss} 为每颗粉与相邻之粉相接触部分之接触面积；S_{sl} 则为每颗粉与液体相接触部分之接触面积。此 S_{ss} 与 S_{sl} 之值可由定量金相(quantitative metallography)法量出，例如将一固定单位长度之直线置于 Mo-Cu 金相照片上，量出此线和固体与固体接触面(Mo-Mo)相交之数目 N_{Mo-Mo}，以及固体与液体接触面(Mo-Cu)相交之数目 N_{Mo-Cu}，然后依下式即可计算出 Mo 与 Mo 之连续性 C_{Mo-Mo}：

$$C_{Mo-Mo} = 2N_{Mo-Mo}/(2N_{Mo-Mo} + N_{Mo-Cu}) \qquad (16-4)$$

由于计算过程中每个固体与固体之接触面(Mo-Mo)只被记作一次，而式(16-3)中之 S_{ss} 之定义为每"颗"粉与相邻之粉相接触部分之接触面积，所以相邻之"两颗"粉之接触面积均要计算在内，因此式(16-4)中 N_{Mo-Mo} 之前有 2。

根据此连续性之比较，生坯渗铜法中 Mo 与 Mo 之连续性比骨架法低，如图 16-14 所示[15]。而若改以镀铜钼粉制作时，由于钼粉均已为铜所包围[图 1-10(c)]，所以其连续性又更低。

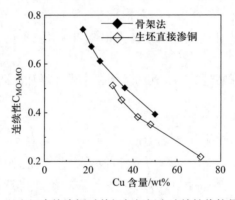

图 16-14 以生坯直接渗铜时其钼与钼间之连续性将较骨架法低[15]

(2) 液态烧结型。此方法首先将钼、钨粉与铜粉混合，然后加压成形，在铜之熔点(1083 ℃)之上烧结，借由铜之毛细力渗入钼、钨粉间之孔隙。由于铜粉表面之氧含量高，且不纯物较熔炼之无氧铜多，所以此方法之润湿性比熔渗法稍差，也因此，烧结时应使用氢气，尽量降低氧及水汽之含量，以提高铜之润湿性。此外，当铜粉太粗时，由于铜熔解后进入周围之孔隙，其原有之位置将留下一个大孔，若周围之钼、钨粉无法填入时，此孔将一直存在，直至烧结结束，所以在铜粉粒度之选择上以细粉较佳。

由于上述之原因，液态烧结型之 W-Cu 及 Mo-Cu 工件不易达到98%以上之密度，为了改进此法所得产品之最终密度，可再行熔渗，但前提是无封闭孔。而有些研究则采用将小量之铜粉先与钼粉或钨粉以高剪力混合机混合，使钼、钨粉表面黏着一层铜膜，然后再与剩下之铜粉以一般 V 型或双锥型混合机混合，之后之工艺不变，结果显示可提高烧结及熔渗密度。

最新之工艺乃采用由固态反应所得之钨酸铜（$CuWO_4$），将之还原可得钨/铜复合物，其粒度细，且钨及铜相互夹杂、被覆，将此粉以液态烧结可直接得到 98%之密度[16]。

（3）烧结后加压型。此法乃将熔渗或液态烧结后之坯体再行轧制，将孔隙消除，由于钼之轧制性较钨佳，所以一般此法仅用于钼系材料。另外亦有业者将钼粉先被覆上一层铜后再加铜粉，将此钼/铜混合粉以轧制法做成板片，再将之于 900~1000 ℃之氢气气氛中烧结，烧结后之坯体再经一次轧制即可得高密度之钼/铜板片，此法之另一优点为钼粉完全为铜所包围，钼粉与钼粉并未接触，其热传导性及导电性可提高不少[17]。

除了上述工艺以外，为了提高钨钼/银铜之密度，下列几种方法亦常被采用：

（1）热等静压。

（2）使用微细且近球形之钨、钼粉末，使之在熔渗时较易重排（rearrangement）。

（3）使用高能球磨过之钨、铜粉，使粉末内能增加，以增加互溶及烧结之驱动力。

（4）使用镀铜之钨、钼复合粉[18]。

（5）使用 1400~1500 ℃之高温熔渗。

（6）添加 Fe、Co、Ni、Pd 等元素可改善钨、钼在铜中之溶解度及钨、钼与铜间之润湿性[19]，但需注意的是这些元素之添加将造成导电、导热性之下降。

将 W–Cu、Mo–Cu 或 W–Ag、Mo–Ag 作为电子零件用之散热体或电接触点时，若欲使产品具有高导电、导热之特性，则必须特别注意所使用之铜及银之纯度。当纯铜中加入些微之其他金属时其导电性可由 103% IACS 之导电度急剧下降(热导率亦同)、电阻急剧上升，特别是 Ti、P、Si 及 Fe(见 15–2 节)。例如采用液态烧结法制作 W–15Cu 时，为了将粉末细化，常使用研磨机（attritor），此时若采用不锈钢球作为磨球，将造成钨及铜粉之污染，图 16–15(a)即为受 Fe、Ni、Cr 污染之 W–15Cu 烧结后之金相，由于铜之润湿性获得改善，其密度较高，晶粒较大。相对地，采用氧化锆球时，因无污染，晶粒细，密度稍低，如图 16–15(b)所示，但其导电度却远高于使用不锈钢球者[20]。

图 16-15 （a）受 Fe、Ni、Cr 污染（共约 1.2%）之 W-15Cu 之金相；
（b）采用氧化锆球无污染之 W-15Cu 之金相（杨智贵摄）[15]

16-6 银/氧化镉合金

于电接触点材料中加入镉或氧化镉（CdO）时能减少电弧之跳火，此乃由于镉的沸点非常低，只有 767 ℃，当电路开关切换之电弧产生时，在两接点之间可产生一些镉蒸气（镉及氧化镉之蒸气压见表 9-7），使电弧消失。但金属镉在银中约有 40% 之固溶度，此将使电阻急剧上升，所以银镉合金不适合作为电接触点材料，但以氧化镉取代镉时，因氧化镉和银不互溶，不会降低导电度，而切换电路开关时所产生之电弧热仍可把少量之氧化镉分解，使产生一些镉蒸气以消去电弧。因此银/氧化镉系统常用来当电接触点材料，其特性如下：① 接触电阻低；② 抗冲蚀性良好；③ 消弧能力佳；④ 即使有瞬间之高电流亦不会产生熔合现象。

一般 Ag-CdO 中 CdO 之含量为 6% ~ 15%，其制法乃使用 Ag 及 CdO 之混合粉，亦可使用 Ag-Cd 合金粉或 Ag 及 Cd 混合粉然后再予以内部氧化（internal oxidation）使 Cd 形成 CdO。经成形、烧结后之坯体一般多再经冷加工或挤出而成线材或片材以作为电接触点之原料。

参考文献

[1] 荆春生，"我国钼酸铵生产现状综述"，中国钼业，2000，24 卷 6 期，21-24 页。

[2] L. F. McHugh and P. L. Sallade, "Molybdenum Conversion Practice", Paper No. 86-154, presented at SME Annual Meeting , New Orleans, LA, 1986.

[3] 彭金剑、崔千红，"生产工艺对钼粉平均粒径及其加工性能的影响"，中国钼业，1997，21 卷 1 期，35-36 页。

［4］　R. F. Cheney, "Sintering of Refractory Metals", *Metals Handbook*, 9th ed., Vol. 7, *Powder Metallurgy*, ASM, Metals Park, Ohio, USA, 1984, pp. 389−393.

［5］　H. S. Huang and K. S. Hwang, "Deoxidation of Molybdenum during Vacuum Sintering", Met. and Mat. Trans. A, 2002, Vol. 33A, pp. 657−664.

［6］　K. S. Hwang and H. S. Huang, "Identification of the Segregation Layer and Its Effects on the Activated Sintering and Ductility of Ni−Doped Molybdenum", Acta Materialia, 2003, Vol. 51, No. 13, pp. 3915−3926.

［7］　"Molybdenum and Molybdenum Compounds", *Ullmann's Encyclopedia of Industrial Chemistry*, Vol. A16, VCH Publishers, NY, 1990, pp. 655−698.

［8］　ASM Int. Handbook Comittee, *Metals Handbook*, 10th ed., Vol. 2, *Properties and Selection: Nonferrous Alloys and Special−Purpose Materials*, ASM Int., Materials Park, Ohio, USA, 1990, pp. 1110−1172.

［9］　Y-S Shen, P. Lattari, J. Gardner, and H. Wiegard, "Electrical Contact Materials", ASM Int. Handbook Committee, *Metals Handbook*, 10th ed., Vol. 2, *Properties and Selection: Nonferrous Alloys and Special−Purpose Materials*, ASM Int., Materials Park, Ohio, USA, 1990, pp. 840−868.

［10］　Heat Sink Materials, Data Sheet, Sumitomo Electric Industries Ltd., May, 2000.

［11］　M. Osada, Y. Amano, N. Ogasa, and A. Ohtsuka, "Substrate for Semiconductor Appartus Having a Composite Material", U. S. Patent 5, 086, 333, 1992.

［12］　Technical Data, Ametek, 1995.

［13］　E. Kny, "Properties and Uses of the Pseudobinary Alloys of Cu with Refractory Metals", Proc. 12th Int. Plansee Seminar, Vol. 1, Reutte, Tirol, Austria, 1989, pp. 763−772.

［14］　W. S. Wang and K. S. Hwang, "The Effect of Tungsten Particle Size on the Properties of Infiltrated W − Cu Compacts", Met. and Mat. Trans. A, 1998, Vol. 29A, pp. 1509−1516.

［15］　黄坤祥、吴嘉信、郑荣和、黄承照，"钼-铜之工艺及其显微组织与物理性质之关系"，粉末冶金会刊，2000，25 卷 3 期，159−165 页。

［16］　L. P. Dorfman, D. L. Houck, M. J. Scheithauer, and T. A. Frisk, "Synthesis and Hydrogen Reduction of Tungsten−Copper Composite Oxides", J. Mater. Res., 2002, Vol. 17, No. 4, pp. 821−830.

［17］　C. Scorey, "Copper−Molybdenum Composite Strip", U. S. Patent 5, 292, 478, 1994.

［18］　A. Bose and A. J. Sherman, "Some Applications of CVD Coated Microencapsulated Powders", P/M Science and Technology Briefs, 1999, Vol. 1, No. 1, pp. 27−30.

［19］　J. L. Johnson and R. M. German, "Chemically Activated Liquid Phase Sintering of W−Cu", Int. J. Powder Metall., 1994, Vol. 30, No. 1, pp. 91−102.

［20］　K. S. Hwang, C. P. Yu, C. K. Yang, C. − H. Yeh, and L. − Y. Wang, "The Effects of Contaminations on the Properties of W−15Cu Prepared from Mechanically Alloyed Powders", Powder Metall., 2003, Vol. 46, No. 2, pp. 113−116.

作业

1. 为什么钨零件均用粉末冶金方法制造？

2. 将 WO_3 粉末放入 lnconel 舟中然后用氢气还原成钨粉时，此 WO_3 之深度为何会对钨粉之粒度及粒度分布有所影响？

3. 为何厚度为 0.25 mm 之钨片及钼片在冲压时之加热温度可稍低，而 0.5 mm 者较高？

4. 将 MoO_3 还原成 Mo 粉时常先将 MoO_3 还原成 MoO_2，再将 MoO_2 还原成 Mo，若将还原炉之烧结区分为多段，前段还原成 MoO_2，后段还原成 Mo，如此可进一次炉即可得到 Mo 粉，请问此方法将有哪些困难？

5. 为何烧结钼时大多用批次炉而不用连续炉？

6. 甲公司目前正在以一 40 吨之成形机生产生坯为 7.0 g/cm^3 之圆柱体，其形状为 25 mm 直径×25 mm 长度，其密度-压力之关系如图 16-3 所示，而坯体烧结后之密度不变。目前该公司接获新订单，密度要求为 7.6 g/cm^3，烧结后尺寸仍相同，请问能否以相同一副模具及同一成形机制造出此新零件以节省成本？

7. 举出并详细说明两种方法以制作 W-20Ag 电接触点零件。

8. 对重合金 W-7Ni-3Fe 材料而言，应选择哪一种炉子，哪一种加热棒材料？

9. 以镀铜钼粉及钼铜混合粉用生坯直接渗铜法制作 Mo-Cu 散热体时，何者之密度可能较高？为什么？

10. 以渗铜法制作 W-Cu 时，W 骨架中常有少量之封闭孔，若欲减少此封闭孔之量，有哪些方法值得一试？

11. 一名牌手机中之振动块使用 W-Ni-Cu 成分，W 之比例为 95 wt%，若要此工件之尺寸稳定且密度要高，应如何设计 Ni、Cu 之比例？比例不同时对工件的影响为何？对烧结温度之影响为何？

12. 同上，在显微组织中，Ni、Cu 比例对所测之双面角、W 之连续性、晶粒大小及固相比例有何影响？这些现象与工件之密度及变形量又有何关系？

13. 以喷雾造粒钼粉成形后之生坯含有不少黏结剂，今拟以推式炉在 1100 ℃ 脱脂，采用的气氛为氮氢混合气，为了提升脱脂效率，气氛先通过水温为 30 ℃ 的水箱，请问混合气中的氢含量至少应为多少才不致造成钼之氧化？

第十七章
硬质合金、金刚石刀具及摩擦材料

17-1　前言

　　周期表之过渡金属元素中的第ⅣB、ⅤB、ⅥB族很容易与碳反应生成碳化物,这些碳化物具有相当高之硬度,但质脆,所以一般需加入 Fe、Co、Ni 粉等再经成形、烧结后才可得到具优良机械性质之复合式合金,俗称硬质合金(hardmetals 或 cemented carbides),其中又以 WC-Co 系列最为普遍。

　　虽然上述硬质合金之硬度相当高,但对于一些石材、陶瓷及化合物而言,仍不足以作为切割刀具,此时常采用金刚石刀具,此类刀具乃以金属为基体,而基体中散布了金刚石颗粒,使刀具同时具机械强度及切削能力。

　　另一种类似的工具为烧结型摩擦材料,此材料也是在金属基体中散布一些高摩擦系数之氧化物,使之在刹车或传动时不但能承受高压力、剪力且能产生高摩擦系数。以下针对此三种材料分作说明。

17-2　硬质合金之历史及特性

　　最早之硬质合金为烧结之纯碳化钨(WC),它于 1914 年就已经被开发出来[1-3]，但是由于太脆一直无法商业化。后来由于烧结钨丝的发明使得拉钨灯丝之人工金刚石拉丝模之需求急剧增加，但是人工金刚石相当贵而且由于第一次世界大战之关系成为相当缺乏之战略物资，此导致各国积极投入碳化钨之研究。到了 20 世纪 20 年代初期，Karl Schröter 发现以铁、钴或镍可将碳化钨结合且仍能提供足够之硬度，而其中又以钴之效果最佳，此乃因为钴在液相烧结时对 WC 之润湿性最佳，可利用毛细力之现象将 WC 急速致密化[2]。他在 1925 年获得了美国之专利[3]，从此烧结碳化钨取代了拉丝模所使用之金刚石，并成为革命性的切削刀具。

当时之基本工艺是以 90% 之 WC 加上 10% 之钴，然后以液相烧结之方式烧出完全致密化之产品。此方法即使在 90 多年后的今天仍是烧结碳化钨最基本之工艺。

一般常用之硬质合金乃是由碳化钨及金属烧结而成之复合材料，其切削或耐磨耗之功能由碳化钨提供，而金属基体则有抓紧碳化钨之功效并提供工件所需之强度及韧性，若欲再提高其切削性能则可再添加一些其他碳化物。目前硬质合金之种类以 WC-Co、WC-TiC-Co 及 WC-TiC-TaC-Co 等三个系列为主。表 17-1 为一些常用硬质合金之性能。

表 17-1　国际标准化组织 ISO R513 中硬质合金之分类、成分及性能

| 分类 | 合金代号 | 化学成分/% | | | 性能 | | | |
		WC	TaC+TiC	Co	密度/ (g/cm^3)	硬度 HV_{30}/ (kN/mm^2)	抗弯强度/ MPa	抗压强度/ MPa
P（蓝色）	P0.12	30	44	4	7.2	18	750	3500
	P0.13	51	43	4	8.5	17	900	4200
	P0.14	62	33	5	10.1	17	1000	—
	P05	77	18	5	12.2	17	1100	4300
	P10	63	28	9	10.7	14	1300	4400
	P20	76	14	10	11.9	15	1500	4800
	P25	71	20	9	12.4	14	1750	4800
	P30	82	8	10	13.1	14.5	1750	5000
	P40	75	12	13	12.7	14	1950	4900
	P50	68	15	17	12.5	13	2200	4000
M	M10	84	10	6	13.1	17	1350	5000

续表

分类	合金代号	化学成分/%			性能			
		WC	TaC+TiC	Co	密度/(g/cm^3)	硬度 HV_{30}/(kN/mm^2)	抗弯强度/MPa	抗压强度/MPa
（黄色）	M20	82	10	8	13.4	15.5	1600	5000
	M30	81	10	9	14.4	14.5	1800	4800
	M40	79	4	15	13.6	13	2100	4400
K	K01	92	4	4	15.0	18	1200	—
（红色）	K05	91	3	6	14.5	17.5	1350	5900
	K10	92	2	6	14.8	16.5	1500	5700
	K20	92	2	6	14.8	15.5	1700	5000
	K30	89	2	9	14.4	14	1900	4700
	K40	88		12	14.3	13	2100	4500
G	G05	94		6	14.8	16	1500	
	G10	94		6	14.8	15.5	1600	
	G15	91		9	14.5	14.5	1900	
	G20	88		12	14.0	13	2100	
	G30	85		15	13.8	12	2400	
	G40	80		20	13.5	11	2600	
	G50	75		25	13.1	10	2700	
	G60	70		30	12.8	9	2800	

硬质合金之切削性及耐磨耗性相当好，介于金刚石刀具与高速钢之间，其硬度在 83~94 HRA 之间。在耐磨耗性方面，硬质合金比高速钢好约 20 倍，因此用于切削钢材时效果显著。一般之 WC-Co 的 Co 含量在 3%~25% 之间，钴含量越高、WC 晶粒越大、使用温度越高（如切削）时，其硬度越低，但其耐冲击负荷能力越强，若使用含 TiC 的 WC-TiC-Co 的话，因刀具表面可形成一层氧化钛薄膜，切屑不易黏着在刀具上，所以其耐磨耗性更佳，又由于 TiC 本身之硬度比 WC 高，所以此系列之硬度比 WC-Co 高，因此切削钢材时常使用 WC-TiC-Co 材料。此类硬质合金的 TiC 之量在 5%~40%，而 Co 则在 4%~15%，当 TiC 量高时则 Co 之量少，反之亦然。若需更佳的高温抗氧化性及抗

热震性的话，可选用 WC-TiC-TaC-Co，其 TiC 之量在 5%~15%，TaC 在 2%~10%，而 Co 则在 5%~15%。

在切削刀具上，硬质合金常用于车刀、铣刀、铰刀、锯片、钻头等，在耐磨耗工具方面则有拉丝用眼模、挤制用模仁、打头模、冲压模、粉末冶金成形模等。另外亦有人用于手表、原子笔钢珠、卡尺及分厘卡之夹头等。图 17-1 为各种硬质合金之刀具及工具。

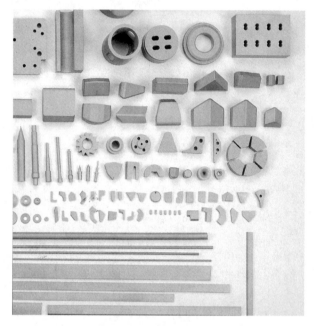

图 17-1　硬质合金刀具及工具(春保公司提供)

17-2-1　粉末之制作

17-2-1-1　碳化钨

碳化钨粉的传统生产方法是以炭黑在氢气气氛中将钨粉碳化而得，氢气先与碳在 1400 ℃以下反应成甲烷，此甲烷在高温时不稳定，又裂解成氢与活性非常强之碳，此碳沉积在钨粉表面后逐渐向内部扩散而完成碳化。

另一种制法是将三氧化钨与炭黑混合造粒成约 3 mm 之颗粒，然后在通入氮气的旋转炉中于 900 ℃左右将三氧化钨还原成二氧化钨及钨粉，随后进入通入氢气之旋转炉，于 1400 ℃左右完成碳化。由此法所得碳化钨粉之粒径多在 1 μm 以下。

近年来由于纳米级粉末可降低烧结温度、提高材料之机械性质，所以也已开始使用于碳化钨刀具，并成为纳米级粉末最早工业化量产之材料。制造纳米级碳化钨粉末的方法之一为喷雾转化法（spray conversion）或喷雾热分解法（spray pyrolysis）[4]，其步骤见 3-2-9 节。

17-2-1-2 碳化钛

添加碳化钛（TiC）可提高硬质合金的硬度与耐热性，减少刀具之磨耗。在生产 WC-TiC-Co 时，一般并非直接添加 TiC，以避免氮及游离碳的含量偏高，而是添加 WC-TiC 固溶体，其常用 WC/TiC 比例在 65/35 左右。一般制作此 WC-TiC 固溶体之方法是将 TiO_2、W 及炭黑以球磨机混合，然后在氢气气氛中于 1700~1900 ℃ 进行碳化。

17-2-1-3 碳化钽

添加碳化钽（TaC）可提高硬质合金之抗氧化性，且可抑制 WC 及 TiC 晶粒之成长，提高强度。此 TaC 的添加与 TiC 类似，将 WC、TaC、TiO_2 及炭黑混合后进行碳化，生成 WC-TiC-TaC 固溶体，最后再与钴制成硬质合金。

17-2-1-4 钴粉

在硬质合金中钴乃是最普遍之金属基体，它与碳化钨之结合性佳，在烧结时能完全润湿碳化钨使得到无孔隙之烧结体。一般对钴粉之要求为纯度高、粒度小、流动性佳。高纯度是为了提升钴对碳化钨之润湿性，而粒度小是为了得到较高之硬度和韧性，一般希望在 1 μm 以下，而流动性则是为了使钴与碳化钨能均匀地混合，所以一般希望钴粉之外形近于球形。

制作应用于硬质合金之钴粉的工艺有数种，兹分述如下。

（1）草酸钴还原法。将钴块或钴片溶入盐酸中生成 $CoCl_2$，然后加入草酸或草酸铵使沉淀为草酸钴 CoC_2O_4，草酸钴经清洗、除去水溶性杂质，再将所得之含水草酸钴 $CoC_2O_4 \cdot 2H_2O$ 在 200 ℃ 干燥约 2 h，除去结晶水，然后在 520 ℃ 左右将草酸钴热分解，并在分解过程中通入氢气，以此法所得钴粉之粒径视草酸钴之粒径而定，一般可在 2~4 μm，纯度约 99.5%，其形状也视原草酸钴结晶之形状而定，通常呈长条形或树枝状。若将去除结晶水后的草酸钴在二氧化碳气氛下加热，也可得到细的钴粉。

（2）氧化钴还原法。将钴片或粗钴粉在空气中于 800~900 ℃ 之间煅烧约 48 h，使成组织疏松之氧化钴，此氧化钴经硬质合金球滚磨后在约 500 ℃ 以氢气还原即可得到约 2.5 μm 之钴粉，其形状接近球形。

（3）高压氢还原法。将生产镍时所剩余之镍、钴硫化物置入高压釜中于 120~135 ℃、7 atm 之条件下将硫化物转变成硫酸盐，使镍、钴成为金属离子而溶入液体中，然后通入氨使杂质铁生成 $Fe(OH)_3$ 而沉淀，此去铁后之溶液再于 75~100 ℃ 及 7 atm 之高压釜中与氨反应使生成 $Co(NH_3)_5^{+++}$，而镍则生

成 $Ni(NH_3)_2^{++}$。经通入硫酸后可去除镍，而剩余之溶液中放入钴粉当作晶核，并将氢气注入溶液中，将三价之钴离子变为二价之钴离子，然后再将之还原成钴粉。此工艺为 Scherritt Gordon 工艺，所得之钴粉较粗，为 $75\sim100\ \mu m$。后来该公司调整此工艺，加大氢气压力至 35 atm，用银之化合物作为成核之触媒，并加入有机物以防止钴之凝聚，由此方法可得到 $1\ \mu m$ 以下且大致呈球形之细钴粉[5]。

17-2-2　混合造粒

由于碳化钨粉及钴粉之粒径小、易凝聚，不易混合均匀，也无流动性，所以一般需使用球磨步骤，将 WC 粉及 Co 粉加入磨球及溶剂如正己烷、无水酒精等，若欲以喷雾干燥方式造粒时，则再加入可溶入溶剂的黏结剂如石蜡。由于所用溶剂易燃且金属粉粒径小、活性高，造粒时因温度高容易氧化，所以球磨后的浆料多采用封闭式的防爆型喷雾干燥机予以造粒，且采用氮气作为干燥用气体，此外将整个系统维持在稍微的正压状态。为了降低成本，一般都将溶剂回收，有的设备也将出口气体之废热回收。

17-2-3　成形

常用之成形法为干压成形，亦即传统之上下加压成形，但由于碳化钨之应用范围中有不少是小尺寸的舍弃式切削刀片，量比较大，故亦常用旋转式成形机（rotary press）及砧式成形机（anvil press），取其速度快之优点。此两种成形机之介绍可参考 7-7 节。对于尺寸精密之刀片，若需借加工才能达到尺寸要求时，其成本较高，所以近年来开始采用高精密度之电动成形机（electrical press），精准地控制生坯之尺寸，特别是厚度，以直接达到工件之目标尺寸，或是尽量减少工件之加工量。

针对大型碳化钨产品如粉末冶金成形模等，若采用干压成形，其吨数相当大，而高吨数成形机价昂，所以可改用冷等静压之方式。另外一种较特殊之成形方法为挤出法，适于制作长条形之圆棒或方棒或其他不同截面之材料，此方法乃先把石蜡或高分子黏结剂加入原料粉末中，均匀搅拌后使具可塑性，然后喂入挤压机中成形，如图 17-2 所示。近年来粉末注射成形法亦已应用于碳化钨材料上，用于制作形状复杂之工件。

17-2-4　烧结

一般碳化钨多使用真空炉烧结，烧结时若真空度太好，由于钴会蒸发，常发生钴含量不足的问题，为了防止此现象发生，可利用充填氩气及抽真空之交

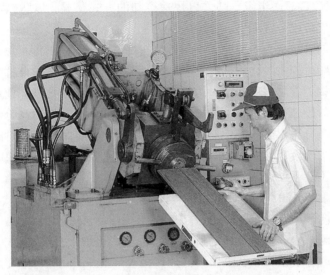

图 17-2　WC-Co 之挤制成形设备(春保公司提供)

互作用将真空度维持在 0.01~1 Torr 之间，此时钴将因气氛中有些微之气压而不致挥发。此外，由于有此微量之氩气，WC 中之碳不易与气氛产生反应，顶多只是与粉末中原有之氧反应，此将有助于碳含量之控制。此氩分压之应用亦常见于不锈钢之烧结，以防止铬及铜之挥发。

图 17-3 为烧结碳化钨所用真空炉之烧结曲线图。在第一阶段中以缓慢之升温速率升至 500 ℃ 左右，然后保温约 1 h 以将有机黏结剂脱除。在第二阶段中于 1200 ℃ 左右亦保温 1 h 以确定坯体内所产生之气体均在孔隙未封闭前即已逸出。而除气后再缓慢升温至 1400~1500 ℃ 之间烧结 1~2 h，使密度达到近

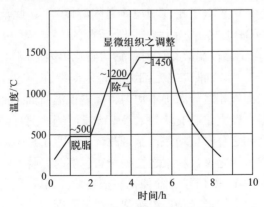

图 17-3　碳化钨之烧结曲线图

100%并借以改善显微组织，随之以快速冷却的方式降温，以防钴渗出工件表面。兹将此三阶段分述如下。

当使用的黏结剂为石蜡时，由于石蜡在真空下于 100 ℃ 即可缓慢挥发，而挥发后之石蜡碰到水冷之炉壁时会凝结而流至下方之收集筒，此挥发所需之时间相当长且视工件之厚度而定，为避免短时间内产生过多之气体使得坯体起泡或破裂，此阶段之升温速率不可太快。若产品为挤制件等含有高分子类之黏结剂时，由于其分解温度较高，必须在 400~550 ℃ 之间保温一段时间，将黏结剂脱除，才可继续升温。在去除黏结剂之后，有些坯体必须再做机械加工，但因强度低，不适于夹持，所以一般先于 600~900 ℃ 之间作预烧结，使达到足够之生坯强度(约 20 MPa 以上)以后再加工。

在第二阶段中升温至 1200 ℃ 左右，密度还不到 90% 时，应再保温一段时间，此乃因粉末表面含有不少之氧，此氧可与碳化物中之碳反应成一氧化碳而逸出。若此时密度已高，孔隙已不与外界相通，则一氧化碳将陷在烧结体中形成孔洞，亦即俗称之沙孔。此将使得密度无法达到 100% 并影响到产品之机械性质。当粉末之氧含量太高时，此碳氧反应将造成产品之碳含量不足而产生 η 相，此 η 相多为 M_6C 型，其组织在 $Co_{3.2}W_{2.8}C$ 至 Co_2W_4C 之间，亦即约 Co_3W_3C 之成分，当合金中出现 η 相时，合金密度将高出理论值。此外，由于钴具铁磁性(ferromagnetism)，所以当组织中有 η 相时，钴含量降低，导致矫顽力升高、饱和磁感应强度下降，且产品之硬度降低，耐磨耗性变差。由于此磁性测试相当简便，所以已广为工业界采用作为测试 WC 中碳含量是否在规格范围内及是否有 η 相之方法。

相对地，若 WC 中的碳含量太多时，将生成石墨，此对机械性质亦不利，由图 17-4 亦可看出对 WC-16%Co 而言，此 WC 中之最佳碳含量应在 6.01~6.14wt% 之间，使生成 WC+β 相(β 为 Co 之固溶体)[6]，此范围相当窄，所以碳含量之控制对 WC+Co 之工艺而言是相当重要的。

到了 1320 ℃ 以上之高温烧结区时，钴与碳化钨因形成共晶(1320 ℃)而产生液相(见图 17-5)[7]，此液体之毛细力将粉末凝聚在一起，此时碳化钨之颗粒仍细且不规则，而液相之分布仍不均匀，随着保温时间之加长，细碳化钨将溶入液体中而沉析在较大之碳化钨颗粒上，亦即产生奥斯特瓦尔德熟化现象，使得晶粒大小及液相之分布更均匀，此可改善工件之机械性质，但当保温时间过长、温度过高或所用之 WC 粉末之粒径分布过宽时，将有一些特别粗大之碳化钨晶粒出现，如图 17-6 所示，而使得机械性质开始降低，故应避免。

近年来渐趋普遍之纳米级 WC 粉所制之成品中即常因较易产生局部粗晶导致机械性质不稳定，故应特别注意 WC 粉与 Co 粉之混合是否均匀，是否有凝

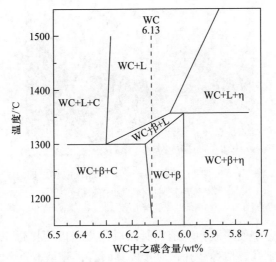

图 17-4   在 WC-C-Co 之相图中于 16%Co 处垂直
切下时所得到之 W-C 相图[6]

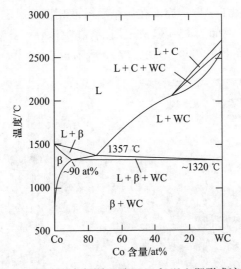

图 17-5   WC-Co 之相图显示 1320 ℃以上即形成液相[7]

聚现象等。此异常晶粒成长（exaggerated grain growth）之现象较易在 WC-Co 产品中发生，若组织中含有一些 VC、Cr_3C_2、TaC、NbC 等碳化物时，此异常晶粒成长之现象将可被阻止。但需注意的是这些碳化物亦将降低液相生成之温度，故烧结温度也需稍降。

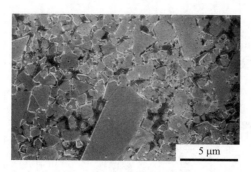

图 17-6　温度过高时易产生异常晶粒成长之现象
（泰登公司提供，刘祥年摄）

　　由于硬质合金多使用液相烧结，所以成品之密度可接近 100%，但是一般仍可发现少量之细孔，俗称沙孔，对于模具而言，此是不允许的，例如当沙孔正好位于拉丝模或是粉末成形中模之模壁时，易在此处填入废屑或粉末，使得成品表面出现刮痕，所以有时必须在烧结后再加上如 1350 ℃、100 MPa 之热等静压工艺，使完全致密化。此等静压步骤也可与烧结合并，称为烧结热等静压（sinter HIP）法（图 17-7），亦即在烧结后段液相出现且已无连通孔时再施以 5~20 MPa 之气压，时间为 15~30 min，以将孔隙消除，此法亦可达到 100% 之密度，其机械性质可提升不少，如表 17-2 所示[8]。

图 17-7　烧结热等静压炉之外观（春保公司提供）

表 17-2　烧结热等静压法与传统真空烧结法所得硬质合金工件性质之比较[8]

工艺	密度/ （g/cm³）	硬度/ HRA	抗弯强度/ MPa	抗压强度/ MPa	晶粒大小/ μm
真空烧结	14.11	88.9	2730	4680	1.4
烧结热等静压	14.22	89.2	3710	5550	1.2

17-2-5　碳化钨之机械性质

碳化钨之机械性质与其成分及显微组织有很大之关系，特别是与钴含量、碳含量及碳化钨粉末之粒度有关。表 17-3 为 WC-Co 产品之特性，随着 Co 含量之增加其密度（图 17-8）及硬度将降低，但强度则上升，且当碳化钨之粒度低于 1 μm 时此现象更为明显。此乃因 WC 与 WC 间之结合力很弱，但 Co 与 WC 间之结合力相当好，所以 Co 含量增加或钴粉越细时将可减少 WC 与 WC 间之接触，亦即 WC 与 WC 间之连续性（contiguity，见 16-5-2 节）将急速下降，因而增加了 WC 与 Co 之界面，此可避免裂纹沿着 WC-WC 晶界扩展，而使裂纹尽量沿着 Co 相前进。

表 17-3　WC-Co 之性质与钴含量之关系[1]

种类	硬度/ HV	密度/ （g/cm³）	杨氏模量/ GPa	抗弯强度/ MPa	热膨胀系数/ ［μm/ （m·K）］	热导率/ ［W/ （K·m）］
WC-20wt%Co	1050	13.55	490	2850	6.4	100
WC-10wt%Co	1625	14.50	580	2280	5.5	110
WC-6wt%Co	1850	15.00	643	2000	5.1	110
WC-3wt%Co	1900	15.25	673	1600	5.0	110

除了 Co 之影响之外，当碳之成分稍微偏离 6.13% 之理论值时亦常因产生石墨（过多时）或 η 相（太少时），使得机械性质大幅下降。

除了 WC 之外，仍有许多其他具高硬度之碳化物，其特性如表 17-4 所示[1,10,11]。但由于 WC 在高温仍能维持其硬度，所以仍为主流，而其他碳化物则多只用于调整其显微组织及机械性质，例如 VC、Cr_3C_2、Mo_2C 等常用来作为晶粒成长抑制剂，图 17-9（a）即显示添加了 0.5 wt% VC 之 WC+8Co 于 1450 ℃烧结后之晶粒比未添加 VC 者［图 17-9（b）］小，且无异常晶粒成长之

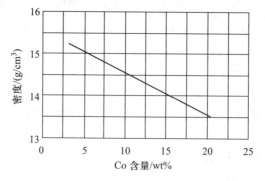

图 17-8　WC-Co 之密度与 Co 含量之关系[9]

现象。此金相之差异亦可由矫顽力看出端倪，例如图 17-9(a)之试片由于晶粒细小，其 H_c 值为 241 Oe，相对地，图 17-9(b)之试片仅 182 Oe。此矫顽力即常用于生产单位之质量管理，例如 WC+10Co 试片之晶粒在 0.5~1.0 μm 时其正常矫顽力应在 255~260 Oe 之间，若不在此范围则可能试片中有 η 相或晶粒大小超出范围，此标准可由各公司依其经验建立，以作为工艺管理之根据。一般认为这些碳化物之含量到某种程度后即达到最高之抑制效果，此乃因这些

表 17-4　各种碳化物及钴之特性[1,10,11]

材料	硬度/ HV$_{50\,kgf}$	熔点/ ℃	密度/ (g/cm³)	杨氏模量/ GPa	热膨胀系数/ [μm/(m·K)]	碳含量/ wt%
Co	<100	1495	8.9	207	16.0	—
WC	2200(0001) 1300(1010)	2800	15.63	696	5.2(0001) 7.3(1010)	6.13
Mo$_2$C	1500	2500	9.18	533	7.8	5.89
VC	2900	2700	5.71	422	7.2	19.06
Cr$_3$C$_2$	1400	1800	6.66	373	10.3	13.34
NbC	2000	3600	7.8	338	6.7	11.45
TaC	1800	3800	14.50	285	6.3	6.23
TiC	3000	3100	4.94	451	7.7	20.05
ZrC	2700	3400	6.56	348	6.7	11.64
HfC	2600	3900	12.76	352	6.6	6.30

碳化物在液态钴中之溶解度达到饱和后，WC 即不易再溶入钴中，因此 WC 即不易再粗化。

图 17-9 （a）添加 0.5wt% VC 后 WC+8Co 之金相；（b）未添加 VC 者
（春保公司廖永乐制作，于建沛摄）

虽然碳化钨已有不错之表现，但仍有些缺点，所以到了 20 世纪 60 年代晚期，开始有了镀层之研究，这些镀层包括 TiN、TiC、TiCN 及氧化铝，由于这些材料与铁之固溶度很低，所以其主要功能为当作扩散障碍层，使得碳化钨不易与切屑产生反应，因而可提高切削速度；此外，这些镀层也非常硬，耐磨性佳，而 TiN 甚至可明显地降低 WC-Co 之摩擦系数，使得切削或成形时所需之能量减少许多。因此目前一般所用之碳化钨切削刀具多数均已作镀层处理。另一个发展则是利用 1 μm 以下甚至纳米级粉末（100 nm 以下）制造 WC 产品，可大幅提高其硬度、强度及耐磨耗性。此方法由于晶粒小，破断路径增长，可使得断裂韧性（fracture toughness）提高。但在使用这些微粉时也需特别注意，此乃因这些粉末之表面积大，氧含量及吸附之水汽较多，且由于混粉之时间较长使得导入之杂质较多，所以在工艺之管理上必须特别小心。此外，若混合不均时，常因 WC 粉较细，WC-WC 之界面增加，且较易有异常晶粒成长之现象，易造成局部地区机械性质之降低，反而使得整体之机械性质也降低。由于这些缺点，目前大多数之微细 WC 粉末仍在 0.5~1.0 μm 之间。

17-3 金刚石刀具

由于金刚石具有高硬度、高导热性及耐磨耗性（其特性见表 17-5），且外观为多面体(见图 17-10)，具锐利之边，所以常用于制作切割工具以切割坚硬之花岗岩、大理石、柏油路面、水泥墙、砖墙或于其上挖孔，其切割之机构乃是利用突出之尖锐且硬之金刚石切削，当使用一段时间之后，金刚石将因过热或因磨耗而丧失切削能力，但由于基体也会磨耗，此可使得金刚石暴露在基体外之比例增加，当金刚石露出基体之部分超过一半至 2/3 时其所承受之应力加大，再因金刚石内部原就含有残留之触媒，如微量之铁、镍，所以容易断裂而产生新的锋刃而维持其切削力。基于此原理，基体与金刚石之磨耗速率需互相配合，图 17-11(a)即显示基体磨耗过快，导致金刚石虽仍保有锐利之锋刃但因过于突出而易断裂，减少了刀具之寿命。图 17-11(b)则显示基体之强度、硬度太高，磨耗速率过慢，使得金刚石本身也被磨耗而丧失切削能力。而图 17-11(c)之基体则具有最适当之磨耗速率，所以基体本身材料之选择相当重要。

表 17-5　金刚石之物理性质

密度	3.52 g/cm³	热导率	2100 W/(m·K)
折射率	2.42	热膨胀系数	0.8×10⁻⁶ m/(m·K)（20 ℃）
摩擦系数	0.05		(1.5~4.8)×10⁻⁶ m/(m·K)（100~900 ℃）
电阻系数	>1.0×10¹⁶ Ω·cm	硬度(Knoop)	7000~10000
比热	1.46 cal/(mol·K)	杂质	黄色<3000 ppm
质量单位	克拉(1 克拉=0.2 g)		蓝色<30 ppm

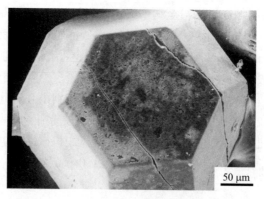

图 17-10　金刚石颗粒为多面体，但在高温、高应力下易变质且易碎裂(杨聪贤摄)

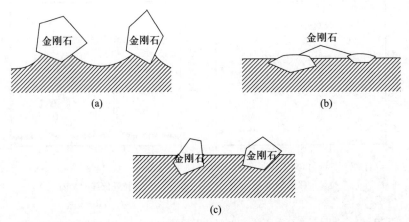

图 17-11　金刚石在切削过程中，（a）因基体磨耗太快，金刚石暴露出基体太多而易断裂，使得刀具寿命缩短；（b）基体磨耗过慢使得切削效率变差；（c）基体之磨耗速率适中

　　金刚石切割工具之制作可以金刚石所镶嵌之基体为金属抑或塑胶而分为两大类，金属基体以钴基、铜基为主，前者耐高温，切削性佳，而铜基则稍差，但制作成本低。金刚石刀具之工艺可分为混粉、成形、烧结及焊接等步骤，兹分述如下。

17-3-1　混粉

　　由于金刚石在高温、长时间之条件下会石墨化，图 17-12 之拉曼光谱（Raman spectrum）即显示当金刚石劣化时其结构将由 sp^3 转换为石墨之 sp^2，此时密度产生变化，此将造成应力而使金刚石脆裂，图 17-10 即为以过高之温度烧结时，将基体以王水溶解后所萃取出之碎裂金刚石颗粒[12,13]，所以制作金刚石刀具必须采用低温液态烧结或使用细金属粉（45μm 以下）以降低烧结温度。但金刚石粉一般均相当粗，在 30~80 网目（180~600 μm）之间，且添加量仅 5~10 vol%（2~4 wt%），所以要使金刚石粉均匀地被金属粉所包围并不容易。此外由于细金属粉之流动性差，不易流入模穴，因此填粉时常采用人工方式，不然则需将金属及金刚石粉末作球化处理，例如添加少量之液态石蜡或其他有机物使凝聚成较大之颗粒，或采用流体床将金属粉被覆于金刚石粉周围，以提高其流动性并改善金刚石分布之均匀度，但这些黏结剂均需在烧结前先将之挥发或裂解。

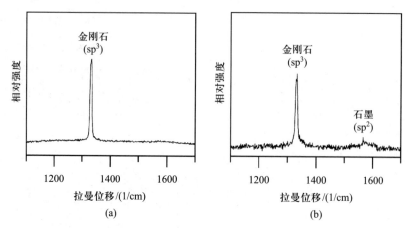

图 17-12　金刚石在高温下将产生部分石墨化。（a）正常金刚石之拉曼光谱；
（b）在 1300 ℃ 之环境下约 1 min 后之拉曼光谱[12,13]

17-3-2　成形及烧结

由于金刚石粉之硬度高，当成形压力过高时将对模具产生严重之磨耗，故一般之压力多在 200 MPa 以下，而最后密度之提升乃借烧结而得。烧结时可使用连续式烧结炉或批次炉，温度在 800~1150 ℃ 之间。

除了上述传统之成形、烧结法之外，目前已有相当多之金刚石刀具采用热压（hot pressing）之方式，此工艺乃将已预压成形之坯体或是以固定质量之粉末直接置入石墨模穴中，然后将上冲置入模穴，每组石墨模可有 20~40 个模穴，将此模组放入热压机中，通以电流，借电阻热之方式加温至 500~1100 ℃，同时施加 15~30 MPa 之压力，持压 3~5 min，利用此热压之方式可得到 95% 以上之密度。

另一种成形方式是将金属粉（如镍基硬焊粉，含有约 82% 之镍，余为 Cr、Si、Fe、B）与树脂混合成面团状，将之压平、裁剪成圆盘状，如同饺子皮，然后将之黏在不锈钢圆盘上，最后再于其上布下排列整齐之金刚石颗粒，使金刚石嵌入"饺子皮"上，将此组合物送入真空炉中，先将树脂烧除后再于 900 ℃ 左右保温，使焊料熔解在不锈钢盘上，同时也抓住金刚石，如图 17-13 所示。此产品称为金刚石碟（diamond grid），用于半导体硅片之化学机械磨平（chemical mechanical planarization，CMP）工艺中，CMP 工艺中乃以聚氨酯（polyurethane）作为抛光布，加上抛光液后，可将芯片抛光、磨平，但一段时间后抛光布变脏，必须以金刚石碟清除磨屑，并在抛光布上重新刻出沟纹。

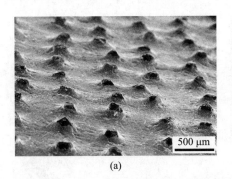
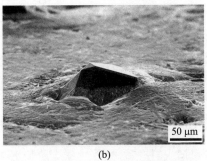

图 17-13　(a) 金刚石碟上如阵列般之金刚石；(b) 焊料将金刚石紧密地包覆住

17-3-3　焊接

以热压或传统成形、烧结法所得到之金刚石烧结体只是刀具中之镶嵌块而已，以锯片为例，这些坯体多以焊接之方式固定在铁盘之圆周上，如图 17-14 所示。焊接之方式有硬焊(brazing) 及激光焊接(laser welding) 两种，前者之焊接强度较差，切削过程中若产生过热之现象时焊接处易软化，使得金刚石片掉落，所以以此方式焊接之刀具多用于湿式切削，借水冷之方式降低切削温度。而激光焊接法则无此顾虑，可用于干式切削。

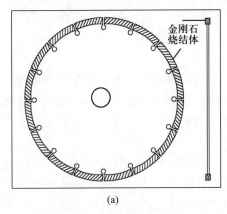

金刚石烧结体

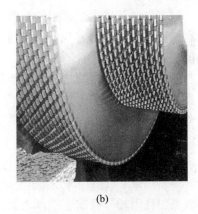

图 17-14　(a) 焊好之金刚石锯盘之示意图；(b) 可将花岗石一次切割成数
十片之金刚石锯片(中国砂轮公司提供)

金刚石刀具之切削效果除了与上述工艺有关之外，金刚石颗粒之大小及分布之均匀性、金刚石品质之好坏(是否易在高温石墨化或脆化)、金刚石颗粒之浓度以及金属基材之种类均具有决定性之影响。

17-4 摩擦材料

17-4-1 基本要求

摩擦材料之基本要求有下列几项。

(1) 高摩擦系数(0.3 以上)且在不同之温度及速度下均相当稳定。

(2) 耐磨耗。

(3) 高热传导性,使摩擦材料不致超温。

(4) 高强度,使刹车工件在高速、高剪力之环境下不致变形、破裂。

这些摩擦性能之测试多在定速下将摩擦材料以恒压或恒扭力矩之方式压住对磨材料并进行多次之制动循环,而量测之项目有摩擦系数及温度之变化等。由于金属基摩擦材料比石棉基摩擦材料更能符合上述之条件且更环保,所以自 20 世纪 60 年代开始即已逐渐被导入航天及汽车工业中,如汽车用离合器片及高速铁路用之刹车片等。

17-4-2 摩擦材料之组成

金属基摩擦材料主要包含金属基体、润滑剂和调整剂(modifier)。其成分及功能如下。

(1) 金属基体。最常用的金属基体有铜及铁,前者散热性能佳,不易与对磨之铁系材料产生黏着现象,但成本高,且磨耗性差。相对地,铁粉较便宜、强度高,所以也相当普遍。

(2) 润滑剂。摩擦材料之主要条件为高摩擦系数,添加润滑剂势必降低此系数,但为了降低摩擦热及磨耗率,并使刹车动作更为平顺,不致产生抖动之现象,润滑剂仍是必需品。一般最常用之润滑剂均为固态,如石墨、二硫化钼(MoS_2)、硫化铁(FeS)等。

(3) 调整剂。为了产生高摩擦力并增加耐磨性,摩擦材料中常加入钼、钨、SiO_2、SiC、Al_2O_3 等粉末,这些较硬之粉末可增加基体之强度、硬度及摩擦系数,且因较易裸露于基体之上,可减少基体之磨耗。此外,这些调整剂亦能将由摩擦材料转移并附着于对磨件表面之材料刮除,此有助于维持材料之高摩擦系数。表 17-6 为一些应用于运输工具之烧结型摩擦材料之成分。

表 17-6　常见烧结型摩擦材料之成分　　　　（单位：wt%）

种类	Cu	Sn	Fe	Pb	石墨	MoS₂	SiO₂	Al₂O₃	其他
铜基	62~75	4~10	5~10	—	3~10	3~12	2~7	—	
	65~75	2~5	—	2~5	10~20	—	2~5	—	5~8 Zn
	68	5.1	8	1.5	6.2	5	2.5	3	
	72	7	3	6	6		3	—	4MoO₃
	68	8	4.5	3	6	6	4		
铁基	10~15	2~4	50~60	2~4	10~15		8~10		
	3~5	—	60~70	3~5	15~25		1~3	—	3~5 Bi

17-4-3　工艺

摩擦材料工艺的第一个步骤为将上述之金属基体、润滑剂及调整剂三种粉末均匀混合，由于这些粉之密度及粒度相差甚多，极易在混合过程中产生偏析，所以可添加微量之机油以将润滑剂及调整剂黏附在金属粉表面，即如同第5-4节中之混合粉原理。此外，由于润滑剂经过长时间之混合过程后很容易被覆在金属粉表面而影响调整剂等之附着，故润滑剂常在混合之最后阶段才加入。

混合后之粉可以用一般之成形机成形，但密度不需太高，所以成形压力多在500 MPa以下，由于摩擦材料中含有不少非金属粉末，一般之烧结炉不易将之烧到高密度，故一般均采用热压烧结。对于铜基材料其温度在600~1000 ℃，而对于铁基材料，则多在1100 ℃左右，而所施之热压压力多在5 MPa以下。最常用之方法乃用钟形炉，将工件置于钢板上，然后堆叠置放，并于上方加压。烧结完之摩擦材料，有的仍需再以机械加工之方式制作出沟槽，此沟槽在湿式离合器片之角色相当重要，它提供了液体进出磨合面之通道，使得液体得以将摩擦热带出而冷却摩擦界面，以维持高摩擦系数，此外，亦可将磨合面间之粉屑、杂物由此沟槽带出。而在干式离合器中亦可提供因高热而膨胀之材料一个缓冲之区域，使不致因高应变造成摩擦材料之破裂。

参考文献

[1]　Z. Yao, J. J. Stiglich, and T. S. Sudarshan, "WC-Co Enjoys Proud History and Bright

Future", Metal Powder Report, 1998, Vol. 53, No. 2, pp. 32−36.

[2] K. Schröter, "The Inception and Development of Hard Metal Carbides", The Iron Age, Feb., 1934, Vol. 133, pp. 27−29.

[3] K. Schröter, Hard−Metal Alloy and the Process of Making Same, U. S. Patent 1, 549, 615, 1925.

[4] P. Seegopaul and L. E. McCandlish, "Nanodyne Advances Ultrafine WC−Co Powders", Metal Powder Report, 1996, Vol. 5, No. 4, pp. 16−20.

[5] "Hydrometallurgically Processing Fine Cobalt", Metal Powder Report, 1996, Vol. 51, No. 12, pp. 18−22.

[6] J. Gurland, "A Study of the Effect of Carbon Content on the Structure and Properties of Sintered WC−Co Alloys", Trans. AIME, 1954, Vol. 200, pp. 285−290.

[7] P. Rautala and J. T. Norton, "Tungsten − Cobalt − Carbon System", J. Metals, 1952, Vol. 4, pp. 1045−1050.

[8] 王声宏，"热等静压(HIP)技术在硬质合金及陶瓷材料中的应用"，粉末冶金工业，2000，10 卷 3 期，7−11 页。

[9] K. J. A. Brookes, World Directory and Handbook of Hardmetals, 3rd. ed., Engineer's Digest and International Carbide Data, London, UK, 1982, p. 52.

[10] H. J. Scussel, "Friction and Wear of Cemented Carbides", ASM Int. Handbook Gommittee, ASM Handbook, Vol. 18, Friction, Lubrication, and Wear Technology, ASM Int., Materials Park, Ohio, USA, 1992, p. 795.

[11] H. E. Exner, "Physical and Chemical Nature of Cemented Carbides", Int. Metals Reviews, 1979, Vol. 4, pp. 149−173.

[12] S. C. Hu and K. S. Hwang, "Diamond Tools with Reaction Sintered Ni_3Al Matrix", Proc. 1998 PM World Congress, Vol. 1, pp. 468−473.

[13] K. S. Hwang, T. H. Yang, and S. C. Hu, "Diamond Cutting Tools with a Ni_3Al Matrix Processed by Reaction Pseudo−Hipping", Met. and Mat. Trans. A, 2005, Vol. 36A, pp. 2801−2806.

作业

1. 某一碳化钨模在使用时破损，其金相显示此材料含 6%Co、5%TiC，其余为 WC，若欲改善此易裂之缺点，应如何调整其成分？

2. 某 WC−Co 试片所用原料中的 3 μm WC 粉改用 1 μm 之 WC 粉时所得到之产品之机械性质及显微组织可能有哪些变化？

3. 为何 Co 含量高时，WC−Co 之强度会上升？

4. 金刚石刀具中 Co 基体之硬度约 20 HRC，若改用 30 HRC 之合金钢时对于金刚石可能产生哪些影响？

5. 以旋转式成形机(rotary press)压制 WC-Co 有何缺点?

6. 欲制作以 Co 为基体、质量为 100 g 之金刚石锯片,其中金刚石占了 8 vol%,请问应用几克拉之金刚石?

7. 以真空炉及铜基焊料将金刚石颗粒分散在铜基体中以制作金刚石刀具时易发生哪些缺陷?

第十八章
粉末及成品之测试方法

18-1　前言

　　影响粉末冶金产品性质优劣之因素有：原料成分之选择是否恰当，粉末之特性是否合乎要求，工艺参数中之成形压力、烧结温度及时间之控制是否合适。这些因素均应有一定之测试或评估方法才能保障最终产品之品质。本章将针对粉末及成品性质之测试方法及原理作一说明，共包含了① 粉末流动性，② 松装密度，③ 粒径，④ 生坯强度，⑤ 生坯密度，⑥ 烧结体密度，⑦ 金相，⑧ 振实密度，⑨ 孔隙度，⑩ 渗透性，⑪ 硬度，⑫ 强度，⑬ 冲击值，⑭ 抗腐蚀性，⑮ 成分分析。其中有些测试所需之设备较普遍，故亦提供了较详细之实验步骤可供实际操作实验者之参考，而其他则仅作原理之说明。

18-2　粉末之流动性及松装密度[1,2]

18-2-1　实验目的

　　本实验之目的在于量测粉末在未加压力之状况下其松装密度以及粉末流动之难易度，前者常用于计算成形时粉末在模穴中应充填

507

之高度，而后者则决定了粉末流入模穴各角落之难易以及其速率，因此亦影响了成形压机之成形速率。

18-2-2　实验设备

（1）霍尔流动计（Hall flowmeter），具有一直径为 2.54 mm 流通孔之漏斗，如图 4-23 所示。

（2）如图 4-23 所示内体积为（25.00±0.05）cm^3 之密度杯，其内径为（28.0±0.5）mm。

（3）放置漏斗及密度杯之支撑座，将漏斗及密度杯放好之组件如图 4-23 所示。

（4）电子天平，其称重可达 200 g，而精确度可达 0.01 g。

（5）码表一只。

（6）烘箱一个。

18-2-3　实验材料

铜粉或铁粉或其他易取得之金属粉各约 500 g 或 150 cm^3 以上，这些粉末必须没有油、石墨等之污染。

18-2-4　实验步骤

（1）流动性。

① 量取金属粉约 400 g，置入（100±5）℃之烘箱中干燥。1 h 后放入干燥皿中冷却到室温。

② 量取干燥后之金属粉（50.0±0.1）g。

③ 挪开图 4-23 中漏斗下之密度杯。

④ 以干手指将漏斗底部之出口抵住，倒入 50 g 之金属粉。

⑤ 准备码表，以计算粉末流出漏斗所需之时间。当手指一离开漏斗之出口时，开始计时。当粉末完全离开漏斗之一刹那，停止码表，记录下粉末流毕所需时间。

⑥ 将此时间乘上校正系数[①]即为真正之粉末流动所需之时间，并以 s/50 g

---

① 校正之方法为将 150 号（<106 μm）之标准刚玉粉末（Turkish emery powder）作为试料，量测 5 次后取其平均值，制作流动之厂商已将此值（在 40 左右）刻在漏斗底部，将 40 除以此值即为此漏斗之校正系数。若经长期使用，需重做此实验，重新取得校正系数，一般而言此秒数将因孔逐渐变大而逐渐减少，若造成流动时间减少 3 s 以上时，此漏斗即需淘汰。若流动时间增加则可能是流通孔之表面有阻塞之现象，应予以清除。

表示之。

⑦ 重复上述②~⑥之步骤，得到三次流动性后取其平均值。

（2）松装密度。

① 将密度杯置于漏斗下方，调整漏斗使其中心线与密度杯之中心线大致对齐，并调整漏斗之高度使其底缘距密度杯之顶缘约 25 mm。

② 量取前述(1)①步骤干燥后之金属粉约 50 cm³。

③ 将粉末倒入漏斗，使粉末自由落入密度杯内，当粉末已填满密度杯且在顶部形成锥状并已溢出杯外时，即可将漏斗转开，停止漏粉。

④ 以平尺将密度杯口刮平，量测杯中粉末之质量。

⑤ 重复①~④之步骤三次，取平均值后除以 25 cm³ 即为该粉末之松装密度值，以 g/cm³ 为单位。

18-3　由费氏法量测粉末粒径

本方法乃参照美国粉末冶金协会 MPIF Standard 32 之标准[3]。

18-3-1　实验目的

粉末之粒径可利用各种不同之方法测得，一般最简单之方法为筛分法（见4-3-2 节），此法一般适用于平均粒径为 38 μm 以上之粉末，而粒径小于 38 μm 时则可用简单之费氏粒径分析仪（Fisher subsieve sizer，FSSS），此法一般用于 50 μm 以下之粉末，其所使用之设备简单，且操作容易，为工业界常用方法之一，适合作为质量管理控制之用。此方法之原理为表面积越大之粉其粒径越细，且越不规则之粉在空气通过时之阻力越大，因此由空气通过粉体前后之压力差可作为粉末粒径判断之根据（见第 4-3-4 节）。

18-3-2　实验设备

（1）费氏粒径分析仪。此仪器包括空气泵、调压阀、气体流量计、换算表等，如图 4-11 所示。

（2）校正器。

（3）足以在齿轮旋钮上产生 22 kgf 的螺丝起子一把。

（4）电子天平，称重可达 100 g，且精确度可达 0.01 g。

（5）试样管。

（6）多孔塞两个。

（7）滤纸。

（8）漏斗。

18-3-3　实验材料

粒径为-325网目（-45 μm）之金属粉末约200 g，若95%为小于45 μm之粉亦可。

18-3-4　实验步骤

在实验前本仪器需先经校正，校正步骤可参考文献［3］。

（1）将粒径范围切换阀转至适当位置，若预计粉末可能在20 μm以下，则将旋钮向右转，若可能介于20~50 μm则将旋钮向左转。

（2）将滤纸放在试样管上，利用螺杆将多孔塞顶住滤纸，一齐塞入试样管中约10 mm，将螺杆松开，然后将试样管倒过来置于橡皮支撑台上，滤纸朝上，多孔塞在下与橡皮支撑台接触。

（3）称取与材料密度（g/cm^3）等值质量（g）之粉，以漏斗将粉漏入试样管中，轻敲管子使粉全部落入，然后在试样管上方放另一片滤纸，再利用螺杆将另一片多孔塞顶住滤纸一起塞入试样管内，此时粉末即应位于两片滤纸之间。

（4）将试样管放在黄铜试样管座上，下方之多孔塞顶住座子。

（5）将齿条往下降使其底部与上方之多孔塞接触，将小齿轮转紧。

（6）将图表左右移动使试样高度（sample height）曲线与针笔之尖端相交，由 x 轴记录下孔隙度。

（7）将试样管移至右方之试样管支架上，将之固定，使外界空气无法进入。

（8）将电源打开，调整压力计中气泡上升之速率至每秒2~3个气泡，并维持稳定之速率。

（9）等压力计水位上升约30 s至数分钟后，此水位将稳定。

（10）调整针笔横杆之位置使与此水位对齐。此时针尖之位置即为粉末之平均粒径。

（11）重复上述步骤进行三次测试，并取其平均值。

18-4　生坯强度

本方法乃参照美国粉末冶金协会 MPIF Standard 15 之标准[4]。

18-4-1 实验目的

金属粉末经压制成形后必须经过烧结才具足够之机械性质，但在未烧结前仍需具备相当之强度，以应付搬运过程中工件彼此间以及与外物碰撞所遭受之应力。要得知各生坯之强弱必须有一方法作客观的评估，本实验之目的即在学习制作生坯，并测试其三点或四点弯曲强度。在三点弯曲测试时试片之弯曲应力分布呈三角形，如图 18-1(a)所示，所以当断裂点不在两支撑点之中间位置时，计算所得之强度值将不正确，此乃因断裂处所承受之实际应力比中间点小。相对地，图 18-1(b)显示在两施力点间之 I 距离内其应力均相同，所以只要断裂点在此范围内，由公式计算所得之值即为该断裂点之实际应力，一般以四点弯曲测试之生坯强度值较准确。

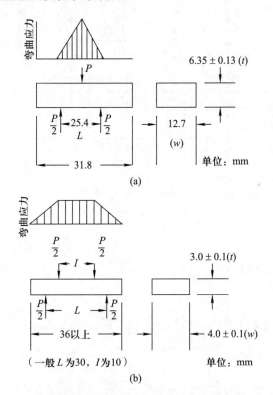

图 18-1　(a) 三点弯曲强度测试试片之尺寸及应力分布图；(b) 四点弯曲强度测试试片之尺寸及应力分布图

其他类似之三点弯曲强度测试的规范有 MPIF Standard 41(针对粉末冶金烧结体)、ASTM B528(针对粉末冶金烧结体)、ISO 3325(针对粉末冶金烧结体)。

18-4-2　实验设备

(1) 制作试片之模具，应包含上冲、下冲及中模。

(2) 50 吨成形机，其吨数之精确度在±1%以内。

(3) 三点弯曲或四点弯曲强度测试用之治具，如图 18-2 所示。

(4) 电子天平，精确度可达 0.01 g。

(5) 分厘卡或卡尺，范围由 0 至 100 mm，精确度可达 0.02 mm。

(6) 抗拉、抗压试验机，荷重可达 30 kgf，精确度可达 50 gf。

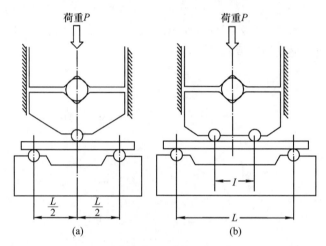

图 18-2　(a) 测试三点弯曲强度之治具；(b) 测试四点弯曲强度之
治具(L、I 见图 18-1)

18-4-3　实验材料

(1) 与 18-2 节相同之材料。

(2) 作为润滑剂用之阿克蜡(EBS，Acrawax)或硬脂酸锌。

18-4-4　实验步骤

(1) 将 0.8 wt%之润滑剂与金属粉放入塑胶罐中混合 30 min。

(2) 将模具擦拭干净。

(3) 依下列公式量取适当质量之粉 W，以制作生坯密度为 ρ_g 之试片：

$$W = (\text{试片})\, \text{长} \times \text{宽} \times \text{高} \times \rho_g \qquad (18\text{-}1)$$

(4) 将下冲置入中模，并使冲子上端与模面相距 H(mm)，此 H 值乃依 18-2

节所测得之松装密度配合下列公式计算而得：

$$H = \rho_g \times t/\rho_a \qquad\qquad (18\text{-}2)$$

式中：ρ_g 为生坯密度；ρ_a 为松装密度；t 为生坯厚度。

（5）放入上冲，以手之力量将上冲向下压实，再由上、下方同时以成形机施压，当上冲再进入模具约 1 mm 后，拿开支撑中模之金属块，使中模悬空（此俗称中模浮降法），然后继续施压直至坯体之高度约为 $t(\text{mm})$ 为止。

（6）将上冲拿开，然后顶出坯体，量测坯体之厚度，由于第一次成形之坯体不一定合乎 $t(\text{mm})$ 之厚度，必须调整压力直到坯体之尺寸在 $t\pm0.1$ mm 之范围内。尺寸合乎规格后，连续制作三支试片。

（7）量测每支试片之质量及体积。

（8）将试片置入图 18-2 中治具间之位置，将治具放在压缩试验机中，使用大约 89 N/min 之速率逐渐加压，使试片在 10 s 以内破裂，并记录此时之施力。

（9）使用三点弯曲测试时，以下式计算生坯强度 S：

$$S = (3 \times P \times L)/(2 \times w \times t^2) \qquad\qquad (18\text{-}3)$$

式中：P 为试片破坏时之施力(N)；L 为试片下方两支点之间距(mm)[见图 18-1(a)]；t 为试片之厚度(mm)；w 为试片之宽度(mm)。

若使用四点弯曲测试时，则以下式计算生坯强度：

$$S = 3P(L - I)/(2 \times w \times t^2) \qquad\qquad (18\text{-}4)$$

式中：I 为上支点间距(mm)，如图 18-1(b)所示。

18-5 生坯及烧结体密度

本方法乃参照美国粉末冶金协会 MPIF Standard 42 之标准[5]。

18-5-1 实验目的

粉末冶金产品常含有孔隙且形状复杂，不易由质量及体积直接量得其密度。由于密度直接影响了产品的特性，所以在成形后应即测量生坯之密度，以控制品质之稳定性，烧结后亦同，此测法乃利用阿基米德原理，其步骤为将工件先在空气中称重得一 W_{air} 值，然后予以真空渗油或渗蜡，渗完后将表面之油或蜡滴干并将表面擦拭干净，然后于空气中称得一 W_{oil} 值，再将此工件置入水中称得一 W_{water} 值，则工件之密度 ρ_g 为

$$\rho_g = \frac{W_{air}}{(W_{oil} - W_{water})/\rho_{water}} \tag{18-5}$$

式中：ρ_{water} 为水之密度，其值与温度之关系如表18-1所示。此公式(18-5)之分母即为工件在水中所排开之体积。

表 18-1　水在不同温度下之密度 （单位：g/cm^3）

温度	密度	温度	密度	温度	密度	温度	密度
15℃	0.9991	19℃	0.9984	23℃	0.9975	27℃	0.9965
16℃	0.9989	20℃	0.9982	24℃	0.9973	28℃	0.9962
17℃	0.9988	21℃	0.9980	25℃	0.9970	29℃	0.9959
18℃	0.9986	22℃	0.9978	26℃	0.9968	30℃	0.9956

18-5-2　实验设备

（1）电子天平，称重范围可达 500 g，且精确度为 0.001 g。

（2）500 mL 烧杯一个。

（3）0.1 mm 直径之不锈钢丝及以此所制成之网。

（4）去离子水或蒸馏水，并滴两滴清洁剂。

（5）温度计，精确度为 1℃。

18-5-3　实验试片

（1）18-4 节所制之生坯。

（2）将 18-4 节所制之生坯予以烧结所得之烧结体。

18-5-4　实验步骤

（1）生坯试片密度。

① 将生坯试片置于图 18-3 之秤盘上测生坯在空气中之净重，此值定为 A。

② 将试片置入含油烧杯中，将烧杯放入真空箱中，启动真空泵，使油进入试片中，30 min 后关闭泵并使真空箱回复大气压力，并维持约 10 min。

③ 将试片表面之油抹净，尽量不要将内部之油吸出。然后放在图 18-3 之秤盘上称重，此值为 B。

④ 以烧杯盛水置于电子天平中冂形桥上(见图 18-3)，将试片以不锈钢丝

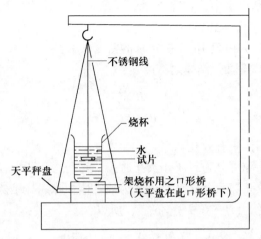

图 18-3 以阿基米德原理测试试片在水中质量之情形

绑住或以不锈钢网盛住，挂于电子天平之挂钩上使试片悬浮于水中，如图 18-3 所示。此时试片必须完全没入水中并且表面不可有气泡，然后记录其在水中之质量，此值为 C。

⑤ 将试片拿出，再将不锈钢丝或网挂回挂钩，并维持其原没入水中之深度，再称一次，此值为 D。

⑥ 量测水温，并由表 18-1 决定水的密度 ρ_{water}。

⑦ 依下式计算生坯之密度 ρ_g：

$$\rho_g = \frac{A \times \rho_{water}}{B - (C - D)} \qquad (18-6)$$

（2）烧结体之干密度。

所谓干密度即生坯刚烧结完尚未含浸油时之密度 ρ_s，其量测之步骤与前述生坯密度之(1)节相同。

（3）含油烧结体之干密度。

若欲知一已含油之烧结体在未渗油前之干密度时，可将试片置于 600 ℃ 之还原性或惰性气氛炉中加热 0.5~1 h 将油烧除，再依(1)节之步骤量测其干密度 ρ_s。

（4）含油烧结体之湿密度。

所谓湿密度即包含油在内时之密度，其量测步骤如下：

① 测含油烧结体在空气中之质量，此值为 B。

② 如图 18-3，测含油烧结体在水中之质量，此值为 C。

③ 将烧结体拿出水中，再将不锈钢丝或网挂回挂钩，并维持其原没入水中之深度，再称一次，此值为 D。

④ 量测水温，并由表 18-1 决定水的密度 ρ_{water}。

⑤ 依下式计算含油烧结体之密度 ρ_s：

$$\rho_s = \frac{B \times \rho_{water}}{B - (C - D)} \qquad (18-7)$$

（5）含油烧结体中有效孔隙率。

烧结体中之孔隙可分为封闭孔及互通孔，此互通孔即为有效孔隙，可供油注入其中，此有效孔隙率 P 之计算公式为油之体积除以烧结体总体积，前者为 $(B-A)/S$，而后者为 $[B-(C-D)]/\rho_{water}$，所以

$$P = \frac{(B - A) \times \rho_{water} \times 100}{[B - (C - D)] \times S} \qquad (18-8)$$

式中：S 为油在试验温度之密度。

另外一个值得一提的是 MPIF 专门针对 MIM 工件所设置的 MPIF 标准 63，此标准用于测试注射料、生坯及烧结工件之真密度（pycnometer density），由于这些材料可能有少部分的孔是互通孔，所以测到的真密度会比上述之阿基米德排水法（MPIF 标准 42）所测得之密度稍高些。

18-6 金相实验[6]

18-6-1 实验目的

粉末冶金之金相（metallography）试片比一般之铸锻品难制作，主要是因孔隙在研磨过程中常被塑性变形之金属填满，如图 18-4(b) 中斜线部分所示，使得在显微镜下不容易观察到孔洞真正之大小及形状，且由定量金相（quantitative metallography）所测得之密度将较实际值来得高。若要得到正确之金相，可调整研磨时之压力，并使用研磨→浸蚀→研磨→浸蚀之方式使填入之金属掉出而显示出真正之孔隙形状，如图 18-4(c) 所示。但若重复此步骤太多次，则孔隙会被腐蚀液过度侵蚀而呈扩孔现象，使得目测或以定量金相所测得之孔隙率比实际值大。以下为正确制作试片之步骤。

18-6-2 实验设备

（1）冷镶埋树脂。

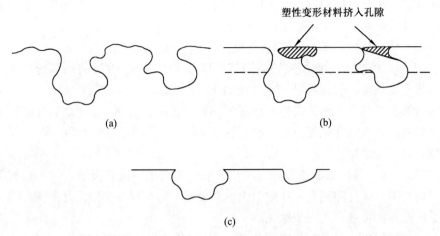

图 18-4　金相试片准备过程中之表面情形。(a) 研磨前之孔隙；(b) 研磨力量过大时材料产生塑性变形被挤入孔隙后之情形；(c) 同一试片经研磨→浸蚀→研磨→浸蚀之方式使填入之金属掉出后而显示出之正确金相试片

(2) 铝或塑胶杯，直径 2~3 cm，高 2 cm。

(3) 碳化硅砂纸 200、500 及 1200 号。

(4) 砂纸研磨台。

(5) 氧化铝粉，0.05 μm 及 1 μm，与水配成牛奶状之抛光液。

(6) 旋转式抛光研磨机。

(7) 抛光布。

(8) 光学显微镜。

(9) 浸蚀液：① 1%硝酸酒精(nital)，将 1 mL 之硝酸与 100 mL 之 95%之酒精混合；② 4%苦味酸(picral)，将 4 g 之苦味酸与 100 mL 之 95%之酒精混合。

18-6-3　实验试片

低碳钢烧结试片。

18-6-4　实验步骤

(1) 将试片以平行于加压成形之方向切开，以观察其剖面。

(2) 若试片为热处理过者，将试片浸入正庚烷或丙酮溶剂中约 3 h，以溶剂将试片内部之油萃取出来。

(3) 剖面朝下，将试片置入铝或塑胶杯中，倒入冷镶埋树脂，在真空下将

517

树脂含浸入试片孔隙内。以 Caldofix 为例，在 50 ℃下约 2 h 即可硬化，其他在常温下即可硬化之树脂亦可。

（4）将硬化后之试片以 200、500 及 1200 号砂纸研磨。

（5）以 1%之硝酸酒精浸蚀研磨好之试片 1~2 min，此可将一部分挤入孔隙内之金属吃掉，然后再以 1200 号砂纸研磨一次。

（6）抛光时将有绒毛之抛光布固定在旋转盘上，再将 1 μm 之氧化铝粉与水配好之抛光液滴在抛光布上，研磨约 5 min，此具绒毛之布可将一些被挤入孔隙之残留金属拉出。

（7）再以 1%硝酸酒精浸蚀，再以 1 μm 之氧化铝抛光液抛光。若目视下抛光面光滑且无孔隙则表示孔隙中仍填满金属，需重复浸蚀抛光之步骤，若已可看出孔隙则可进行下一步抛光。

（8）以 0.05 μm 之氧化铝液及 Microcloth 抛光布，抛光约 1 min，再观察孔隙。在 1000 倍光学显微镜下若孔隙边缘有黑线则表示仍有挤压之金属在孔隙中，此黑线即为这些填入之金属与基体相接之处。

（9）确定抛光面之孔隙已无填充金属，其形状及大小均大致为应有之情形时，再以 1%硝酸酒精或 4%苦味酸浸蚀以显现晶界及不同之相。

（10）硝酸酒精对铁素体之晶界显现效果较佳，而苦味酸则较适用于合金钢，对于扩散接合粉烧结体，可显现出粉末周围含高镍之白圈的特征，如图 18-5 所示。若此二种浸蚀液效果不佳，可尝试使用二者之混合物。

（11）以绘图或照相方式描述试片之显微组织。

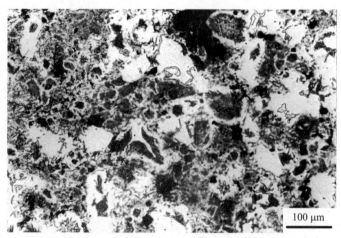

图 18-5　用苦味酸浸蚀液浸蚀扩散接合粉 Fe-1.75Ni-0.5Mo-1.5Cu-0.5C
（FD-0205）在 1120 ℃、N_2+9H_2 下烧结 30 min 后之金相（吴明伟摄）

18-7   振实密度

本方法乃参照美国粉末冶金协会 MPIF Standard 46 之标准[7]，但因有些细节（例如松装密度无法量测之粉应选用何种量筒）在该标准中并未明确订定，故自行规范之。

18-7-1   实验目的

本实验之目的在于量测粉末在振动或敲击状况下其密度之最大值，此振实密度值常用于估算注射成形所用注射料之最大固体含量（solids loading）。

18-7-2   实验设备

（1）电子天平，其称重可达 200 g，而精确度可达 0.01 g。

（2）玻璃量筒，25 mL 及 100 mL 各一。

（3）敲击装置，每分钟能敲击 100~250 次，如图 4-26 之设备。

18-7-3   实验材料

取注射成形用之金属粉末（100±0.5）g。

18-7-4   实验步骤

（1）松装密度小于 4 g/cm³ 者选用 100 mL 量筒，松装密度大于 4 g/cm³ 者选用 25 mL 量筒，若粉末流动性差而无法测松装密度时则 25 mL 及 100 mL 量筒皆用。

（2）清洁玻璃量筒，放入 100 g 之粉末，粉末上端不可倾斜，应是平的。

（3）以仪器敲击量筒直至粉末高度不再变化，亦可用手动方式将量筒垂直敲击平放于桌面之橡胶片直至粉末高度不再变化。

（4）读取粉末之体积，然后计算振实密度至小数点后第一位。对于粉末流动性差而无法测松装密度者，以 25 mL 量筒所测得之振实密度若大于 4 g/cm³，则以此数据为准而舍弃以 100 mL 量筒所测得之振实密度，若小于 4 g/cm³ 则选用以 100 mL 量筒所测得之数据。

18-8   烧结成品之孔隙分析

一般之烧结体多内含孔隙，此孔隙之大小及分布常影响到过滤器之过滤特性、自润轴承之润滑特性、气动工具或气缸零件之气密性等，这些孔隙之特性可借水银测孔仪测试而得知。此仪器之原理如图 18-6 所示，首先将试片置入一长玻璃管中(penetrometer)，加盖后，抽真空，使试片内无残留气体，然后以低压将水银灌入玻璃管，由于水银与一般金属间之润湿性不佳，其接触角约为 130°，所以在低压下水银仍不会进入试片之孔隙，此时将此玻璃管放入高压舱中，以油压系统提供一更大压力后即可迫使水银进入试片，也使得在玻璃管中之水银量减少，由于玻璃管之表面镀有一层金属，所以具有电容之功能，当进入孔隙之水银多时其电容值变小，由此电容之变化可得知有多少水银进入试片之孔隙中。而由压力又可依下式计算出孔隙之大小：

$$d = \frac{-4\gamma\cos\theta}{P} \qquad\qquad (18-9)$$

式中：P 为施于水银之压力，单位为 N/m^2；γ 为水银之表面张力，约为 0.485 N/m；θ 为接触角，约为 130°；而 d 为孔隙之直径。此装置之压力一般最高可达 420 MPa，依上式之计算可知所能测得最小孔隙之直径约为 2 nm。

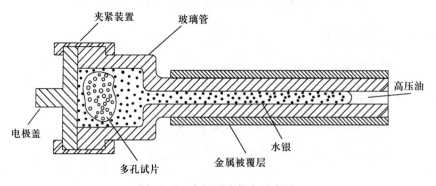

图 18-6　水银测孔仪之示意图

由孔隙度及式(18-9)计算所得之孔隙大小可画出如图 18-7 之曲线，其中曲线 1 为加压时孔隙之大小与孔隙度之关系，而曲线 2 为泄压时水银排出所得到之孔隙度与孔径大小之特性曲线，此二条曲线并不一致，此乃因水银之进出乃与孔道最窄处，亦即瓶颈处之直径有关，例如图 18-8 中水银进出 a 孔均相当顺利，但对 b 孔而言压力必须超过直径 d 之对应压力后水银才会进入，而此时进入之水银量均算作孔径为 d 者，所以一般加压时所测得细孔之量将偏多。此外泄压时 b 孔内之水银将无法完全退出孔隙，而接触角 θ 也因表面已在加压时被水银接触过，导致 θ 变小一些，所以才会形成图 18-7 中之迟滞曲线(hysteresis)。

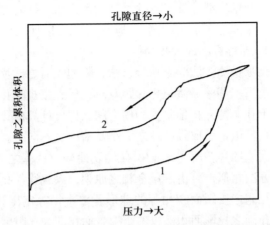

图 18-7 加压(曲线 1)及泄压(曲线 2)时所测得之水银测孔曲线

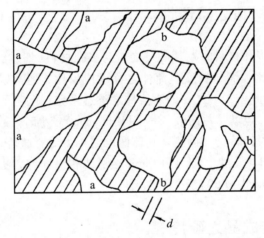

图 18-8 泄压时试片中 a 孔内水银可退出而 b 孔之水银将有部分留在孔内

　　以此水银测孔仪所测得之孔隙均为开放孔，与真密度计类似，由此数据与金属之理论密度，以及与阿基米德法所测得的烧结密度之比较可计算出工件中封闭孔及开放孔之数量，所以要测试坯体中之孔隙特性时常利用到真密度计或水银测孔仪。

　　另一常见之孔隙相关测试为量测最大孔径，此乃因流体通过一多孔体时，必先经由阻力最小之管道，亦即孔径最大者，此管道对渗透性等常有决定性之影响。测试之方法可依 ASTM E-128 或 MPIF Standard 39 之标准[8]，先将圆盘状试片置入酒精中做真空含浸，然后将此孔隙已填满酒精之试片置入一透明管中，并确定试片与管壁之缝隙均已封住，然后倒入水，接着在试片下方导入气体，并逐渐加压，当水中冒出第一个气泡时，记录此时试片上、下方之压力差，经由式(18-9)即可算出最大孔径值。

另一常用的孔隙量测方法为影像分析法，将抛光后之试片置于金相显微镜或扫描电子显微镜下，调整显微镜之焦距及对比后直接观察孔洞之形状、大小及表面特征，由于孔洞部分将偏暗，利用电脑软件可计算出孔隙度及孔洞之大小及分布。由于在显微镜下取景区域之大小及倍率之不同会影响到量测值，一般需有足够之画面或照片，所得之值才具代表性。而计算之方法与 4-3-3 节量测粉末大小之方法相似，可借定量金相之原理，以直线与孔洞相交所得截距之平均值，或与孔洞之投影面积相等的球形孔之直径等定出孔的大小及分布。在孔隙度方面，孔洞之投影面积除以整个取景面积即为孔隙度，由此亦可算出坯体之密度，此方法之详细内容可参考 MPIF Standard 69 之标准[9]。

18-9　多孔材料之渗透性

当流体通过多孔材料时，其通过之量与多孔材料(如过滤器)之截面积及两端之压差成正比，而与长度及流体之黏度成反比，通常以 Darcy 公式表示(见 4-3-4 节)。此公式中之 α 即为流体之渗透系数。但需了解的是此公式只适用于层流状况，也就是雷诺数(Reynolds number)较小时。欲求一多孔体之渗透系数时可自行设计管路，量测多孔体两端之压力差、试片之截面积及长度，再由手册找出流体之黏度，即可由 Darcy 公式求得。详细方法可参考美国粉末冶金协会 MPIF Standard 39 测试标准[8]。

18-10　烧结成品之硬度

粉末冶金工件因含有孔隙，所测得之硬度常依所测位置之不同而异，如图 10-10(b)所示，当硬度计之金刚石头正好位于孔隙之边缘或上方时，所得之硬度值将偏低，因此对于粉末冶金工件之测试次数需多些，再取其平均值作为代表。此外，由于金刚石头所造成之凹痕其附近的材料受到应力，此应力与材料本身的硬度、材质、形状及是否受过加工硬化等有关。一般而言，若要使测得之硬度值较准确的话，试片之厚度应在压痕深度的 10 倍以上，而压痕深度 D 可由硬度值计算而得，以 HRC 及 HRB 硬度为例，其公式分别为 $D=(100-HRC)\times0.002$ mm 及 $D=(130-HRB)\times0.002$ mm，所以硬度为 60 HRC 时之压痕为 0.08 mm，试片至少要有 0.8 mm 厚。又如 70 HRB 之材料，其压痕为 0.12 mm，所以试片至少应有 1.2 mm 厚。以洛氏表面硬度机测试时，以 HR30N 为例，其压痕深度 $D = (100 - HR30N) \times 0.001$ mm，所以 70 HR30N 之材料之压痕为 0.03 mm，所以试片厚度应在 0.3 mm 以上。

最常用之硬度测试法为洛式硬度 HRA、HRB、HRC 及布氏硬度 HB 等[10]，由于这些硬度均各有其最适用之范围，例如 20~88 HRA、20~100 HRB、20~70 HRC、60~100 HRF、70~94 HR15N 等，所以硬度为 100 HRB 以上时即必须改用 HRC。但这些测试方法所用之荷重大，测头覆盖之面积大，只能代表整体之硬度值，而非金属基体本身之硬度值，为了了解基体本身之硬度，可以维氏硬度值（HV）表示之，此法使用金字塔形之金刚石测头，顶端之角度为 136°，使用之荷重多为 100 gf 或 500 gf，例如以 100 gf 之荷重测得 320 之值时即以 320 HV_{100} 或 320 HV 100 gf 表示（MPIF 之方式），亦可将荷重改为 kgf 之单位，此时以 320 $HV_{0.1}$ 或 320 HV 0.1 表示之（ISO 之方式）。需注意的是若荷重由 100 gf 加大为 500 gf 时，硬度值将下降。此外，压痕与压痕之间或压痕与试片边缘之距离，至少要为压痕对角线长度的 4 倍以上，不然硬度值将不正确。以上各种硬度间之对照值可参考附录一，维氏硬度之测试细节可参考 MPIF Standard 51[11] 或 ASTM E384。

除了上述之硬度测试法之外，当工件经过表面硬化处理时亦应测量其表面硬度值，此真正之表面硬度多以显微硬度机测量，荷重多只有 5 gf 或 10 gf 以避免测试头穿过硬化层而使测量产生误差，此法多以 HV 值表示之。

表面硬化材料之测试除了上述之表面硬度外，一般亦需测定硬化层之深度，此深度之定义为由表面至硬度为 550 HV 处之距离（国际标准）或至 50 HRC（等于 513 HV）（美国标准）之距离，由于粉末冶金工件之组织并不均匀，故一般需测试多点，取其平均值才能定出此深度。具体测试细节可参考文献[12]。

18-11 烧结成品之强度

粉末冶金试片之强度测试法与传统铸锻品一样，只是为了便于成形，试片之规格稍有不同，如图 18-9 所示[13]，试片之成形面积为 645.2 mm^2（1 in^2），而试片之抗拉强度（ultimate tensile strength）即为荷重除以试片拉伸区之截面积，而屈服强度（yield strength）则为拉伸试片开始永久变形（塑性变形）时之强度，若从曲线不易看出何时开始永久变形，则以伸长量达到 0.2% [$\Delta L/L_0 = 0.2\%$，L_0 为标距（gage length）长度] 时之荷重除以试片之截面积作为屈服强度。若工件不具延性，则亦可以 18-4 节之三点弯曲法或四点弯曲法测试，其试片之尺寸如图 18-1 所示，而测试方法如图 18-2 所示，以三点弯曲法测得之弯曲强度又称横向破裂强度（transverse rupture strength）。注射成形试片之强度及延性的测试法与干压成形试片一样，不过拉伸试片的规范却不同，图 18-10 为 MPIF Standard 50 中所订的两种试片之一的模具尺寸（非烧结后尺寸）[14]。

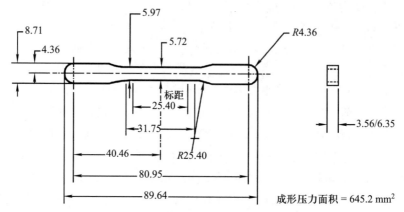

图 18-9　粉末冶金拉伸试片之尺寸[13]

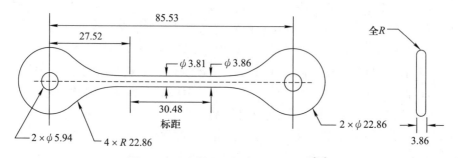

图 18-10　注射成形拉伸试片之尺寸[14]

对于轴承类之工件，若欲知其强度而特别制作拉伸或弯曲标准试片的话，因费时费力且不具时效性，故在工厂中多以径向压缩之方式取其压缩强度或称压环强度（radial crushing strength）以代表之，如图 18-11 所示，此压环强度 K 可以下式计算而得[15]，此 K 值与同材料之抗拉强度相近：

$$K = \frac{P(D-T)}{LT^2} \qquad (18\text{-}10)$$

式中：P 为径向之施力值（N）；L 为轴承之长度（mm）；D 为轴承之外径（mm）；T 为轴承之壁厚（mm）；K 为压环强度（MPa）。

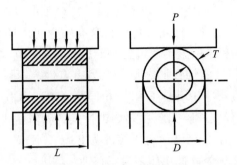

图 18-11 圆筒件强度之测试法

一般常以施力值 P 作为测试之标准(MPIF 35),但 P 值本身为施力,并非强度,K 值才是轴承之强度,其单位为 MPa。

18-12 烧结成品之冲击值

传统粉末冶金压结件与注射成形工件的韧性均可用 Charpy 冲击试验法量测,其测试方法分别依 MPIF Standard 40[16]、MPIF Standard 59[17] 之标准执行,只是试片稍有不同,传统粉末冶金试片为 10 mm×10 mm×55 mm,而注射件较薄,为 5 mm×10 mm×55 mm,此乃因 10 mm 厚的注射成形工件的脱脂时间太长,易产生裂纹、空孔等缺陷之故。此 MPIF Standard 59 之标准亦规定浇口的位置必须在距离试片两端 5 mm 范围之内,以避免试片中间部分有浇口蜡痕或密度低等问题。

18-13 抗腐蚀性

一般用于不锈钢之抗腐蚀性测试有多种,对于点蚀(pitting)而言多以浸泡 5% 之食盐水或是以 5% 食盐水作为浸蚀液之盐雾试验为主,当不锈钢表面有 SiO_2 等氧化物时,此氧化物周围的钝化层将变弱,使得氯离子最易破坏此处之钝化层。兹将各种抗腐蚀性测试法说明如下。

(1)盐雾测试法。此方法是将试片置于架上,以含有 5% NaCl 的盐雾连续喷 8 h、24 h、96 h 不等,然后以目视观察试片表面是否有腐蚀现象,此方法详细步骤可参考 ASTM B117。

(2)浸泡法。此方法所用浸泡液又可分为数种,较常用的为硝酸、盐酸及漂白水(ASTM G31)。使用硝酸时其浓度为 1 M,测试时间约 144 h,主要的目的是观察工件表面在氧化环境下之钝化效果。使用盐酸的浓度也是 1 M,时间也是 144 h，测试目的是观察工件在还原酸的环境下的反应。使用漂白水的测试时间为 24 h，目的是看工件在氧化性且含有碱金属之环境下的反应。此外，ASTM B-895 亦列出粉末冶金不锈钢浸泡于盐水中之规范。

除了上述之常用抗腐蚀性测试以外，另有点蚀之测试，一般在 40 ℃ 下，以含 6 wt% $FeCl_3$（约等于 10 wt% $FeCl_3 \cdot 6H_2O$）之溶液浸泡工件，时间约一天。详细步骤可参考 ASTM G48。此溶液之腐蚀性是各种方法中较强者。另一种相关之测试法乃以电化学法测试，所用溶液为 3.56% NaCl，在固定电压下，量测电流与测试温度之关系，此电压多设定在钝化范围内，当温度由 0 ℃ 往上升时，若电流突然增加，则该温度为临界点蚀温度（critical pitting temperature）。越高之临界点蚀温度表示材料抗点蚀的性能越佳。

（3）硫酸浸泡法（MPIF Standard 62）。此为 MPIF 针对注射成形工件所订的规范[18]，目的是评估工件在硫酸中的抗腐蚀性，步骤是将 5 mm×10 mm×55 mm 之试片置入 350 mL 温度为（22±2）℃、浓度为（2±0.1）wt% 之硫酸中，然后于 24 h、96 h、500 h、1000 h 后取出试片，经 110 ℃ 烘干 45 min 后量测试片之质量损失，并以每天每平方分米之质量损失值 $[g/(dm^2 \cdot d)]$ 作为抗腐蚀性之指标。

（4）硫酸铜浸泡法（ASTM F1089）。此方法乃将针对外科手术用试片浸入（18±1）℃ 之硫酸铜溶液中（将 1 g 的硫酸铜晶粒与 2.5 g 的硫酸及 22.5 mL 的蒸馏水混合而成），经浸泡 6 min 后取出，表面必须无镀铜之迹象才算通过。

（5）煮沸法（ASTM F1089）。步骤是将针对外科手术用试片置入蒸馏水中煮沸 30 min，然后将热源关掉，将试片继续静置于水中 3 h 后取出，并风干 2 h，表面无生锈迹象即算通过此测试标准。

18-14　成分分析

粉末冶金零件中最常用之合金元素有镍、钼、铜、铬、碳，这些元素可以 EDX（energy dispersive X-ray analysis）作定性及半定量之成分分析，此分析多在扫描电子显微镜下操作，其原理乃电子束打在试片上时材料将释放出 X 射线，由 X 射线之能谱可判断出试片中有何元素存在，所得之能谱如图 18-12 所示。若欲得更准确之含量时可以用 EPMA（electron probe micro-analysis）、ICP（induction coupled plasma）、AA（atomic absorption spectrometer）、OES（optical emission spectrometer）、GDS（glow discharge spectrometer）或 XRF（X-ray fluorescence spectrometer）等方法测试，其中 ICP 及 AA 两种化学分析方法需先用酸将试片溶解，而其他方法可直接使用烧结试片，或将粉末锻造成块状，或将粉末或烧结体熔成一个圆锭。为了避免表面氧化物造成量测成分的误差，一般最好先将表面研磨掉，再行量测。若工件烧结后经过校正或加工或渗油，这些成品中微小孔洞中残留的校正油或润滑油必须先移除，此可用 Soxhlet 萃取法，以溶剂将油溶出，另一种有效且简单的方法是将工件置于 426~648 ℃ 之还原气氛中，或于 540 ℃ 之空气中，保温 15~30 min，将油烧除，若工件特别厚重，加热时间可酌以延长。以上这些成分分析方法之原理可参考 4-12 节，而操作细节可参照 MPIF Standard 67 之标准[19]。

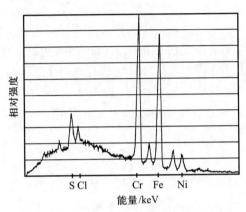

图 18-12　316L+0.5%MnS 试片经烧结并腐蚀后之 EDX 能谱

若要测粉末或工件表面元素的种类及其化学键结形式，如氧化物种类时，可使用 X 射线光电子能谱仪（X-ray photoelectron spectroscopy, XPS, 或称 electron spectroscopy for chemical analysis, ESCA），当 X 射线照射材料表面时，原子内之电子会被游离出来，由其能量可判断元素成分及其价数。

碳含量对铁镍合金、不锈钢及磁性材料之机械及物理性质影响非常大，所以在工件的检测中，碳含量的量测已非常普遍，一般多用碳硫分析仪直接量测，其原理为将试片以感应加热法加热，使试片完全熔化，其中的碳与所供应之氧气反应，生成一氧化碳及二氧化碳，测量此一氧化碳及二氧化碳的量后即可换算出试片中的碳含量，此分析方法之原理可参考 4-12 节，详细的步骤可参考 ASTM E1019 或 MPIF Standard 66 之标准[20]。

以上述方法所测得的碳含量为总量，若要分辨其中有多少为固溶碳、多少为化合碳、多少为自由碳(free carbon)，则必须作金相分析，以定量金相法算出珠光体的量，将之转换为固溶碳、化合碳，此时残留的碳即为自由碳，但若显微组织并非珠光体与铁素体之组合时，此方法即不适用。

18-15　质量管理

对制造业而言，其成品除了成本要低以外，其品质也必须符合客户之需求，此外，由于粉末冶金客户之自动化已逐渐普及，为了避免自动化机器因工件尺寸不合乎规格而停摆之频率过高，对粉末冶金零件品质之要求也越来越严，一般大多要求±3σ（σ 为标准差）之品质，亦即所有产品符合规格者必须大于 99.73%（见附录二），有些品质要求更高之厂商，甚至用 ppm 亦即±4σ 以上之水准来要求制造商。除了以良品比例作为品质好坏之标准外，目前甚多客户已要求粉末冶金零件制造商提出工艺能力（process capablility）之证明，所谓的工艺能力是指一个工艺在固定的生产及质量管理程序下所得到的成品之品质能力，一般以工艺精密度或称工艺潜力 C_p 以及工艺能力指数值 C_{pk} 代表之。C_p 代表的是该工艺之变异大小与规格之公差之比较值，以一产品之尺寸规格为 $\mu \pm T$ 为例，此时 C_p 即为

$$C_p = \frac{2T}{6\sigma} = \frac{T}{3\sigma} \tag{18-11}$$

式中：T 为规格之公差；σ 为标准差，如下所示：

$$\sigma = \sqrt{\frac{\sum_{i=1}^{N}(x_i - \bar{x})^2}{N-1}} \tag{18-12}$$

其中 N 为试样数，$\bar{x}$ 为平均值。

而 C_{pk} 值则为下列二式取其小者：

$$\text{上 } C_p \text{ 值 } C_{pu} = \frac{\text{规格上限(UCL)} - \text{实际平均值}(\bar{x})}{3\sigma} \tag{18-13}$$

$$\text{下 } C_p \text{ 值 } C_{pl} = \frac{\text{实际平均值}(\bar{x}) - \text{规格下限(LCL)}}{3\sigma} \tag{18-14}$$

亦即式（18-13）与（18-14）两者中之最小者。其中 UCL、LCL 各为规格之上、下限，而 $\bar{x}$ 为产品之平均值，所以若产品之平均值正好是规格之中值时，其 C_{pk} 值与 C_p 值将相同。当 C_p 值愈大时其工艺之稳定性愈佳，一般 C_p 值至少需大于 1（B 级），而 A 级则需大于 1.33，最佳之 A+级需大于 1.67。C_{pk} 之要求较 C_p 高，因为即使 C_p 与 C_{pk} 同样均为 1.33 时，$C_{pk} = 1.33$ 较不易达成，此乃因 C_{pk} 值乃是由上述之上 C_p 值及下 C_p 值中取出较小者代表之。亦即 $C_{pk} = (C_{pu}, C_{pl})$ 之最小值，当 C_{pk} 值越大时其品质越好，一般要求严格之厂商对粉末冶金

零件供应商所要求之 C_{pk} 值均大于 1。

参考文献

[1] "Determination of Flow Rate of Free–Flowing Metal Powders Using the Hall Apparatus", MPIF Standard 3, 2012 ed., MPIF, Princeton, NJ, USA.

[2] "Determination of Apparent Density of Free – Flowing Metal Powders Using the Hall Apparatus", MPIF Standard 4, 2012 ed., MPIF, Princeton, NJ, USA.

[3] "Determination of Average Particle Size of Metal Powders Using the Fisher Subsieve Sizer", MPIF Standard 32, 2012 ed., MPIF, Princeton, NJ, USA.

[4] "Determination of Green Strength of Compacted Metal Powder Specimens", MPIF Standard 15, 2012 ed., MPIF, Princeton, NJ, USA.

[5] "Determination of Density of Compacted or Sintered Powder Metallurgy Products", MPIF Standard 42, 2012 ed., MPIF, Princeton, NJ, USA.

[6] L. F. Pease III, "Consultants' Corner", Int. J. Powder Metall., 1998, Vol. 34, No. 5, p. 24.

[7] "Determination of Tap Density of Metal Powders", MPIF Standard 46, 2012 ed., MPIF, Princeton, NJ, USA.

[8] "Determination of Properties of Sintered Bronze PM Filter Powders", MPIF Standard 39, 2012 ed., MPIF, Princeton, NJ, USA.

[9] "Determination of the Porosity in Powder Metallurgy Products Using Automated Image Analysis", MPIF Standard 69, 2012 ed., MPIF, Princeton, NJ, USA.

[10] "Determination of the Apparent Hardness of Powder Metallurgy Products", MPIF Standard 43, 2012 ed., MPIF, Princeton, NJ, USA.

[11] "Determination of Microindentation Hardness of Powder Metallurgy Materials", MPIF Standard 51, 2012 ed., MPIF, Princeton, NJ, USA.

[12] "Determination of Effective Case Depth of Ferrous Powder Metallurgy Products", MPIF Standard 52, 2012 ed., MPIF, Princeton, NJ, USA.

[13] "Determination of the Tensile Properties of Powder Metallurgy Materials", MPIF Standard 10, 2012 ed., MPIF, Princeton, NJ, USA.

[14] "Preparing and Evaluating Metal Injection Molded (MIM) Sintered/Heat Treated Tension Test Specimens", MPIF Standard 50, 2012 ed., MPIF, Princeton, NJ, USA.

[15] "Determination of Radial Crush Strength (K) of Powder Metallurgy (PM) Test Specimens", MPIF Standard 55, 2012 ed., MPIF, Princeton, NJ, USA.

[16] "Determination of Impact Energy of Unnotched Powder Metallurgy (PM) Test Specimens", MPIF Standard 40, 2012 ed., MPIF, Princeton, NJ, USA.

[17] "Determination of Charpy Impact Energy of Unnotched Metal Injection molded (MIM) Test Specimens", MPIF Standard 59, 2012 ed., MPIF, Princeton, NJ, USA.

[18] "Determination of the Corrosion Resistance of MIM Grades of Stainless Steel Immersed in 2% Sulfuric Acid Solution", MPIF Standard 62, 2012 ed., MPIF, Princeton, NJ, USA.

[19] "Sample Preparation for the Chemical Analysis of the Metallic Elements in PM Materials", MPIF Standard 67, 2012 ed., MPIF, Princeton, NJ, USA.

[20] "Sample Preparation for the Determination of the Total Carbon Content of Powder Metallurgy (PM) Materials (Excluding Cemented Carbides)", MPIF Standard 66, 2012 ed., MPIF, Princeton, NJ, USA.

作业

1. 两种粉末其松装密度分别为 $3.0 \ \mathrm{g/cm^3}$ 及 $2.5 \ \mathrm{g/cm^3}$，何者之流动性较好？

2. 某一粉末以费氏法测试之大小为 $3 \ \mu\mathrm{m}$，若以显微镜测量时其粒度可能变大还是变小？为什么？

3. 你要测试某粉末之粒度分布，但已知粒径在 $1 \sim 10 \ \mu\mathrm{m}$ 之间，请问你将用什么仪器来测试？为什么？

4. 三种粉之流动性有待比较。若你并无霍尔流动计之仪器，有何其他方法可以作定性之测试？

5. 作生坯之三点弯曲强度测试［图 18-1(a)］时若试片长度超过 31.8 mm，则所得之数据是否仍正确？

6. 量测烧结密度时若省略渗油之步骤，则所得之数据是否仍正确？将比实际值高还是低？

7. 一零件之水银测孔曲线如图 18-7 所示，请在同一图上画出其可能之真正孔隙之分布曲线，并解释原因。

8. 一铁系烧结体质量为 42 g，尺寸为 1 cm×2 cm×3 cm，若用真密度计量测时所得密度为 $7.5 \ \mathrm{g/cm^3}$，将此烧结体施以树脂含浸，树脂本身之密度为 $1.1 \ \mathrm{g/cm^3}$，请问含浸后此零件之密度为何？

9. 甲、乙二学生针对同一批试片做三点弯曲强度测试，结果甲生所得平均值为 20 MPa，乙生则为 16 MPa，为何结果不同？原因有哪些？

10. 甲公司产品之规格为 (20.00 ± 0.05) mm，其工艺能力 C_{pk} 值为 1.4，平均值为 20.01 mm，请问其尺寸之标准差为多少？

11. 甲公司产品之规格为 (20.00 ± 0.05) mm，其实际成品之平均值为 19.99 mm，标准差为 0.01 mm，请问此产品之 C_{pk} 值为多少？

12. 甲公司所成形之生坯厚度如下（单位为 mm）：19.30，19.40，19.29，19.31，19.34，19.28，19.30，19.31，19.27，19.32，19.36，19.28，

19.29，19.33，19.35，19.27，19.30，19.32，19.28，19.29，若其 C_p 值欲为 1.3，请问该公司厂长订给现场操作员厚度之公差应为多少?

13. 一零件之外径规格为 (10.00±0.06) mm，生产 1000 个后得知 C_p=1.0，平均值为 9.98 mm，请问：① 其 C_{pk} 值为多少? ② 1000 个零件中有几个是不良品?

14. 一批货共 10000 件，其平均长度为 9.97 mm，C_{pk} 值为 1.0。长度之规格为 (10.00±0.06) mm。预计此批货将有几件会被退货?

15. 一 316L 零件以真密度计测得之密度为 7.7 g/cm³。将此零件渗油后以一般之阿基米德原理(标准方法)测得之密度为 6.9 g/cm³。此零件之连通孔及封闭孔各占多少百分比? 316L 之理论密度为 7.9 g/cm³。

16. 如图 18-13 所示，一电蚊香利用虹吸之原理以多孔性氧化铝管将油吸至顶端，然后借顶端之加热器将油挥发，若将氧化铝之孔隙视为 10 μm 直径之细管，而油之表面张力为 30 dyn/cm，油对氧化铝之接触角为 30°，问此氧化铝管能吸油之最大高度为多少?

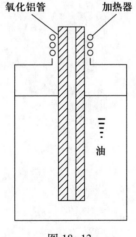

图 18-13

17. 一个重合金工件出货时测得之密度为 18.02 g/cm³，高于规格之 18.00 g/cm³，但出货至哈尔滨之客户时，客户测得之密度为 17.98 g/cm³，被判定退货。造成此差异之原因可能为何?

18. 一批货共 100 万件，其长度尺寸具正态分布，长度之 C_p 为 1.2，C_{pk} 为 1.1，此批货中大约会有几件不良品?

附 录 一　硬度对照表

（A）：236 HV，20 HRC，60.5 HRA，230 HB，35.6 HS 以上

HV	洛氏硬度		布氏硬度	肖氏硬度	HV	洛氏硬度		布氏硬度	肖氏硬度
	HRC	HRA	HB	HS		HRC	HRA	HB	HS
1865	80	92.0	—	—	498	49	75.5	472	64.7
1787	79	91.5	—	—	485	48	74.5	460	63.4
1710	78	91.0	—	—	471	47	74.0	448	62.1
1633	77	90.5	—	—	458	46	73.5	437	60.8
1556	76	90.0	—	—	446	45	73.0	426	59.6
1478	75	89.5	—	—	435	44	72.5	415	58.4
1400	74	89.0	—	—	424	43	72.0	404	57.2
1323	73	88.5	—	—	413	42	71.5	393	56.1
1245	72	88.0	—	—	403	41	71.0	382	55.0
1160	71	87.0	—	—	393	40	70.5	372	53.9
1076	70	86.5	—	—	383	39	70.0	362	52.9
1004	69	86.0	—	—	373	38	69.5	352	51.8
942	68	85.5	—	—	363	37	69.0	342	50.7
894	67	85.0	—	95.2	353	36	68.5	332	49.7
854	66	84.5	—	93.1	343	35	68.0	322	48.7
820	65	84.0	—	90.0	334	34	67.5	313	47.7
789	64	83.5	—	88.9	325	33	67.0	305	46.6
763	63	83.0	—	87.0	317	32	66.5	297	45.6
739	62	82.5	—	85.2	309	31	66.0	290	44.6
716	61	81.5	—	83.3	301	30	65.5	283	43.6
695	60	81.0	614	81.6	293	29	65.0	276	42.7
675	59	80.5	600	79.9	285	28	64.5	270	41.7
655	58	80.0	587	78.2	278	27	64.0	265	40.8
636	57	79.5	573	76.6	271	26	63.5	260	39.9
617	56	79.0	560	75.0	264	25	63.0	255	39.2
598	55	78.5	547	73.5	257	24	62.5	250	38.4
580	54	78.0	534	71.9	251	23	62.0	245	37.7
562	53	77.5	522	70.4	246	22	61.5	240	36.9
545	52	77.0	509	69.0	241	21	61.0	235	36.3
528	51	76.5	496	67.6	236	20	60.5	230	35.6
513	50	76.0	484	66.2					

（B）：240 HV，100 HRB，61.5 HRA 以下

HV	洛式硬度			HV	洛式硬度			HV	洛式硬度			HV	洛式硬度		
	HRB	HRF	HRA		HRB	HRF	HRA		HRB	HRF	HRA		HRB	HRF	HRA
240	100	—	61.5	119	67	95.0	42.5	—	34	76.5	28.0	—	0	57.0	—
234	99	—	61.0	117	66	94.5	42.0	—	33	75.5	—				
228	98	—	60.0	116	65	94.0	—	74	32	75.0	27.5				
222	97	—	59.5	114	64	93.5	41.5	—	31	74.5	27.0				
216	96	—	59.0	112	63	93.0	41.0	72	30	74.0	26.5				
210	95	—	58.0	110	62	92.0	40.5	—	29	73.5	26.0				
205	94	—	57.5	108	61	91.5	40.0	—	28	73.0	25.5				
200	93	—	57.0	107	60	91.0	39.5	—	27	72.5	25.0				
195	92	—	56.5	106	59	90.5	39.0	—	26	72.0	24.5				
190	91	—	56.0	104	58	90.0	38.5	—	25	71.0	—				
185	90	—	55.5	103	57	89.5	38.0	—	24	70.5	24.0				
180	89	—	55.0	101	56	89.0	—	—	23	70.0	23.5				
176	88	—	54.0	100	55	88.0	37.5	—	22	69.5	23.0				
172	87	—	53.5	98	54	87.5	37.0	—	21	69.0	22.5				
169	86	—	53.0	96	53	87.0	36.5	—	20	68.5	22.0				
165	85	—	52.5	—	52	86.5	36.0	—	19	68.0	21.5				
162	84	—	52.0	94	51	86.0	35.5	—	18	67.0	—				
159	83	—	51.0	—	50	85.5	35.0	—	17	66.5	21.0				
156	82	—	50.5	—	49	85.0	—	—	16	66.0	20.5				
153	81	—	50.0	—	48	84.5	34.5	—	15	65.5	20.0				
150	80	—	49.5	—	47	84.0	34.0	—	14	65.0	—				
147	79	—	49.0	88	46	83.0	33.5	—	12	64.0	—				
144	78	—	48.5	—	45	82.5	33.0	—	11	63.5	—				
141	77	—	48.0	86	44	82.0	32.5	58	10	63.0	—				
139	76	—	47.0	—	43	81.5	32.0	—	9	62.0	—				
137	75	99.5	46.5	84	42	81.0	31.5	—	8	61.5	—				
135	74	99.0	46.0	—	41	80.5	31.0	—	7	61.0	—				
132	73	98.5	45.5	82	40	79.5	—	—	6	60.5	—				
130	72	98.0	45.0	—	39	79.0	30.5	—	5	60.0	—				
127	71	97.5	44.5	—	38	78.5	30.0	—	4	59.5	—				
125	70	97.0	44.0	—	37	78.0	29.5	—	3	59.0	—				
123	69	96.0	43.5	—	36	77.5	29.0	—	2	58.0	—				
121	68	95.5	43.0	78	35	77.0	28.5	—	1	57.5	—				

附录二 标准正态分布表

$$\sigma = \sqrt{\frac{\sum_{i=1}^{x}(x_i - \bar{x})^2}{N-1}}$$

$|\sigma|$	x.x0	x.x1	x.x2	x.x3	x.x4	x.x5	x.x6	x.x7	x.x8	x.x9
4.0	.00003									
3.9	.00005	.00005	.00004	.00004	.00004	.00004	.00004	.00004	.00003	.00003
3.8	.00007	.00007	.00007	.00006	.00006	.00006	.00006	.00005	.00005	.00005
3.7	.00011	.00010	.00010	.00010	.00009	.00009	.00008	.00008	.00008	.00008
3.6	.00016	.00015	.00015	.00014	.00014	.00013	.00013	.00012	.00012	.00011
3.5	.00023	.00022	.00022	.00021	.00020	.00019	.00019	.00018	.00017	.00017
3.4	.00034	.00032	.00031	.00030	.00029	.00028	.00027	.00026	.00025	.00024
3.3	.00048	.00047	.00045	.00043	.00042	.00040	.00039	.00038	.00036	.00035
3.2	.00069	.00066	.00064	.00062	.00060	.00058	.00056	.00054	.00052	.00050
3.1	.00097	.00094	.00090	.00087	.00084	.00082	.00079	.00076	.00074	.00071
3.0	.00135	.00131	.00126	.00122	.00118	.00114	.00111	.00107	.00104	.00100
2.9	.0019	.0018	.0018	.0017	.0016	.0016	.0015	.0015	.0014	.0014
2.8	.0026	.0025	.0024	.0023	.0023	.0022	.0021	.0021	.0020	.0019
2.7	.0035	.0034	.0033	.0032	.0031	.0030	.0029	.0028	.0027	.0026
2.6	.0047	.0045	.0044	.0043	.0041	.0040	.0039	.0038	.0037	.0036
2.5	.0062	.0060	.0059	.0057	.0055	.0054	.0052	.0051	.0049	.0048
2.4	.0082	.0080	.0078	.0075	.0073	.0071	.0069	.0068	.0066	.0064
2.3	.0107	.0104	.0102	.0099	.0096	.0094	.0091	.0089	.0087	.0084
2.2	.0139	.0136	.0132	.0129	.0125	.0122	.0119	.0116	.0113	.0110
2.1	.0179	.0174	.0170	.0166	.0162	.0158	.0154	.0150	.0146	.0143

$\|\sigma\|$	$x.x0$	$x.x1$	$x.x2$	$x.x3$	$x.x4$	$x.x5$	$x.x6$	$x.x7$	$x.x8$	$x.x9$
2.0	.0228	.0222	.0217	.0212	.0207	.0202	.0197	.0192	.0188	.0183
1.9	.0287	.0281	.0274	.0268	.0262	.0256	.0250	.0244	.0239	.0233
1.8	.0359	.0351	.0344	.0336	.0329	.0322	.0314	.0307	.0301	.0294
1.7	.0446	.0436	.0427	.0418	.0409	.0401	.0392	.0384	.0375	.0367
1.6	.0548	.0537	.0526	.0516	.0505	.0495	.0485	.0475	.0465	.0455
1.5	.0668	.0655	.0643	.0630	.0618	.0606	.0594	.0582	.0571	.0559
1.4	.0808	.0793	.0778	.0764	.0749	.0735	.0721	.0708	.0694	.0681
1.3	.0968	.0951	.0934	.0918	.0901	.0885	.0869	.0853	.0838	.0823
1.2	.1151	.1131	.1112	.1093	.1075	.1056	.1038	.1020	.1003	.0985
1.1	.1357	.1335	.1314	.1292	.1271	.1251	.1230	.1210	.1190	.1170
1.0	.1587	.1562	.1539	.1515	.1492	.1469	.1446	.1423	.1401	.1379
0.9	.1841	.1814	.1788	.1762	.1736	.1711	.1685	.1660	.1635	.1611
0.8	.2119	.2090	.2061	.2033	.2005	.1977	.1949	.1922	.1894	.1867
0.7	.2420	.2389	.2358	.2327	.2297	.2266	.2236	.2206	.2177	.2148
0.6	.2743	.2709	.2676	.2643	.2611	.2578	.2546	.2514	.2483	.2451
0.5	.3085	.3050	.3015	.2981	.2946	.2912	.2877	.2843	.2810	.2776
0.4	.3446	.3409	.3372	.3336	.3300	.3264	.3228	.3192	.3156	.3121
0.3	.3821	.3783	.3745	.3707	.3669	.3632	.3594	.3557	.3520	.3483
0.2	.4207	.4168	.4129	.4090	.4052	.4013	.3974	.3936	.3897	.3859
0.1	.4602	.4562	.4522	.4483	.4443	.4404	.4364	.4325	.4286	.4247
0.0	.5000	.4960	.4920	.4880	.4840	.4801	.4761	.4721	.4681	.4641

附录三　各种粉末及坯体测试标准

	特性	CNS	ASTM	MPIF	ISO
一般	相关标准词汇	Z7206	B243, B883	9, 31, 64	3252
	铁基结构件材料成分及性质		B783	35	5775
粉末	压缩性		B331	45	3927
	松装密度				3923
	霍尔漏斗法	9204-Z8040	B212	4	3923-1
	卡尼漏斗法		B417	28	3923-1
	亚诺法		B703	48	
	Scott 体积法		B329		3923-2
	流动性	9202-Z8038	B213	3	4490, 13517
	氢损失	(铁)12529-G3234 (铜)12534-H3152	E159	2	4491-1, 2, 3, 4
	不溶于酸之量	(铁)12529-G3234 (铜)12534-H3152	E194	6	4496
	费氏粒径	12535-H3153	B330	32	10070
	粒径分布		B822-10		9276, 13320-1
	振实密度		B527	46	3953
	筛分	12529-G3234	B214, E-11	5	4497
	真密度		B923	63	5018
	表面积		C1069		
	碳含量				9556
注射料	注射料流动性		D1238		
生坯	生坯密度			42, 63	
	生坯强度	13000-Z8110	B312	15	3995

537

特性		CNS	ASTM	MPIF	ISO
烧结体	烧结密度	9205-Z8041	B328 B311（<2%孔隙） D2638，D4892 B376（摩擦材料） B311（硬质合金）	42 54 63	2738 3369
	渗碳层硬度及深度		B934	52	4498-2，4507
	硬度值		E10（布氏硬度） E18（洛氏硬度） E92（维氏硬度） B347（摩擦材料） E384（显微硬度）	43	6506（布氏硬度） 6507（维氏硬度） 6508（洛氏硬度） 3738-1&-2(硬质合金) 4498-1(一般烧结件) 3878 （硬质合金显微硬度）
	微硬度值		E384 B933	51	4498
	疲劳测试			56	3928
	冲击值		E23	40，59	5754
	断裂强度	13000-Z8110	B528 B406（硬质合金） B378（摩擦材料）	41	3325 3327
	杨氏模量		E8	10	3312
	压缩屈服强度		E9	61	
	压环强度		B939	55	2739
	抗拉强度		E8	10，50，60	2740
	抗腐蚀性		B117，B895，G31 G48，G150 F1089	62	
	孔隙度 （自动影像分析法）		E1245	69	
	表面粗糙度		B946	58	
	含油量、连通孔、 渗油效率		B963	57	2738
	碳含量			66	7625
	青铜过滤器特性		E128	39	4002，4003

附 录 四　常 用 真 空 压 力 单 位 换 算 表

	Torr	Pa	kgf/mm^2	bar	atm
1 Torr	1	1.3332×10^2	1.3509×10^{-5}	1.3332×10^{-3}	1.3158×10^{-3}
1 Pa，N/m^2	7.5006×10^{-3}	1	1.0133×10^{-7}	1.0×10^{-5}	9.8692×10^{-6}
1 kgf/mm^2	7.402×10^4	9.8692×10^6	1	9.8692×10^1	9.7401×10^1
1 bar	7.5006×10^2	1.0×10^5	1.0133×10^{-2}	1	0.98692
1 atm	760	1.0133×10^5	1.0267×10^{-2}	1.0133	1

注：1 Torr=1.3332 mbar=1000 μmHg

　　1 mbar=0.75006 Torr

　　1 mTorr=1 μmHg=1×10^{-3} Torr

　　1 atm=14.7 psi

附录五 常用模具材料成分及美、日标准对照表

| 相当规格 | | 成分/wt% | | | | | | | | |
JIS（日本）	AISI（美国）	C	Cr	Mn	Mo	V	W	Co	Si	其他
SKH10		1.45~1.60	3.80~4.50	<0.40		4.20~5.20	11.50~13.50	4.20~5.20	<0.45	
	T15	1.50~1.60	3.75~5.00	0.15~0.40	<1.0	4.50~5.25	11.75~13.00	4.75~5.25	0.15~0.40	Ni<0.30
SKH51		0.80~0.88	3.80~4.50	<0.4	4.70~5.20	1.70~2.10	5.90~6.70		<0.45	
SKH9		0.80~0.90	3.80~4.50	<0.45	4.50~5.50	1.60~2.20	5.50~6.70		<0.45	
	M2	0.78~1.05	3.75~4.50	0.15~0.40	4.50~5.50	1.75~2.20	5.50~6.75		0.20~0.45	Ni<0.30
SKH52		1.00~1.10	3.80~4.50	<0.40	4.80~6.20	2.30~2.80	5.50~6.70		<0.40	
	M3-1	1.00~1.10	3.75~4.50	0.15~0.40	4.75~6.50	2.25~2.75	5.00~6.75		0.20~0.45	Ni<0.30
SKH55		0.85~0.95	3.80~4.50	<0.40	4.60~5.30	1.70~2.20	5.70~6.70	4.50~5.50	<0.40	
	M36	0.80~0.90	3.75~4.50	0.15~0.40	4.50~5.50	1.75~2.25	5.50~6.50	7.75~8.75	0.20~0.45	Ni<0.30
SKD11		1.40~1.60	11.0~13.0	<0.60	0.80~1.20	0.20~0.50			<0.40	
	D2	1.40~1.60	11.0~13.0	<0.60	0.70~1.20	<1.10		<1.0	<0.60	Ni<0.30
SKD12		0.95~1.05	4.80~5.50	0.40~0.80	0.90~1.20	0.15~0.35			0.10~0.40	
	A2	0.95~1.05	4.75~5.50	<1.0	0.90~1.40	0.15~0.50			<0.50	Ni<0.30

SKD61		0.35~0.42	4.80~5.50	0.25~0.50	1.00~1.50	0.80~1.15		0.80~1.20	
	H13	0.32~0.45	4.75~5.50	0.20~0.50	1.10~1.75	0.80~1.20		0.80~1.20	Ni<0.30
SKS3		0.90~1.00	0.50~1.00	0.90~1.20			0.50~1.00	<0.35	
	O1	0.85~1.00	0.40~0.60	1.00~1.40		<0.30	0.40~0.60	<0.50	
S45C		0.42~0.48		0.60~0.90				0.15~0.35	
	1045	0.43~0.50		0.60~0.90				0.15~0.35	
SCM415（旧 SCM21）		0.13~0.18	0.90~1.20	0.60~0.85	0.15~0.30			0.15~0.35	
	4135	0.33~0.38	0.80~1.10	0.70~0.90	0.15~0.25			0.15~0.35	
	4118	0.18~0.23	0.40~0.60	0.75~0.90	0.08~0.15			0.15~0.35	
SCM440（旧 SCM4）		0.38~0.43	0.90~1.20	0.60~0.85	0.15~0.30			0.15~0.35	
	4140	0.38~0.43	0.80~1.10	0.75~1.00	0.15~0.25			0.15~0.35	
SNCM220（旧 SNCM21）		0.17~0.23	0.40~0.65	0.60~0.90	0.15~0.30			0.15~0.35	0.40~0.70Ni
	8620	0.18~0.23	0.40~0.60	0.70~0.90	0.15~0.25			0.15~0.35	0.40~0.70Ni

中英文索引

---

① 中文词条括号内的楷体字，为原繁体字版书的用法，下同。

H

J

T

Z

英中文索引

A

B

C

D

Fe-P Phase Diagram	铁-磷相图	365，414
Fe-Si Phase Diagram	铁-硅相图（铁-矽相图）	226
Feed Shoe	填粉盒、喂粉盒	156，184
Feedstock	注射料（射出料）	336，340
Ferrite	铁素体（肥粒铁）	14
Ferrite	铁氧体（铁氧磁体）	412，413
Filter	过滤器	446
Fisher Subsieve Sizer	费氏粒径分析仪（费修亚筛粒径分析仪）	86，97，509
Floatation	浮选	458
Floating Core Rod	浮动芯棒	173
Floating Die	中模浮降	161
Flow Rate，Flowability	流动性	105，507
Forming Gas	氮氢混合气	247
Friction Material	摩擦材料	502

G

Gas Atomization	气雾化法（气喷雾法）	40
Grain Boundary Diffusion	晶界扩散	207，321
Grain Growth	晶粒成长	214，493
Granulation	造粒	134
Green Density	生坯密度	175，513
Green Strength	生坯强度	106，147，166，510
Gustavsson Flowmeter	古氏流动计	105

H

Hall Flowmeter	霍尔流动计	101，508
Hard Magnet	硬磁	423
Hardenability Multiplying Factor	硬化能乘数	354，370
Hardness Test	硬度测试	291，522
Heat Pipe	热导管	7，432，435
Heat Sink	散热体	135，432，476
Heat Transfer Coefficient	传热系数	295
Heat Treatment	热处理	35，286
Heater	加热体	270
Heavy Alloy	重合金	473
Heavy Metal	重金属	473

| Welding | 焊接 | 303，463，501 |
| Wetting（Angle） | 润湿（角） | 220，478 |

X

| X-ray Diffraction Method | X 射线衍射法 | 87 |

Y

| Yield Strength | 屈服强度(降伏强度) | 523 |

Z

| Zinc Stearate | 硬脂酸锌 | 141 |

材料科学与工程著作系列
HEP Series in Materials Science and Engineering

已出书目 - 1